城市户内变电站设计

CHENGSHI HUNEI BIANDIANZHAN SHEJI

夏 泉 主编

中国电力出版社
CHINA ELECTRIC POWER PRESS

内 容 提 要

　　本书针对当前中国能源形势和城市变电站建设发展趋势，总结了国内外户内变电站的设计经验和建设实践，内容包括城市户内变电站应用现状、站址选择、站区布置、电气设计、建筑结构、暖通空调、给水排水、消防、节能与环保等方面，并给出了 110、220kV 户内变电站设计实例，提出了与现实发展环境相适应的土建先期建设。

　　本书可供变电站设计专业从业人员，电力建设工程规划、咨询、管理、施工等专业人员使用，相关专业可参考借鉴。

图书在版编目(CIP)数据

城市户内变电站设计/夏泉主编. —北京：中国电力出版社，2016.11
　ISBN 978-7-5123-9798-9

　Ⅰ. ①城… Ⅱ. ①夏… Ⅲ. ①变电所—设计 Ⅳ. ①TM63

　中国版本图书馆 CIP 数据核字（2016）第 226864 号

中国电力出版社出版、发行
（北京市东城区北京站西街 19 号　100005　http：//www.cepp.sgcc.com.cn）
万龙印装有限公司印刷
各地新华书店经售

＊

2016 年 11 月第一版　2016 年 11 月北京第一次印刷
787 毫米×1092 毫米　16 开本　25.5 印张　629 千字
印数 0001 册—1500 册　定价 **136.00** 元

《城市户内变电站设计》
编写组名单

主　编　夏　泉

副主编　陈　凯　杨然静

成　员　孙国庆　黄　伟　李　伟　吴培红

　　　　蔡祖明　王　慧　白小会　刘毅梅

　　　　刘满圆　杨秀兰

序

　　能源是经济社会发展的重要物质基础，关系国计民生、关系人类福祉。电能是日常生活中应用范围最广、最普及、最方便、最清洁、最易输送和控制的二次能源。向客户提供安全可靠、经济高效、清洁环保的电能，是广大电力工作者为之奋斗的目标。

　　近年来，我国城市化进程日益加快。1996 年，我国城市化率为 30.48％，进入了 30％～60％的城市化发展中期阶段，2012 年的统计数字为 52.57％，仍处于快速发展期。城市化发展中期阶段石油、天然气、电力的大量消费是城市生活与工业生产的重要特征。研究表明，GDP 每提高 1％使得电力需求量提高 0.525％；工业化水平每提高 1％使得电力需求量提高 2.215％；城镇化水平每提高 1％使得电力需求量提高 1.008％。这些数字凸显了电力建设在国民经济发展中的作用，电力是我国经济发展战略中必不可少的支柱产业。

　　城市电网的建设是城市化发展的能源基础，在土地资源日益紧张、电力建设环境日趋复杂的环境下，户内变电站具有节约集约用地、与当地区域总体规划和城镇规划相协调的优势，成为城市电力建设中的首选方案。同时，城市户内变电站注重户内设备选择小型化、智能化、设计布置空间化、注重绿色协调性，体现了环境友好型的发展模式，能够在工程实践中贯彻落实"创新、协调、绿色、开放、共享"的发展理念。

　　城市户内变电站自 20 世纪 80 年代在北京、上海等大型城市兴起，历经二十多年的不断探索、修正，目前已积累了成熟的建设经验。这次参加《城市户内变电站设计》一书的编写作者，不仅是北京电力经济技术研究院各专业的优秀专家人才，并且亲历了北京电网近二十年的户内变电站建设，积累了丰富的经验。这本书是他们在这个领域多年设计经验的结晶。该书内容涉及城市户内变电站应用现状、站址选择、站区布置、电气设计、建筑结构、暖通空调、给水排水、消防、节能与环境保护等各个方面，总结了相关设计技术，就设备小型化和智能化、设计布置空间化和绿色协调性等方面进行论述，并通过设计实例予以详解，对电力建设系统的同行将有所借鉴。在此，祝贺这本书的出版，并以此为序。

　　　　　　　　　　　　　　　　　　　　　　　　　　　周孝信

　　　　　　　　　　　　　　　　　　　　　　　　　　　2016 年 6 月 8 日

前言 >

目前，我国已进入全面建成小康社会的决定性阶段，正处于经济转型升级、加快推进社会主义现代化的重要时期。中国共产党第十八次代表大会提出："坚持走中国特色新型工业化、信息化、城镇化、农业现代化道路，推动信息化和工业化深度融合、工业化和城镇化良性互动、城镇化和农业现代化相互协调，促进工业化、信息化、城镇化、农业现代化同步发展"。城镇化是现代化的必由之路。改革开放以来，伴随着工业化进程加速，我国城镇化经历了一个起点低、速度快的发展过程。1978～2013 年，城镇常住人口从 1.7 亿人增加到 7.3 亿人，城镇化率从 17.9％提升到 53.7％；城市数量从 193 个增加到 658 个，建制镇数量从 2173 个增加到 20 113 个。京津冀、长江三角洲、珠江三角洲三大城市群，以 2.8％的国土面积集聚了 18％的人口，创造了 36％的国内生产总值，成为带动我国经济快速增长和参与国际经济合作与竞争的主要平台。城市水、电、路、气、信息网络等基础设施显著改善。随着资源环境"瓶颈"制约日益加剧，主要依靠土地等资源粗放消耗推动城镇化快速发展的模式不可持续。

城市土地资源十分宝贵，城市户内变电站比常规户外变电站用地大大节约，因此，在城市建设过程中，户内变电站因具有占地省、建筑外观与周围环境协调的优势而得到了快速发展。本书针对当前中国能源形势和城市变电站建设的长期快速发展，依据新颁布电力行业规程 DL/T 5495—2015《35kV～110kV 城市户内变电站设计规程》和 DL/T 5496—2015《220kV～500kV 城市户内变电站设计规程》，总结国内外户内变电站的设计经验和建设实践编写而成。本书涉及城市户内变电站应用现状、站址选择、站区布置、电气设计、建筑结构、暖通空调、给水排水、消防、节能与环境保护等各个方面，并给出了 220、110kV 户内变电站设计实例，提出了与现实发展环境相适应的变电站土建先期建设的工程实践，尽可能以详尽的表述展示户内变电站的技术特点及发展趋势，供读者参考借鉴，对促进我国电网发展和城市现代化建设进程发挥有益的作用。

全书共十章。第一章描述了国内外城市户内变电站由分散布局、集中布置到楼层布置的发展历程，以及对户内变电站设计及其内容深度的要求；第二章综合分析城市户内变电站站址选择考虑的因素、站区的优化布置，以及管沟布置、围墙及大门等；第三章电气设计涉及户内变电站电气主接线、电气布置、主变压器、高压配电装置、无功补偿、站用电系统、过电压及接地、联络导体等内容；第四章阐述户内变电站各类继电保护、安全自动控制装置及其信息化、智能化设计，调度自动化、电能量计量系统及二次系统安全防护，系统通信及站内通信设计，计算机监控系统构成及监控功能，直流系统及不间断电源，时间同步系统，视频监控、安全防范、环境监测与控制、SF$_6$ 及含氧量监测、火灾自动报警及主变压器消防等辅助生产系统，二次设备布置，控制电缆、光缆的选择与敷设等；第五章介绍建筑设计基本原则、设计要点、与非居建筑结合建设及工程实例，结构设计可靠性、安全等级、荷载及荷载效应组合，结构梁、板、柱设计，抗震设计、耐久性设计、正常使用极限状态的设计、地基及基础、工业建筑防腐蚀设计等；第六章介绍采暖设计，通风气流组织及设计，主要房间的通风方式，空气调节系统的负荷计算及选型，给水系统的分类与组成，生活给水系统，排水系统的分类、组成与计算，未来发展的方向，建筑配电系统、负荷分级及计算、照明系统、综合布线系统等；第七章消防内容包括厂房的火灾危险性分类及其耐火等级、变电站消防允许层数和每个防火分区的最大允许建筑面积、防火间距、特殊房间消防设计，建筑及电气设备消防水系统，建筑防烟、排烟设计，火灾探测及消防报警等；第八章分析变压器、照明、建筑等绿色节能设计，以及噪声控制、电磁环境影响、油水分离、废气排放等环境保护设计；第九章为 220kV 户内变电站和 110kV 户内变电站设计实例；第十章针对户内变电站建设现状，降低工程前期拆迁难度，减少前期投资，创新性提出变电站土建先期建设模式。

本书第一、二、八章由夏泉编写；第三章由夏泉汇总，其中第一节由夏泉编写，第二、三、四、七节由孙国庆编写，第五、六、八节由李伟编写；第四章由杨然静汇总，其中第一、五、八、九节由杨然静编写，第二节由白小会编写，第三节由刘毅梅编写，第四节由刘满圆编写，第七节由杨秀兰编写；第五章由陈凯汇总，其中第一节由黄伟编写，第二节由吴培红编写；第六章第一至五节由蔡祖明编写，第六节由王慧编写；第七章由陈凯汇总，其中第一节由黄伟编写，第二节由蔡祖明编写，第三节由王慧编写；第九章由陈凯、杨然静、孙国庆编写；第十章由吴培红、黄伟编写。全书由夏泉主编和负责审查工作。

崔鼎新教授对本书提出了许多宝贵的意见和建议，还直接对部分文字进行了修改，在此表示最诚挚的感谢！本书在编写过程中得到了许多同志的帮助，参考了很多资料和文献，在此一并表示感谢！

由于作者水平有限，错误或不妥之处在所难免，敬请广大读者批评指正！

编　者

2016 年 5 月于北京电力经济技术研究院

目录

第一章

绪　论

城市供电设施主要包括城市的变电站、配电站、架空线路、电缆线路及通信设施等。在城市规划和建设中，城市供电设施的建设是重要的组成部分。为满足城市建设和城市电网规划设计的要求，并与市容环境相协调，城市供电设施的发展方向应是占地少、小型化、阻燃或不燃、自动化、标准化等，并有利于改造和发展。

变电站是电力网中的线路连接点，用以变换电压、交换功率和汇集分配电能的设施。变电站中有不同电压的配电装置，如电力变压器，控制、保护、测量、信号、通信设施，并联电容器和并联电抗器以及二次回路电源等。变电站对于电力系统的电网安全、供电可靠性和电能质量起着重要的作用，同时又便于对城市各级电网进行控制和保护。针对变电站电气设备布置型式而言，一般可将变电站划分为户外变电站、户内变电站和地下变电站。

土地是不可再生资源，节约用地是变电站设计的主要原则之一。城市土地资源十分宝贵，城市户内变电站和常规户外变电站相比较，用地大大节约；与地下变电站相比较，又能节省投资造价。在城市建设过程中，户内变电站由于具有占地省、建筑外观与周围环境协调的优势，在特殊建设条件下，还能与其他建筑物结合建设，综合利用土地资源，因而得到了快速发展。

第一节　国内外户内变电站建设现状

随着城市的发展，城市电力负荷迅速增长，大量的高压变电站已经建设在市区中心，变电站的建设已经对城市的规划与景观产生了很大影响。与常规户外变电站相比，城市户内变电站由于占用土地资源少、对环境影响小，因而在城市发展中发挥重要作用，应用愈来愈广泛。

根据 DL/T 5495—2015《35kV～110kV 城市户内变电站设计规程》和 DL/T 5496—2015《220kV～500kV 城市户内变电站设计规程》，户内变电站包括全户内变电站和半户内变电站，其建筑可独立建设，也可与其他建（构）筑物结合建设。全户内变电站所有电气设备包括主变压器和其他高低压电气设备均布置在户内。半户内变电站部分电气设备布置在户内，主变压器或部分高压电气设备布置在户外。半户内变电站的建设组合形式非常多，主变压器或主要高压电气设备分别布置在建筑物内或建筑物外，是表明主变压器和主要高压电气设备两者都在建筑物外的变电站不在户内变电站之列。

国内的城市户内 110kV 变电站出现在 20 世纪 70 年代末 80 年代初，如北京的前门变电站等。当时，主要是把户外常规电气设备户内布置，安装在建筑物之内，主变压器露天布置，中间加防火隔墙。通过电气设备多层布置增加综合楼土建的投资以减少用地，变电站的外立面大为改观。

由于将户外高压电气设备布置在室内，设备安装检修比较困难，对电气设备要定期停电进行人工清洗，增加了运行维护工作难度。建筑物体型受设备布置限制，变电站综合楼像一座大厂房。

20 世纪 80 年代中期，借鉴国内外电力建设的经验，北京首次在环铁 110kV 用户变电站中，在技术经济比较合理的情况下，110kV 配电装置采用了户内气体绝缘金属封闭组合电器（GIS）。这种由生产厂家成套供应的高压电气设备，安装简单、维护简便，与常规电气设备相比，GIS 布置紧凑，体积小、节省土地面积，具有无静电感应、电晕干扰和噪声低等优点。之后，在天竺、龙山、阜成门、崇文门、新发地、北极寺、北土城、中关村、东直门等 110kV 变电站设计中推广采用。建筑物体型大大减小，变电站外形与城市景观协调。图 1-1—图 1-3 所示的照片属于这一类型的户内变电站示例。

图 1-1　北京户内 110kV 变电站示例一

图 1-2　北京户内 110kV 变电站示例二

图 1-3　北京户内 110kV 变电站示例三

国内的城市全户内 220kV 变电站出现在 20 世纪 90 年代，如北京的左安门（方庄）变电站、上海的华山变电站、天津的海光寺变电站、广州的金贸变电站等。当时，出于技术经济的原因，主要有两种类型：一种类型是把户外常规电气设备户内布置，安装在建筑物之内，主变压器露天布置；另一种是采用户内 GIS 设备。

深圳市 220kV 东湖变电站位于东海公园，220kV 户外电气设备布置在一幢相当于两层高的楼内，110kV 户外电气设备布置在另一幢多层楼内，3 台主变压器露天布置。变电站占地仅 1 万 m² 左右，是常规户外变电站的 1/3，变电站建筑为两幢仓库型的工业厂房。

1991 年，北京左安门 220kV 变电站（如图 1-4 所示）首次采用了 220kV 户内 GIS 设备，以后在太阳宫、西直门等 220kV 变电站逐渐采用。2004 年以后，GIS 设备逐渐国产化，价格逐步降低，户内 220kV GIS 设备被大量应用，城市户内 220kV 变电站发展迅速，国家电网公司和中国南方电网有限责任公司都推出了典型设计的户内变电站。

图 1-4　左安门 220kV 变电站

城市全户内 500kV 变电站出现在 2008 年，图 1-5 是国内第一座全户内 500kV 变电站。为减少配电装置的占地面积，提高设备及配电装置运行可靠性，500、220、66kV 配电装置均采用 GIS 设备，变电站的占地大大减少。

城市户内变电站设计时应尽量压缩建筑面积和体积以节省建设用地并控制工程造价。设计追求立体化、协调型理念，站址选择临近用户，变电站建筑和周围环境相融合，设备选用小型化，布置紧凑化。[1]

图 1-5　500kV 户内变电站

500、220、110kV 配电装置选择气体绝缘金属封闭组合电器，10kV 配电装置一般采用成套开关柜。站用及接地变压器选择无油型设备，如环氧树脂浇铸式。譬如，图 1-5 的 500kV 变电站将 500、220、66kV 气体绝缘金属封闭组合电器置于变电站第二层，以便于架空线路的引入和引出，主变压器、并联电抗器、并联电容器放在第一层，有利于设备运输和安装。按照此立体化设计，变电站占地仅 10666m²，比同规模的变电站节省用地一倍。再譬如，某 220kV 变电站 220kV 采用架空线路的引入和引出，110kV 采用电缆送出，高压尽量采用架空线路以节约建设成本；变电站采用灰白色相间的建筑风格，变电站建筑和周边环境非常协调。

近年来，城市户内变电站建设以节约用地为原则，采用联合建筑，高压电气设备分层布置，进出线均采用电缆。这样，不仅节约城市中心的占地面积，而且有利于建设造型美观新颖的建筑物，并与周边环境融为一体。例如北京前门 110kV 变电站与办公楼一体化建设，深圳 220kV 新洲变电站与高 120m 的深圳市供电信息中心楼结合成为一座联合建筑，上海黄浦区 220kV 复兴变电站与高层住宅楼合建。

国外的城市户内变电站建设也比较普遍，如日本、新加坡等。新加坡 400、275、66kV 变电站均采用户内布置型式，与新加坡花园城市建设相适应，各电压等级配电装置采用多层布置在一幢综合楼中，有的变电站还与其他建筑构成联合建筑。图 1-6 所示的 275kV 变电站就是与 66kV 变电站、22kV 配电站相结合建设的。

图 1-6　新加坡 275kV 变电站

第二节　户内变电站设计的基本要求

为了在户内变电站设计中贯彻执行国家技术经济政策，使户内变电站的设计符合国家的有关法规，达到安全可靠、先进适用、经济合理、节能环保的要求，户内变电站的设计应坚持"可持续发展"的理念，综合考虑"每个设备选择的合理性、每个布置尺寸的合理性、每项优化和改进的合理性、每个问题解决方案的合理性"[2][3]，做到设备户内化、小型化、智能化，布置空间化，建筑绿色化、协调型，以期建设"资源节约型、环境友好型"变电站工程。

一、户内变电站设计基本原则[25]

1. 户内变电站设计必须坚持节约集约用地的原则

城市土地资源极其宝贵，节约集约用地是变电站设计的重中之重。一般来说，户内变电站用地已比常规变电站大大节约，但是，目前设计的城市户内变电站仍需进一步优化，以期达到经济效益、社会效益的最大化。

户内变电站的设计应依据电网结构、变电站性质等要求，设备宜选择质量优良、性能可靠的定型产品，注重小型化、无油化、自动化、免维护或少维护，尽量压缩建筑体量，兼顾面积和体积，变电站可独立建设，也可结合其他工业或民用建（构）筑物共同建设，以节约建设用地并控制工程造价。影响户内变电站占地面积的因素很多，如电气主接线形式、设备选型、变电站站址选择、总平面布置、与其他建筑联合设计等。具体参见第二章、第三章和第五章的相关内容。

2. 户内变电站设计与当地区域总体规划和城镇规划相协调

户内变电站一般建设在城市繁华区域内，其设计必须与城市规划和地上建筑总体规划紧密结合、统筹兼顾，充分考虑与周围环境的协调，达到实用性与艺术性的统一。户内变电站作为工业建筑，其建筑设计应根据特定的环境，充分发挥想象力和创造力，综合考虑工程规模、变电站总体布置、建筑通风、消防、设备运输以及环境保护等因素，将变电站的工艺特点、空间要求和形象特征与环境相结合，运用色彩、材料等建筑元素，使变电站与环境达到完美统一。

户内变电站设计与当地区域总体规划、城镇发展相协调，做到如下几个方面：

（1）站址选择上应与城市市政规划部门紧密协调，统一规划地面道路、地下管线、电缆通道等，以便于变电站设备运输和电缆线路的引入与引出等。户内变电站的地上建（构）筑物、道路及地下管线的布置应与城市规划相协调。城区变电站站址和线路通道的选择除了考虑与城市发展规划相衔接和当地负荷增长相适应外，还充分考虑周边的人居环境因素、环境影响报告、项目评审手续等。

（2）户内变电站的总布置应力求布局紧凑，在满足工艺要求的前提下，兼顾设备运输、通风、消防、安装检修、运行维护及人员疏散等因素综合确定。站区建筑高度的限值应满足所在区域城市规划的规定和要求。站区室外地坪高程应按城市规划控制标高设计，宜高出邻近城市道路路面标高。

当变电站为单体建筑时，仅考虑其功能空间的布置和构图。当变电站由多幢建筑组成时，不仅要考虑各单体建筑的功能空间的布置，还要处理好它们之间的相对位置、体量和形态的关系对城市街景产生的影响，一般接近民用建筑形态的建筑布置在邻近城市街道的位置上。当变电站与其他建（构）筑物合建时，还应充分利用其建（构）筑物的相关条件，统筹设计。

（3）立面设计是建筑的空间、体量、比例关系的外在表现。分析户内变电站建筑的功能要求、周边的环境特性、城市的文脉等，找到恰当的表达方式，将相互矛盾的各个方面统一在一起，以取得与周围特定环境的平衡，并尽量体现出符合变电站使用性质的稳健理性的美感[4]。又譬如，北京某 220kV 变电站采用灰白色相间的建筑风格，体现了北京的城市灰色基调，增加了白色，体现了城市的活泼性，和北京规划取得协调。又譬如，南京某变电站为典型的民国时期建筑风格，立面运用民国建筑典型的勒脚、墙身、檐部"三段式"划分方式，建筑色调以青灰、白色为主，变电站外观设计与周边环境达到协调统一。

（4）注重环境的综合设计。变电站的通风口等体量较小的构筑物，运用园林小品的设计手法，或通过材料、色彩的选用，使其后退到城市环境之后，成为城市背景的一部分。户内变电站站区的场地绿化应按城市规划要求进行，合理选择绿化树种以免影响变电站的安全运行。

3. 户内变电站设计应符合消防、节能、环境保护的要求

户内变电站消防设计是指设计满足建筑防火的各项规定，遵守防火间距和防火分隔，"预防为主"，一旦发生火情，应有效控制，及时灭火，以防火情蔓延而危及变电站其他部分和周边建筑。主要应做到如下几个方面：

（1）灭火系统设计。当单台油浸变压器容量为 125MVA 及以上时应设置固定灭火系统。固定灭火系统可采用水喷雾、细水雾或气体等灭火系统。当户内变电站采用水喷雾消防时，油浸主变压器事故油池容量应考虑容纳最大一台变压器的事故排油量以及消防水量。干式变压器室可不设置固定灭火系统。无人值班变电站可在入口处和主要通道处设置移动式灭火器。

（2）火灾自动报警系统设计。户内变电站应设置火灾自动报警系统，并应具有火灾信号远传功能。火灾探测报警装置应与固定灭火系统及通风设备联动。

（3）户内变电站与其他建筑联合建设时，应采用防火分区隔离措施。户内变电站中电缆隧道入口处、电缆竖井的出入口处、电缆头连接处、二次设备室与电缆夹层之间，均应采取防止电缆火灾蔓延的阻燃或分隔措施。

环境保护与可持续发展日益重要，户内变电站应明确电磁环境、噪声控制、污水排放等方面的设计要求。户内变电站宜选用电磁环境影响小的电气设备。户内变电站宜选用低噪声设备，可利用建筑物、绿化物等站内设施减弱噪声对环境的影响，也可采取隔声、吸声、消声等噪声控制措施。对运行时产生振动的电气设备和大型通风设备宜设减振技术措施。

同时，为推动我国绿色工业建筑的发展，住房与城乡建设部下发了"关于印发《绿色工业建筑评价导则》的通知"，包括"可持续发展的建设场地""节能与能源利用""节水与水资源利用""节材与材料资源利用""室外环境与污染物控制""室内环境与职业健康""运营管理"共七类指标。因此，在户内变电站设计阶段，要开展设计技术优化，最大限度地节约资源（节能、节地、节水、节材），保护环境和减少污染，建设绿色建筑，采用低噪声、低耗能的绿色设备和新技术。

4. 户内变电站设计应结合工程特点，积极稳妥采用新技术、新设备、新材料、新工艺，促进技术创新

城市户内变电站在满足电网规划和可靠性要求的条件下，宜减少电压等级和简化接线，采用外桥形、扩大外桥形、单母线、单母线分段等简单接线型式。

户内变电站宜采用低损耗、低噪声、自冷电力变压器，主变压器与散热器宜采用分体布置型式，本体布置在户内，散热器布置在户外。户内变电站应选用断流性能好的无油断路器。户内变电站的 66～500kV 配电装置宜选用气体绝缘金属封闭组合电器。35kV 及以下配电装置宜选用开关柜（包括柜式 GIS）。户内变电站的无功补偿设备宜选择无油型产品。

户内变电站计算机监控系统应采用分层、分布、开放式结构。户内变电站的远动、继电保护和电话的通道宜采用光纤通信方式。

户内变电站应设置接地网，接地网除采用人工接地极外，还应充分利用建筑结构的钢筋。

城市户内变电站的平断面设计宜采用空间化的布置理念，有效衔接与各级电压等级进出线的联系；各层平面的各个房间宜按功能划分分区布置。主变压器等较重的电气设备、10～35kV 配电装置电缆出线较多宜布置在第一层；其他电气设备可视情况布置在各层。

二、户内变电站设计深度规定

电力工程的设计是电力基本建设项目施工前对所建工程进行的全面规划与构想，即根据已经批准的项目可行性研究报告、选址及环境评价报告、用地红线图等，在进行勘测工作的基础上，按照技术上的可行性和经济上的合理性原则，对工程项目进行全面的考量与计算，最后提供作为施工依据的文件和图纸。变电站工程设计一般分为初步设计和施工图设计两个阶段。当设计合同对设计文件编制深度另有要求时，设计文件编制深度还应满足合同的要求。

1. 变电站工程初步设计

变电站工程初步设计文件包括设计说明书（包括设计总说明，电力系统、电气、通信、土建等各专业设计说明）、有关专业的设计图纸、设备材料清册、工程概算书、有关专业计算书（专业计算书不属于必须交付的设计文件，但需要按有关规定的要求编制）、勘测报告和工程有关技术专题报告。

设计的主要依据一般有如下内容：政府和上级有关主管部门批准的批文、项目可行性研

究报告（注明文号和名称）、接入系统设计的评审文件、设计委托文件或中标通知书、城乡规划、建设用地、水土保持、环境保护、防震减灾、地质灾害、压覆矿产、文物保护、消防和劳动安全卫生等要求和依据资料。

初步设计内容深度应满足以下几方面的要求：

（1）设计方案的确定。

（2）主要设备材料的确定。

（3）土地征用。

（4）建设投资控制。

（5）施工图设计的编制。

（6）施工准备和生产准备。

2. 变电站工程施工图设计

变电站工程施工图设计文件应执行国家规定的基本建设程序。设计文件应遵守国家及其有关部门颁发的设计文件编制和审批办法的规定。必须严格执行强制性条文及各类反事故措施。

批准的初步设计文件、初步设计评审意见、设备订货资料等设计基础资料是施工图设计的主要依据。一般地，施工图设计的主要依据为：批准的初步设计文件、初步设计的评审文件、中标设备资料、城乡规划、建设用地、水土保持、环境保护、防震减灾、地质灾害、压覆矿产、文物保护、消防和劳动安全卫生等要求和依据资料。

工程施工图设计是按照施工程序分专业逐步提供设计文件和图纸的。合同要求所涉及的相关专业的设计文件一般包括图纸目录、设计说明书（包括设计总说明，各专业卷册说明）、有关专业的设计图纸、设备材料清册、工程预算书、各专业计算书等。专业计算书不属于必须交付的设计文件，但必须按有关规定的要求编制并归档保存。

施工图设计文件应包含的内容一般为：

（1）施工图设计总说明及目录。

（2）电气一次部分施工图图纸。

（3）二次系统部分施工图图纸。

（4）土建部分施工图图纸。

（5）水工及消防部分施工图图纸。

（6）暖通部分施工图图纸。

（7）变电站施工图预算书。

施工图设计内容深度的基本要求：

（1）施工图设计文件应内容规范齐全、引用标准正确、表达方式一致、方案表达简明。

（2）施工图设计文件应能正确指导施工、方便竣工验收、保证运行档案正确齐全。

（3）施工图设计文件应满足设备材料采购、施工招标、业主单位管理、施工和竣工结算的要求。

鉴于国内城市户内变电站大量建设，国家能源局发布了 DL/T 5495—2015《35kV～110kV 户内变电站设计规程》、DL/T 5496—2015《220kV～500kV 户内变电站设计规程》两个行业标准，北京电力经济技术研究院作为主要起草单位参与了标准编制。总结了国内户内变电站的设计经验，并借鉴国外的实践，提出了建设在城市的户内变电站在站址选择、站区布置、电气接线、土建设计、节能与环境保护等方面的技术特点及发展趋势。城市户内变电站在设备户内化的基础上，采用户内小型化、组合型设备，立体化布置设计，进出线采用地下电缆，做到智能化、空间化、绿色化、协调型，一体化解决了城市节地与环境协调问题，减少了输变电设施对城市土地的占用，提高了土地资源利用率，必将在城市的建设和发展中发挥越来越重要的作用。

第二章

站址选择与站区总布置

变电站站址选择与站区总布置是一门科学性、综合性、政策性很强的工程，是电力基本建设工作的主要组成部分[5]。变电站站址选择是否正确，站区总布置是否合理，对基建投资、建设速度、运行的经济性和安全性起着十分重要的甚至决定性的作用。实践证明，凡是重视前期工作，站址选择得好、站区总布置合理紧凑的，则变电站建设投资省、建设快、经济效益高，反之，将给变电站建设造成损失和浪费，甚至影响安全供电。

站址选择与站区总布置必须建立在科学的、符合客观实际的基础上，深入细致地进行调查研究，把负荷、地质、交通运输、出线走廊、环境保护及外部协作条件等原始情况了解清楚，从全局出发，全面地、辩证地对待各方面的要求，协调各专业间的密切配合，不仅要搞好项目本身的微观经济效益，更应注重项目的宏观经济效益，通过多方面技术经济比较，选择占地少、投资省、建设快、运行安全的最优布置方案。

第一节 站 址 选 择

变电站站址是变电站的建设地点，变电站站址选择必须按照电力系统发展规划和布局的要求，理清变电站在电力系统中的性质、作用和地位，尽量靠近负荷中心，经技术经济比较后确定变电站具体站址。

变电站站址选择工作可分为规划选站和工程选站两个阶段[5]。

规划选站选择建站地区。一般在编制电网发展规划时进行，工作中对规划电网内可能布置变电站的点进行预先选择，以便在编制电网发展规划的过程中有充分的技术资料进行综合经济比较，从中规划出新建变电站的地点和范围。规划站址会随着电网负荷的变化而相应发生变化。

工程选站选择推荐站址。根据电网发展规划中所确定的变电站的地点和范围，进行可行性研究，经技术经济比较选出推荐站址。对推荐的最佳站址方案，要全面落实建站条件。本节的内容比较具体，更着重于工程选站。

一、变电站站址用地及其优化

一般地，城市户内变电站比常规变电站用地大大节约，但还有进一步优化的空间，以达到经济效益、社会效益的最大化。

影响变电站占地面积大小的因素很多，如电气主接线形式、设备选型和在城市中的位置等。因此，节约变电站用地面积应从以下几方面着手：合理选择变电站站址、总平面合理布置、设备选型恰当、与其他建筑联合设计、取消围墙、允许利用公共市政设施等。

1. 合理选择变电站站址

变电站站址选择时，执行国家节约用地政策，尽量利用荒地、劣地，不占用或少占用耕地，以节约征地费用，充分发挥土地资源的使用效益。

城市户内变电站应建设在电力负荷集中的区域，以 10 年及以上电网发展规划为基础，依据电网结构、变电站性质等要求统筹考虑。变电站站址的选择除满足变电站选址的一般要求外，还要考虑与城市规划紧密结合，综合考虑工程规模、变电站总体布置等诸方面需求。城市由于征地拆迁问题，变电站选择独立的站区十分困难。变电站站址选择应按下述原则进行：①应根据负荷分布、网络优化、分层分区的原则统筹考虑、统一规划；②应满足负荷发展的需求，当已建变电站主变压器台数达到 2 台时，应优先考虑新增变电站站址；③应根据节约土地、降低工程造价的原则征用土地。

2. 总平面布置紧凑适度，分区合理明确

变电站总平面布置是确定变电站内主变压器、各级电压等级配电装置之间以及各建筑物、构筑物之间的空间和平面关系。

城市户内变电站设计时应尽量压缩建筑面积和体积以节省建设用地并控制工程造价。变电站布置的设计原则是在电气主接线和设备选型确定的前提下，主变压器、各级电压等级配电装置之间的联系布置紧凑合理，各建筑物、构筑物之间布置协调整齐。各建筑物、构筑物和设备之间的距离符合消防规范，并与周围环境、景观、市容风貌相协调。变电站的通道要满足生产和检修时运输、日常运行巡视、消防的需要，可利用周围道路构成消防或运输通道，并取消围墙，这些措施将大大节省用地。

变电站站区布置应紧凑，但尺寸要掌握得当，做到紧而不挤，安排合理。不能追求过高的建筑系数和场地利用系数，要在满足带电安全间距和卫生、防火要求下，合理压缩布置间距。

根据工艺特点、使用功能、运行巡视以及卫生防火要求，对变电站布置进行合理分区归类，有助于缩减布置间距，减少管线道路，从而节约变电站用地。

总平面布置具体内容详见本章第二节和第三节。

3. 简化电气主接线，采用新技术

在满足安全运行的前提下，简化电气主接线和采用新技术是节约用地的重要手段。

目前我国的城市户内变电站一般为终端变电站，当能满足运行要求时，变电站宜采用断路器较少的接线。由于城市变电站规模不宜太大，高压侧一般均采用较简单的线路变压器组、桥形或扩大桥形接线。高压侧线路有系统穿越功率的变电站，一般采用桥形、扩大桥形、单母线或分段单母线的接线；当能满足电力系统继电保护要求时，电源线路也可采用线路分支接线即"T"接线。

户内变电站的主变压器、配电装置、站用及接地变压器、无功补偿、控制及保护、通风、消防等设备采用新技术将会大量节约用地。

譬如，图 1-5 所示的 500kV 户内变电站的 500kV 侧采用了内桥接线，500、220kV 和 66kV 配电装置均采用 GIS 置于变电站第二层，以便于架空线路的引入和引出，主变压器、并联电抗器、并联电容器放置于第一层，有利于设备运输和安装。按照此立体化布置设计实施后，变电站占地仅 11333m²，比同规模的变电站节省一倍。

采用的电气主接线和相关新技术内容具体详见第三章至第八章。

4. 推广联合建筑

变电站节约用地需要提高所用土地上面的建筑容积率（建筑总面积/用地面积）。近年来，城市户内变电站出现了很多联合建筑的建设形式。在 DL/T 5496—2015《220kV～500kV 户内变电站设计规程》中"3.2.5 城市户内变电站应执行节约用地的原则，可与其他用途的建筑联合建设。当变电站与其他建（构）筑物合建时，还应充分利用其建（构）筑物的相关条件，统筹设计。3.3.2 建筑物平面和空间的组合宜集中或联合布置，提高场地使用效益，节约用地"。将建筑物功能相近和相互不影响的各单元合理组织，且在建筑平面尺寸、层高以及结构选型等方面尽可能取得统一，建筑处理协调一致，便于进行设计，组成联合建筑。

为了节约土地资源，独立建设的城市户内变电站宜采用楼层布置型式。当城市户内变电站与其他建（构）筑物合建时，可利用其建（构）筑物的相关条件设置如进出口、通风、消防等设施，统筹设计，以利于整体建筑的美观，满足城市规划的要求。

总结以往的建设经验，当一个变电站单独建设时，其建筑容积率也仅为 1.0 左右，但是，与其他建筑联合设计时可大大提高。《国家电网公司输变电工程典型设计 110kV 变电站分册》总结了各级电压等级变电站的设计经验，剔除了变电站的多余功能，对变电站设计进行优化和简化。如表 2-1 所示，国家电网公司 110kV 变电站典型设计[3]方案 B 均为户内独立建设的变电站推荐方案，有 5 个，虽然对户内变电站各方案进行了优化工作，但建筑容积率仅为 1.0 左右。而 110kV 变电站若与其他建筑物共同建设，将更增加变电站用地的综合利用，大大提高建筑容积率。

表 2-1   国家电网公司 110kV 变电站典型设计推荐方案 B 的主要指标

项目 方案	围墙内占地面积 （hm²）	总建筑面积 （m²）
B-1	0.16	665
B-2	0.20	1271
B-3	0.23	2126
B-4	0.24	2580
B-5	0.27	2811

为节省土地资源，城市规划部门非常支持变电站与其他用途的建筑合建的形式。图 2-1 就是 20 世纪 90 年代建设的 110kV 户内变电站与办公楼合建的典型案例，其建筑容积率达到 2.65，大大提高了土地的使用价值。

5. 集中建设变电站

在 DL/T 5496—2015《220kV～500kV 户内变电站设计规程》中"3.1.2 站址选择时，应注意节约集约用地，各电压等级户内变电站可集中选择站址和布置"。

集约各电压等级的户内变电站可集中选择

图 2-1   户内变电站的联合建筑

图 2-2　几个电压等级变电站集中建设

站址和布置，更大程度节约占地。譬如，新加坡新能源公司的变电站往往几个电压等级变电站设计在一起，400kV 变电站、230kV 变电站和 22kV 配电站集中布置，通过共用交通、市政和消防等设施，大大减少变电站选址用地。如图 2-2 所示。

二、变电站站址的选择与取舍

城市户内变电站的站址选择，应根据电力系统规划设计的网络结构、负荷分布、城市规划的要求进行，通过技术经济比较和经济效益分析，选择最佳的站址方案。

户内变电站的站址选择应与城市市政规划部门紧密协调，统一规划地面道路、地下管线、电缆通道等，以便于变电站设备运输、吊装和线路的引入与引出；并应通过技术经济比较，落实变电站大件运输方案。

变电站站址选择的准备工作占有重要的地位，必须在现场踏勘前认真做好内业准备工作，进行规划选站；然后现场进行外业踏勘调研，开展工程选站；最后对各个备选方案进行技术经济比较，确定变电站站址。

1. 内业准备

一般地，进行规划选站的内业准备工作如下。

变电站站址应按审定的本地区电力系统远景发展规划为依据，根据该变电站在电力系统中的性质、作用和地位，满足变电站进出线条件要求，留出各级电压架空（包括架空线路终端塔）和电缆线路的出线走廊，不仅要使送电线路能够进得来走得出，而且避免或减少架空线路转角和相互交叉跨越。准备变电站建设形式的图纸。

对变电站站址进行预先的粗选，在地理结线图上圈好站址的大致地点和范围，拟定各电压等级与系统的连接方案。对运输方式（特别是主变压器等大件设备的运输条件）、水源、地质、环保等进行分析和调研。

以该地区的负荷分布为依据，理清变电站的供电负荷对象、负荷分布、供电要求，变电站本期和将来在系统中的地位和作用，选择比较接近负荷中心的位置作为变电站站址。兼顾该地区电网结构调整要求、城市总体规划布局和外部协作条件，在五千分之一或万分之一的地形图上进行选择，初步确定几个拟选的变电站站址落点，标出变电站站址外形尺寸及出线走廊等。

2. 外业踏勘调研

根据内业工作结果，对拟选的变电站方案开展实地勘察和选择，同时收集好各种材料，包括工程图纸资料、照片、录像、调查记录等。拟定变电站站址方案时，应结合以下因素逐步筛选：

（1）变电站站址应接近下一级电压等级负荷中心，适当兼顾 10kV（或 35kV）供电。理想的变电站位置是与它连接的下一级电压等级变电站分布在其周围较近位置。

（2）取得当地城市规划部门的有关资料，使变电站站址符合城市总体规划。如果当地政府和供电局能推荐一些变电站预选位置，则变电站站址选择会更易于确定。

（3）向国土部门收集经省级政府批准的土地总体规划图，使变电站站址符合城市建设发展用地规划，满足国家各项政策要求，不能将变电站站址选在农田保护区上，否则可能成为颠覆性人为因素。

（4）变电站站址便于各级电压等级线路的进出，减少交叉跨越和转角；变电站进出线走廊需要当地规划部门的确认。

（5）变电站用地面积需要考虑如下因素：①道路退让红线，保持与特定场所的安全距离；②征用围墙外不规则的边角地带，一般仅实际用地为考核指标；③充分考虑做挡土墙、截洪沟、防洪堤、护坡、进站道路的坡降。

（6）选择具有适宜的地形地质条件的变电站站址。应避开地震断裂带、溶洞、采动区、塌陷区、明或暗的河塘等不良地质构造。变电站站址选择应考虑适宜的地形条件，应避开滑坡、泥石流、岸边冲刷区易发生滚石地带等不良地形条件地区。站址应避免选择在地上或地下有重要文物的地点。

（7）变电站站址应不受洪水威胁和内涝影响，站址地面设计标高应高于有关规程规定的高度之上，或者采取其他有效的防洪措施。防洪及防涝和给排水宜充分利用市政设施。

（8）变电站站址选择应注意变电站与邻近设施、周围环境的相互影响和协调，必要时应取得有关协议。

周围环境对变电站的不良影响主要指污染、剧烈振动及易燃、易爆的危险场所等。城市户内变电站对邻近设施的影响主要指地电位升高、电磁感应、无线电干扰、噪声等对无线电收发信台、飞机场、导航台、地面卫星站、通信设施和居民生活区等的影响。对飞机场、导航台、地面卫星站、军事设施、通信施设及易燃易爆施设的距离应满足有关规程的要求。

（9）变电站站址选择应考虑尽量减少变电站本身和进出线路径的房屋拆迁和树木等的赔偿工作量。

（10）站址的抗震设防烈度应符合现行国家标准 GB 18306《中国地震动参数区划图》的规定。站址位于地震烈度区分界线附近难以正确判断时，应进行烈度复核。抗震设防烈度为 9 度及以上地区不宜建设 220～500kV 变电站。

3. 确定变电站站址

在现场踏勘调查研究所取得资料的基础上，经过系统的消化和梳理，对变电站的多个可行站址进行方案比较，进行专业评价，进一步筛选，最后推荐出供电安全可靠、建设快、投资省、运行费低、维护检修方便、经济效益高的站址方案，编写变电站站址选择报告。

对推荐的最佳站址方案，要全面落实建站条件。需要进行水文地质和工程地质的勘察工作。并应对变电站落点的电磁环境进行计算并委托有资质的单位进行环境评估，通过类比测量，得出该工程工频电场、磁场、无线电干扰、可听噪声等数值是否能满足有关标准规范的要求，如不能满足要求，则应提出实施满足电磁环境要求的具体措施。技术经济论证工作要满足城市户内变电站相关设计内容深度规定的要求，使可行性研究报告建立在科学、可靠的基础上。并且应取得有关方面正式的书面协议和文件。

城市户内变电站与工业或民用建筑共同建设的联合建筑应向国家相应的消防主管部门提交规定的消防报审材料，以取得认可。

第二节 站 区 规 划

城市户内变电站站区规划是变电站的总体规划，即在拟建变电站场地上，对变电站的站区建（构）筑物、水源地、进出线走廊、道路、给排水管线、施工和扩建等工程用地，根据工艺技术、安全运行、有利管理的需要，在技术经济论证的基础上，进行统筹安排、合理布局与全面规划。城市户内变电站属于市政配套项目，其总体规划应与当地的城市区域总体规划相协调。

一、与区域规划相协调

城市户内变电站属于市政配套项目，其总体规划应与当地的城市区域总体规划相协调，宜充分利用就近的交通、给排水、消防及防洪等公用设施。变电站站区规划应遵循如下原则：

（1）变电站站区规划应根据工艺技术、运行、施工和扩建需要，遵循已确定的最终建设规模和电力系统的发展要求进行统筹安排。一般城市户内变电站各单项工程应统筹安排、合理布局，按最终规模进行总体规划和征用土地，视工程情况可分期建设。但土建建筑物按最终规模建设。对站区建（构）筑物、进站道路、进出线走廊、终端塔位、给排水设施等应统筹安排、合理布局。

（2）结合外部条件合理确定各级电压的出线方向并有足够的出线走廊。应尽量减少和避免线路的相互交叉跨越。当必须交叉跨越时，电压等级高的在上侧。

（3）根据现有和规划的道路，确定变电站进站道路的引接点和路径走向，要充分利用已有道路，尽量缩短进站道路长度和土石方工作量。变电站大件设备运输、站用外引电源、防排洪设施等站外配套设施应一并纳入规划。

（4）就近解决供水水源和排水出口，以缩短管线，便于管理。

（5）应充分利用就近的生活、文教、卫生、消防及防洪等公用设施。

（6）结合变电站工艺布置要求，确定变电站总布置的基本格局和站区主出入口位置。

（7）地震区变电站的站区规划除应按规定的地震烈度设防外，尚需采取抗震措施，以便在遭受强烈地震时，能把灾害控制到最低限度，减少次生灾害，并便于及时抢修，及时恢复供电。

（8）变电站的总体规划必须与当地城镇和工业区规划相协调，应符合当地城市规划的要求。

沿城市道路、河道、绿化、铁路两侧建设的变电站建筑，其退让距离不仅应符合消防、防汛和交通安全等方面的要求，而且应符合当地城市规划及城市建设用地的有关规定。譬如，北京地区在城市不同区域对道路退让红线距离有不同要求；再譬如，中国南方和北方的城市规划退让红线距离差异也较大。

变电站的建筑高度应符合城市规划有关控制高度的规定。

按当地城市规划要求进行场地绿化，在不增加站区用地的前提下进行绿化，应充分利用路旁、建筑物旁等场地进行绿化。

（9）城市户内变电站附近有污染源和危险源时，应根据污染源和危险源种类和风向的影响程度，满足相关规程给定的距离要求，避开对站区的不利影响。

二、变电站站区规划方法和步骤

一般地，变电站站区规划采用以下方法和步骤：

（1）在已经取得的五千分之一或万分之一的地形图、地质资料、进出线路径规划、城镇及工业区规划图的基础上进行规划。

（2）标出变电站站址位置及范围。依次标出各电压等级进出线方位、回路数及走廊宽度；进站道路引接点及路径；站区主要出入口位置；水源地及供水管线走径、取水设施；排水设施、排放点位置及排水管走径；变电站大件设备卸运地点及二次搬运路径。

（3）标出变电站站址附近电力系统中的有关变电站、发电厂。

（4）标出变电站与四邻的相互关系。

（5）现场踏勘，调查研究，协调各方关系，落实外部条件，进行必要的调整和补充。

（6）进行深入细致的技术经济比较，提出变电站推荐方案。

第三节　总平面及竖向布置

变电站总平面布置是一项综合性的设计工作，政策性、科学性强，涉及面广，因此，需要从全局出发，全面地、辩证地对待各方面的要求，协调各专业间的密切配合，通过多方面技术经济比较，选择占地少、投资省、建设快、运行安全的最优布置方案。

一、总平面布置设计

变电站总平面布置设计是涉及多领域的综合技术，处于变电站设计中总揽全局的地位，是将变电站各不同专业组成科学的有机整体，形成流程顺捷，高效低耗生产工艺的重要环节。主要解决和协调全站建筑物、管线和道路在平面布局上的相互关系和相对位置。

根据 DL/T 5056《变电站总布置设计技术规程》，总平面布置设计是在拟定的变电站站址和站区规划的基础上，根据电气生产工艺流程和使用的要求，结合当地各种自然条件进行的。要全面处理好总平面布置、竖向布置以及道路交通等问题。

1. 总平面布置设计原则

城市户内变电站的总平面布置设计应当符合变电站站区的总体性规划，站区布置应满足运行巡视、检修、交通运输等要求。其设计原则如下：

（1）布置紧凑合理，节省建设用地。

（2）本期规模为主，兼顾远期规模，创造可持续发展空间。

（3）功能分区科学合理，生产工艺流程顺捷，运行管理方便。

（4）科学利用站址条件，降低工程投资成本，缩短建设工期。

（5）绿化站区，保护生态环境，人与自然和谐发展。

城市户内变电站总平面布置应按最终规模进行规划设计，以满足城市规划的要求，土建工程一般为一幢或两幢建筑物，宜一次建设完成。

作为完整的变电站设计，城市户内变电站的总布置设计应包含以下基本的技术经济指标：

（1）站址总用地面积（hm²）、站区内用地面积（hm²）、进站道路面积（hm²）、其他设施用地面积（hm²）。

（2）总建筑面积（m²）。

（3）建筑覆盖率（%）。

（4）建筑容积率（%）。

（5）站区绿化率（%）。

当各地区规划、建设部门另有其他指标要求时，也应予补充列入。

在建筑物的平面、空间的组合上，应根据工艺要求，宜采用集中或联合布置，提高场地使用效益，节约用地。这正是城市户内变电站建设形式的优势所在。不仅电力系统内部有这种联合建筑的建设形式需求，而且城市规划部门也非常支持变电站与其他用途的建筑合建的形式，将来会有更多的联合建筑产生。例如，深圳 220kV 新洲变电站采用联合建筑，变电站与高 120m 的深圳市供电信息中心楼结合在一起成为一座联合体建筑，不但可节约占地面积，而且有利于建筑设计，可以做出造型美观、设计新颖的建筑物。

城市户内变电站的进站道路一般都较短，与城市道路接口应便于行车和满足城市规划对道路建设的要求。

城市户内变电站各级配电装置的连接方式较多，各级配电装置的连接布置原则是：应使通向变电站的架空线路在入口处的交叉和转角的数量最少，场内道路和低压电力、控制电缆的长度最短，各配电装置和主变压器之间连接的长度最短。

针对主变压器运行时噪声较大、噪声易通过进出风口传出而影响邻近环境的现象，主变压器本体与散热器采用分体布置。主变压器分体布置的形式有两种：水平分体和垂直分体。水平分体相对常见，详见第三章第三节相关内容。

主变压器本体宜封闭于室内，可大大降低主变压器本体低频噪声对周围环境的影响。主变压器散热器集中了变压器散热量的 90% 以上，其敞开布置有利于通风。

城市户内变电站站内排水设施宜布置在站区场地边缘地带的最低处，以满足管道自流要求，减少管道埋设深度和土方开挖。

2. 建（构）筑物的间距

建（构）筑物的间距是指两幢建（构）筑物间外墙面的距离。就变电站而言，影响间距的主要因素有：工艺及使用功能、防火防爆要求、日照与通风、地下设施敷设、交通运输、环境保护等，不同性质的建（构）筑物对间距的要求也不一样，各有所侧重。如配电装置与其他建筑的关系主要取决于工艺及满足带电安全距离和检修条件；居住建筑应以改善日照、通风、环保为出发点等。总平面设计必须根据不同要求正确选择建（构）筑物的布置间距，做到各得其所互不影响。

城市户内变电站的建筑应满足安全运行维护的需要，综合考虑运行巡视、交通运输、消防等的要求。

根据多年的运行实践经验，依据 GB 50016《建筑设计防火规范》及 GB 50229《火力发电厂与变电站设计防火规范》，结合城市户内变电站的特点，确定了变电站各设备房间的火灾危险性分类及其耐火等级应符合表 2-2 的规定，建（构）筑物之间的最小防火间距见 DL/T 5496—2015《220kV～500kV 户内变电站设计规程》中表 3.3.4，如表 2-3 所示。

建构筑物的火灾危险性分为甲、乙、丙、丁、戊五类。甲类危险性最大，变电站各设备房间的火灾危险性都属于丙、丁、戊类。

表 2-2　变电站各设备房间的火灾危险性分类及其耐火等级

设备房间名称	火灾危险性	耐火等级
主控制室、继电器室、通信室	戊	二级
配电装置室	丁	二级
油浸变压器室	丙	一级
干式变压器①、电抗器、电容器室	丁	二级
油浸电抗器、电容器室	丙	二级
事故油池	丙	一级
电缆夹层②	丁	二级
消防设备间、通风机房	戊	二级
备品间、工具间	戊	二级

① 干式变压器包括 SF$_6$ 气体变压器、环氧树脂浇铸变压器等。
② 当电缆层中敷设充油电缆时，其火灾危险性为丙类。

表 2-3　变电站地上建筑与相邻地上建筑的防火间距　　　　　单位：m

名称	单层、多层民用建筑 丙、丁、戊类厂房、库房			高层民用建筑				甲、乙类厂房、库房
				一、二级				一、二级
	一、二级	三级	四级	一类		二类		
				主体	裙房	主体	裙房	
一、二级丙类生产建筑	10	12	14	20	15	15	13	25
一、二级丁、戊类生产建筑				15	10	13	10	

注：1. 防火间距按变电站地上建筑的外墙与相邻地上建筑外墙的最近距离计算，如外墙有凸出的燃烧构件，应从其凸出部分外缘算起。
　　2. 相邻两座建筑较高一面的外墙为防火墙时，其防火间距不限，但两座建筑物门窗之间的净距不应小于 5m。
　　3. 相邻两座建筑两面的外墙为非燃烧体且无门窗洞口、无外露的燃烧屋檐，其防火间距可按本表减少 25%。
　　4. 生产建（构）筑物侧墙外 5m 以内布置油浸变压器或可燃介质电容器等电气设备时，该墙在设备总高度加 3m 的水平线以下及设备外廓两侧各 3m 的范围内，不应设有门窗、洞口；建筑物外墙距设备外廓 5～10m 时，在上述范围内的外墙可设甲级防火门，设备高度以上可设防火窗，其耐火极限不应小于 0.90h。

　　建构筑物的耐火等级由建筑构件的燃烧性能和最低耐火极限决定，分为一、二、三、四级。一级由钢筋混凝土楼板、屋顶和砌体墙组成，耐火极限为 1.5h。二级和一级基本相同，但耐火极限为 1.0h。三级由钢筋混凝土楼板、木结构屋顶和砖墙组成，耐火极限为 0.5h。四级由难燃体（水泥和刨花混合板、经过处理的有机材料等）楼板和墙及木结构屋顶组成，耐火极限为 0.25h。一、二级耐火等级的建筑物防火条件好，变电站的建构筑物的最低耐火等级都属于一、二级。

二、竖向布置设计

　　在变电站总平面布置中要考虑竖向布置的合理性，而在竖向布置中往往又需要对总平面布置进行局部修正，统筹处理好两者关系是做好总平面布置的重要环节。

　　竖向布置要善于利用和改变变电站建设场地的自然地形，以满足生产和交通运输的需要，便于场地排水，为建构筑物基础埋设深度创造合适条件，并且力求土石方工程量和人工支挡构筑物的工程为最少，挖填方基本平衡。

户内变电站竖向设计应与站外道路、排水系统、周围场地标高等相协调。站区场地设计标高宜高于站外现有和规划的道路标高。

1. 竖向布置设计影响因素

变电站区域的竖向布置设计，首先应当结合该区域的地形特征，对变电站工程的施工、所需设施的运输以及日后的检修等方面进行综合的考虑和研究。应当最大化地避免场地的平整土方等工程量。所以，在对变电站的方案特征以及工艺的布置综合研讨后，应当把工作的重心放在竖向的布置形式设计、坡度测量以及坡向的定位、变电站的土方平衡点的设置上。站内外运输线路要具有合理的横、纵断面，在满足站区运输及消防通道的情况下，还考虑在今后的改、扩建时能够使新旧设施合理衔接。

综合考虑了变电站区域的总平面布置、建筑群地基处理、区域地形特点等因素后，才能规划变电站区域的竖向布置设计方案，并且对其进行土方计算。

2. 场地标高确定和土方平衡

在变电站竖向布置中，要合理确定场地标高和建筑物、构筑物、道路的标高，除了满足防洪标准外，还要考虑排水系统对设计标高的要求。在 DL/T 5496—2015《220kV～500kV户内变电站设计规程》中，"3.3.10 建筑物室内地坪应根据站区竖向布置、工艺要求、排水条件等因素综合确定。主要生产建筑物的底层设计标高高出室外地坪不应小于 0.3m，其他建筑物底层设计标高高出室外地坪不应小于 0.15m。"

一般平整场地的表面，均应具有 0.5%～2% 的坡度以保证自然排除雨水。在确定道路标高时，应使雨水从变电站内各建筑物、构筑物排向路面或道路两侧的雨水口。

变电站站区场地整平，除土石方外还应包括地下构筑物、建筑物基础、管线地沟、排水沟等。如果场地土石方需在站外取土或弃土才能平衡时，还应考虑取土或弃土场地的运距、交通情况等条件。同时，在考虑挖、填方关系时，应立足少填少挖、填挖接近就地平衡的原则。如果自然地形变化较大，必须进行较大的挖、填方才能满足竖向布置要求时，应在保证挖、填方总量最小且达到基本平衡的情况下，恰当地处理挖填关系。

3. 场地竖向布置

变电站的竖向坡度应当依据工艺设计要求进行设备的运行以及安装。场地设计综合坡度应根据自然地形、工艺布置、排水条件等因素综合确定，宜为 0.5%～6%。纵坡不宜大于6%，与场地局部设计坡度限值相吻合。

城市户内变电站给排水宜利用城市市政管网，当需要另行设置时，宜将给水建（构）筑物按工艺流程集中布置。户内变电站站内场地排水宜采用有组织的排水方式。排水设施宜布置在站区场地边缘地带的最低处。

三、道路

变电站道路决定交通运输便利性，分为站外道路和站内道路。站外道路是指变电站外部用于交通运输的道路。站内道路是指变电站内部的道路。

1. 站外道路

道路的等级是根据使用要求、性质和交通量确定的。按交通部门公路工程技术标准分为四级。

四级公路一般能适应按各种车辆折合成载重汽车的年平均昼夜交易量在 200 辆以下的支

线公路。

就变电站的使用要求而论，采用四级公路的主要技术指标均可满足，只有路面宽度不能适应大型变电站大件设备运输。为此，可根据实际行驶大型平板车的宽度确定路面宽度。

当行驶大型平板车时，其路面宽度可按照式（2-1）计算。

$$B=b+2y \qquad (2-1)$$

式中　B——路面宽，m；

　　　　b——平板车两侧最外轮缘之间的宽度，m；

　　　　y——平板车外轮缘至路面外边的距离，m。

DL/T 5496—2015《220kV～500kV 户内变电站设计规程》中 3.3.13 规定：进站道路与市政道路接口应便于行车和满足城市规划要求；进站道路应有良好的防洪排水措施，进站道路宜采用与站内道路相同的路面。

2. 站内道路

变电站站内道路以满足设备运输、消防要求为前提，尽可能与城市道路共用。

变电站站内道路布置除满足运行、检修、设备安装使用功能要求外，还应符合安全、消防、节约用地的有关规定。变电站的主干道宜环形贯通，如成环有困难时，应具备回车条件，如在道路尽端设置 12m×12m 回车场，或在尽端设"T"形或"十"字路口，利用市政道路形成的回车条件等。

城市户内变电站采用城市型道路，既整洁、美观，又有利于城市排水。站内道路纵坡不宜大于 6%，路面宜采用混凝土路面。

变电站道路设计标高及纵坡应与场地的竖向布置相适应，一般应与场地排水坡向保持一致，便于运输和排水。

一般地，站内道路路面宽度不应小于 3m。变电站站内环形道路应满足消防要求，路面宽度一般为 4m；变电站大门至建筑物、主变压器的主干道的道路宽度 220kV 变电站可加宽至 4.5m，330kV 及以上的变电站可加宽至 5.5m。

变电站用于车辆通行的道路最小转弯半径为 7m；当用于消防通道时，依据 GB 50016《建筑设计防火规范》第 7.1.8 条：据公安消防监督机构实测，普通消防车的转弯半径为 9m，因此，站内道路弯曲半径不宜小于 7.0m；当用于消防道路时，转弯半径不宜小于 9.0m。

随着城市规划的发展，城市户内变电站内的道路逐渐利用公共道路，如一些城市的户内变电站没有围墙，利用公共道路作为站内道路，与其他建筑物一样，从外观上看不出是变电站。此时，需要对建筑物周边道路的建设提出要求，满足变电站安全运行维护及消防的需要。

四、绿化

城市户内变电站的绿化设计应纳入总体规划内统筹安排。绿化规划必须与总体规划及总布置设计同时进行。在 DL/T 5496—2015《220kV～500kV 户内变电站设计规程》中"3.2.6 城市户内变电站站区的场地绿化应按城市规划要求进行，并应充分利用路旁、建筑物旁等场地进行绿化，注意保护原有树木。"

绿化设计的方案随着地区条件的差异而各不相同。除应根据当地植物的生态习性、防污性能、观赏特点及自然条件外，还应结合变电站生产特点，与环境保护密切配合，以达到有效地保护和改善站区环境的目的。

变电站绿化设计的原则如下：

（1）因地制宜，选择适宜的树种。变电站绿化树种应综合考虑养护管理，选择经济合理的本地区植物，但应注意绿化树种的选择，避免飞絮类树木可能造成絮毛堵塞通风口等问题。同时，架空线路走廊下的绿化应满足带电安全距离的要求。

（2）精心规划与城镇绿化的总体规划相协调。变电站绿化规划应与当地城镇绿化规划相协调，并与邻近地区的绿化系统相呼应，综合考虑，统筹安排。

城镇绿化是公用绿地，变电站绿化则是专用绿地，两者要密切结合起来，才能成为有机整体。由于空间是连续的，绿化的效果可以延续，两者结合得好就可以更有效地发挥绿化的空间作用，从而节约绿化用地，提高绿化效果，可以使城镇区域空间的艺术效果更为显著，使人们得到美的享受。

（3）结合生产，按变电站总布置要求进行绿化设计。在保证变电站安全运行的前提下，充分利用建（构）筑物周围和道路两旁进行绿化布置，并应与总布置图、竖向布置图和管线综合图等相配合。

第四节　管、沟布置

城市户内变电站管、沟较多，各种管线和沟道通过综合布置，使走径顺直短捷，从而节省变电站投资和土地，达到运行安全可靠，施工、检修方便的目的。

一、管、沟布置

城市户内变电站的各种管线较多，管、沟道布置是非常重要的，应在总平面布置设计的同时进行规划。DL/T 5496—2015《220kV～500kV户内变电站设计规程》规定：

3.4.1　管、沟道布置应按变电站的最终规模统筹规划，管、沟道之间及其与建（构）筑物之间在平面与竖向上相互协调，近远期结合，合理布置。

3.4.2　管、沟道布置应符合下列要求：

1. 满足工艺要求，管、沟道路径短捷，便于施工和检修。

2. 管、沟道宜沿道路或建（构）筑物平行布置。管、沟道布置应适当集中、间距合理、减少交叉，交叉时宜垂直相交。

3. 管、沟道设计应采取防化学腐蚀和机械损伤的措施，在寒冷及严寒地区还应采取防冻害措施。

管、沟道之间及其与建（构）筑物之间在平面与竖向上相互协调，近远期结合，综合考虑工艺要求、地质条件、管材特性、管内介质、场地内建（构）筑物布置等因素确定管线敷设方式，合理布置。管沟布置遵循下述原则：

1. 统筹规划

管、沟布置应按变电站的最终规模全面统筹安排站区地下设施，远近期结合。

（1）主次分明，布局合理。管、沟的平面布置应首先考虑和满足工艺性强，路径走向不能轻易变动的管、沟。

（2）由浅至深，排列有序。由于管、沟的功能和工艺要求不同，竖向标高各异，设计时应将埋深较浅的靠近建筑物布置，然后按照由浅至深的顺序依次向道路一侧排列。这样处理可以使管、沟开挖时不致影响建筑物的安全，又可形成靠近道路的管、沟埋置较深，有利于减少汽车对管、沟的压力影响。

（3）分类集中，同沟敷设。为了变电站管线路径能够综合利用，在满足安全运行和便于检修的条件下，可将同类管线或不同用途但无相互影响的管线采用同沟敷设，用综合管沟进行布置。不仅可以简化布置设计，而且还可以节约用地和投资。DL/T 5496—2015《220kV～500kV 户内变电站设计规程》3.4.4 规定：在满足安全运行和便于检修的条件下，可将同类管线或不同用途但无相互影响的管线采用同沟布置。如一些变电站的通信缆敷设在防火槽盒内，与电力电缆同沟敷设。

（4）全面规划，分期建设。明确分期建设的变电站，应协调好本期与终期的关系，做到统一规划，分期施工。

2．工艺合理

各种管线都是按照特定的流程和功能需要而设置的。在进行管、沟综合布置时，从管网规划到管、沟的平面布置、路径走向、竖向标高的确定，以及沟道的断面尺寸的确定等，均应满足工艺的合理要求，以便创造良好的运行、检修条件。

3．节约用地

进行变电站管、沟布置时，一般采用如下几种节约用地措施：

（1）地下与地上相结合。有条件的地方尽量布置在地上。

（2）沿建（构）筑物敷设。在工艺允许的条件下，利用建筑物或构筑物纵向布置管线。

（3）分类集中埋设或采用综合管、沟。

（4）合理安排附属设施。由于工艺、运行和检修的需要，管、沟上设置有检查井等附属构筑物。按照一定的规律和顺序，相互交错排列相邻的附属构筑物，可以大大压缩管、沟的间距，节约用地。

4．重视沟道排水

从设计、施工和运行管理等方面创造良好的排水条件，以改善管线的运行环境，提高管线的安全运行程度，延长管线使用寿命。如在有条件的地方适当加大沟底纵坡，要求最小不小于 0.5‰；适当增加排水口的数量；排水口的分布要均匀；地面电缆沟的沟壁应高出地面0.1～0.15m 等。

5．合理解决管、沟碰撞

在进行管、沟布置时，管、沟相互的平面位置和竖向标高，将不可避免地会发生碰撞。为此，依照管、沟的性质、功能要求和运行条件，应按如下原则进行调整：

（1）有压力的让自流的。

（2）管径小的让管径大的。

（3）能弯曲的让不能弯曲的。

（4）工程量小的让工程量大的。

6．满足运行、检修和施工的要求

管、沟道之间及其与建（构）筑物之间在平面与竖向上均应根据管内输送介质的性质和不同管径，保持一定的安全间距。地下管、沟应有一定的埋设深度，防止冻结。

二、特殊条件下的管、沟布置

城市户内变电站管、沟布置如遇到穿越道路、地震较高区域、可靠性要求较高等情况，应采取相应的措施。

1. 穿越道路

站区管、沟与道路交叉机会很多。管、沟穿越道路的方式有：

（1）直埋管线横穿道路。都应采取加固措施。电缆和直径在 150mm 以下的管道，都应在其外部另加保护钢管，两端各伸出路面 1m，并适当加大埋置深度。大直径的管道则应采用保护沟道或在其外部浇灌混凝土进行加固。

（2）一般沟道穿越道路。需按照道路设计采用的行车荷载加强沟壁和盖板。

2. 地震区的管、沟布置

地震区变电站管、沟布置除应遵循前述各项原则外，还应注意以下几点：

（1）七度及以上地震区的地下管线，包括排水管道，均不应布置在道路的行车部分之下。

（2）七度及以上地震区的地下管线与给水、排水管道交叉时，在相交处必须采取加固措施。

（3）在八度地震区，不同材料管道的最小埋置深度应符合表 2-4。

表 2-4　　　　　　　　　　　　八度地震区管道的最小埋置深度

序号	管道类别	埋设深度（cm）
1	钢管	≥80
2	铸铁管	≥100
3	钢筋混凝土管	≥100
4	陶土管	≥130

八度以上地震区的生活、生产污水下水管，其埋设深度应不小于 0.7m。

3. 可靠性要求较高区域及其他

对城市户内变电站可靠性要求高的地区，电源电缆有条件时宜通过不同的电缆沟、隧道引入站内，确保电缆沟、隧道有特殊故障时的可靠供电。

电缆沟在进入建筑物处应设防火隔墙，防止火灾从沟道中串通，扩大事故。隔墙应在电缆敷设完毕后施工。

三、沟道选用

城市户内变电站应根据工艺要求、地质条件、管材特性、管内介质、场地内建（构）筑物布置等因素确定管线敷设方式，如直埋、沟道、架空等。沟道有如下三种形式，可根据具体使用情况选择。

（1）砖石沟道。砖石沟道材料来源广泛，施工简便，造价低廉。但整体性和防水性较差。

（2）现浇混凝土沟道。现浇混凝土沟道具有良好的整体性和防水性。一般用在地下水位以下和要求不漏水的沟道，也用于地质条件较差的地区和地面荷载较大的沟道。比砖石沟道施工复杂，造价高。

（3）预制钢筋混凝土沟道。预制钢筋混凝土沟道可以进行工厂化生产，现场组装，简化了施工，加快了速度，但钢材用量多，造价高。目前，国内刚开始采用。

图 2-3 所示的电缆沟采用砌体结构，顶面标高高出场地 0.10m，与站内道路边缘标高一

致。主电缆沟过道路处采用埋管形式，如图 2-4 所示。

图 2-3 采用砌体结构的电缆沟

四、与站外管、沟的连接

城市户内变电站的沟、隧道与站外沟、隧道的连接方式多样，可在同一高程连接，亦可通过电缆竖井在不同高程连接，但无论如何连接，都应能避免城市积水通过管、沟倒灌入变电站内。DL/T 5496—2015《220kV～500kV 户内变电站设计规程》3.4.6 规定"沟、隧道设计应考虑设计高程及防排水设施，避免城市积水通过沟、隧道倒灌入变电站建筑物内。"

在同一高程连接的电力隧道，电缆构筑物应保证有不小于 0.5％ 的排水坡度，在适当地点设置集水坑，将集水坑的水排到下水道或用水泵排出，水泵根据水位高低自动启停水泵。

在不同高程连接的电力隧道，通过电缆隧道竖井进行连接。电缆隧道竖井应便于电缆敷设，竖井的面积应根据竖井中安装电缆的数量确定，应考虑电缆敷设的间距、弯曲半径及运行维护距离，竖井内宜预先设置便于安装的电缆支架，如图 2-5 所示。在电缆隧道竖井较低高程处安装排水设施。

DL/T 5496—2015《220kV～500kV 户内变电站设计规程》"3.4.7 规定户内变电站的站内沟、隧道应与站外沟、隧道可靠分隔，以利于运行管理的安全性"。城市户内变电站的沟、隧道与站外沟、隧道可靠分隔一般采用分隔墙方式。一方面使变电站与站外有效分开，以利于运行管理的安全划分；另一方面防止火灾从沟道中串通，扩大事故。同时，变电站分隔墙电缆进出线的孔洞需要采用有效的防水封堵，如图 2-6 所示。

图 2-4 穿越道路的电缆沟

图 2-5 变电站电缆隧道竖井

图 2-6　变电站电缆隧道与夹层间分隔墙

第五节　围　墙　及　大　门

一、围墙

变电站站区围墙形式主要取决于站址位置、城市规划和当地环境要求。城市户内变电站围墙一般要求造型美观，美化环境，与周边环境相协调。变电站围墙宜选择经济、环保的建筑产品。DL/T 5496—2015《220kV～500kV 户内变电站设计规程》3.5.1 规定"户内变电站站区宜设置围墙，围墙高度和形式应满足区域规划的要求。"

城市户内变电站墙高一般为 2300mm，具体高度要求需要符合当地区域的城市规划要求。特殊地区对围墙的型式、种类、高度等有规定，需要得到当地规划部门的审批，如北京亦庄开发区规划部门要求某 110kV 变电站的围墙高度 1600mm。

围墙可采用实体围墙，也可采用花格式或其他装饰性围墙，主要是与环境相协调，如图 2-7 所示。特殊地区也可不设置围墙[4]，如图 2-8 所示。

图 2-7　花格式围墙的城市户内变电站

近年来，由于装配式围墙设计与施工实现了加工工厂化和施工标准化作业，同时避免了常规变电站砖砌围墙粉刷层易开裂、产生裂纹或脱落的质量通病，外观美观大方，得到了广泛采用。

装配式围墙主要承受自重和风荷载。其中，墙板、压顶承受的风荷载通过承插连接后全部传到抗风柱。抗风柱通过与基础焊接连接的预埋件再传到基础。防火墙主体结构采取现浇混凝土框架和预制混凝土墙板现场安装的方式。

装配式围墙具有如下特点：

（1）实体质量好，强度高，耐久性好。

（2）观感好，能达到清水混凝土标准。

（3）易安装，工效快，施工周期短。

（4）一次成型，后期免维护。

（5）可以实现现场工厂化加工。

某变电站设计和施工采用清水混凝土装配式板墙施工工艺，工厂化制作，如图 2-9 所示。

图 2-8　无围墙的城市户内变电站

图 2-9　装配式围墙

二、大门及标识

变电站大门在满足安全、使用和景观的前提下进行选择。DL/T 5496—2015《220kV～500kV 户内变电站设计规程》规定"3.5.2 城市户内变电站的大门和警卫室应与城市规划和环境相协调。3.5.3 大门宜采用轻型铁门或电动伸缩门，宽度应满足运输站内大型设备的要求。"

大门可采用电动伸缩门或电动推拉门等轻型电动门，门柱及金属大门制作新颖、轻巧、色彩协调。图 2-10 为采用电动金属大门的案例。

变电站的标识牌按各企业要求进行。图 2-11 是国家电网公司的标识牌工程实例。无围墙的城市户内变电站的标识牌需要与城市街景相协调，不宜过大。国外的变电站有反恐需要，一般标识不明显或无标识。

图 2-10　电动金属大门

图 2-11　城市户内变电站标识牌

第三章

电 气 一 次

变电站电气一次部分是指承受动力电压和动力电流的设备，如变压器、断路器、隔离开关、母线、电力电缆、避雷器、电压/电流互感器等。

户内变电站电气一次部分设计包括电气主接线设计、电气布置设计、主变压器选择、短路电流计算、电气设备选择、配电装置、无功补偿装置、站用电系统、联络导体、过电压保护和接地等。

第一节 电气主接线

变电站内设有主变压器、断路器等许多重要的电气设备，为了完成传送和分配电能的目的，需要用导体把这些电气设备按一定接线方式连接起来，这就构成了变电站的电气主接线。

电气主接线的确定与电力系统整体及发电厂、变电站本身运行的可靠性、灵活性和经济性密切相关，并且对电气设备选择、配电装置布置、继电保护和控制方式的拟定有较大影响。因此，必须正确处理好各方面的影响，全面分析其相互关系，通过技术经济综合比较，合理确定主接线方案。

一、电气主接线的基本要求和选择依据

在变电站中为了传输和分配电能，装设了母线、变压器、断路器和隔离开关等电气一次设备，这些电气一次设备之间要用导体连接起来，才能实现变电站的功能，同样规模的变电站电气一次设备之间可以有不同的连接方式，这种电气一次设备之间相互连接的方式称为电气主接线。

虽然电气设备都是三相设置的，但电气主接线图一般画成单线图，这样看起来比较清晰明了。电气主接线图中应采用国家标准规定的图形符号表示各种电气设备。电气主接线图中标注的各种电气量和单位应采用国家标准规定的量和单位。

1. 电气主接线的基本要求

电气主接线应满足可靠性、灵活性和经济性三项基本要素[6]。

（1）可靠性。可靠性是指元件、产品、系统在一定时间内、在一定条件下无故障地执行指定功能的能力或可能性。可通过可靠度、失效率、平均无故障间隔来描述元件、产品、系统的可靠性。

变电站担负着连续不断供电的任务，其中主接线及其电气一次、二次设备的可靠性，共同决定着变电站的可靠性并影响着电网的可靠性，因此可靠性是主接线选择要考虑的第一

要素。

评价主接线的可靠性有可进行定量计算的方法及软件，但是由于这些计算方法和输入数据尚待完善和改进，其定量计算的结果仅具有参考价值，尚不能作为选择的依据。

在工程实践中通常采用定性分析的方法进行主接线选择，主要比较备选主接线方案在元件故障或检修时对连续供电的影响程度。主接线可靠性的具体要求是：①断路器检修时，不宜影响对系统的供电；②断路器或母线发生故障以及母线计划检修时，应尽量减少进出线停运的回路数和停运的时间，并要保证对一级负荷或大部分二级负荷的供电；③尽量避免变电站全部停运的可能性。

出于对可靠性和经济性的综合考虑，DL/T 5496—2015《220kV～500kV 户内变电站设计规程》和 DL/T 5495—2015《35kV～110kV 户内变电站设计规程》给出了不同电压等级变电站在不同进出线规模情况下的主接线型式选择标准。

（2）灵活性。电气主接线应满足在调度运行、检修及扩建时的灵活性。

调度运行中应可以灵活地投入和切除变压器和线路，调配电源和负荷，满足系统在事故、检修以及特殊运行方式下的系统调度运行要求。如在元件发生故障被切除后，在短时间内通过自动方式或者手动操作过程隔离故障元件，使其余元件在非正常方式下继续运行，以满足规定的供电要求。

检修时，可以方便地停运断路器、母线及其继电保护设备，进行安全检修而不影响电力网的运行和对用户的供电。

扩建时，可以适应从初期接线过渡到最终接线，并要考虑便于分期过渡和扩展，使电气一次和二次设备、装置等改变连接方式的工作量最少。

（3）经济性。电气主接线在满足可靠性、灵活性等要求的前提下应做到经济合理。

a）投资省。初期工程视电网及负荷情况，以较简单的接线形式、较小的安装规模和投资建设变电站，以满足初期的供电需求。待电网条件和负荷增长到一定程度时，再进行投资扩充成较复杂的接线形式和较大的建设规模。

b）占地面积少。主接线设计要为尽可能减少配电装置布置占地面积创造条件。

c）电能损失少。经济合理地选择变压器的种类（如双绕组、三绕组或自耦变压器）、容量、数量，避免因两次变压而增加电能损失。运行中在不降低可靠性的前提下，采用最经济的运行方式，以降低运行费用。譬如，某变电站安装两台主变压器，在正常运行方式下，一台主变压器投入运行，另一台主变压器采取冷备用。

d）当配置多台主变压器时，如果能够配合合理的接线形式（譬如，三台主变压器低压侧单母线四分段接线或六分段环形接线）或采用合理的运行方式（例如高、低压侧均并列运行等，可提高主变压器的负荷率），也就是提高了投资的效益，从而获得较高的经济性。

2. 选择电气主接线的依据

在选择电气主接线时，应以下列各点作为设计依据。

（1）变电站在电力系统中的地位和作用。依据变电站在电力系统中地位的不同，通常分为系统枢纽变电站、地区重要变电站和负荷（或终端）变电站三种类型。

a）系统枢纽变电站是电网的重要支撑结点，枢纽变电站之间通过多条输电线路相互连结，共同构成本地区的主网架。枢纽变电站还通过联络线与相邻电网连结，以实现地区电网间的互相支持，并构成规模更大的电网。枢纽变电站还接入了地区的主力电厂，并向其他的变电站转送电力。枢纽变电站可靠性要求高，主接线相对复杂，建设规模较大，电压等级为330～500kV。

b）地区重要变电站不仅有向当地供电的任务，还要向其他变电站转送电力，进出线规模适中，主接线相对简单，电压等级为220～330kV。

c）负荷变电站多为终端和分支变电站，其高压侧进出线路数较少，接线比较简单，电压等级为35～220kV。

（2）变电站的分期和最终建设规模。变电站的建设规模应根据5～10年电力系统发展规划进行设计，并适当考虑到远期10～20年的负荷发展。

对于户内变电站，总平面布置应按最终规模进行规划设计，以满足区域规划的要求，土建主体工程一般为一幢或两幢建筑物，宜一次建设完成。变电站电气设计一般采用分期建设方式，初期装设1～2台（组）主变压器，当地区负荷发展后，再按照最终规模进行建设。

（3）供电负荷的数量和性质。根据GB 50052—2009《供配电系统设计规范》，电力负荷应根据对供电可靠性的要求及中断供电对人身安全、经济损失上所造成的影响程度进行分级，分为一级负荷、二级负荷及三级负荷。

a）符合下列情况之一时，应为一级负荷：①中断供电将造成人身伤害时；②中断供电将在经济上造成重大损失时；③中断供电将影响有重要用电单位的正常工作。

在一级负荷中，中断供电将造成人身伤亡或重大设备损坏或发生中毒、爆炸和火灾等情况的负荷以及特别重要场所的不允许中断供电的负荷，应视为一级负荷中特别重要的负荷。例如：重要通信枢纽、重要交通枢纽、重要的经济信息中心、特级或甲级体育建筑、国宾馆、国家级及承担重大国际活动的大量人员集中的公共场所等用电单位中的重要电力负荷。

对于一级负荷必须有两个独立电源供电，且当任何一个电源失去后，能保证对全部一级负荷不间断供电。

b）符合下列情况之一时，应为二级负荷：①中断供电将在经济上造成较大损失时；②中断供电将影响重要用电单位的正常工作。

对于二级负荷的供电系统，宜由两回线路供电，且当任何一个电源失去后，能保证全部或大部分二级负荷的供电。

c）不属于一级和二级负荷者应为三级负荷。三级负荷在供电突然中断时，造成的影响较小。

对于三级负荷一般只需要一个电源供电。

（4）系统备用容量大小。装设有2台（组）及以上主变压器的变电站，其中1台（组）主变压器故障，其余主变压器的容量应仍能保证该站70%～80%的负荷，在计及过负荷能力后的允许时间内，应仍能保持向用户的一级和二级负荷供电。

对于规划只装设有两台主变压器的变电站，应结合远景负荷的发展，研究主变压器基础是否预留调换更大容量的变压器的可能性。

二、10～500kV 主接线

10～220kV 高压配电装置的接线分为：①无汇流母线的接线，如线路变压器组接线、桥形接线和角形接线等；②有汇流母线的接线，如单母线、单母线分段、双母线、双母线分段等。10～220kV 高压配电装置的接线方式，决定于电压等级及出线回路数，按电压等级的高低和出线回路数的多少，有一个大致的适用范围。

330～500kV 超高压配电装置采用的接线为：双母线三分段（或四分段）接线、双母线三分段（或四分段）带旁路母线接线、3/2 断路器接线和 3～5 角形接线等。

1. 线路变压器组接线

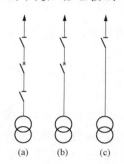

图 3-1　线路变压器组接线
（a）装设断路器的线路变压器组接线一；
（b）装设断路器的线路变压器组接线二；
（c）不装设断路器的线路变压器组接线

线路变压器组接线也叫单元接线，是最简单的接线形式，由一条线路连接一台主变压器，线路与主变压器之间可装设也可不装设断路器。如图 3-1 所示。

当电源线路上没有支接变电站时，线路与主变压器之间可不设断路器，主变故障时通过远方跳闸方式跳开电源侧断路器。

当电源线路上支接有其他变电站时，线路与主变压器之间宜设置断路器，主变故障时跳开进线断路器，这样就不会影响电源线路对其他变电站的供电。

线路故障或检修时，主变压器要停运；变压器故障或检修时，线路要停运。

适用范围：城市中心负荷密集区配电网系统比较完善时，变电站高压侧可采用线路变压器组接线。

2. 桥形接线

当变电站具有两路电源线路和两台主变压器时，可采取在两个线路变压器组接线之间加联络断路器的方式，此种接线型式就是桥接线，此时的联络断路器叫作桥断路器。连接桥断路器装设于靠近出线侧，称外桥形接线（见图 3-2），连接桥断路器装设于靠近主变压器侧，称内桥形接线（见图 3-3）。

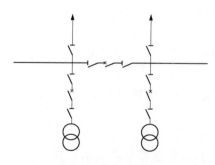

图 3-2　外桥形接线

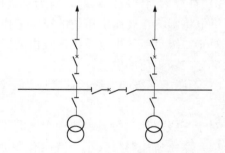

图 3-3　内桥形接线

当两条线路之间有穿越功率或者主变压器需要经常投切时，宜采用外桥接线，这样在主变压器故障、检修或者停运时就不会影响系统对其他变电站的供电。

在其他情况下宜采用内桥接线，这是由于一般线路的故障率比变压器高，当一台线路故障停电时，可采用无压跳装置切除这条线路，然后由自投装置投入桥断路器，由一条线路带两台主变运行。

桥接线具有一定的灵活性。但有时停一条线路或者一台变压器时需要操作两台断路器，灵活性比单母线分段接线要差。

适用范围：终端变电站。

3. 扩大桥接线

当变电站具有三条线路进线和三台主变压器时，可采用扩大桥接线（见图3-4、图3-5），当变电站具有两条线路进线和三台主变压器时可采用不完全扩大桥接线，其可靠性和灵活性与桥接线相同。

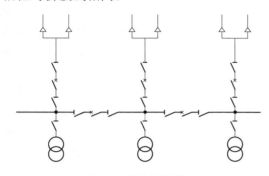

图3-4　扩大桥接线一

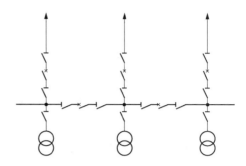

图3-5　扩大桥接线二

适用范围：终端变电站。图3-4适用于城市电缆网，电源进线可采用单组电缆终端，当需要采用电源线路支接方式时，可采用双组电缆终端，把线路支点设在变电站内比较容易实现。

4. 角形接线

角形接线有三角形接线、四角形接线（见图3-6）和多角形接线。角形接线没有母线，不会发生因母线故障造成的停电，一般要求电源线路与负荷线路或者主变压器对称布置或者相互间隔布置，采用闭环运行方式时，具有较高的可靠性。当一个元件故障时，该元件两边的断路器跳闸切除故障元件，其他完好元件可通过剩余的半环在电源与负荷之间输送功率，保障继续供电。

当一个元件故障且同时与其相邻的断路器又拒动时只会切除两个元件，其他完好元件可通过剩余的半环在电源与负荷之间输送功率，保障继续供电。

角形接线一般要求采用合环运行方式，经济性较好，任何规模下都折合一个元件只配置一台断路器。

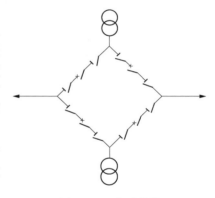

图3-6　四角形接线

适用范围：适应于能一次建成的、最终进出线3～5回的110kV及以上电压的配电装置。也可用于3/2接线初期过渡时使用。

5. 单母线接线

当变电站只设一条母线，所有进出线及主变压器都接在这条母线上，且所有元件都设有断路器时，该接线形式为单母线接线（见图3-7）。

任一条线路或一台主变压器故障或检修时，都能保障其余线路或主变压器继续运行。如果母线故障或者母线隔离开关检修，则会造成变电站的全停。

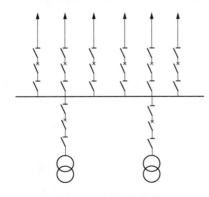

图3-7　单母线接线

适用范围：当一期只有一条电源线路时，可选择单母线接线，但电气布置上需考虑可扩展成其他接线的条件。

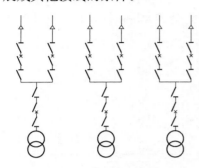

图 3-8　单母线单元接线

单母线单元接线（见图 3-8）是单母线接线的应用形式。一般地，变电站三条电源线路支接三台主变压器，在主变压器侧和进出线侧均加装了断路器，提高了变电站的可靠性。当主变压器故障时，只切除主变压器而不影响线路的安全运行；当其中一段线路发生故障时，可有选择性的切除故障线路，保证非故障段继续供电。

变电站可获得两个方向的三个电源，按 N-1 原则选择线路和主变压器容量，失去一个电源或一台主变压器不会影响继续供电。正常运行时可选择两端电源中任一一端电源供电，中间的一段线路停电检修可由两端电源供电，不会影响变电站主变压器的运行。

适用范围：环进环出接线主要用于以电缆线路为主的城市中心负荷密集区。

6. 单母线分段接线

当接入母线的元件较多时，就把母线分为两段或者多段，并在两段母线之间设置分段断路器，这种接线形式就是单母线分段接线（见图 3-9）。

由于所有元件都设有断路器，单一元件故障时只切除故障部分，一般不会扩大停电范围，同时设置了分段断路器，母线故障只会一条母线停电，仍可保留一半的供电能力。

可以选择母线并列或者分列的运行方式；电源线路可选择运行或者备用方式。

适用范围：地区重要变电站和终端变电站。

7. 双母线接线

双母线接线（见图 3-10）即设置双条母线，每一个元件都通过两组隔离开关与两条母线连接，母线之间设置母联断路器。

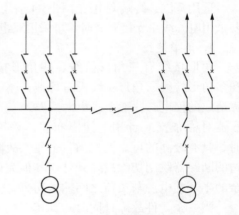

图 3-9　单母线分段接线

由于元件分别连接在两条母线上，当其中一条母线故障切除后，另一条母线可带约一半的进出线和主变压器继续运行，随后还可通过倒闸操作把故障母线所带的元件改接在完好母线上。

线路或变压器出线的母线侧隔离开关不仅是隔离电器，同时还是操作电器，倒闸操作过程中有可能造成误操作，增加了故障的机率，这是双母线接线的一个显著的缺点。

由于正常运行时每个元件可以选择接入任意一条母线，通常对电源线路、负荷线路和主变压器进行匹配分组，分别固定连接在两条母

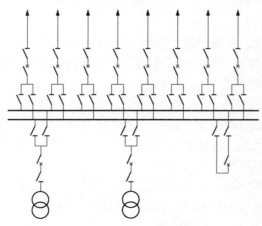

图 3-10　双母线接线

线上，同时可以选择母线并列或者分列运行；扩建方向不受接线型式限制，可向两端扩建；进出线间隔的布置不受接线形式限制，例如同名双回路线路可相邻布置，便于同名线路的同塔架设，且避免了不同名线路的交叉。

适用范围：枢纽变电站、地区重要变电站等。

8. 双母线分段接线

当双母线接线的进出线回路数量较多时，可将一条或者两条母线分段，形成双母线三分段接线，或者双母线四分段接线（见图 3-11），此时分段的母线之间需设置分段断路器，分段的母线还要与其他母线之间设置母联断路器。

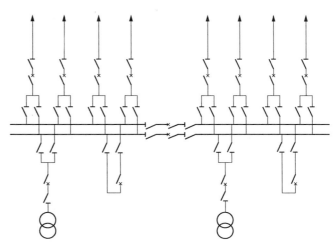

图 3-11　双母线四分段接线

由于元件分别连接在三条或者四条母线上，当其中一条母线故障切除后，其他母线可带约 2/3、3/4 的元件继续运行，随后还可通过倒闸操作把故障母线所带的元件改接在完好母线上。

由于电源线路、负荷线路和主变压器进行更多的分组，分别固定连接在 3～4 条母线上，可以选择更多的运行方式。

适用范围：枢纽变电站。

9. 旁路母线

旁路母线就是设置一条专用的带路母线，同时设置旁路断路器，并在每一个需要带路的间隔的出线侧设置旁路隔离开关，当需要检修进出线断路器时，由旁路断路器带出相应的线路或变压器，可避免因检修断路器造成停电。也有的变电站只设旁路母线而不设专用旁路断路器，检修断路器时由母联兼旁路断路器或者其他回路断路器带旁路母线，继而带被检修断路器的回路。

旁路母线可以与单母线接线、单母线分段接线、双母线接线组合配置，形成单母线带旁路接线、单母线分段带旁路接线、双母线带旁路接线（见图 3-12）等多种带旁路母线的接线形式。

设置旁路母线显然可提高变电站的供电可靠性和灵活性，但旁路隔离开关作为操作电器，倒闸操作过程中可能引起误操作。另外，增加了许多旁路隔离开关也相应增加了五防闭锁系统的复杂程度。设置旁路母线也会相应增加占地

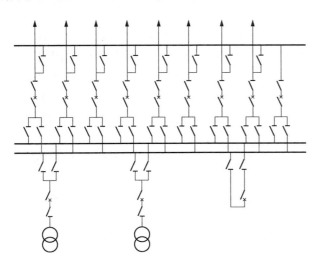

图 3-12　双母线带旁路接线

和投资。

在大量使用油断路器的年代，各级电压电网不够完善，且断路器检修周期较短，旁路母线的设置亦相当普遍，这对于提高供电可靠性起到了一定作用。但随着设备水平的不断提高和各级电压电网网架的不断加强，旁路母线正在逐渐地退出历史舞台。尤其现在大量的采用了SF_6断路器、真空断路器以及SF_6组合电器、手车开关柜等，这些电气设备的可靠性已经有了很大的提高，断路器本体及操动机构也经过不断改其性能也有很大提高，加之这些断路器的分合闸功率也相对较小，在其使用寿命周期内几乎无需检修。因此主接线中不再设旁路母线。

10. 一个半断路器接线

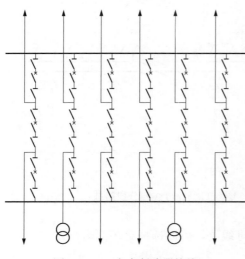

图 3-13 一个半断路器接线

一个半断路器接线设有两条母线，在两条母线之间串接三台断路器，构成所谓的"串"，然后再由每两台断路器之间引出一条进出线，通常两条母线之间连有多个"串"，这种接线形式就是一个半断路器接线。采用此种接线折合一个进出线回路使用了一个半断路器，因此叫作一个半断路器接线，也叫3/2接线（见图3-13）。

为了保证足够的可靠性和灵活性，通常要求每个串内的两条进出线按电源与负荷或者主变压器相搭配；同名两条线路不配置在一个串内；通常主变压器接入串内与电源线路配串，当变电站设有四台主变压器时，也可两台主变进串，两台主变压器分别接在两条母线上。

一个半断路器接线具有非常高的可靠性，母线因检修或者故障停电后不会影响供电（主变压器接在母线除外）；线路故障同时串中间的断路器拒动时，只会同时切除故障线路和与之同串的另一条线路；线路故障同时串一端的断路器拒动时，只会同时切除故障线路和与之相连的母线；接在母线的主变压器故障且同时其断路器拒动时只会切除故障主变压器和与之相连的母线。

一个半断路器接线也具有较高的灵活性，其中任何元件可根据需要连接在不同的母线上，而转接不同的母线只需操作断路器即可，无需操作隔离开关，从而避免了由于倒闸操作引起的故障，且防误闭锁回路也比较简单。

为了减少投资，初期建设规模较小时几乎可选择任何接线形式，最终都可过渡到一个半断路器接线。

三、户内变电站电气主接线的选择

变电站根据在电力系统中所处的地位，分为系统枢纽变电站、地区重要变电站和负荷（或终端）变电站三大类。系统枢纽变电站有多条电源线路在变电站汇集，并可能馈出一些负荷线路，处于电网电源线路的始端，在向下一级电压电网供电的同时，还向同级电压的其他变电站供电。地区重要变电站处于电网电源线路的中部，在向下一级电压电网供电的同时，还向同级电压的其他变电站供电。负荷（或终端）变电站处于电网电源线路的末端，直接向负荷供电。

由于户内变电站线路引接等特殊性，一般地，户内变电站隶属于地区重要变电站和负荷（或终端）变电站范围。

户内变电站电气主接线的选择应根据变电站在电力系统中所处的地位、规划容量、电压等级设置、接入元件数量、设备特点等条件综合确定；应满足供电可靠、运行灵活、操作检修方便、节约投资和便于扩建等要求；并应符合 DL/T 5496《220kV～500kV 户内变电站设计规程》、DL/T 5495《35kV～110kV 户内变电站设计规程》的有关规定。

城市户内变电站在满足电网规划、可靠性等要求下，宜减少电压等级和简化接线。城市户内变电站多数是负荷变电站，电源数量较多，设备水平较高，负荷侧网络比较完善，宜简化接线。

1. 330、500kV 户内变电站

330、500kV 城市户内变电站都是负荷（或终端）变电站，应采用简单接线型式。当330、500kV 户内变电站为终端变电站时，330、500kV 配电装置宜采用线变组、桥形、单母线分段等接线形式。

330、500kV 户内变电站中的 110、220kV 配电装置宜采用双母线接线。

（1）当出线和变压器等连接元件总数为 10～14 回时，可在一条母线上设分段断路器。

（2）当出线和变压器等连接元件总数为 15 回及以上时，可在两条母线上设分段断路器。

（3）当为了限制母线短路电流或满足系统解列运行的要求，可根据需要将母线分段。

500kV 侧为内桥接线的户内变电站主接线示例如图 3-14 所示。

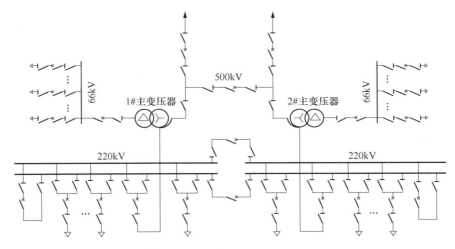

图 3-14　500kV 侧为内桥接线的户内变电站主接线示例

2. 220kV 户内变电站

220kV 户内变电站中的 220kV 配电装置宜按以下原则选择接线形式：

（1）当出线回路数为 4 回及以下时，可采用线路变压器组、桥形及单母线分段等接线形式。

（2）当在系统中居重要地位、出线回路数为 4 回以上时，宜采用双母线接线。

（3）当出线和变压器等连接元件总数为 10～14 回时，可在一条母线上设分段断路器。

（4）当出线和变压器等连接元件总数为 15 回及以上时，可在两条母线上设分段断路器，亦可根据系统需要将母线分段。

（5）当 220kV 城市户内变电站处于系统终端时，在满足运行要求的前提下，其 220kV 配电装置可采用少设或不设断路器的接线，如线路变压器组或桥型接线等。当电力系统保护装置能够满足要求时，也可采用线路分支接线。

　　220kV户内变电站中的66kV或110kV配电装置出线回路数在6回及以下时，可采用单母线分段接线。6回以上时，采用双母线、双母线分段或单母线分段接线。

　　220kV户内变电站中的10kV、35kV配电装置宜采用单母线分段接线。当主变压器低压侧无出线时可采用单母线接线。

　　220kV户内变电站主接线为内桥接线、单母线分段和双母线单分段的示例分别如图3-15～图3-17所示。

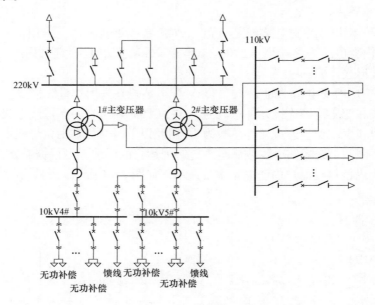

图 3-15　内桥接线

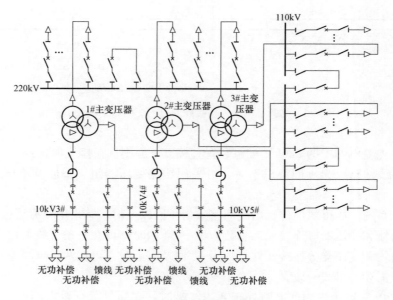

图 3-16　单母线分段接线

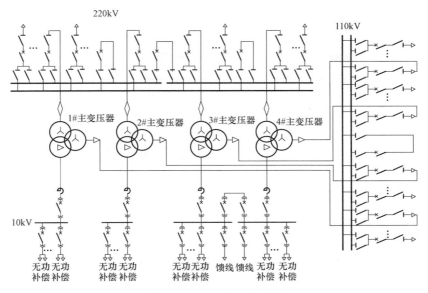

图 3-17 双母线分段接线

3. 35～110kV 户内变电站

户内变电站高压侧 110kV 进出线路为 6 回及以上时宜采用双母线接线。35～110kV 当进出线路为 2～4 回时，宜采用线变组、桥形、扩大桥形、单母线分段或线路分支接线等简单接线。

当 35～66kV 进出线路为 8 回及以上时宜采用双母线接线。

户内变电站当装有两台及以上主变压器时，其中低压侧的 10～35kV 配电装置宜采用单母线分段接线，分段方式应满足当其中一台主变压器停运时，有利于向其他主变压器分配负荷的要求。

110kV 户内变电站主接线示例如图 3-18～图 3-22 所示。

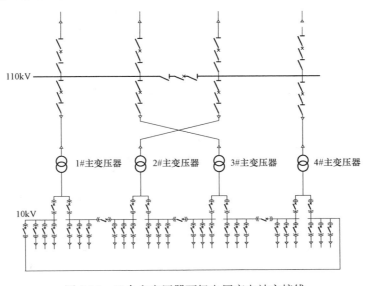

图 3-18　四台主变压器两级电压变电站主接线

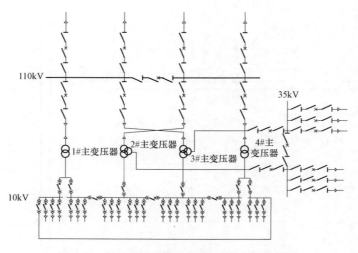

图 3-19　四台主变压器三级电压变电站主接线

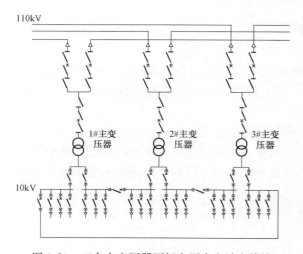

图 3-20　三台主变压器两级电压变电站主接线

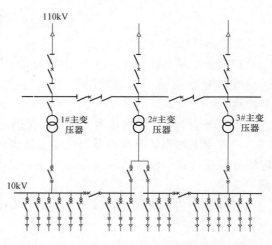

图 3-21　三台主变压器两级电压变电站主接线

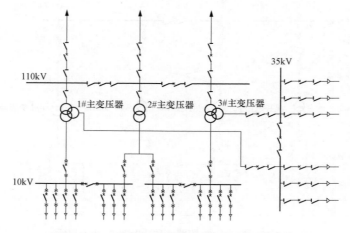

图 3-22　三台主变压器三级电压变电站主接线

35kV 户内变电站接线示例如图 3-23 所示。

4. 电气主接线选择注意事项

电气主接线型式的选择因素较多，除上述一般事项外，还有如下一些特殊注意事项：

（1）与地区电网的运行习惯相关。变电站担负着向地区供电的任务，其建设和运行已经有几十年，形成了本地区电网的运行习惯，根据变电站所在地理位置和电网规划，经过多年的生产实践，通常采用本地区较为典型的接线形式。而这种接线形式与相应的设备选择和电气布置相配合，也符合当地的系统、负荷、经济、气候、环境等具体条件要求，从设计、安装、运行、调度等部门都习惯于这种接线形式。

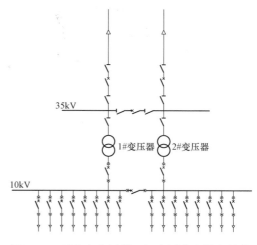

图 3-23　两台主变压器二级电压变电站主接线

如北京地区的变电站典型电气主接线与上海地区的就不相同，常用的电压等级都不相同，无孰是孰非。电气主接线型式的选择需要在尊重历史的前提下，进行发展变化。

（2）与变电站的建设阶段相关。变电站的建设初期时因供电负荷较小，可采用较为简单的接线形式，后期扩建时再行发展为较为复杂的终期接线形式。

例如，最终规模为扩大桥接线的三台主变压器三级电压 110kV 变电站主接线（如图 3-22 所示），由于一期供电负荷较小，可采用桥形接线的两台主变压器三级电压 110kV 变电站主接线，如图 3-24 所示。

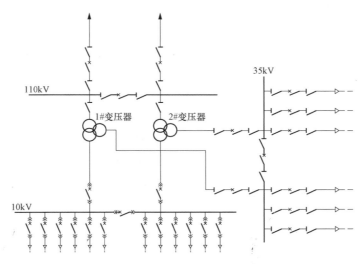

图 3-24　两台主变压器三级电压 110kV 变电站一期主接线

（3）电源线路的状况。变电站的电源线路的可靠性直接影响变电站的可靠性，电缆线路隧道内敷设、电缆线路排管敷设、电缆线路沟槽敷设、电缆线路直埋敷设、架空线路单独架设、双回线路同塔架设、多回线路同塔架设，依据电源线路的性质和敷设方式其可靠性递减。以桥接线为例，当电源线路可靠性较高时，可采用外桥接线；当电源线路可靠性降低时，宜采用内桥接线，这样就不会因为电源线路故障切除而同时停运一台主变压器。

（4）限制短路电流的设计措施。短路电流控制水平应与电源容量、电网规划、开关设备开断能力相适应；各电压等级的短路电流控制水平应相互配合；当系统短路电流过大时，应采取必要的限制措施。

城市配电网高压和中压变电站母线的短路电流水平，不宜超过表 3-1 的规定。

表 3-1　　　　　　　　　　　电网的短路电流控制水平

电 压 等 级（kV）	500	220	110	66	35	10
短路电流控制水平（kA）	50/63	50	31.5/40	31.5	25	16/20

注　110kV 及以上电压等级变电站，低压母线短路电流限值宜取表中高值。

当电网的短路电流达到或接近控制水平时，应通过技术经济比较，选择合理的限流措施。常用限流措施如下：

1）合理选择网络接线，增大系统阻抗。

2）变压器分列运行。

3）采用高阻抗变压器。

4）在变电站主变压器的低压侧加装限流电抗器。

变压器分列运行，是最简单并广泛采用的限流措施，但变压器容量较大时，限流效果不能满足使用要求。

当 110kV 变电站主变压器容量大于或等于 50MVA 时，一般采用高阻抗变压器以限制 6～10kV 侧系统短路容量；而为了限制 220kV 变电站 6～10kV 侧系统短路容量，国内也有少数变电站采用了高阻抗变压器，但大多数变电站仍采用变压器回路中串接限流电抗器的方法。分裂电抗器目前均没有采用。

四、电气主接线中的设备配置

1. 隔离开关的配置

35～110kV 户内变电站中，接在母线上的避雷器和电压互感器，可合用一组隔离开关。对接在变压器引线上的避雷器，不宜装设隔离开关。

220～500kV 户内变电站中，110～220kV 母线避雷器和电压互感器，宜合用一组隔离开关；330～500kV 避雷器和母线电压互感器不应装设隔离开关。

断路器两侧均应配置隔离开关，以便在断路器检修时隔离电源。中性点直接接地的普通型变压器均应通过隔离开关接地，自耦变压器的中性点则不必装设隔离开关。

在一个半断路器接线中，初期线路和变压器为两完整串时，出口处应装设隔离开关。

在多角形接线中，进出线应装设隔离开关，以便在进出线检修时，保证闭环运行。

在桥形接线中，跨条以采用两组隔离开关串联，以便于进行不停电检修。

2. 接地开关或接地器的配置

为保证电器和母线的检修安全，35kV 及以上每段母线根据长度宜装设 1～2 组接地刀闸或接地器，两组接地开关间的距离应尽量保持适中。母线的接地开关宜装设在母线电压互感器的隔离开关上和母联隔离开关上，也可装于其他回路母线隔离开关的基座上。必要时可采用独立式母线接地器。

63kV 及以上配电装置的断路器两侧隔离开关和线路隔离开关的线路侧宜配置接地开关。双母线接线两组母线隔离开关的断路器侧可共用一组接地开关。

63kV 及以上主变压器进线的隔离开关的主变压器侧宜装设一组接地开关。

3. 电压互感器的配置

电压互感器的数量和配置与主接线方式有关，并应满足测量、保护、同期和自动装置的要求。电压互感器的配置应能保证在运行方式改变时，保护装置不得失压，同期点的两侧都能提取到电压。

6～220kV 电压等级的每组主母线的三相上应装设电压互感器。当需要监视和检测线路侧有无电压时，出线侧的一相上应装设电压互感器。

当需要在 330kV 及以下主变压器回路中提取电压时，可尽量利用变压器电容式套管上的电压抽取装置。

500kV 电压互感器按下述原则配置：

（1）对双母线接线，宜在每回出线和每组母线的三相上装设电压互感器。

（2）对一个半断路器接线，应在每回出线的三相上装设电压互感器；在主变压器进线和每组母线上，应根据继电保护装置，自动装置和测量仪表的要求，在一相或三相上装设电压互感器。线路与母线的电压互感器二次回路间不切换。

4. 电流互感器的配置

凡装设断路器的回路均应装设电流互感器，其数量应满足测量仪表、保护和自动装置的要求。在未设断路器的变压器中性点、变压器出口和桥形接线的跨条上等均应装设电流互感器。

对直接接地系统，一般按三相配置。对非直接接地系统，依具体要求按两相或三相配置。

对一个半断路器接线，线路—线路串可装设四组电流互感器，在能满足继电保护和测量要求的条件下，也可装设三组电流互感器；线路—变压器串，可装设三组电流互感器。

5. 避雷器的配置

配电装置的每组母线上应装设避雷器，但进出线都装设避雷器除外。

330kV 及以上变压器和并联电抗器处应装设避雷器，并应尽可能靠近设备本体。220kV 及以下变压器到避雷器的电气距离超过允许值时，应在变压器附近增设一组避雷器。

三绕组变压器低压侧的一相上宜装设一台避雷器。自耦变压器必须在其两个自耦合的绕组出线上装设避雷器，并应接在变压器与断路器之间。

第二节 电 气 布 置

变电站的电气布置型式，按照发展历程，一般分为户外敞开式布置、户外设备户内布置、气体绝缘金属封闭组合电器户内布置三个阶段。

第一阶段：户外敞开式布置。一般在变电站设计和建设的早期，这个时期的电气设备外形尺寸较大，设备检修周期较短，考虑设备检修方便，且土地费用较低，一般采用户外敞开式布置。

第二阶段：户外设备户内布置。这是城市户内变电站发展的过渡期，在 20 世纪 80～90 年代，电气设备制造水平没有明显进步，但变电站建设环境发生了变化，要求变电站建设减少占地面积，变电站外形与周围城市环境协调一致，应运而生出现了户外设备户内布置，当时建设了一批户外设备户内布置户内变电站。

第三阶段：采用 GIS 设备户内布置。这是目前城市户内变电站设计和建设的普遍布置型式。随着 GIS 快速发展和普遍应用，高压大截面电力电缆技术发展和成熟，以及城市对变电站减少占地面积、变电站外形与周围环境协调一致的迫切要求，户内变电站日臻完善并大量建设。

一般地，城市户内变电站的电气设备布置在建筑物内，电气设备可以分期安装，土建设施宜一次建成。在 DL/T 5496—2015《220kV～500kV 户内变电站设计规程》、DL/T 5495—2015《35kV～110kV 户内变电站设计规程》中规定"4.2.1 电气总平面应根据电力系统规划、城市规划、站址地形、进出线条件、交通条件、环境条件、地质条件等因素，进行综合布置。4.2.2 当有多回架空进出线时，电气总平面布置应避免或减少线路的交叉跨越。当有电缆进出线时应结合电源和负荷的方向及站址附近的电缆敷设路径条件对站内的电缆通道路径进行规划。4.2.3 电气总平面布置应使变电站对周围环境产生的影响最小，宜优化电气布置以减少对周边的噪声干扰。"

一、电气布置及一般设计原则

在采用 GIS 设备户内布置的第三阶段，户内变电站有分散布置和楼层布置两种型式。早期的电气布置采用户外变电站设计理念，分散布置，通过设备的小型化减少变电站占地。随着设计水平的提高，对户内变电站进行综合设计，分析设备荷载、吊装运输、内部联系、进出线等因素，采用楼层布置，最大程度减少变电站占地面积。

采用楼层布置时，较重的电气设备一般布置在一层，对于结构设计有利，也降低了设备运输难度。油浸式电气设备主变压器等布置在一层，有利于事故油池等储油和排油消防设施的布置。电力电缆出线较多的配电装置布置在一层有利于电缆的敷设和引出。但为了实现变电站紧凑布置，压缩变电站占地面积，也可把气体绝缘金属封闭组合电器（GIS）室、电容器室等设备间设置在二层及以上楼层。

一般地，电气设备宜按下述原则进行布置：

（1）主变压器、并联电抗器等油浸式或较重的电气设备宜布置在一层。

（2）当低压侧 10～66kV 配电装置出线较多时，宜布置在一层。

（3）中、高压侧 66～500kV 配电装置可根据条件布置在适当楼层，当布置在二层及以上且有电缆出线时需设置电缆竖井。

（4）装配式电容器组、干式站用变压器、干式接地变及消弧线圈（电阻柜）等电气设备可视情况布置在各层。

（5）电气连接紧密的设备尽量靠近布置，如，主变压器与限流电抗器、蓄电池室与二次设备室。

二、电气设备房间布置

户内变电站各层平面的各个房间宜按功能划分分区布置。变电站的电气设备布置在建筑物内，各层平面的房间较多，按功能划分分区布置，可使平面布置清晰，利于运行巡视，减少内部设施的相互干扰。

（一）变压器室

各电压等级的变压器室主要根据主变压器的选择型式、室内变压器外廓与四壁的最小净距和中性点设施的布置而确定。在工程实践中，500、220、110、35kV 变压器的布置选择及示例如下。

（1）500kV 变压器一般采用单相变压器组，风冷却器与主变压器本体纵向分体布置，主变压器本体户内布置，风冷却器设置在户外。主变压器三侧进出线均可考虑采用 GIS 管道母线连接；考虑 GIS 管道占用主变压器室高度，主变压器室高度约为 13m，长度约为 14m，宽度约为 12m。

（2）220kV 变压器的散热器与主变压器本体横向分体布置，主变压器本体户内布置，散热器设置在户外。主变压器高中压侧采用 GIS 管道母线或电力电缆连接。主变压器室高度约为 11m，长度（包含散热器）约为 18m，宽度约为 17m。

（3）110kV 变压器的散热器与主变本体横向分体布置，主变压器本体户内布置，散热器设置在户外。主变压器高压侧采用电力电缆连接。主变压器室高度约为 10m，长度（包含散热器）约为 13m，宽度约为 9m。

油浸式变压器室变压器外廓与四壁的净距不应小于表 3-2 所列数值。就地检修的户内油浸式变压器，户内高度可按吊芯所需的最小高度再加 700mm，宽度可按变压器两侧各加 800mm 确定。户内变电站变压器室内布置有中性点接地开关、放电间隙、避雷器或电缆终端时，除满足上述要求外，还应考虑这些设备布置和做试验所要求的电气距离。

表 3-2　　　　　　室内油浸式变压器外廓与变压器室四壁的最小净距　　　　　　　　　　mm

变压器容量	1000kVA 及以下	1250kVA 及以上
变压器与后壁、侧壁之间	600	800
变压器与门之间	800	1000

（4）35kV 及以上户内油浸式电力变压器，以及其他单台油量超过 100kg 的充油电气设备，应安装在单独的防爆间内，并应设置灭火设施。同时应设置储油设施或挡油设施。挡油设施应按能容纳 20% 油量设计，并应能将事故油排至安全处，排油管的内径不应小于 100mm，管口应加装铁栅滤网；否则应设置能容纳 100% 油量的储油设施。当变压器采用水喷雾自动灭火装置，并设置有油水分离的总事故储油池时，考虑到变压器事故灭火时，水喷雾水量和事故排油的累加因素，其容量应按电气设备最大一个油箱的 100% 油量设计。储油池内一般铺设厚度不小于 250mm 的卵石层，卵石直径为 50～80mm。

干式变压器可与高低压配电装置布置于同一室内，也可单独布置于变压器室内，其防护类型有网型、箱型，也可作敞开式布置。设置于户内的无外壳干式变压器，其外廓与四周墙壁的净距不应小于 600mm，干式变压器之间的距离不应小于 1000mm，并应满足巡视维修的要求。对于全封闭型干式变压器可不受上述距离限制，但应满足巡视维护的要求。

（二）高压配电装置室

高压配电装置是接受和分配电能的电气设备，包括开关设备、监视测量仪表、保护电器、连接母线及其他辅助设备。高压配电装置是 1kV 以上的电气设备按一定接线方案，将有关一次、二次设备组合起来。各电压等级的高压配电装置布置根据高压配电装置型式、进出线规模、运输条件、试验空间、设备与四壁的最小净距等而确定[14]。

配电装置布置要整齐清晰，并满足对人身和设备的安全要求，如保证各种电气安全净距，采取防火、防爆和蓄油、排油措施。在配电装置发生事故时，能将事故限制到最小范围和最低程度，并使运行人员在正常操作和处理事故的过程中不发生意外情况，以及在检修维护过程中不损害设备。此外，还应考虑方便设备维护和检修，如合理确定电气设备的操作位置，设置操作巡视通道。对于各种型式的配电装置，应考虑检修和安装条件，设置设备搬运通道、起吊设施。此外，配电装置的设计还必须考虑分期建设和扩建过渡的方便条件。

1. 气体绝缘金属封闭组合电器（GIS）布置

气体绝缘金属封闭组合电器（GIS）布置应考虑其安装、检修、起吊、运行、试验、巡视以及气体回收装置所需空间和通道。GIS配电装置室应设置起吊工具挂点，其能力应能满足起吊最大检修单元要求，并满足设备检修要求。

当气体绝缘金属封闭组合电器（GIS）配电装置布置在二层及以上的楼层时，应在室内设置吊装口或者在室外设置吊装平台；吊装口上方梁板吊点荷载和室外吊装平台荷载，应按照最大单台吊装设备重量考虑。

采用气体绝缘金属封闭组合电器（GIS）时应留有进行试验的必要空间。SF_6全封闭组合电器（GIS）若采用全电缆进出线，现场试验时一般要加装试验套管，应校核试验套管带电部位与气体绝缘金属封闭组合电器（GIS）室内部隔墙、柱子、梁、通风管道等物体的安全净距满足相关规程要求。

一般气体绝缘金属封闭组合电器（GIS）配电装置室高度设计为10m左右，主要考虑GIS室检修用起重机的有效吊高和高压电气试验套管的高度及安全距离。以220kV和110kV气体绝缘金属封闭组合电器（GIS）为例：220kV GIS本身高约4m左右，安装试验套管后试验时对地高度至少要8m；110kV GIS本体高度约为3.5m，安装试验套管后试验时对地净高要求达到6.5m；若采用封闭式现场试验装置（又称为SF_6试验变压器）较为简单可行，GIS生产厂家也已经研发出这样的试验装置，如HighVoltage公司的GLX600/7型和思源公司的GZF-I型；但需单独购买。设想如果采用这种设备来进行现场试验，则110kV GIS室净高可降至4.5m，220kV GIS室净高可降至5.0m，采用封闭式试验装置在变电站建设成本上具有独特的优势，既满足了试验需求，也节省了建筑投资，可谓一举多得，是值得推荐的办法。

SF_6试验变压器，额定电压600kV，额定频率50Hz，最大输出容量15min 100kVA、2min 260kVA，质量1000kg，高度1600mm，宽度1400mm。SF_6试验变压器耐压试验系统，包括控制柜、低压调压器、低压滤波器、低压补偿电抗器、高压SF_6试验变压器等部件。额定输入380V工频交流电，经过低压调压器变为0～380V/50Hz电压可调的电源送入滤波器滤波。高压试验变压器采用单相SF_6气体绝缘试验变压器，试验变压器低压侧与调压器、滤波器、补偿电抗器连接，调压器接收控制台发来的升压或者降压信号进行电压调节，达到规定的耐受电压值。

由于高压回路封闭在SF_6气体中，且采用了滤波器，因此高压试验回路可满足无局放的要求，这种装置可与耐压同步进行局部放电的定量测量。SF_6试验变压器与GIS试验品的连接通过SF_6气体绝缘连接筒实现。此连接筒的设计需考虑满足不同GIS制造厂家的接口的对接问题，满足各种电压等级和形式的GIS的测试要求。连接筒通常需要制造厂家配合提供。

如果将气体绝缘金属封闭组合电器（GIS）室检修用起重机改为在顶板预埋吊环（钩），同时考虑将高压电气试验套管通过SF_6管道母线引接至室外或采用SF_6气体绝缘的专用GIS试验设备，省去空气绝缘试验套管，GIS室层高可大大减小，比如：220kV GIS室层高可以减为6.5m；110kV GIS室层高可以减为6.0m。

一般各电压等级高压配电装置GIS室的布置尺寸如下：

（1）500kV GIS室：厂房高度约13m，宽度约14m，长度取决于进出线规模。

（2）220kV GIS室：厂房高度约10m，宽度约12m，长度取决于进出线规模。

（3）110kV（或66kV）GIS室：厂房高度约10m，宽度约9m，长度取决于进出线规模。

配电装置室内通道应保证畅通无阻，不得设立门槛，并不应有与配电装置无关的管道通过。为满足安装、检修、运行巡视的要求，GIS配电装置室两侧应设置安装检修和巡视通道，主通道宜靠近断路器侧，其道路宽度应满足GIS设备中最大设备单元搬运所需空间和SF$_6$气体回收装置所需宽度，宽度宜为2000～3500mm；另一侧通道供运行巡视用，其宽度应满足操作巡视和补气装置对每个隔室补气的要求，巡视通道不应小于1000mm。

气体绝缘金属封闭组合电器（GIS）配电装置的架空出线套管、避雷器等室外设备布置和架空线路间隔宽度，需满足《高压配电装置设计技术规程》DL/T 5352[13]要求。户内变电站的架空线路挂点一般直接设在厂房框架梁上，没有常规户外门型架构的跨线连接，所以，气体绝缘金属封闭组合电器（GIS）配电装置户外架空线路出线间隔宽度可适当缩小。

为了保证气体绝缘金属封闭组合电器（GIS）设备安全运行，同一间隔GIS配电装置的布置，应避免跨土建结构缝。为防止因温度变化引起伸缩，以及因基础不均匀下沉造成GIS设备漏气与操动机构不灵，在GIS设备的适当部位应加装伸缩节。伸缩节主要用于装配调整（安装伸缩节）、吸收基础间的相对位移、热胀冷缩（温度伸缩节）、地震时的过度位移等，根据不同的使用目的选定允许的位移量、位移方向和允许的位移次数。此外，一个伸缩节往往兼有几种功能。伸缩节的选择标准如下：

（1）用于装配调整。用于吸收GIS制造上的尺寸误差和安装误差，其标准主要由制造厂决定。一般设置在GIS各间隔之间的连接部位和架空出线套管的管道母线上。

（2）用于吸收基础间的相对位移。指分开基础间的相对位移（不均匀沉降）。如果基础十分牢固，就能够减轻伸缩节负担，反之亦增加负担。一般设置在GIS管道跨越不同建筑物或穿越建筑物的不同房间。

（3）用于吸收热胀冷缩的伸缩节。根据温度的变化幅度、使用的材质、单位长度决定其标准。一般设置在较长的GIS主母线或分支母线上。

（4）用于吸收地震时的过度位移量。主要用于与变压器等的连接部分及伸缩节的安装高度很高的情况，其允许位移量应根据连接元件的地震分析求得。

伸缩节的种类和允许位移量，见表3-3。

表3-3　　　　　　　　　　　　伸缩节的种类和允许位移量

种类	允许位移量（mm）		备　　注
	轴向	径向	
装配调整用	±10～15	±5	除装配调整外，大都兼有局部解体、组装及防止震动传播等功能
吸收基础间的相对位移	−10～+50	±20～50	（1）吸收分开基础间的相对位移（不均匀下沉）。 （2）为了防止相对位移，GIS及其与之直接连接元件的基础最好是一个整体，但作为整体施工受混凝土耗量及基础规模过大的限制，所以基础适宜分开，在GIS上设置伸缩节，在经济上是有利的。 （3）采用分开基础时，减少相对位移的措施如下：在一个地基上打基础；在基础的分开部分加连接梁

种类	允许位移量（mm）		备　注
	轴向	径向	
吸收热胀冷缩	±20	—	（1）吸收因环境、通电、日照等温度变化引起的热伸缩分量。 （2）决定伸缩量的主要因素是材质（膨胀系数）、母线长度、温度变化幅度。 （3）伸缩量较小时，有时用来吸收罐体和底架的弹性变形和安装部分的滑动等
吸收地震时的过度位移	个别研究		在 GIS 元件和变压器的直接连接部分，有时需吸收地震时的过度位移

2. 配电装置的最小安全净距

户内变电站安装的户外配电装置的最小安全净距见表 3-4，图 3-25～图 3-27 为校验图。户内配电装置的最小安全净距见表 3-5，图 3-28、图 3-29 为校验图。

表 3-4　　　　　　　　　　户外配电装置的最小安全净距　　　　　　　　　　mm

符号	适　用　范　围	系统标称电压（kV）						
		35	66	110J	110	220J	330J	500J
A_1	带电部分至接地部分之间	400	650	900	1000	1800	2500	3800
	网状遮拦向上延伸线距地 2.5m 处，与遮拦上方带电部分之间							
A_2	不同相的带电部分之间	400	650	1000	1100	2000	2800	4300
	断路器和隔离开关的断口两侧引线带电部分之间							
B_1	设备运输时，其设备外廓至无遮拦带电部分之间	1150	1400	1650	1750	2550	3250	4550
	交叉的不同时停电检修的无遮拦带电部分之间							
	栅状遮拦至绝缘体和带电部分之间①							
	带电作业时带电部分至接地部分之间②							
B_2	网状遮拦至带电部分之间	500	750	1000	1100	1900	2600	3900
C	无遮拦导体至地面之间	2900	3100	3400	3500	4300	5000	7500
	无遮拦裸导体至建筑物、构筑物顶部之间							
D	平行的不同时停电检修的无遮拦带电部分之间	2400	2600	2900	3000	3800	4500	5800
	带电部分与建筑物、构筑物的边沿部分之间							

　注　1. 110J、220J、330J、500J 系指中性点有效接地系统。

　　　2. 海拔超过 1000m 时，A 值应进行修正。

　　　3. 本表所列各值用于制造厂的成套配电装置。

　　　4. 500kV 的 A_1 值，分裂软线至接地部分之间可取 3500mm。

①对于 220kV 及以上电压，可按绝缘体电位的实际分布，采用相应的 B_1 值进行校验。此时，允许栅状遮拦与绝缘体的距离小于 B_1 值，当无给定的分布电位时，可按线性分布计算。校验 500kV 相间通道的安全净距，亦可用此原则。

②带电作业时，不同相或交叉的不同回路带电部分之间，其 B_1 值可取（A_2+750)mm。

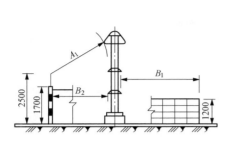
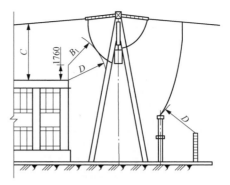

图 3-25　户外 A_1、B_1、B_2、C、D 值校验图

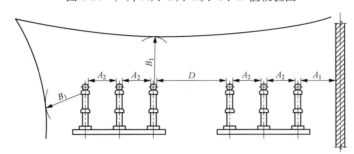

图 3-26　户外 A_1、A_2、B_1、D 值校验图

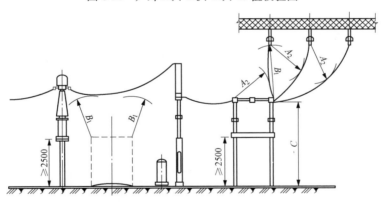

图 3-27　户外 A_2、B_1、C 值校验图

表 3-5　　　　　　　　　　　　户内配电装置的最小安全净距　　　　　　　　　　　　　　　mm

符号	适用范围	系统标称电压（kV）							
		6	10	15	20	35	66	110J	220J
A_1	带电部分至接地部分之间	100	125	150	180	300	550	850	1800
	网状遮拦向上延伸线距地 2.3m 处与遮拦上方带电部分之间								
A_2	不同相的带电部分之间	100	125	150	180	300	550	900	2000
	断路器和隔离开关的断口两侧引线带电部分之间								
B_1	交叉的不同时停电检修的无遮拦带电部分之间	850	875	900	930	1050	1300	1600	2550
	栅状遮拦至带电部分之间								

符号	适用范围	系统标称电压（kV）							
		6	10	15	20	35	66	110J	220J
B_2	网状遮拦至带电部分之间①	200	225	250	280	400	650	950	1900
C	无遮拦裸导体至地（楼）面之间	2500	2500	2500	2500	2600	2850	3150	4100
D	平行的不同时停电检修的无遮拦裸导体之间	1900	1925	1950	1980	2100	2350	2650	3600
E	通向屋外的出线套管至屋外通道的路面	4000	4000	4000	4000	4000	4500	4500	5500

注　1. 110J、220J 系指中性点有效接地系统。

　　2. 海拔超过 1000m 时，A 值应进行修正。

　　3. 通向屋外配电装置的出线套管至屋外地面的距离，不应小于屋外部分之 C 值。

① 当为板状遮拦时，其 B_2 值可取（A_1+30）mm。

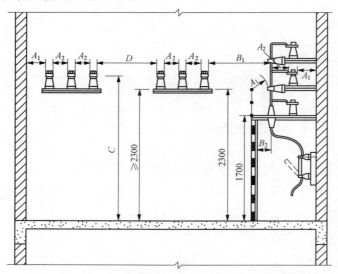

图 3-28　户内 A_1、A_2、B_1、B_2、C、D 值校验图

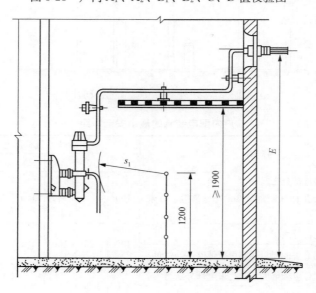

图 3-29　户内 B_1、E 值校验图

3. 35、10kV 配电装置室

35、10kV 配电装置室内各种通道的最小宽度（净距）不宜小于表 3-6 所列数值。

表 3-6　　　　　　35、10kV 配电装置室内各种通道的最小宽度（净距）　　　　　mm

布置方式	通道分类		
	维护通道	操作通道	
		固定式	移开式
设备单列布置	800	1500	单车长＋1200
设备双列布置	1000	2000	双车长＋900

注　1. 在建筑物的墙柱个别突出处通道宽度允许缩小 200mm。
　　2. 手车式开关柜不需进行就地检修时，通道宽度可适当减小。
　　3. 固定式开关柜靠墙布置时，柜背离墙距离宜取 50mm。
　　4. 当采用 35kV 开关柜时，柜后通道不宜小于 1000mm。
　　5. 移开式 10kV 开关柜单车长按照 800mm 考虑。

一般各电压等级配电装置室的布置尺寸如下：

（1）35kV 配电装置室：厂房高度约 6m，单列布置宽度约 7m，双列布置宽度约 12m，长度取决于进出线规模。

（2）10kV 配电装置室：厂房高度约 5m，单列布置宽度约 5m，双列布置宽度约 10m，长度取决于进出线规模。

4. 配电装置围栏及对建筑的要求

配电装置围栏系指栅状遮拦、网状遮拦或板状遮拦。配电装置中电气设备的栅状遮拦高度不应小于 1200mm，栅状遮拦最低栏杆至地面的净距，不应大于 200mm。

配电装置中电气设备的网状遮拦高度不应小于 1700mm，网状遮拦网孔不应大于 40mm×40mm，围栏门应装锁。

长度大于 7000mm 的配电装置室应有 2 个出口。长度大于 60 000mm 时，宜再增设 1 个出口；当配电装置室有楼层时，1 个出口可设置在通往户外楼梯的平台处。屋内配电装置应考虑设备搬运的方便，如在墙上或楼板上设置搬运孔洞等，搬运孔尺寸一般按设备外形加 0.3m 考虑。搬运设备通道的宽度，一般可比最大设备的宽度加 0.4m，对于电抗器加 0.5m。户内变电站大型设备（比如变压器和 GIS）设置在墙上的运输孔洞，一般采取后砌墙方式。

配电装置室的门应为向外开的防火门，应装弹簧锁，严禁用门闩，相邻配电装置室之间如有门时，应能向两个方向开启。配电装置室可开固定窗采光，但应采取防止雨、雪、风沙、污秽尘埃及小动物进入的措施。

配电装置室的顶棚和内墙应作耐火处理，耐火等级不应低于二级。

为了保证 GIS 配电装置安全运行，要求 GIS 配电装置室内应清洁、防尘，室内地面应采用耐磨、防滑、高硬度地面；当 GIS 配电装置主母线跨越土建结构缝时，安装时应注意在 GIS 运行中因土建基础的不均匀沉降所造成的位移，并应满足 GIS 设备对基础不均匀沉降的要求。配电装置有楼层时，其楼面应有防渗水措施。

配电装置室应按事故排烟要求，装设足够的事故通风装置。GIS 配电装置发生故障造成气体外逸时，人员应立即撤离现场，并立即采取强力通风，换气控制不得小于 15min 1 次；事故时换气次数应每小时不少于 4 次。GIS 设备发生事故时，在现场将 GIS 设备中的 SF_6 气体由专用设备吸出，并装好另行处理，再检修 GIS 设备。GIS 配电装置室内应在低位区配置 SF$_6$泄漏报警仪及事故排风装置。GIS 配电装置室正常运行时，排风管的吸气口应贴近地面，距离地面高度不应大于 300mm；而排风口应避开人行通道，采用机械方式排出室外。

GIS 配电装置室一般需要埋设一定数量的地锚用于设备安装就位。另一种安装就位方式，是在 GIS 室内采用气垫运输，气垫运输可以减少运输过程中对 GIS 设备的振动和损伤，而且可以节省安装就位时间。采用这种安装就位方式，GIS 室内可不埋设地锚。

（三）无功补偿设备室和空芯限流电抗器室

无功补偿设备有无功静止式补偿装置和无功动态补偿装置两类，前者包括并联电容器和并联电抗器，后者包括同步补偿机（调相机）和静止型无功动态补偿装置（SVG）。无功静止式补偿装置在变电站中应用较为普遍。

1. 并联电容器成套装置室

66kV 并联电容器组可选用油浸集合式，采用管道母线与油浸铁芯串联电抗器连接，布置在户内独立房间。以单组容量 60Mvar 为例，采用电缆进线方式。并联电容器室高度约 7m，长度约 13m，宽度约 13m。

35kV 并联电容器组，可选用油浸组装式电容器，配干式空心串联电抗器，多组布置在同一房间，并联电容器室高度约 7m，宽度约 12.5m（含通道），长度取决于安装规模。

10kV 并联电容器组，可选用油浸组装式电容器，配干式铁芯串联电抗器，多组布置在同一房间，并联电容器室高度约 5m，宽度约 9m（含通道），长度取决于安装规模。

2. 并联电抗器室

66kV 并联电抗器一般选用油浸式，布置在户内独立房间。以单台容量 60Mvar 为例，采用散热器与本体纵向分体布置，散热器设置在户外，并联电抗器本体和避雷器户内布置；采用电缆进线方式。并联电抗器室高度约 7m，长度约 14m（含散热器 6m），宽度约 8m。

35kV 并联电抗器可选用油浸式，布置在户内独立房间。以单台容量 10Mvar 为例，采用散热器与本体纵向分体布置，散热器设置在户外，并联电抗器本体和避雷器户内布置；采用电缆进线方式。并联电抗器室高度约 7m，长度约 9m（含散热器 3.5m），宽度约 7.5m。

10kV 并联电抗器一般选用环氧浇注干式，可多台并联电抗器布置在同一房间，并联电抗器室高度约 5m，宽度约 9m，长度取决于安装规模。

3. 空芯限流电抗器室

空芯限流电抗器的布置，应严格按照产品资料要求的相间距离、安装高度进行布置；并保持与周围闭合铁磁材料足够的安全距离，避免周围铁磁材料严重发热。因空芯电抗器磁路是在电抗器外部流通并形成回路，所以应禁止将二次设备室布置在空芯电抗器室的正上方或正下方，以避免电抗器磁场对二次设备形成电磁干扰。一般情况下，对于三相"一"形、"△"形和垂直布置的空心限流电抗器，相间净距离为电抗器直径的 0.7 倍，距边墙或不形成闭环的金属部件的距离为电抗器直径的 0.6 倍，距地面和距顶板或不形成闭环的金属部件的距离为电抗器直径的 0.5 倍。

空心限流电抗器室可以设置玻璃钢等非铁磁性材质的围栏，层高一般为 5m。

（四）站用电设备布置

站用电设备布置，应遵守下列基本原则：

（1）站用电设备的布置应符合电力生产工艺流程的要求，做到设备布局和空间利用合理。

（2）站用配电屏的位置应综合考虑操作巡视方便畅通，设备的布置满足安全净距并符合防火、防爆、防潮、防冻和防尘要求。

（3）设备的检修和搬运应不影响运行设备的安全。

（4）应考虑扩建的可能和扩建过渡的方便。

（5）应考虑设备的特点和安装施工条件。

（6）应结合变电站的布局，尽量减少电缆交叉和电缆用量，引线方便。

（7）220～380V户内配电装置的安全净距不应小于表3-7所列数值。

表3-7 　　　　　　　　　　220～380V户内配电装置的安全净距 　　　　　　　　　　mm

项　　目	安　全　净　距
不同相导体间及带电部分至接地部分间	15
带电部分至无孔遮拦	50
带电部分至网状遮拦	100
带电部分至栅状遮拦	850
无遮拦裸导体至地面高度	2300
平行的不同时停电检修的无遮拦裸导体间	1500

1. 站用配电装置的布置尺寸

（1）站用配电装置操作、维护通道尺寸及离墙尺寸如表3-8中所示。

表3-8 　　　　　　　　　站用配电装置操作、维护通道及离墙尺寸 　　　　　　　　　mm

配电装置型式	操作通道				背面维护通道		侧面维护通道		靠墙布置时离墙常用距离	
	设备单列布置		设备双列布置							
	最小	常用	最小	常用	最小	常用	最小	常用	背面	侧面
固定式高压开关柜	1500	1800	2000	2300	800	1000	800	1000	50	200
手车式高压开关柜	车长＋1200	2300	两台车长＋900	3000	800	1000	800	1000		200

（2）站用配电装置室的宽度，应按搬运设备中最大的外形尺寸再加200～400mm，但门宽至少不应小于900mm，门的高度不得低于2100mm。维护门的尺寸可采用750mm×1900mm。

（3）手车式高压开关柜后应尽量留有通道。

2. 站用电配电装置对建筑的要求

（1）配电装置室的地面应比户外地面高出150～300mm，为方便设备搬运可设置斜坡衔接。

（2）在配电装置室上部的土建伸缩缝，应有可靠的防渗水的措施。

（3）配电装置室内天花板不允许抹灰，可用喷白浆刷白。

（4）配电装置室采用开启窗户时，内侧应设纱窗或细钢丝网。

（5）配电装置室的门应为向外开的防火门，门上应有锁。如果两相邻房间内均有高压电气设备时，则两房间隔墙的门应能向两个方向开闭，此门不应装锁。

（6）站用配电装置室禁止开设天窗。

（7）配电装置室内通道应畅通无阻，不得设立门槛，并不应有与配电装置无关的管道通过。

3．站用配电装置对通风、防火的要求

（1）配电室的通风，应使室温满足站用配电装置的环境温度要求。

（2）配电室进出风口应尽量有避免灰、水、汽进入站用配电装置室的措施。

（3）配电装置室的耐火等级不应低于二级。

（4）站用配电装置凡有通向电缆隧道或通向其他室沟道的空洞（入孔除外），应以耐燃材料封堵，以防止火灾蔓延和小动物进入。

4．站用配电屏选型和布置

站用配电屏的选型应综合环境条件、安全可靠供电、维修方便和运行要求等因素予以确定。站用电宜采用封闭的固定式配电屏；当站用电馈线多，且要求尽量压缩占地面积和空间体积时，也可采用抽屉式配电屏。当采用抽屉式配电屏时，应设有电气联锁和机械联锁。

站用配电屏室的操作、维护通道尺寸见表3-9。

表3-9　　　　　　　　　　　　　　配电屏前后的通道最小宽度　　　　　　　　　　　　m

配电屏种类		单排布置			双排面对面布置			双排背对背布置			多排同向布置		
		屏前	屏后		屏前	屏后		屏前	屏后		屏间	屏后	
			维护	操作		维护	操作		维护	操作		前排	后排
固定式	不受限制	1.5	1.0	1.2	2.0	1.0	1.2	1.5	1.5	2.0	2.0	1.5	1.0
	受限制	1.3	0.8	1.2	1.8	0.8	1.2	1.3	1.3	2.0	2.0	1.3	0.8
抽屉式	不受限制	1.8	1.0	1.2	2.3	1.0	1.2	1.8	1.0	2.0	2.3	1.8	1.0
	受限制	1.6	0.8	1.2	2.0	0.8	1.2	1.6	0.8	2.0	2.0	1.6	0.8

注　1．受限制是指受到建筑平面的限制、通道内有柱等局部突出物的限制。

2．控制屏、柜前后的通道最小宽度可按本表的规定执行或适当缩小。

3．屏后操作通道是指需在屏后操作运行中的开关设备的通道。

（五）二次设备室

二次设备室布置应统筹考虑控制电缆敷设路径和空间；一般二次设备室下方应设置控制电缆夹层，如果控制电缆数量不多，可将控制电缆夹层设置在降板后的活动地板下方，一般适用于220kV及以下电压等级变电站。

二次设备室层高一般不小于4m。屏柜间距离和通道宽度应满足表3-10要求。

表3-10　　　　　　　　　二次设备室的屏柜间距离和通道宽度　　　　　　　　　mm

项　目	采用尺寸	
	一　般	最　小
屏柜正面至屏柜正面	1800	1400
屏柜正面至屏柜背面	1500	1200
屏柜背面至屏柜背面	1000	800
屏柜正面至墙	1500	1200

项　目	采　用　尺　寸	
	一　般	最　小
屏柜背面至墙	1200	800
边屏至墙	1200	800
主要通道	1600～2000	1400

注　1. 复杂保护或继电器凸出屏面时，不宜采用最小尺寸。

2. 直流屏、事故照明屏等动力屏柜的背面间距不得小于1000mm。

3. 屏柜背面至屏柜背面之间的距离，当屏柜背面地坪上设有电缆沟盖板时，可适当放大。

4. 屏柜后开门时，屏柜背面至屏柜背面的通道尺寸，不得小于1000mm。

（六）蓄电池室

蓄电池室中若布置有多组蓄电池，每套蓄电池组之间应加装防爆隔墙；单套蓄电池组中的单只蓄电池若采用双列布置，应考虑在蓄电池组两侧设置检修通道；单套蓄电池组中的单只蓄电池若采用单列布置，可单面靠墙布置。采用多层布置的蓄电池组，应特殊考虑蓄电池室楼板荷载。

蓄电池室内应设有运行和检修通道。通道一侧装设蓄电池时，通道宽度不应小于800mm；两侧均装蓄电池时，通道宽度不应小于1000mm。

（七）电缆夹层

地下电缆夹层或电缆沟道的设置应根据电缆进出线方向和回路数量确定。按照如下原则进行设计：

（1）电缆夹层的高度设置应满足电缆施工和运行时的转弯半径要求。

（2）大截面电缆与气体绝缘金属封闭组合电器（GIS）的连接可采用GIS电缆终端下伸到电缆夹层内横置方式。

电缆夹层层高一般按照500kV变电站4.5m；220kV变电站4m；110kV变电站3m进行设计。

如果由于一些大截面电缆转弯半径过大导致电缆夹层层高过高，可采用GIS电缆终端下伸到电缆夹层内横置方式，使电缆无需转弯即可接入电缆终端，从而避免电缆夹层层高过高，影响变电站厂房总体布置。

电缆夹层内往往有富裕空间，如果把消防水池和泵房等设施设置在电缆夹层内，可以节约变电站占地面积、减少建筑面积、降低工程造价等效果。

电缆夹层内电力电缆和控制电缆一般优先考虑各自单独路径敷设，如果同路径敷设，应按照GB 50217《电力工程电缆设计规范》[16]要求设置防火隔离措施，也可将控制电缆敷设在独立的防火槽盒内。

电缆夹层与出站电缆隧道连接部位应设置电缆套管，如图3-30所示。电缆套管具有防止

图3-30　电缆夹层电缆套管工程应用照片

火灾延燃、防止雨水倒灌的隔离功能；单芯电缆套管应具备防止铁磁发热效果。

电缆竖井是全站各层电缆连接的重要通道，应在各层平面布置时，根据通过电缆竖井的电缆数量和去向，提前考虑其位置和大小。

第三节 变 压 器

变压器是利用电磁感应的原理来改变交流电压的装置，是变配电系统中的一个重要部件。主要构件是初级线圈、次级线圈和铁芯（磁芯）。常用作升降电压，匹配阻抗，安全隔离等。

变压器按用途可分为升压变压器、降压变压器、配电变压器；按绕组型式可分为双绕组变压器、三绕组变压器、自耦变压器；按相数可分为三相变压器和单相变压器；按调压方式可分为有载调压变压器和无励磁调压变压器；按冷却方式分为自冷变压器、风冷变压器、水冷变压器；按绝缘介质分为油浸变压器、气体变压器、干式变压器。

一、变压器的类别和使用条件

三绕组变压器一般用于具有三种电压的变电站。自耦变压器一般用于联络两种不同电压网络系统或用于两个中性点直接接地系统连接的变压器。

在可能的条件下，变电站优先选用三相变压器、自耦变压器、低损耗变压器、低噪声变压器、无励磁调压变压器。在220kV及以上变电站中，宜优先选用自耦变压器。若因制造和运输条件限制，在330kV及以上的变电站中，可采用单相变压器组。当选用单相变压器组时，应根据所联接的电力系统和设备情况，考虑是否装设备用相。

（一）正常使用条件[17]

（1）海拔。海拔不超过1000m。

（2）环境温度。最高气温＋40℃；最高日平均气温＋30℃；最高年平均气温＋20℃；最低气温－30℃（适用于户外式变压器）；最低气温－5℃（适用于户内式变压器）。

（3）电源电压的波形。电源电压的波形近似于正弦波。

（4）多相电源电压的对称性。多相变压器的电源电压应近似对称。

（二）其他特殊使用条件

如果有正常使用条件之外的其他特殊使用条件，应与制造厂协商并在合同中规定，如：

（1）有害的烟或蒸汽，灰尘过多或带有腐蚀性，易爆的灰尘或气体的混合物、蒸汽、盐雾、过潮或滴水等。

（2）异常振动、倾斜、碰撞、冲击。

（3）环境温度超出正常使用范围。

（4）特殊的运输条件。

（5）特殊的安装位置和空间限制。

（6）特殊的维护问题。

（7）特殊的工作方式或负载周期，如：冲击负载。

（8）三相交流电压不对称或电压波形中的总谐波含量大于5％、偶次谐波含量大于1％。

（9）异常强大的磁场。

（10）具有大电流离相封闭母线的大型变压器。

（11）变压器出线与 GIS 相连。

（12）异常强大的核子辐射。

（三）热带气候防护类型及使用环境条件

热带产品的气候防护类型系指产品使用在一定的热带气候区域时所采取的相应防护措施，以保证按该典型环境设计、制造的产品在运行中的可靠性。

热带产品的气候防护类型分为湿热型（TH）、干热型（TA）和干湿热合型（T）。

对于湿热带工业污秽较严重及沿海地区户外的产品，应考虑潮湿、污秽及盐雾的影响，其所使用的绝缘子和瓷套管应选用加强绝缘型或防污秽型产品；由于湿热地区雷暴雨比较频繁，对产品结构应考虑加强防雷措施。

三种气候防护类型热带产品使用环境条件，见表 3-11。

表 3-11   三种气候防护类型热带产品使用环境条件

环 境 参 数		气候防护类型		
		湿热型（TH）	干热型（TA）	干湿热合型（T）
海拔（m）		1000 及以下	1000 及以下	1000 及以下
空气温度（℃）	年最高	40	50*	50*
	年最低	—5	—5	—5
	年平均	25	30	30
	月平均最高（最热月）	35	45	45
	日平均	35	40	40
	最大日温差	—	30	30
空气相对湿度（%）	最湿月平均最大相对湿度	95（25℃时）**	—	95（25℃时）**
	最干月平均最小相对湿度	—	10（40℃时）***	10（40℃时）***
露		有	有****	有
霉菌		有	—	有
含盐空气		有*****	有*	有******
最大降雨强度（mm/min）		6	—	6
太阳辐射最大强度 [J/(cm²·min)]		5.86	6.7	6.7
阳光直射下黑色物体表面最高温度（℃）		80	90	90
冷却水最高温度（℃）		33	35	35
一米深土壤最高温度（℃）		32	32	32
最大风速（m/s）		35	40	40
沙尘		—	有	有
雷暴		频繁	—	频繁
有害动物		有	有	有

*　　　　　当需要适用于年最高温度 55℃的产品时，由供需双方协商商定。

**　　　　指该月的月平均最低温度为 25℃。

***　　　指该月的月平均最高温度为 40℃。

****　　在订货时提出作特殊考虑。

*****　指沿海户外地区。

******指沿海户外地区。在订货时提出作特殊考虑。

二、变压器容量和台数

变压器容量和台数一般按变电站建成后 5～10 年的规划负荷选择，并适当考虑到远期 10～20 年的负荷发展。对于城市变电站，变压器容量应与城市规划相结合。

（一）变压器容量的确定

根据变电站所带负荷的性质和电网结构来确定变压器的容量。对于重要负荷的变电站，应考虑当一台变压器停运时，其余变压器容量在计及过负荷能力后的允许时间内，应保证用户的一级和二级负荷；对一般性变电站，当一台变压器停运时，其余变压器容量应能保证全部负荷的 70%～80%。

同级电压的单台降压变压器容量的级别不宜太多，应从全网出发，推行系列化、标准化。

变压器系列化额定容量（MVA）：1500、1200、1000、750、500、360、300、240、180、150、120、90、63、50、40、31.5、25、20、16、12.5、10、8、6.3、5、4、3.15、2.5、2、1.6、1。

国内一些企业推行电气设备标准化，如国家电网公司通用设备中的变压器容量（MVA）：1500、1200、1000、750、360、240、180、150、120、100、80、63、50、40、31.5、20、10、6.3、1。

（二）变压器台数的确定

对大城市郊区的一次变电站，在中、低压侧已构成环网的情况下，变电站以装设两台变压器为宜。

对地区性孤立的一次变电站或大型工业专用变电站，在设计时应考虑装设三台变压器的可能性。

对大城市负荷密集地区的一次变电站，可以考虑装设四台变压器。

（三）变压器的过负荷能力

考虑事故情况下的变压器容量时，可利用变压器的短时过负荷能力。

1. 油浸式变压器的过负荷能力

（1）正常运行允许的过负荷。高峰负荷时，变压器正常允许的过负荷时间可参见表 3-12。

表 3-12　　　　　　　　　　　　变压器正常允许过负荷时间　　　　　　　　　　　　h

过负荷倍数	过负荷前上层油温（℃）						
	17	22	28	33	39	44	50
	允许连续运行						
1.05	5.50	5.25	4.50	4.00	3.00	1.30	
1.10	3.50	3.25	2.50	2.10	1.25	0.10	
1.15	2.50	2.25	1.50	1.20	0.35		
1.20	2.05	1.40	1.15	0.45			
1.25	1.35	1.15	0.50	0.25			
1.30	1.10	0.50	0.30				
1.35	0.55	0.35	0.15				
1.40	0.40	0.25					
1.45	0.25	0.10					
1.50	0.15						

（2）事故时允许的过负荷。事故时，变压器允许的过负荷时间见表 3-13。

表 3-13 变压器事故允许过负荷时间

过负荷倍数		1.3	1.6	1.75	2.0	2.4	3.0
允许时间（min）	户内	60	15	8	4	2	50（s）
	户外	120	45	20	10	3	1.5（s）

2. 环氧树脂浇注式变压器的过负荷能力

环氧树脂浇注式变压器的过负荷能力和时间，取决于生产厂家的负荷曲线。一般生产厂家采用风冷却（AF）的方式，应急状态下可将变压器的过载能力提高 50%，但风冷却（AF）的方式下，变压器的负载损耗和阻抗电压会大幅度增加，不推荐风冷却（AF）长时间连续过负荷运行。

三、变压器型式

根据工程建设用地和运输条件选择单相式或三相共体式变压器，对于建设用地和运输条件特别恶劣的地区也可采用现场组装式变压器，即外铁芯变压器，也称壳式变压器。

现场组装式（或壳式）变压器，这种变压器在外形上看与普通三相变压器相同，但由于受运输条件的限制，变压器的内部结构做成可拆卸的若干部分，运输时各部分分别运输，在现场再组装成整体。壳式变压器具有两平行磁路，铁芯围绕绕组成水平布置。铁芯由同样宽度的硅钢片组成，并在下层箱体的凸缘上进行搭接叠装。上箱体落在铁芯绕组装配件上，并与下箱体焊接，铁芯被固定。铁芯四周靠箱体侧板可靠的压紧，而未采用压紧螺栓，不会因不均匀压紧而使变压器特性变坏。壳式变压器绕组用纸包矩形（几乎为正方形）铜导线或多根并联换位导线绕制而成。数根导体包在一起作为一个线圈元件，并有连续绝缘纸层，层外涂有黏接剂，以便成形线圈每层牢固黏在一起。绕制结构多为纠结式，不同电压绕组成垂直平行布置，低压绕组紧靠磁轭布置，高低压部分绕组组成一组，一般变压器绕组由二组、四组或六组组成。壳式变压器绕组完全被绝缘材料覆盖，绕组成垂直布置，在绕组和铁芯之间嵌入木楔，以防错位，所有各面都被铁芯和油箱紧紧夹住，机械力分布在较大的区域内，机械强度高，可放倒运输。铁芯的整个周边被箱体侧板压紧，因此噪声水平较低。

最早的解体运输变压器是将铁芯、线圈分成若干部分运输，到现场后组装。近年来，解体变压器采用了新技术，将铁芯、线圈、油箱分成各自保持着基本结构的运输单元，进行解体运输。解体后再组装的范围被限制在最小程度。

这种方式运输质量小、运输尺寸大（油箱）、布置占地面积小、设备本体成本最低。但安装时间长，对安装场地、设备和环境条件、安装工艺要求严格。

（一）变压器绝缘型式的选择

根据变压器的安装位置和消防要求，可以选择油浸式、环氧树脂浇注式变压器。

油浸式变压器是目前技术最成熟应用最广泛的一种绝缘型式，具有良好的导热和绝缘性能，能够适用于各种环境条件。

环氧树脂浇注变压器具有良好的电气和机械性能、较高的耐热等级，并且是一种可靠的安全性的环保、节能型产品，能适应多种恶劣环境。目前制造能力和技术水平一般仅限于 35kV 及以下电压等级变压器。环氧树脂是难燃、阻燃、自熄、安全、洁净的固体绝缘材料，同时是经过 40 多年已经验证的具有可靠的绝缘和散热技术的固体绝缘材料。

环氧树脂浇注变压器具有如下特点：

（1）防火性能好；适用于对防火要求高的场所。

（2）高、低压绕组全部在真空中浇注环氧树脂并固化，构成高强度刚体结构；线圈内、外表面由玻璃纤维网格布增强；机械强度好，抗短路能力强。

（3）防潮湿，抗腐蚀能力强；当空气相对湿度为100%时，仍可长期运行。

（4）高、低压绕组根据散热要求设置有纵向通风气道，散热效果好；具有较强的过载能力。

（5）体积小、质量轻；布置方式多种多样，可与其他无油电气设备同室布置。

环氧树脂浇注变压器上可安装温度显示控制器，对变压器绕组的运行温度进行显示和控制，保证变压器正常使用寿命。其测温传感器PT100铂电阻插入低压绕组内取得温度信号，经电路处理后在控制板上循环显示各相绕组温度。环氧树脂浇注变压器配置有低噪声轴流风机，由温控器启动后可降低绕组温度，提高负载能力，延长变压器寿命，采用强迫风冷时，额定容量可提高40%～50%。

（二）绕组数量和联结方式的选择

在具有三种电压的变电站中，如通过变压器各侧绕组的功率均达到该变压器容量的15%以上，或低压侧虽无负荷，但在变电站内需装设无功补偿设备时，变压器宜采用三绕组变压器。

对深入至负荷中心、具有直接从高电压降为低电压供电条件的变电站，为简化电压等级或减少重复降压容量，可采用双绕组变压器。

三相变压器的一组相线圈或联结成三相组的单相变压器的相同电压的线圈联结成星形、三角形、曲折形时，对高压绕组（H.V.）分别以字母Y、D或Z表示，中压或低压（L.V.）绕组分别以字母y、d或z表示。如果星形联结或曲折形联结的中性点是引出的，则分别以YN或ZN及yn或zn表示。

在两个线圈具有公共部分的自耦变压器中，两个线圈中额定电压较低的一个线圈以字母a表示。例如：中性点引出的星形联结的自耦变压器用YN，a表示。

单相绕组用罗马字"Ⅰ"表示，按书写的先后次序分别表示高（中）、低压绕组。

星形联结是指三相变压器每个相绕组的一端或组成三相组的单相变压器的三个具有相同额定电压绕组的一端连接到一个公共点（中性点），而另一端连接到相应的线路端子的一种联结方式，这种联结方式又衍生出Y_0和Y_n两种连结方式；其中Y_0联结方式是中性点通过套管引出但不接地；Y_n联结方式是中性点通过套管引出且接地；对于变压器绕组的联结方式没有区别，都是中性点有套管引出，但变压器绕组的中性点绝缘水平不同。

三角形联结是指三相变压器的三个相绕组或组成三相组的单相变压器的三个具有相同额定电压绕组相互串联连接成一个闭合回路，把三个接点顺次引出的一种连结方式。

曲折形联结是指三相变压器每个相绕组的一端连接到一个公共点（中性点），每个相绕组包括两部分，每一部分感应电压的相位各不相同。

变压器绕组的联结方式必须和系统电压相位一致，否则不能并联运行。电力系统采用的绕组联结方式只有Y和△，高、中、低三侧绕组如何组合要根据具体工程来确定。

我国500、330、220、110kV电压变压器绕组都采用Y_n联结，35kV亦采用Y_0联结，其中性点多通过消弧线圈接地。35kV以下电压变压器绕组都采用△联结。我国电网变压器常用联结方式有 500kV—Ia0i0（三相组 YNa0d11）；220kV—YNyn0d11 或 YNa0d11 或 YNd11；110kV—YNd11 或 YNyn0d11；35kV—YNd11 或 Yd11 等（见图 3-31）。

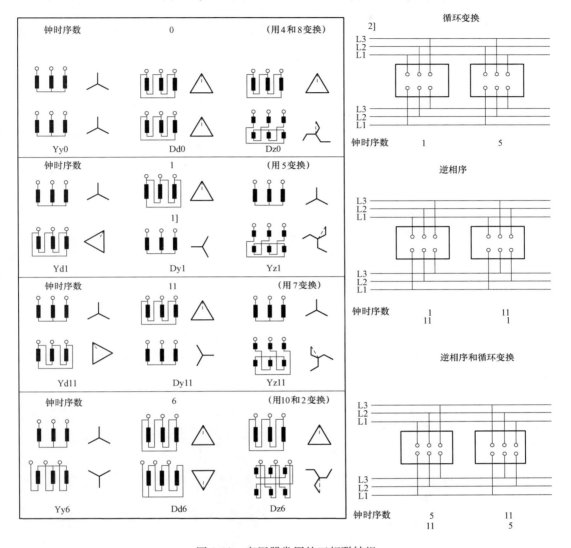

图 3-31　变压器常用的三相联结组

一台三相变压器绕组的联结方式应根据该变压器与其他变压器并联运行，中性点是否引出和中性点的负载要求来选择。

联结方式对变压器的设计和所需材料的用量有影响。在某些情况下选择联结方式时，还须考虑铁芯的结构形式和气象条件。如：某些地区特殊接法：10kV 与 110kV 输电系统电压相量差 60°的电气角，此时可采用 110/35/10kV 电压比与 YNdl1y10 接法的三相三绕组电力变压器；多雷地区可选 D_Y 或 Y_{zo}。

尽量不选用全星形接法的变压器，如必须选用，应增加三角接线的稳定绕组。例如：YNyn0yn0d。

三种绕组联结方式的主要特点见表 3-14。

表 3-14 　　　　　　　　　　　　　绕组联结方法的主要特点

	星　形　联　结		三角形联结	曲折形连接
中性点的负载能力	与其他绕组的联结方法和变压器所连接系统的零序阻抗有关		—	可带绕组额定电流的负载
励磁电流	三次谐波电流不能通过（中性点绝缘，无三角形联结的绕组）	三次谐波电流至少能在变压器的一个绕组中通过	三次谐波电流能在三角形联结绕组中通过	
相电压	含有三次谐波电压[①]	正弦波	正弦波	—

[①] 在三相三柱芯式变压器中三次谐波电压值不大；但在三相五柱芯式变压器、三相壳式变压器和联结成三相组的单相变压器中，三次谐波电压可能较高，以致中性点出现相应的漂移。

（三）变压器出线套管形式的选择

变压器出线套管根据出线连接形式大概分为空气套管、电缆箱、GIS 气体管道三种。

空气套管出线形式，变压器配套安装油纸电容式套管或纯瓷充油套管；一般用于户外布置变压器。

电缆箱出线形式，变压器配套安装油/油式电容式套管；一般用于户内布置变压器。如图 3-32 所示。

GIS 气体管道出线形式，变压器配套安装油/SF_6 气体套管；一般用于户内布置变压器。此种出线形式对变压器和 GIS 气体管道安装精度要求较高，变压器一般只有一个电压等级出线采用 GIS 气体管道出线方式。如图 3-33 所示。

图 3-32　主变压器采用电缆箱工程

图 3-33　主变压器采用 GIS 气体管道工程

四、变压器的参数

（一）变压器阻抗的选择

变压器阻抗实质就是绕组间的漏抗。阻抗的大小主要决定于变压器的结构和采用的材料。当变压器的电压比和结构、型式、材料确定之后，其阻抗大小一般和变压器容量关系不大。

从电力系统稳定和供电电压质量考虑，希望变压器的阻抗越小越好；但阻抗偏小又会使系统短路电流增加，高、低压电气设备选择遇到困难；另外阻抗的大小还要考虑变压器并联运行的要求。变压器阻抗的选择要考虑如下原则：

（1）各侧阻抗值的选择必须从电力系统稳定、潮流方向、无功分配、继电保护、短路电流、系统内的调压手段和并联运行等方面进行综合考虑；并应以对工程起决定性作用的因素来确定。

（2）对双绕组普通变压器，一般按标准规定值选择。

（3）对三绕组的普通型变压器，其最大阻抗是放在高、中压侧，还是高、低压侧，必须按第一条原则来确定。目前国内生产的变压器有升压型和降压型两种结构。升压型的绕组排列顺序为自铁芯向外依次为中、低、高，所以高、中压侧阻抗最大；降压型的绕组排列顺序为自铁芯向外依次为低、中、高，所以高、低压侧阻抗最大。

以各电压等级的降压变压器为例：

1）500kV 三相双绕组变压器阻抗电压一般采用 14%～16%；单相自耦三绕组常规阻抗变压器阻抗电压一般高-中 14%～15%、高-低 46%～48%、中-低 28%～30%；单相自耦三绕组高阻抗变压器阻抗电压一般高-中 18%～20%、高-低 58%～62%、中-低 38%～40%。

2）330kV 三相双绕组变压器阻抗电压一般采用 14%～15%；三相三绕组变压器阻抗电压一般高-中 24%～26%、高-低 14%～15%、中-低 8%～9%；三相自耦三绕组变压器阻抗电压一般高-中 10%～11%、高-低 26%～28%、中-低 16%～17%。

3）220kV 三相双绕组变压器阻抗电压一般采用 12%～16%；三相三绕组常规阻抗变压器阻抗电压一般高-中 12%～14%、高-低 22%～24%、中-低 7%～9%；三相三绕组高阻抗变压器阻抗电压一般高-中 14%、高-低 35%～54%、中-低 20%～38%；三相自耦三绕组变压器阻抗电压一般高-中 8%～11%、高-低 28%～34%、中-低 18%～24%。

4）110kV 双绕组变压器阻抗电压一般 63 000kVA 及以下采用 10.5%，63 000kVA 以上采用 12%～14%，三绕组变压器阻抗电压一般高-中 10.5%、高-低 17%～18%、中-低 6.5%。

5）66kV 双绕组变压器阻抗电压一般 63000kVA 及以上容量采用 9%；63000kVA 以下容量采用 8%。

6）35kV 双绕组油浸式变压器阻抗电压一般 12 500kVA 及以上容量采用 8%；6300～10 000kVA 容量采用 7.5%；3150～5000kVA 容量采用 7%；2500kVA 及以下容量采用 6.5%。

7）35kV 双绕组干式变压器阻抗电压一般 8000～10 000kVA 容量采用 9%；3150～6300kVA 容量采用 8%；2000～2500kVA 容量采用 7%；1600kVA 及以下容量采用 6%。

8）10kV 双绕组变压器阻抗电压一般采用 4%～5.5%。

（二）变压器电压调整方式的选择

变压器的电压调整是用分接开关切换变压器的分接头，从而改变变压器变比来实现的。切换方式有两种，不带电切换称为无励磁调压，调整范围通常在 ±5% 以内；另一种是带负载切换，称为有载调压，调整范围可达 20%。

对于 220kV 及以下变压器，宜考虑至少有一级电压的变压器采用有载调压方式。

1．分接头布置原则

（1）在高压绕组上而不是在低压绕组上，电压比大时更应如此。

（2）在星形联结绕组上，而不是在三角形联结的绕组上（特殊情况下除外，如变压器D_{YN}联结时，可在 D 绕组上设分接头）。

（3）在网络电压变化最大的绕组上。

2. 调压方式的选用原则

（1）无励磁调压变压器一般用于电压波动范围较小，且电压变化较少的场所。

（2）有载调压变压器一般用于电压波动范围较大，且电压变化频繁的变电站。

（3）在满足使用要求的前提下，能用无励磁调压的尽量不采用有载调压。无励磁分接开关应尽量减少分接数目，可根据电压变动范围只设最大、最小和额定分接。

（4）自耦变压器采用公共绕组调压者，应验算第三绕组电压波动不致超出允许值。在调压范围大，第三绕组电压不允许波动范围大时，推荐采用中压侧线端调压。

3. 分接开关位置及范围

（1）有载调压变压器：

1）对电压等级为 500kV 级变压器，采用中压线端调压，其有载调压范围推荐为$\pm 8 \times 1.25\%$。

2）对电压等级为 330kV 级变压器，采用高压侧串联绕组末端调压或中压线端调压，其有载调压范围推荐为$\pm 8 \times 1.25\%$。

3）对电压等级为 220kV 级变压器，采用高压侧中性点调压或高压侧串联绕组末端调压（对应自耦变压器），其有载调压范围推荐为$\pm 8 \times 1.25\%$，正、负分接档位可以改变。

4）对电压等级为 66～110kV 级变压器，采用高压侧中性点调压，其有载调压范围推荐为$\pm 8 \times 1.25\%$，正、负分接挡位可以改变。

5）对电压等级为 35kV 级变压器，其有载调压范围推荐为$\pm 3 \times 2.5\%$。并且在保证分接范围不变的情况下，正、负分接档位可以改变，如$^{+2}_{-4} \times 2.5\%$。

（2）无励磁调压变压器。对电压等级为 500kV 级变压器，采用中压线端调压，调压调整范围为$\pm 2 \times 2.5\%$；对电压等级为 330kV 级变压器，采用高压中性点调压或高压侧串联绕组末端调压（对应自耦变），调压调整范围为$\pm 2 \times 2.5\%$；对电压等级为 220kV 级变压器，采用高压中性点调压，调压调整范围为$\pm 2 \times 2.5\%$；其他电压等级变压器，无励磁调压调整范围通常为$\pm 5\%$或$\pm 2 \times 2.5\%$。

（三）变压器冷却方式的选择

变压器一般采用自然冷却、风冷却和水冷却三种冷却方式。

油浸式变压器根据容量大小和布置位置选择不同的冷却方式，按照容量大小，一般 180MVA 及以下容量采用风冷却（ONAN），180MVA 以上容量采用风冷却（ONAF）。

自然冷却变压器运行损耗小、噪声低、可靠性高，随着技术的不断进步，户内变电站已大量采用低损耗、低噪声、自冷式变压器。

环氧树脂浇注式变压器，一般采用自然冷却（AN）为正常运行方式，风冷却（AF）为应急运行方式。

根据变压器布置情况，散热器的布置形式可分为披挂式、分体式。户外布置的油浸式变压器一般选用披挂式散热器，如图 3-34 所示；户内布置的油浸式变压器一般选用分体式散热器，如图 3-35 所示。

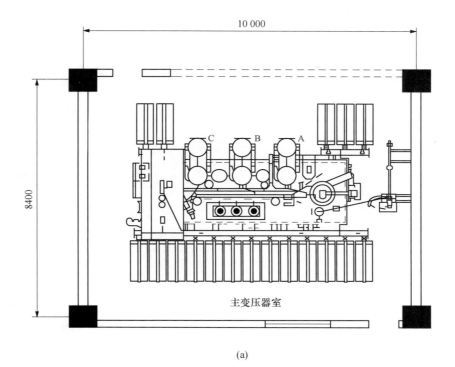

(a)

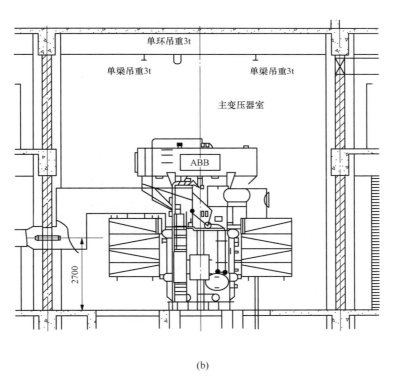

(b)

图 3-34　使用披挂式散热器的主变压器

（a）披挂式变压器室平面布置示意；（b）披挂式变压器室断面布置示意

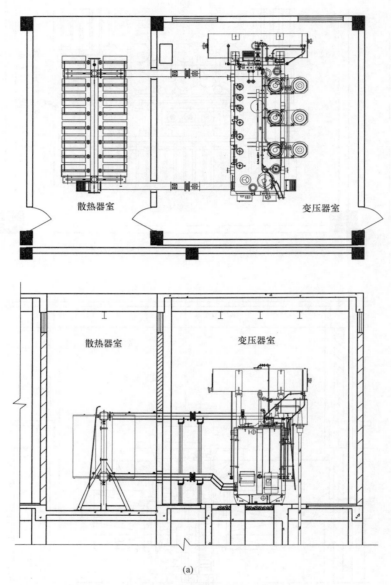

散热器室　　　　　　　　　　　变压器室

散热器室　　　　　　　　变压器室

(a)

图 3-35　使用分体式散热器的主变压器（一）

（a）分体式变压器室平断面图

(b)

图 3-35 使用分体式散热器的主变压器（二）

（b）主变压器散热器分体户外集中布置

户内变电站变压器的通风降温和噪声治理是一对矛盾，一般变压器本体发热量只占变压器全部发热量的 10％左右，变压器本体户内布置，散热器分体集中户外布置，可以大大减小用于变压器本体通风散热的风机容量，降低了变压器室通风机噪声；同时利用变压器室墙体的隔音和吸音作用，降低了变压器本体噪声的对外传播；这样既可以满足变压器运行时通风散热，又降低了户内变电站的噪声水平。在提高户内变电站运行可靠性的同时还满足了节能和环保要求。这是目前最有效的解决方法，已在户内变电站普遍采用。

采用冷却器与变压器本体分散布置；变压器所产生的热量 90％以上由冷却器带走，变压器室内需由通风系统带走的热量仅占 5％～10％，这样变压器室内便可以选用功率小、噪声低的通风设备，以提高节能环保水平。

五、变压器运输的要求

1. 变压器运输方式

变压器一般采用铁路运输、公路运输。110kV 及以下变压器外形尺寸一般不会超出铁路运输限值，不要求对变压器油箱结构设计进行调整，也不要求采用特种车辆。

公路运输一般采用拖车运输变压器，要求公路的宽度除满足拖车通行外，还不应妨碍其他车辆通行。公路上要有若干会车点，以解决超车和错车问题。公路横断面坡度不宜过大，纵向坡度应小于变压器允许最大倾角15°。转弯处公路宽度应满足拖车的最小转弯半径要求。选择运输路径时，要查明桥梁的荷载情况和需要跨越的铁路、隧道、立交桥的高度限制，以及公路下面的涵洞、管道等埋设物。运输车辆包括拖车和牵引车。它们之间有两种连接方式：一种是牵引车和拖车各自独立，用挂钩连接一起；另一种是牵引车和拖车成为一个整体，拖车前面没有车轮，而是直接搭在牵引车的后部，连接处是活动的转盘。运输变压器一般采用平板拖车和胶轮牵引车。对运输车辆一般要求如下：

（1）拖车有足够的装载面积和合适的装载高度，装载面的高度不大于 1.3m。

（2）额定装载，平路行驶速度约 5～10km/h。

（3）牵引车可以从拖车的前端或后端进行牵引。

（4）拖车和牵引车的转弯半径不超过 12m，转弯时占用公路宽度约 5.5m。

2. 变压器本体的运输要求

变压器本体须具有承受变压器总重的起吊装置。变压器器身、油箱、可拆卸结构的储油柜、散热器或冷却器应有起吊装置。

变压器的结构应在经过正常的铁路、公路及水路运输后内部结构相互位置不变，紧固件不松动。变压器的组件、部件（如套管、散热器或冷却器、阀门和储油柜等）的结构及布置位置应不妨碍吊装、运输及运输中紧固定位。

变压器通常为带油进行运输。如受运输条件限制时，可不带油运输，但须充以干燥的气体，并明确标志所充气体种类。运输前应进行密封试验，以确保在充以 20～30kPa 压力的气体时密封良好。变压器主体在运输中及到达现场后，油箱内的气体压力应保持正压，并有压力表进行监视。

运输时应保护变压器的所有组件、部件（如储油柜、套管、阀门及散热器或冷却器等）不损坏和不受潮。

成套拆卸的组件和零件（如气体继电器、套管、温度计及紧固件等）的包装应保证经过运输、贮存直至安装前不损伤和不受潮。

成套拆卸的大组件（如散热器、储油柜等）运输时可不装箱，但应保证不受损伤，在整个运输与贮存过程中不得进水和受潮。

变压器现场就位，一般需要在变压器室四角埋设地锚，手动拉链挂在地锚上拖动变压器进入安装位置。另一种变压器安装就位方式，可在变压器室内敷设临时轨道，轨道延长至变压器室外，利用大型起重机先将变压器吊装在变压器室外的临时轨道上，然后利用固定在轨道上可随行调整位置的千斤顶，推动变压器进入安装位置。采用这种安装就位方式，变压器室内也可不埋设地锚。

六、变压器安装、运行的要求

1. 油浸式变压器

（1）安全保护装置。800kVA 及以上的变压器应装有气体继电器，其接点容量不小于 66VA（交流 220V 或 110V），直流有感负载时，不小于 15W。积聚在气体继电器内的气体数量达到 250～300mL 或油速在整定范围内时，应分别接通相应的接点。气体继电器的安装位置及其结构应能观察到分解出气体的数量和颜色，而且应便于取气体。变压器油箱和联管的设计，应采取措施使气体易于汇集在气体继电器内。

根据使用部门与制造厂协商，800kVA 以下的变压器也可供气体继电器。

800kVA 及以上的变压器应装有压力保护装置。

有载调压变压器的有载分接开关应有其自身的保护装置。

（2）油浸风冷却系统。对于油浸风冷式变压器，应供给全套风冷却装置，如散热器、风扇电动机和接线装置等。风扇电动机的电源电压为三相、380V、50Hz；风扇电动机应有短路保护。

（3）油保护装置。变压器均应装有储油柜（密封变压器除外），其结构应便于清理内部。

储油柜的一端应装有油位计，储油柜的容积应保证在最高环境温度与允许负载状态下油不溢出，在最低环境温度未投入运行时，观察油位计应有油位指示。

35kV 及以上变压器储油柜应有注油、放油和排污油装置；在变压器储油柜上应装设带有油封的吸湿器。8000kVA 及以上变压器储油柜内部和油位计处应加装胶囊或隔膜等，或者采用其他防油老化措施。3150～6300kVA 及以上的变压器应装设净油器，净油器内部须装吸附剂。如果采取防油老化措施，可不装设净油器。

（4）油温测量装置。变压器应装有供玻璃温度计用的管座。管座应设在油箱的顶部，并伸入油内为 120±10mm。1000kVA 及以上的变压器须装设户外式信号温度计。信号接点容量在交流电压 220V 时，不低于 50VA，直流有感负载时，不低于 15W。温度计的准确级应符合相应标准。信号温度计的安装位置应便于观察。8000kVA 及以上的变压器，应提供远距离测温装置。当变压器采用分体冷却方式时，应在靠油箱进出油口总管路处装测油温用的玻璃温度计管座。

（5）变压器智能化配置。变压器智能组件具备测量、控制、监测等功能，包括智能终端、合并单元、监测主 IED（含测量功能）及状态监测 IED 等装置，上述各类装置及 IED 由智能控制柜（汇控柜）集中组屏安装在变压器本体附近。

220kV 及以上变压器，一般配置油中溶解气体 IED 和预留供日常局部放电监测检测使用的超高频传感器及测试接口；铁芯及夹件接地电流、油中含水量、绕组温度检测、套管绝缘监测等 IED，可根据具体工程需要选用。

（6）变压器油箱及其附件的技术要求。变压器一般不供给小车，如箱底焊有支架，其焊装位置应符合图 3-36 和图 3-37 的规定。

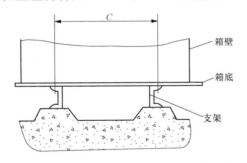

图 3-36　箱底支架焊接位置（面对长轴方向）

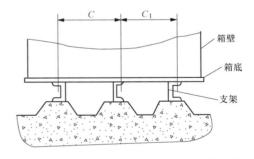

图 3-37　箱底支架焊接位置（面对长轴方向）

注：1. 根据使用部门的需要，也可以供给小车。
　　2. 纵向轨距为 1435mm，横向轨距为 1435、2000mm。

图 3-36 中 C 尺寸可按变压器大小选择为 550、660、820、1070、1475、2040mm。

图 3-37 中 C、C_1 尺寸可按变压器大小选择 C 为 1475、2040mm；C_1 为 1505、2070mm。

对于 90 000kVA 与 120 000kVA 变压器，在油箱的中部壁上和油箱的下部壁上应各装有油样阀门。63 000kVA 及以下的变压器在油箱下部壁上应装有油样阀门。变压器油箱底部应装有排油装置。为便于取气样及观察气体继电器，应在油箱壁上设置适当高度的梯子。变压器的油箱下部应装有放油阀。8000kVA 及以上变压器在油箱下部应有供千斤顶顶起变压器的装置。

变压器油箱可为钟罩式或其他型式。具体型式在订货时确定。变压器结构应便于拆卸和更换套管或瓷件。

变压器铁芯和较大金属结构零件均应通过油箱可靠接地。20 000kVA 及以上的变压器其铁芯应通过套管从油箱上部引出可靠接地。接地处应有明显的接地符号或"接地"字样。

2. 干式变压器

变压器如有外壳，其防护等级应满足 IP3X 规定。

变压器的铁芯和金属件均应可靠接地（铁轭螺杆除外）。接地装置应有防锈镀层，并附有明显的接地标志。

高压绕组表面（包封绕组树脂表面）易见位置，应有"高压危险"的标志。

变压器的铁芯和金属件需有防腐蚀的保护层。

变压器应装有底脚，其上设有安装用的定位孔，孔中心距（纵向尺寸）为 300、400、550、660、820、1070mm；如使用部门要求装有滚轮时，轮中心距（纵向尺寸）为 550、660、820、1070、1475mm，如横向尺寸有要求时，也按纵向尺寸数值选取。

根据用户要求，可装有监测变压器运行温度的测量装置，并提供测量方法和必要的数据。

3. 三相系统中变压器并联运行

并联运行是指并联的每台变压器的两个绕组，采用同名端子对端子的直接相连方式下的运行。并列运行系指并列的每台变压器的一个绕组，采用同名端子对端子的直接相连方式下的运行。并联运行和并列运行是完全不同的两种运行方式，两者不能混淆。

根据《电力变压器运行规程》DL/T 572，并联运行的变压器应符合如下条件：

（1）相位关系相同，即钟时序数相同。

（2）电压和变压比相同，允许偏差也相同（尽量满足电压比在允许偏差范围内），调压范围与每级电压相同。

（3）短路阻抗相同，尽量控制在允许偏差范围±10％以内，还应注意极限正分接位置短路阻抗与极限负分接位置短路阻抗要分别相同。

（4）容量比为 0.5～2。

七、变压器中性点设备

电力系统中性点的接地方式决定了变压器中性点的接地方式。

（一）110kV 及以上变压器的中性点采用直接接地方式

1. 中性点接地方式选择

凡中压、低压侧有电源的变电站至少应有一台变压器直接接地。

终端变电站的变压器中性点一般不接地。

所有普通变压器的中性点都应经隔离开关接地，以便于运行调度灵活选择接地点。当变压器中性点可能断开运行时，若该变压器中性点绝缘不是按线电压设计，应在中性点接地隔离开关旁并联装设放电间隙；当中性点绝缘的冲击耐受电压不大于 185kV 时，还应在间隙旁并联金属氧化锌避雷器，间隙距离及避雷器参数配合要进行校核。

选择接地点时应保证任何故障形式都不应使电网解列成为中性点不接地系统。

2. 中性点设备选择

500kV 和 330kV 变压器中性点一般采用直接接地或经小电抗接地。中性点经小电抗接地主要是限制变电站的单相接地短路电流，小电抗数值需经过系统计算确定。

220kV 和 110kV 侧变压器中性点设备一般选用"接地隔离开关＋放电间隙"或"接地隔离开关＋放电间隙＋避雷器";220kV 自耦变压器中性点采用直接接地。

以 110kV 变压器中性点为例:

接地隔离开关按照额定电压 63kV,额定电流 630A 选择,配电动操动机构。

放电间隙选用棒间隙,间隙距离 105～115mm。棒间隙可使用直径 14 或 16mm 的圆钢,棒间隙宜采用水平布置,端部为半球形,表面加工细致无毛刺并镀锌,尾部应留有 15～20mm 螺扣,用于调节间隙距离。

安装棒间隙时应考虑与周围接地的物体距离大于1m,接地棒长度应不小于0.5m,离地面距离应不小于2m。同时应定期检查间隙距离(特别是间隙动作后),如不符合要求,应及时调整。

氧化锌避雷器按照额定电压 72kV,1.5kA 雷电冲击电流残压不大于 186kV 选择。

（二）35kV 和 63kV 变压器中性点采用中性点不接地或经消弧线圈、低电阻接地方式

1. 中性点接地方式选择

35～63kV 电网宜采用中性点不接地方式,但当 6～10kV 电网的单相接地故障电流大于30A,或 20～63kV 电网的单相接地故障电流大于 10A 时,中性点应经消弧线圈或低电阻接地。消弧线圈接地系统允许单相接地故障运行 2h;低电阻接地系统单相接地故障立即跳闸。采用消弧线圈还是低电阻接地,取决于系统网络结构、馈线类型、用电负荷性质以及电容电流数值。一般城市中心区、高新技术开发区,已普遍采用低电阻接地系统。

如变压器采用三角形接线,无中性点或中性点未引出,应装设专用接地变压器,即 Z 型接地变压器。

中性点经低电阻接地方式适用于以电缆线路为主的城市配电网、大型工矿企业、机场、港口、地铁等重要电力用户。中性点经低电阻接地方式的主要优点有:①有效地限制间歇性弧光接地过电压;②减低系统操作过电压;③可消除大部分系统谐振过电压;④方便配置单相接地故障保护;⑤可在短时间内有选择地切除接地故障线路;⑥电网正常运行时中性点电压被抑制到很小的数值。

中性点经低电阻接地的系统内设备承受的过电压幅值大大降低,承受过电压的时间大大缩短,从而可降低系统设备的绝缘水平或大大延长系统设备的使用寿命,提高系统运行的安全可靠性。

中性点经低电阻接地方式于 20 世纪 90 年代开始应用于我国的城市配电网,目前在北京、上海、天津、广州、南京、深圳等城市的配电网已得到广泛的应用。20 多年的运行实践证明,中性点经低电阻接地方式对提高系统运行的可靠性、安全性具有良好的效果。低电阻数值需要结合系统负荷特点,经过系统论证确定。一般低电阻数值为 10～20Ω。例如,北京城市地区的低电阻数值为 10Ω[8]。

Z 型接地变压器的结构特点:将三相铁芯的每个芯柱上的绕组平均分为两段,两段绕组的极性相反,三相绕组按 Z 形连接法接成星形接线。Z 型接地变压器的电磁特性:对正序、负序电流呈现高阻抗(相当于激磁阻抗),绕组中只流过很小的激磁电流。由于每个铁芯柱上两段绕组绕向相反,同心柱上两绕组流过相等的零序电流时,两绕组产生的磁通互相抵消,所以对于零序电流呈现出低阻抗(相当于漏抗),零序电流在绕组上的压降很小。

电网正常运行时接地变压器相当于空载运行状态。在电网发生单相接地故障时,高灵敏

度的零序保护可以准确判断并短时（≤10s）切除故障线路；中性点小电阻只在短时间内（≤10s）通过故障电流。Z 型接地变压器的运行特点是：长时间空载，短时过载。

消弧线圈一般装在变压器中性点上。安装在 Yno，d 接线双绕组变压器或 Yno，y_{no}，d 接线三绕组变压器中性点上的消弧线圈容量，不应大于变压器三相总容量的 50%，并且不得大于三绕组变压器任一绕组的容量。

2. 中性点设备选择

接地变压器、消弧线圈根据布置位置，选择油浸式或干式设备。一般户外布置宜选用油浸式接地变和消弧线圈；户内布置宜选用干式接地变和消弧线圈。

电阻柜根据布置位置，选用户外型或户内型设备。

接地变压器的特性要求是：零序阻抗低、空载阻抗高、损耗小。所以，接地变压器选择曲折形接线的变压器。接地变压器容量应与消弧线圈的容量相匹配。选择接地变压器容量时，可考虑变压器的短时过负荷能力。

消弧线圈容量一般按下列公式计算：

$$Q = KI_cU_e/\sqrt{3} \tag{3-1}$$

式中　Q——补偿容量，kVA；

　　　K——系数，过补偿取 1.35，欠补偿按脱谐度确定；

　　　U_e——电网回路的额定线电压，kV；

　　　I_c——电网回路的电容电流，A。

消弧线圈应避免在谐振点运行。一般需将分接头调谐到接近谐振点的位置，以提高补偿成功率。装在电网变压器中性点的消弧线圈应采用过补偿方式，防止运行方式改变时，电容电流减少，使消弧线圈处于谐振点运行。在正常情况下，脱谐度一般不大于 10%（脱谐度 $v = \dfrac{I_c - I_1}{I_c}$，其中 I_1 为消弧线圈电感电流）。

消弧线圈的分接头数量应满足调节脱谐度的需要，接于变压器的一般手动调节不小于 5 个；自动调谐消弧线圈一般为 19 个分接头，同时配备自动调谐消弧线圈装置。

第四节　高压配电装置

高压配电装置是接受和分配电能的电气设备，包括开关设备、监察测量仪表、保护电器、连接母线及其他辅助设备。高压配电装置按照布置型式分为敞开式空气绝缘配电装置（AIS）、空气绝缘与气体绝缘金属封闭组合电器的混合式配电装置（HGIS）和气体绝缘金属封闭组合电器（GIS），以及 10～35kV 开关柜。

户内变电站 66kV 及以上高压配电装置一般选用气体绝缘金属封闭组合电器，35kV 及以下高压配电装置一般选用空气绝缘或气体绝缘成套高压开关柜。

一、高压配电装置设计的基本原则

高压配电装置的设计应根据电力负荷性质、容量、环境条件、运行维护等要求，合理地选用设备和制定布置方案。在技术经济合理时应选用效率高、能耗小的电气设备和材料。应根据工程特点、规模和发展规划，做到远近结合，以近期为主。

（一）66～500kV 配电装置

户内变电站一般位于建设场地受限制地区、环境较差地区（如沿海、工业污秽区等）。为减少占地和建筑体量应采用小型化设备和紧凑型布置。

户内变电站 66～500kV 配电装置一般选用气体绝缘金属封闭组合电器（简称 GIS）。GIS 是将母线、断路器、隔离开关、电流互感器、电压互感器、避雷器等电气设备，密封于充有 SF_6 绝缘气体的金属外壳的不同气室内，构成的紧凑型电气装置。GIS 自 1965 年商业化运行以来，由于具有体积小、占地面积少、不受外界环境影响、运行安全可靠、维护简单和检修周期长等优点，深受电力行业和用户的欢迎，四十多年来 GIS 得到了很大发展。

330～500kV 电压等级最小安全净距较大，户内变电站采用常规电器户内敞开式布置将占用极大空间，造成建筑体量异常巨大，技术经济极不合理，因此配电装置宜采用气体绝缘金属封闭组合电器（GIS），以减少占地面积和建筑规模，节约投资。500kV 户内变电站的 220kV 配电装置出线回路数较多，采用户内敞开式布置将占用较大空间，且建筑体量巨大，同时布置型式复杂，运行维护均不方便。

220kV 枢纽变电站的 220kV 配电装置也有类似的情况。国内 220kV 配电装置采用常规电器户内敞开式布置的案例很少，整个配电装置布置型式复杂，运行维护均不方便。因此 220kV 配电装置宜采用气体绝缘金属封闭组合电器（GIS），以减少占地面积和建筑规模，节约投资。当接线简单、回路数较少，如不带断路器的线路变压器组接线，根据具体情况，也可采用常规电器户内敞开式布置型式。220kV 户内变电站的 110kV 部分出线回路数较多，采用户内敞开式布置占地较大，不利于节约土地。

国内有 110kV 采用常规电气设备户内敞开式布置的配电装置案例，通常配电装置占地较大，布置型式复杂，不够经济合理，目前已较少采用。66kV 配电装置也属于相似情况。因此 66～110kV 配电装置宜采用气体绝缘金属封闭组合电器（GIS），以减少占地。

户内变电站气体绝缘金属封闭组合电器（GIS）大部分装置在户内，仅架空进出线部分装在户外时，除装在户外部分应满足户外使用条件要求外，其余按户内使用条件要求。

由于主变压器散热通风的要求，变压器间外墙设有较多的进出风百叶窗，运行期间室外空气大量进入室内，电气设备外部容易积灰，而且没有室外风雨的自然清洗作用，容易造成电气设备外绝缘强度下降。为了保证电气设备运行安全，户内变电站变压器间内的电气设备外绝缘应按照户外条件选择。

（二）10～35kV 配电装置

目前 35kV 及以下电压等级开关柜技术成熟、可靠性高、外形较小、安装方便。与敞开式配电装置比较优势明显，应优先采用。

10～35kV 成套开关柜按照电器元件安装方式分为固定式、手车式、中置式；按照柜内绝缘类型可分为空气绝缘、气体绝缘和固体绝缘等类型。空气绝缘固定式成套开关柜属于早期产品。随着断路器技术快速发展，断路器已由早期的少油断路器，发展为真空断路器、SF_6 气体断路器等多种断路器型式；同时也带来了开关柜内部结构的变革，逐步发展为落地式手车和中置式手车式开关柜。近些年随着工程建设对小型化、免维护开关柜需求，又涌现出气体绝缘和固体绝缘成套开关柜。

35kV 气体绝缘开关柜可以大大减少 35kV 配电装置室的面积。空气绝缘开关柜单个间隔尺寸为 1.2m×2.565m，气体绝缘开关柜单个间隔尺寸为 0.6m×1.7m，采用气体绝缘开关柜配电装置室面积约为采用空气绝缘开关柜的 1/3，同时相应电缆层的面积也减少，节约占地面积、减少建筑成本的效果极为明显。采用气体绝缘开关柜后配电装置室面积小，布置安排也比较方便。

目前 XMZ 公司 8DA10 型气体绝缘开关柜间隔尺寸为 0.6m（宽）×1.7m（深）×2.7m（高），AHF 公司 35kV GIS 单体间隔尺寸为 0.6m（宽）×1.7m（深）×3.0m（高）。

二、高压配电装置设计的技术条件

（一）相序排列和标志

配电装置各回路的相序排列一般按顺电流方向从左到右、从远到近、从上到下顺序，相序为 A、B、C。A、B、C 相色标志应为黄、绿、红三色。

（二）66～500kV 配电装置

1. GIS 配电装置

GIS 配电装置应按照额定电压、额定电流、频率、绝缘水平、热稳定电流、开断电流、动稳定电流、短路持续时间、机械荷载、机械和电气寿命、分合闸时间等进行选择，并按照环境温度、相对湿度、海拔高度、地震烈度等环境条件进行校验。详见表 3-15。

表 3-15　　　　　　　　　　　GIS 配电装置技术条件

设备项目	整套 GIS 开关设备	断路器	隔离开关	接地开关和快速接地开关	电流互感器	电压互感器	避雷器	电缆终端与引线套管
电压	√	√	√	√	√	√	√	√
电流	√	√	√	√	√			√
频率	√	√	√	√	√	√	√	√
绝缘水平	√	√	√	√	√	√	√	√
开断电流		√						
短路关合电流		√		√				
切断感应电流能力				√				
失步开断电流		√						
动稳定电流	√	√	√		√			√
热稳定电流	√		√		√			√
短路持续时间	√							
二次负荷					√	√		
准确度等级和暂态特性					√	√		
继电保护及测量要求					√	√		
持续运行电压							√	
工频放电电压							√	
冲击放电电压和残压							√	
通流容量							√	
分合小电流和母线环流			√					
特殊开断性能		√						
操作顺序	√	√						

设备项目	整套 GIS 开关设备	断路器	隔离开关	接地开关和快速接地开关	电流互感器	电压互感器	避雷器	电缆终端与引线套管
端子机械荷载	√							√
机械和电气寿命	√	√	√	√				
分、合闸时间	√	√		√				
操动机构型式		√	√	√				
分、合闸装置操作电压			√					
年漏气率	√							
绝缘气体密度	√							
噪声水平	√							

2. 隔离开关和接地开关配置

为保证变压器和断路器的检修安全，66kV 及以上配电装置，断路器两侧的隔离开关靠断路器侧、线路隔离开关靠线路侧、变压器进线隔离开关的变压器侧应配置接地开关，以保证设备和线路检修时的人身安全。

对于气体绝缘金属封闭组合电器（GIS）配电装置，接地开关的配置应满足运行检修的要求。与 GIS 配电装置连接并需要单独检修的电气设备、母线和出线，均应配置接地开关。在 GIS 配电装置中有两种接地开关，一种是仅作安全检修用的检修接地开关；另一种是快速接地开关，相当于接地短路器，它将通过断路器的额定关合电流和电磁感应、静电感应电流。线路侧的接地开关与出线相连接，尤其是同杆架设的架空线路，其电磁感应和静电感应电流较大，装于该处的接地开关必须具备关合上述电流的能力。110kV 和 220kV GIS 配电装置母线避雷器和电压互感器可不装设隔离开关。

一般情况下，如不能预先确定回路不带电，出线侧宜装设快速接地开关，快速接地开关应具备关合动稳定电流的能力；如能预先确定回路不带电，应设置检修接地开关。一般出线回路的线路侧接地开关和母线接地开关应采用具有关合动稳定电流能力的快速接地开关。虽然线路侧接地开关采用具有关合短路电流能力的快速接地开关，但其误合后对设备必将造成一定的损坏。由于接地开关是组合在 GIS 内部，检修比较复杂，因此为避免其误合操作，建议线路侧接地开关装设带电显示器和闭锁装置。

3. 避雷器配置

GIS 配电装置的进出线主要有三种方式：架空进出线、电缆段进出线、电缆进出线。对于有架空线路的 GIS 配电装置，应在 GIS 与架空线路连接处装设避雷器。该避雷器宜采用敞开式，考虑敞开式避雷器的接地端与 GIS 金属外壳连接后可增大 GIS 内部波阻抗，提高避雷器的保护效果，其接地端应与 GIS 管道金属外壳连接。另外，敞开式避雷器造价也低于 GIS 内部避雷器。

GIS 母线是否装设避雷器，可按照 GB/T 50064《交流电气装置的过电压保护和绝缘配合设计规范》要求或经雷电侵入波过电压计算确定。详见本章第八节有关内容。

4. GIS 感应电压

考虑到 GIS 设备的母线和外壳是一对同轴的两个电极，当母线通过电流时，在外壳感应电压，GIS本体的支架、管道、电缆外皮与外壳连接后，也有感应电压。GIS配电装置感应电压不应危及人身和设备安全。外壳和支架上的感应电压，正常运行条件下不应大于24V，故障条件下不应大于100V。

5. GIS接地线

GIS设备的母线布置有两种方式，一种为三相共箱式，另一种为分相式。GIS设备的接地方式按照三相共箱式和分相式区分，三相共箱式采用多点接地方式，分相式采用多点接地或一点接地方式。

三相共箱式采用多点接地方式是有利的，在这种情况下，由于外部漏磁场很小，即使壳体采用多点接地，壳体上流过的电流也很小，所以无需考虑温升问题。另一方面，分相式在分别考虑各自利弊后，采用多点接地或一点接地方式。从减少外部漏磁场和降低感应电压方面考虑，仍希望采用多点接地方式。

由于分相式母线的GIS设备，三相母线分别装于不同的母线筒内，在正常运行时，外壳有感应电流，感应电流的大小取决于外壳材料。感应电流会引起外壳及金属支架发热，使设备额定容量降低，二次回路受到干扰。

为防止GIS外壳感应电流通过设备支架、运行平台、扶手和金属管道，GIS配电装置宜采用多点接地方式。由于分相式母线的三相感应电流相位相差120°，在接地前用一块金属板，将三相母线管的外壳连接在一起然后接地，通过接地线的接地电流只是三相不平衡电流，数值较小。当选用分相设备时，应设置外壳三相短接线，并在短接线上引出接地线通过接地母线接地。外壳的三相短接线的截面应能承受长期通过的最大感应电流，并应按短路电流校验。

接地线必须直接与主接地网连接，不允许元件的接地线串联之后接地。在GIS配电装置内，应设置一条贯穿所有GIS间隔的接地母线或环形接地母线。将GIS配电装置的接地线引至接地母线，由接地母线再与接地网连接。当设备为铝外壳时，其短接线宜采用铝排；当设备为钢外壳时，其短接线宜采用铜排。

6. GIS气室分隔

GIS配电装置的每一个回路，并不是运行在一个气体系统中，一般分为数个独立的气体系统，多用盆式绝缘子隔开，称为气隔。这样有以下三个优势：①防止扩大故障，减少停电范围；②把使用不同压力的各个元件隔开；③便于进行SF_6气体的回收处理。

每个间隔应分为若干个隔室，隔室的分隔应满足正常运行条件和间隔元件设备检修要求。气体隔室划分方法既要满足正常运行条件，又要使隔室内部的电弧效应得到限制。GIS在结构布置上应使内部故障电弧对其继续工作能力的影响降至最小。电弧效应限制在启弧的隔室或故障段的另一些隔室之内，将故障隔室或故障段隔离后，余下的设备应具有继续正常运行的能力。

GIS隔室的设置应考虑当间隔元件设备检修时，不影响未检修间隔设备的正常运行。不同压力的设备或需拆除后进行试验测试的设备、可退出后仍能运行的设备等应设置单独隔室；应将内部故障限制在故障隔室内；应考虑气体回收装置的容量和分期安装及扩建的方便。与GIS配电装置外部连接的设备应设置单独隔室。

气体系统的压力，除断路器外，其余部分宜采用相同气压。长母线应分成几个隔室，以利于维修和气体收集。

若 GIS 设备将分期建设时，宜在将来的扩建接口装设隔离开关或隔离气室，以便将来不停电扩建。

7. GIS 外壳

GIS 设备外壳设计时，应考虑以下因素：①外壳充气以前需要抽真空；②全部压力差可能施加在外壳壁或隔板上；③在相邻隔室运行压力不同的情况下，因隔室间意外漏气所造成的压力升高；④发生内部故障的可能性。

按照 DL/T 728《气体绝缘金属封闭开关设备订货技术导则》中规定，每个气室应设防爆装置，但满足如下条件之一也可以不设防爆装置：

(1) 气室分隔容积足够大，在内部故障电弧发生的允许时间内，压力升高为外壳承受所允许，而不会发生爆裂。

(2) 生产厂家与用户达成协议。

另外，到目前为止，几乎还没有发生故障证明设置防爆膜的必要性；安装防爆膜会给可靠性带来影响，并使制造成本升高。建议在内部故障电弧实验且不发生电弧的外部效应时，可不设置防爆装置。但是 GIS 设备应设置防止外壳破坏的保护措施，制造厂应提供关于所用的保护措施方面充足资料。

GIS 设备外壳要求高度密封性，每个隔室的相对年泄漏率应不大于 0.5%。

8. 智能化配置

GIS 设备可由其开关设备本体、传感器及智能组件实现智能化配置，传感器与开关设备本体进行一体化设计，开关智能组件具备测量、控制、监测等功能，包括智能终端、合并单元、监测主 IED（含测量功能）及状态监测 IED［智能电子装置（Intelligent Electronic Device）］等装置。

上述各类装置及 IED 由智能控制柜（汇控柜）集中组屏安装在开关设备本体附近。220kV 及以上 GIS 设备应配置主 IED、预留超高频传感器及测试接口；可选择配置 SF_6 气体压力和湿度监测、分合闸线圈电流监测、避雷器泄漏电流及放电次数监测。

图 3-38 为 GIS 断面图。

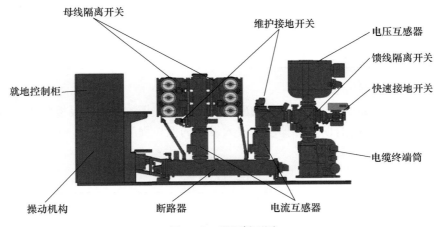

图 3-38　GIS 断面图

（三）10～35kV 配电装置

1. 高压开关柜

高压开关柜应按额定电压、额定电流、频率、绝缘水平、温升、开断电流、短路关合电流、动稳定电流、热稳定电流和持续时间、系统接地方式、防护等级等进行选择，并按照环境温度、日温差、相对湿度、海拔高度、地震烈度等环境条件进行校验。详见表 3-16。

表 3-16 高压开关柜的技术条件选择

设备项目	成套开关柜	断路器	电流互感器	电压互感器	避雷器
电压	√	√	√	√	√
电流	√	√	√	√	
频率	√	√		√	√
绝缘水平	√	√	√	√	√
开断电流	√	√			
短路关合电流		√			
动稳定电流	√	√	√		
热稳定电流	√	√	√		
短路持续时间	√				
二次负荷			√	√	
准确度等级和暂态特性			√	√	
继电保护及测量要求			√	√	
持续运行电压					√
工频放电电压					√
冲击放电电压和残压					√
通流容量					√
操作顺序	√	√			
机械和电气寿命	√	√			
分、合闸时间	√	√			
操动机构型式		√			
温升	√				
防护等级	√				

2. 高压开关柜防护等级

开关柜的防护等级应满足环境条件的要求。高压开关柜的外壳、隔板防止人体接近带电部分或触及运动部分，并且防止固体物体侵入设备的保护程度。

防护等级分类见表 3-17。

表 3-17 防护等级分类

防护等级	能防止物体接近带电部分和触及运动部分
IP2X	能阻挡手指或直径大于 12mm、长度不超过 80mm 的物体进入
IP3X	能阻拦直径或厚度大于 2.5mm 的工具、金属丝等物体进入
IP4X	能阻拦直径大于 1.0mm 的金属丝或厚度大于 1.0mm 的窄条物体进入
IP5X	能防止影响设备安全运行的大量尘埃进入，但不能完全防止一般的灰尘进入

开关柜的防护等级应根据环境条件按上面的要求选择防护等级，但如果所选择的防护等级超过 IP4X 时，应注意开关柜内部元件的降容使用问题。

表示防护等级的代号通常由特征字母和二个特征数字组成，表示为 IPXX。特征数字的含义分别见表 3-18、表 3-19。

表 3-18 第一位特征数字所代表的防护等级

第一位特征数字	防 护 等 级		备 注
	简要说明	含 义	
0	无防护	没有专门的防护	
1	防大于 50mm 的固体异物	能防止直径大于 50mm 的固体异物进入壳内，能防止人体的某一大面积部分（如手）偶然或意外地触及壳内带电部分或运动部件，不能防止有意识的接近	
2	防大于 12mm 的固体异物	能防止直径大于 12mm，长度不大于 80mm 的固体异物进入壳内。能防止手指触及壳内带电部分或运动部件	
3	防大于 2.5mm 的固体异物	能防止直径大于 2.5mm 的固体异物进入壳内，能防止厚度（或直径）大于 2.5mm 的工具、金属线等触及壳内带电部分或运动部件	
4	防大于 1mm 的固体异物	能防止直径大于 1mm 的固体异物进入壳内，能防止厚度（或直径）大于 1mm 的工具、金属线等触及壳内带电部分或运动部件	
5	防尘	不能完全防止尘埃进入，但进入量不能达到妨碍设备正常运行的程度	
6	尘密	无尘埃进入	

注 1. 表中第 2 栏"简要说明"不应用来规定防护形式，只能作为概要介绍。
  2. 第一位特征数字为 1 至 4 的设备应能防止的固体异物，系包括形状规则或不规则的物体，其 3 个相互垂直的尺寸均超过"含义"栏中相应规定的数值。
  3. 对具有泄水孔或通风孔设备第一位特征数字为 3 和 4 时，其具体要求由有关专业的相应标准规定。
  4. 对具有泄水孔设备第一位特征数字为 5 时，其具体要求由有关专业的相应标准规定。

表 3-19 第二位特征数字所代表的防护等级

第二位特征数字	防 护 等 级		备 注
	简要说明	含 义	
0	无防护	没有专门的防护	
1	防滴	滴水（垂直滴水）无有害影响	
2	15°防滴	当外壳从正常位置倾斜在 15°以内时，垂直滴水无有害影响	
3	防淋水	与垂直成 60°范围以内的淋水无有害影响	
4	防溅水	任何方向溅水无有害影响	
5	防喷水	任何方向喷水无有害影响	
6	防猛烈海浪	猛烈海浪或强烈喷水时，进入外壳水量不致达到有害程度	

第二位特征数字	防护等级		备注
	简要说明	含义	
7	防浸水影响	进入规定压力的水中经规定时间后进入外壳水量不致达到有害程度	
8	防潜水影响	能按制造厂规定的条件长期潜水	

注 1. 表中第2栏"简要说明"不应用来规定防护形式，只能作为概要介绍。

　　2. 表中第二为特征数字为8，通常指水密型，但对某些类型设备也可以允许水进入，但不应达到有害程度。

3. 高压开关柜内部绝缘距离

高压开关柜中各组件及其支持绝缘件的外绝缘爬电比距（高压电器组件外绝缘的爬电距离与最高电压之比）应符合如下规定：

（1）凝露型的爬电比距。瓷质绝缘不小于14/18mm/kV（Ⅰ/Ⅱ级污秽等级），有机绝缘不小于16/20mm/kV（Ⅰ/Ⅱ级污秽等级）。

（2）不凝露型的爬电比距。瓷质绝缘不小于12mm/kV，有机绝缘不小于14mm/kV。

单纯以空气作为绝缘介质时，开关内各相导体的相间与对地净距必须符合表3-20的要求。

表 3-20　　　　　　　　　　　开关内各相导体的相间与对地净距　　　　　　　　　　mm

额定电压（kV）	7.2	12	24	40.5
导体至接地间净距	100	125	180	300
不同相导体之间的净距	100	125	180	300
导体至无孔遮拦间净距	130	155	210	330
导体至网状遮拦间净距	200	225	280	400

注 海拔超过1000m时本表所列1、2项值按每升高100m增大1%进行修正，3、4项之值应分别增加1或2项值的修正值。

4. 高压开关柜"五防"要求

高压开关柜应具备：①防止误拉、合断路器；②防止带负荷分、合隔离开关（或隔离插头）；③防止带接地开关（或接地线）送电；④防止带电合接地开关（或挂接地线）；⑤防止误入带电间隔。这五项措施称为"五防"要求。

5. 真空断路器开断电抗器问题

35kV气体绝缘开关柜由于结构设计等原因（见图3-39、图3-40），一般采用真空断路器，35kV真空断路器投切电抗器和电容器的过电压问题需引起重视，特别是在220kV变电站中电抗器和电容器容量较大情况时。

开断并联电抗器和开断空载变压器一样，都是开断感性负载，开断过程中如出现截流，就会产生过电压。同时开断电抗器是开断其额定电流，远比开断空载变压器的激磁电流大；切断电流时断口间的瞬态恢复电压固有频率为数千赫兹或更高，远高于开断变压器的数百赫兹频率，使断路器更难开断。因此，在35kV气体绝缘开关柜订货时，需要生产厂家提供开断电抗器能力的数据。

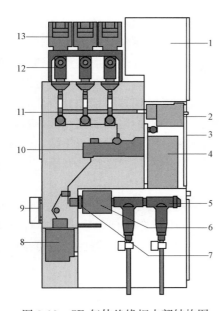

图 3-39 SF₆气体绝缘柜内部结构图   图 3-40 SF₆气体绝缘柜外形图

1—可拆卸的低压室模块；2—三工位开关的操动机构；
3—中控面板；4—断路器操动机构；5—T 型电缆连接头；
6—环形电流互感器；7—外锥式电缆侧穿墙套管；
8—带有隔离装置的电缆侧电压互感器；9—压力释放盘装置；
10—真空断路器；11—三工位开关；12—固体绝缘主母线；
13—插接式母线侧电压互感器

在回路中装设 C-R 吸收装置，可以降低截流值，扼制重燃时的高频电流，减缓过电压波头，使断路器易于熄弧。电容值及电阻值通过试验确定。选择过电压保护设备的主要参数应考虑以下主要问题：

（1）限制截流过电压的频率，建议将其限制在 1000Hz 以下。

（2）运行中阻容吸收装置的谐振频率避开系统中常见的谐波频率。

（3）对运行中的阻容吸收装置的谐振频率加必要的阻尼，以防止扰动激发阻容吸收装置与电抗器的电感产生谐振造成过高的过电压。

（4）阻容吸收装置应能够保证长期运行。

（5）阻容吸收装置的绝缘水平应与系统的绝缘水平相一致。

（6）避雷器的参数应能够保护设备的绝缘。

C-R 装置参数需要电抗器参数、连接电缆的参数及以往试验数据和经验确定。

6．真空断路器开断电容器问题

断路器在开断容性负载时，工频电容电流过零熄弧后，会有一个接近幅值的相电压残留在线路上，若此时断路器触头发生重燃，相当于一次合闸，电压波振荡发射，产生过电压，过电压的幅值会随重燃次数增加而递增。

一般而言，开断后 5ms 内击穿为复燃，5～10ms 内击穿称为重击穿，在 10ms 以上有的称之为非自持性放电。在此统称为重燃。在 5ms 内重燃主要是真空电弧开断后的介质恢复强度与恢复电压对比，介质恢复强度一个是恢复时间，另外是响应的上升幅值。在燃弧过程中电弧加热触头，使其向真空间隙蒸发，这些金属蒸气不断向间隙外扩散，并在触头表面不是很热的情况下有一部分重新凝结在触头表面上。同时在恢复电压作用下电极会有一定量电子的发射，但这种发射不一定能导致间隙击穿。使间隙击穿的条件是发射电流达到一定值或间隙中有能使电子增生的物质存在。真空电弧熄灭后间隙有金属蒸气存在，由于金属蒸气电离电位低，故很易被电离。介质强度的恢复过程是非常复杂的过程，要精确分析介质恢复过程应从如下方面综合分析：①电弧对电极的非均匀加热；②准确的电极加热和散热过程；③电极表面的热状态和电子发射；④金属蒸气扩散的非自由和非平衡；⑤电子使金属蒸气原子电离的实际过程，相对接近实际的方法为试验法。所以需要制造厂对断路器开断电容器能力进行核算。

由于电容器的极间绝缘要比对地绝缘弱，应注意加强对极间绝缘的保护。只要能够保护住极间绝缘，中性点位移得到控制，断路器断口的恢复电压便会降低，重燃可能性大大减少，也就相应地解决了相对地保护问题。因此对电容器装设氧化锌避雷器保护也可限制开断电容器引起的过电压。

第五节　无功补偿装置

在电力系统中，无功补偿装置起到提高城网的功率因数、降低变压器及输送线路的损耗、提高系统稳定性、改善供电环境的作用。无功补偿设备有无功静止式补偿装置和无功动态补偿装置两类，前者包括并联电容器和并联电抗器，后者包括同步补偿机（调相机）和静止型无功动态补偿装置。

无功补偿装置的设计必须执行国家的技术经济政策，并应根据安装点的电网条件、谐波水平、自然环境、运行和检修要求等，合理地选择装置型式、容量、电压等级、接线方式、布置型式及控制、保护方式，做到安全可靠、技术经济合理和运行检修方便。

一、各电压等级变电站无功补偿

变电站高低压并联电抗器、并联电容器等无功补偿装置的设计应符合 GB 50227《并联电容器装置设计规范》、DL 5014《330kV～750kV 变电站无功补偿装置设计技术规定》及DL/T 5242《35kV～220kV 变电站无功补偿装置设计技术规定》的规定。

无功补偿装置应在系统有功负荷高峰和负荷低谷运行方式下，保证分（电压）层和分（供电）区的无功平衡。变电站无功补偿配置应根据电网情况，从整体上考虑无功补偿装置在各电压等级变电站配置比例的协调关系，实施分散就地补偿与变电站集中补偿相结合、电网补偿与用户补偿相结合、高压补偿与低压补偿相结合，满足电网安全、经济运行的需要。

各级电网应避免通过输电线路远距离输送无功电力。330kV 及以上电压等级系统与下一级系统之间不应有较大的无功电力交换。330kV 及以上电压等级输电线路的充电功率应按照就地补偿的原则采用高、低压并联电抗器予以补偿。受端系统应有足够的无功电力备用。当受端系统存在电压不稳定问题时，应通过技术经济比较，考虑在受端系统的枢纽变电站配置动态无功补偿装置。

各电压等级的变电站应结合电网规划和电源建设，经过计算分析，配置适当规模、类型的无功补偿装置；配置的无功补偿装置应不引起系统谐波明显放大，并应避免大量的无功电力穿越变压器。35～220kV 变电站，所配置的无功补偿装置，在主变压器最大负荷时其高压侧功率因数应不低于 0.95，在低谷负荷时功率因数不应高于 0.95，不低于 0.92。

各电压等级变电站无功补偿装置的分组容量选择，应根据计算确定，最大单组无功补偿装置投切引起所在母线电压变化不宜超过电压额定值的 2.5%。

对于大量采用 10kV～220kV 电缆线路的城市电网，在新建变电站时，应根据电缆进、出线情况在相关变电站分散配置适当容量的感性无功补偿装置。

无功补偿装置的额定电压应与变压器对应侧的额定电压相匹配。选择电容器的额定电压时应考虑串联电抗率的影响。

因特高压工程引起部分无功潮流变化较大的线路，应装设动态无功补偿装置。

1. 330kV 及以上电压等级变电站的无功补偿

330kV 及以上电压等级城市变电站容性无功补偿的主要作用是补偿主变压器无功损耗以及输电线路输送容量较大时电网的无功缺额。容性无功补偿容量可按照主变压器容量的 10%～20% 配置，或经过计算后确定。

330kV 及以上电压等级高压并联电抗器（包括中性点小电抗）的主要作用是限制工频过电压和降低潜供电流、恢复电压以及平衡超高压输电线路的充电功率，高压并联电抗器的容量应根据上述要求确定。主变压器低压侧并联电抗器组的作用主要是补偿超高压输电线路的剩余充电功率，其容量应根据电网结构和运行的需要而确定。

局部地区 330kV 及以上电压等级短线路较多时，应根据无功就地平衡原则和电网结构特点，经计算分析，在适当地点装设母线高压并联电抗器，进行无功补偿。以无功补偿为主的母线高压并联电抗器应装设断路器。

330kV 及以上电压等级变电站安装有两台及以上变压器时，每台变压器配置的无功补偿容量宜基本一致。

2. 220kV 变电站的无功补偿

220kV 变电站的容性无功补偿以补偿主变压器无功损耗为主，适当补偿部分线路及兼顾负荷侧的无功损耗。容性无功补偿容量应按下列情况选取，并满足在主变压器最大负荷时，其高压侧功率因数不低于 0.95。

（1）满足下列条件之一时，容性无功补偿装置一般按主变压器容量的 10%～25% 配置。

a. 220kV 枢纽站。

b. 中压侧或低压侧出线带有电力用户负荷的 220kV 变电站。

c. 变比为 220/66(35)kV 的双绕组变压器。

d. 220kV 高阻抗变压器。

（2）满足下列条件之一时，容性无功补偿装置一般按主变压器容量的 10%～15% 配置：

a. 低压侧出线不带电力用户负荷的 220kV 终端站。

b. 统调发电厂并网点的 220kV 变电站。

c. 220kV 电压等级进出线以电缆为主的 220kV 变电站。

当（1）、（2）中的情况同时出现时，以（1）为准。

对进、出线以电缆为主的 220kV 变电站，可根据电缆长度配置相应的感性无功补偿装置。每一台变压器的感性无功补偿装置容量不宜大于主变压器容量的 20%，或经过技术经济比较后确定。

220kV 变电站容性无功补偿装置的单组容量，在最大单组无功补偿装置投切引起所在母线电压变化满足要求的情况下，接于 66kV 电压等级时不宜大于 20Mvar，接于 35kV 电压等级时不宜大于 12Mvar，接于 10kV 电压等级时不宜大于 8Mvar。

3. 35～110kV 变电站的无功补偿

35～110kV 变电站的容性无功补偿装置以补偿变压器无功损耗为主，适当兼顾负荷侧的无功补偿。容性无功补偿容量应按下列情况选取，并满足 35～110kV 主变压器最大负荷时，其高压侧功率因数不低于 0.95。

a. 当 35～110kV 变电站内配置了滤波电容器时，按主变压器容量的 20%～30% 配置。

b. 当 35～110kV 变电站为电源接入点时，按主变压器容量的 15%～20% 配置。

c. 其他情况下，按主变压器容量的 15%～30% 配置。

当在主变压器的同一电压等级侧配置两组容性无功补偿装置时，其容量宜按无功容量的 1/3 和 2/3 进行配置；当主变压器中、低压侧均配有容性无功补偿装置时，每组容性无功补偿装置的容量宜一致。

在最大单组无功补偿装置投切引起所在母线电压变化满足要求的情况下，110(66)kV 变电站容性无功补偿装置的单组容量不宜大于 6Mvar，35kV 变电站容性无功补偿装置的单组容量不宜大于 3Mvar。单组容量的选择还应考虑变电站负荷较小时无功补偿的需要。

二、并联无功补偿装置

（一）并联电抗器补偿

我国目前投运的 220、500kV 城市变电站大多分别配置了容性及感性无功补偿装置。由于城市中电力电缆的大量使用，城市电力系统设计时需考虑电力电缆（尤其是高压电力电缆）对容性无功的助增作用，以分别确定变电站需配置的容性及感性无功补偿装置容量。

按照分层分区的无功平衡原则，要控制 220、500kV 电网层无功少流和不流向低电压网，需对充电功率进行平衡，以确定变电站高、低压电抗器的补偿容量。

220～500kV 变电站的电抗器补偿总量 Q_{kb} 可按下式计：

$$Q_{kb} = q_c BL/2 \tag{3-2}$$

式中　Q_{kb}——电抗器补偿总量，kvar；

　　　L——接入某变电站的线路总长度，km；

　　　q_c——单位充电功率，kvar/km；

　　　B——补偿系数，根据《电力系统电压和无功电力技术导则》的要求，高低压并联电抗器总容量的补偿系数不宜低于 0.9。

由于 10kV 和 35kV 电缆线路的充电功率小且距负荷的电气距离近，一般情况下，即作为无功电源参与无功平衡，不进行电抗补偿。对于 110kV 电缆线路的充电功率则需要根据电缆线路长度和电网的具体情况而定。

总之，为了更好地使用和调节电缆线路产生的无功容量，应考虑在变电站侧装设一定容量的电抗器，以补偿在小负荷运行方式时电缆线路多余的充电功率。

（二）并联无功补偿装置分组容量

1. 并联电容器和低压并联电抗器的分组容量原则

（1）分组投切时不得引起高次谐波谐振，应避免有危害的谐波放大。

（2）投切一组补偿设备引起所接母线电压的变动值应满足 GB12326《电能质量 电压波动和闪变》的规定。

（3）应与断路器切合电容器组的能力相适应。

（4）不超过单台电容器的爆破容量和熔断器的耐爆能量。

2. 并联电容器的分组方式

并联电容器装置的分组方式如图 3-41 所示。

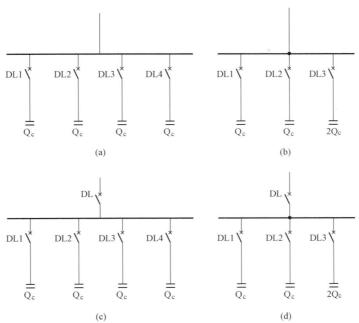

图 3-41　并联电容器装置的分组方式

（a）等容量分组；（b）等差级容量分组；（c）带总断路器的等容量分组；

（d）带总断路器的等差级数容量分组

DL1～DL4—分组断路器；DL—总断路器

图 3-41（a）为等容量分组方式。分组断路器不仅要满足频繁切合并联电容器组的要求，而且还要满足开断短路的要求。这种分组方式是应用较多的一种。

图 3-41（b）为等差容量分组方式。分组断路器的要求与图 3-41（a）中断路器相同。由于其分组容量之间成等差级数关系，从而使并联电容器装置可按照不同投切方式得到多种容量组合，即可用比图 3-41（a）所示方式少的分组数目，达到多种容量组合运行的要求，从而节约了回路设备数。但是改变容量组合的操作过程中，会引起无功功率较大的变化，并可能使分组容量较小的分组断路器频繁操作，断路器的检修间隔时间缩短，从而使电容器组退出运行的可能性增加。因此应用范围有限。

图 3-41（c）与图 3-41（a）、图 3-41（d）与 3-41（b）所示的组合方式相同，只是分组断路器 DL1～DL4 只作为投切并联电容器组的操作电器，而由并联电容器装置的总断路器 DL 作为短路保护电器。这样，总断路器就可以不必满足频繁操作的要求。但是，当某一并联电容器组因短路故障而切除时，将造成整个并联电容器组退出运行。故该分组方式适用于采用操作性能较好、遮断容量偏小的断路器（例如真空断路器）的并联电容器装置，以及容量较小的并联电容器装置。

3. 并联电容器的接线

这里讲的并联电容器装置的接线是指电容器每组的接线。

（1）并联电容器组基本接线类型。并联电容器组的基本接线分为星形（丫）和三角形（△）两种。经常采用的还有由星形（丫）派生出的双星形（双丫，每个"丫"称为一个"臂"两个臂的电容器规格及数量应相同，在安装时，应使两个臂的实际容量尽量相等）接线，在某种场合下，也可以采用由三角形（△）派生出的三角形（双△，每个"△"称为一个"臂"。两个臂的实际容量尽量相等）接线。并联电容器组的接线类型如图 3-42 所示。单相供电电网的并联电容器组接线为三相的特殊形式，仅为一相，无丫与△之分。

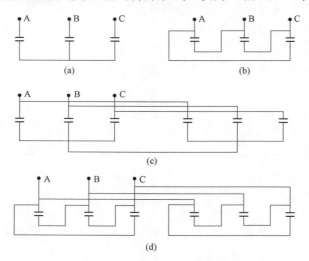

图 3-42　并联电容器组接线类型

（a）星形；（b）三角形；（c）双星形（双丫）；（d）双三角形（双△）

（2）并联电容器组每相内部接线方式。当单台并联电容器的额定电压不能满足电网正常工作电压要求（或者其他设计上考虑的要求）时，需由两台或多台并联电容器串接后（串联台数一般称串联段数）达到电网正常工作电压的要求；未达到要求的补偿容量，又需要用若干台并联电容并联才能组成并联电容器组。并联电容器组每相内部的接线方式如图 3-43 所示。

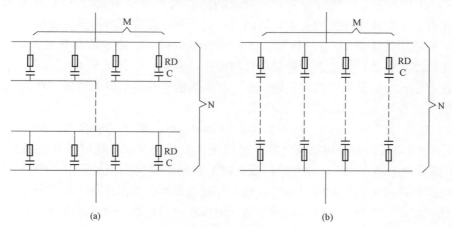

图 3-43　并联电容器组每相接线方式

（a）先并后串（有均压线）接线方式；（b）先串后并（无均压线）接线方式

RD—单台保护熔断器；C—单台电容器；M—电容器组中电容器并联台数；N—电容器组中电容器串联段数

图 3-43（a）为先并后串接线方式，该接线方式的优点在于，当一台故障电容器由于熔断器 RD 熔断退出运行后，对该相容量变化和与故障电容器并联的电容器上承受的工作电压的变化影响较小，同时，熔断器 RD 的选择只需考虑与单台电容器相配合。故工程中普遍采用，并被规程所肯定。

图 3-43（b）为先串后并接线方式。该接线方式的缺点为，当一台故障电容器由于熔断器 DL 熔断退出运行后，导致故障电容器所在的电容器整个退出运行，对该相的容量变化和剩余串电容器生承受的工作电压变化的影响较大；同时，该接线方式的熔断器 DL 的端口绝缘水平应等于电网的绝缘水平，致使熔断器选择不易。故工程中已不采用该种接线方式。

4. 并联电容器组中性点接地方式

Y 和（双Y）接线的并联电容器组有中性点接地和不接地两种。中性点接地时，Y 接线称为 Y_0 接线，双Y 形中性点一般通过电压互感器接地。

（1）Y_0 接线时，即当电网发生单相接地故障时，继电保护装置不会发生误动作。

（2）Y_0 接线与 Y 接线相比有如下区别：对并联电容器的电极与外壳间绝缘水平要求角度，只需按电网相电压考虑。因目前国内主要生产极壳间绝缘水平按电网线电压考虑的并联（交流滤波）电容器产品，所以无必要采用 Y_0 接线。

Y_0 接线壳大幅度增大母线对地电容值，使得配电装置的行波保护水平相应提高。

电容器组两端间的分闸操作过电压倍数较低，易于满足避雷器通流容量的要求，有利于电容器组运行。

在中性点接地系统中，Y_0 接线由于不产生中性点位移，所以当某相电容器组发生故障时，两健全电容器承受的工作电压不受影响。但是由于故障相电容器通过系统短路电流，致使电容器和单台保护熔断器的要求严格一些；当系统发生单相接地时，继电保护动作，切除电容器组，增加了运行的复杂性。

在中性点不接地系统中，当某相电容器组发生故障时，中性点接地点发生电压位移，只是地电位抬高，对设备及运行均不利。

（3）中性点非直接接地系统中，目前常用并联电容器装置的接线为 Y 接线或双Y 接线，高压和超高压中性点直接接地系统中或直流输电系统交流侧的并联电容器装置，一般采用 Y_0 接线。

5. 户内变电站电抗器选择

户内布置的并联电抗器和并联电容器组使用的串联电抗器宜选用铁芯式设备。

空芯电抗器体积较大，漏磁场较强，会使附近结构内的铁磁物质发热，还可能引起故障，而且占用建筑面积较多，故在户内变电站不推荐使用。目前在户内变电站采用较多的是环氧树脂浇铸式铁芯电抗器和油浸式铁芯电抗器。

（1）串联电抗器。用于限制合闸涌流的串联电抗器的电抗率一般按不大于 1% 选择；用于限制 5 次及以上谐波，串联电抗率可取 4.5%～6% 选择；限制 3 次及以上谐波，串联电抗率可取 12%。

并联电容器组运行时，先投、后切串联电抗率 12% 的并联电容器组，以达到抑制系统中三次谐波的目的。

（2）铁芯并联电抗器[9]。随着城市负荷的增长，高压变压器深入市区，输配电线路中电缆所占的比例不断提高，可能出现空载时无功过剩问题。变电站使用并联电抗器就是为补偿由电缆供电线路产生的过多容性无功功率，以达到无功就地平衡并合理控制电压水平。

三、算例

1. 计算条件

某工程安装 4 台 180 MVA 油浸变压器，$U_{k12}\%=14$，$U_{k13}\%=23$，$U_{k23}\%=8$，$I_0\%=0.8$，主变压器负载率按照 30%～80% 考虑，功率因数按电源进线侧 $\cos\varphi=1$，负荷侧 $\cos\varphi=0.95$ 考虑，忽略架空进线的充电功率。

220kV 进出线终期 10 回；一期架空进出线 4 回预留电缆 6 回出线间隔。110kV：出线 12 回；一期出线 4 回，分别至 110kV A 站和 110kV B 站单回电缆长度 3km 和 1.5km。

2. 计算内容

(1) 每台 180MVA 变压器损耗：

1) 空载损耗：$I_0\%=0.8$，$\Delta Q_0=0.008\times180=1.44$（Mvar）

2) 变压器绕组损耗，30% 负载率：$\Delta Q_{t1}=(0.14+0.23-0.08)\div2\times180\times0.3^2$
$$=2.349\text{（Mvar）}$$
$$\Delta Q_{t2}=(0.14+0.08-0.23)\div2\times180\times0.3^2\times0.8^2$$
$$=-0.052\text{（Mvar）}$$
$$\Delta Q_{t3}=(0.23+0.08-0.14)\div2\times180\times0.3^2\times0.2^2$$
$$=0.055\text{（Mvar）}$$
$$\Delta Q_t=2.349-0.052+0.055=2.352\text{（Mvar）}$$

80% 负载率：$\Delta Q_{t1}=(0.14+0.23-0.08)\div2\times180\times0.80^2$
$$=16.704\text{（Mvar）}$$
$$\Delta Q_{t2}=(0.14+0.08-0.23)\div2\times180\times0.80^2\times0.8^2$$
$$=-0.369\text{（Mvar）}$$
$$\Delta Q_{t3}=(0.23+0.08-0.14)\div2\times180\times0.80^2\times0.2^2$$
$$=0.392\text{（Mvar）}$$
$$\Delta Q_t=16.704-0.369+0.392=16.727\text{（Mvar）}$$

(2) 电源与负荷无功功率差：（按电源 $\cos\varphi=1.0$，负荷 $\cos\varphi=0.95$ 计算）

30% 负荷时：　　$\Delta Q=180\times0.30\times(0-0.3122)=16.859$（Mvar）

80% 负荷时：　　$\Delta Q=180\times0.80\times(0-0.3122)=44.957$（Mvar）

(3) 电缆充电功率：

1) 220kV：终期预留 6 回电缆出线长度按照单回 6km 计算，其中 4 回电缆按 2500mm² 截面考虑，补偿电缆长度为 $4\times6=24$（km）；另 2 回电缆按 1600mm² 截面考虑，则需补偿的电缆长度共 $2\times6=12$（km）。2500mm² 截面电缆充电电容按 0.234μf/km 计算，1600mm² 截面电缆充电电容按 0.199μf/km 计算。则每台主变压器补偿的无功为
$$Q_C=2\pi fcu^2L=2\times3.14\times50\times230^2\times(0.234\times24+0.199\times12)\times10^{-6}/4/2$$
$$=16.619\text{（Mvar）}$$

2) 110kV：终期按照 110kV 出线 12 回，另外 8 回电缆每回长度按照 4km 计算，110kV 电缆按照全补偿考虑，电容电缆按 0.215μf/km 计算。则每台主变补偿的无功为
$$Q_C=2\pi fcu^2L=2\times3.14\times50\times0.215\times10^{-6}\times115^2\times(32+9)/4=9.151\text{（Mvar）}$$

(4) 无功补偿容量：

30% 负荷时：$\Delta Q=(1.44+2.352+16.859)-(16.619+9.151)=-5.119$（Mvar）

若低负荷时，功率因数较高，负荷侧功率因数不调节

$\Delta Q=(1.44+2.352)-(16.619+9.151)=-21.978$（Mvar）

80% 负荷：$\Delta Q=(1.44+16.727+44.957)-(16.619+9.151)=37.354$（Mvar）

补偿无功量为－21.978～37.354Mvar。

3. 小结

补偿无功量为－21.978～37.354Mvar，综合考虑，建议 220kV 变电站每台主变压器补偿 3 组 8Mvar 电容器组，串 12％电抗器 2 组和 5％电抗器 1 组；每台主变压器配置 2 组 8Mvar 10kV 并联电抗器。

第六节　站 用 电 系 统

站用电系统为变电站内的一次、二次设备提供电源，是保证变电站安全可靠输送电能的必不可少的环节。站用电系统由站用变压器、交流电源屏和馈线及用电元件等组成。

城市户内变电站站用电系统的设计必须认真贯彻国家的技术经济政策，按照运行、检修和施工要求，积极慎重的采用成熟的新材料、新设备等先进技术，考虑全站终期规模，合理解决分期建设情况，使设计做到安全可靠、技术先进、经济适用、符合国情。

一、站用电接线

1. 站用电源

城市户内变电站是保障城市运行的基础设施，站用变压器是供给变电站的操作、照明及其他动力用电的电源，应保证可靠供电。因此，城市户内变电站宜装设两台容量相同按全站计算负荷选择的站用变压器，以保证相互切换和轮流检修。35～220kV 变电站站用电源宜从主变压器低压侧分别引接，可互为备用，分列运行的站用工作变压器（见图 3-44）。初期或终期只有一台（组）主变压器时，其中一台站用变压器宜从所外电源引接。35kV 变电站如能从变电站外引入一个可靠的低压备用站用电源时，亦可装设一台站用变压器，以节省投资。

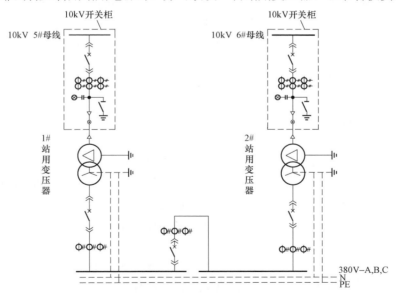

图 3-44　某 220kV 变电站站用电系统图

330～500kV 变电站的主变压器为两台（组）及以上时，由主变压器低压侧引接的站用工作变压器台数不宜少于两台，并应装设一台从站外可靠电源引接的专用备用变压器。330～500kV 变电站初期只设一台（组）主变压器时，除由所内引接一台工作变压器外，应再设置一台由所外可靠电源引接的站用工作变压器，待扩建第二个站内电源后，该站外电源该作专用备用电源（见图3-45）。

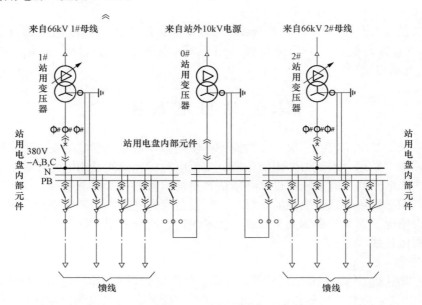

图 3-45　某 500kV 变电站站用电系统图

220kV 及以下变电站也可根据其重要性设置专用备用变压器，并从站外引接可靠电源。

2. 站用电接线方式

站用电低压系统应采用三相四线制，系统的中性点直接接地。系统额定电压 380/220V。

站用电母线采用按照工作变压器划分的单母线，即每台工作变压器各接一段母线，当有两台工作变压器时，相邻两段工作母线间可配置分段或联络断路器，形成单母线分段接线，但宜同时供电分列运行，互为备用，可设分段备自投，但一般不设置分段自投。设置多台工作变压器时，可接成单母线多分段接线。330kV 及以上变电站设置专用备用变压器时，该变压器应能满足任一台工作变压器推出运行时，均能自动切换至失电的工作母线继续供电。

工作站用变压器分列运行，可限制故障范围，提高供电可靠性，也利于限制低压侧的短路电流以选择轻型电器。特别是可以避免两台站用变压器并列时一段母线短路或者馈线出口故障而越级跳闸，可能引起的两台站用变压器同时失电的全停事故。另外，两台站用变压器一台工作一台备用的方式，同样不够可靠，根据历史统计数据，该方式的站用电全停事故率远高于两台站用变压器分列运行方式。可见，装设两台容量相同且分列运行相互备用的站用工作变压器，既保证了必要的可靠性和灵活性，又不使站用电接线过分复杂。

3. 站用电负荷的供电方式

站用动力、照明负荷较少，供电范围小距离短，故一般均由站用配电屏直接配供。为保证供电可靠性，对重要负荷应采用双回路供电方式。例如对主变压器冷却装置、消防水泵及断路器操作负荷等。

根据 GB/T6451《三相油浸电力变压器技术参数和要求》规定：对于强油风冷和强油水冷的变压器，制造厂须供给冷却系统控制箱，并满足当冷却系统的电源发生故障或电压降低时，应自动投入备用电源。因此强油风（水）冷主变压器的冷却装置、有载调压装置及带电滤油装置，宜按相（组）方式工程设置可互为备用的双回路电源进线，为避免多重设置自动切换而可能引起的配合失误，只应在冷却装置控制箱内进行双回路电源线路的自动切换，双回路电源线路始端操作电器商不应再设置自投装置。

对由单相变压器组成的变压器组，按组设置双回路电源，将各相变压器的所有用电负荷（冷却器、有载调压机构、带电滤油装置等）接在经切换后的进线上，还可以大量减少站用配电屏馈线回路数，压减配电屏数量。

断路器、隔离开关的操作及加热负荷可采用按照配电装置区域划分的分别接在两段站用电母线的两种双回路供电方式：一种方式是各区域分别设置环形供电网络，并在环网中间设置刀开关以开环运行，解环用的刀开关可设置在配电装置的两端或中间的适当间隔，并考虑方便于间隔的扩建。该方式能够保证供电的可靠性与灵活性，还可缩小电源线路故障时影响的范围。另外一种方式是各区域分别设置专用配电箱，向各间隔负荷辐射供电，配电箱电源进线一路运行、一路备用；但不宜采用配电屏直接以单回路向负荷辐射供电的方式。

由于站用电源分别引自不同供电分区而使得两台变压器的电压相位不能满足并联运行条件时，为避免误合环形供电网络的解环用刀开关，造成两台站用变压器并列运行的情况，应采取防止并列运行的措施。

二、站用变压器选择

（一）负荷分类及计算

变电站站用电负荷大致分为两类，即连续运行及经常短时运行的设备负荷和不经常短时及不经常断续运行的设备负荷。如表 3-21 所示。连续运行的设备，不论是经常运行的，还是不经常运行的都用予以计算。不经常短时及不经常断续运行的设备，由于其运行时间较短，且又是不经常运行的，考虑到变压器的过负荷能力，故此类负荷可不予计算。

表 3-21 主要站用电负荷特性表

序号	名 称	负荷类别	运行方式
1	充电装置	II	不经常、连续
2	浮充电装置	II	经常、连续
3	变压器强油风（水）冷却装置	I	经常、连续
4	变电器有载调压装置	II	经常、连续
5	有载调压装置的带电滤油装置	II	经常、连续
6	断路器、隔离开关、GIS 操作电源	II	经常、连续
7	断路器、隔离开关、端子箱加热	II	经常、连续
8	通风机	III	经常、连续
9	空调机、采暖系统	III	经常、连续
10	通信电源	I	经常、连续
11	远动装置	I	经常、连续
12	微机监控系统、智能辅助控制系统	I	经常、连续
13	微机保护、检测装置电源	I	经常、连续
14	深井水泵或给水泵、稳压水泵	II	经常、短时
15	生活水泵	II	经常、短时
16	雨水泵	II	不经常、短时

序号	名　称	负荷类别	运行方式
17	消防水泵、变压器水喷雾装置	Ⅰ	不经常、短时
18	检修电源	Ⅲ	不经常、短时
19	电动门等	Ⅲ	不经常、短时
20	所区生活用电	Ⅲ	经常、连续

注 1. 负荷特性是指一般情况，工程设计中由逆变器或者不停电电源装置供电的通信、远动、微机监控、智能辅助控制系统，交流事故照明等负荷也可以计入相应的充电负荷中。

2. 负荷分类：Ⅰ类负荷，短时停电可能影响人身或设备安全，使生产运行停顿或主变压器减载的负荷。Ⅱ类负荷，允许短时停电，但停电时间过长，有可能影响正常生产运行的负荷。Ⅲ类负荷，长时间停电不会直接影响生产运行的负荷。

3. 运行方式栏中"经常"与"不经常"系区别该类负荷的使用机会。"连续""短时""断续"系区别每次使用时间的长短。即：

连续——每次连续带负荷运转 2h 以上的。

短时——每次连续带负荷运转 2h 以内，10min 以上的。

断续——每次使用从带负荷到空载或停止，反复周期地工作，每个工作周期不超过 10min 的。

经常——系指与正常生产过程有关的，一般每天都要使用的负荷。

不经常——系指正常不用，只在检修、事故或者特定情况下使用的负荷。

（二）容量选择

负荷计算一般均采用换算系数法。将负荷的额定功率千瓦数换算为站用变压器的计算负荷千伏安数，电动机负荷的换算系数一般采用 0.85，电热负荷及照明负荷的换算系数取 1。随着微机控制、微机保护、智能设备的采用，变电站建筑面积在减少，使照明等负荷也在减少。

1. 站用变压器容量计算

站用变压器容量选择根据《220kV～500kV 变电所所用电设计技术规程》的公式 3-3 计算得到。

$$S \geqslant K_1 \cdot P_1 + P_2 + P_3 \tag{3-3}$$

式中　S——站用变压器容量，kVA；

K_1——站用动力负荷换算系数，一般取 $K_1 = 0.85$；

P_1——站用动力负荷之和，kW；

P_2——站用热电负荷之和，kW；

P_3——站用照明负荷之和，kW；

2. 实例计算

（1）500kV 变电站站用变压器容量选择实例。

建设规模：安装 1200MVA 主变压器 2 组。500kV 出线 2 回，220kV 出线 12 回。站内配置相应的继电保护、远动、通信、无功补偿、站用变压器等装置及设施，按无人值班方式设计。

站用电及照明：站用电系统低压接线采用 380V 三相四线制零线接地系统。为提高站用电可靠性，设两台站用干式变压器，分别接于 10kV 的Ⅰ段和Ⅱ段母线上。380V 为单母线分段接线，每台站用变压器各带一段母线，重要负荷分别从两段母线双回供电。变电站工作照明由站用电交流屏供电，事故照明由直流屏供电。电气二次设备室、配电室、变压器附近分别安装动力配电箱或电源箱，供给检修、试验和照明电源。屋外照明采用泛光等，屋内工作照明采用荧光灯，事故照明采用白炽灯等。站用负荷统计见表 3-22 和表 3-23。

由于变电站位于北方地区，设置了专用的采暖锅炉，因此在进行负荷统计时分成夏季和冬季两种形式。

表 3-22 　　　　　　　　　　冬季站用电容量选择结果表

序号	负 荷 名 称	额定容量（kW）	安装（kW）	运行（kW）
1	充电机	98	98	98
2	逆变电源	15	15	15
3	通信电源	40	40	40
4	深井泵	30	30	30
5	生活水泵	7	7	7
6	污水处理设备	5	5	5
7	风机电源	100	100	100
8	主变压器冷却装置	50×2	100	100
9	消防报警主机	10	10	10
10	空调	171	171	171
11	主变压器电源箱	4.5×2	9	9
	小计 P_1		585	
12	断路器及隔离开关电加热	37.1	37.1	37.1
13	采暖负荷	40	40	40
14	电热水器	12	2	2
	小计 P_2		79.1	
15	室外照明	2	2	2
16	变电综合楼一层照明	34	34	34
17	变电综合楼夹层照明	3	3	3
18	主控无功补偿楼一层照明	11	11	11
19	主控无功补偿楼二层照明	11	11	11
20	主控无功补偿楼三层照明	14	14	14
	小计 P_3		75	

站用变压器容量计算负荷：

$$S = 0.85 \times P_1 + P_2 + P_3$$
$$= 0.85 \times 585 + 79.1 + 75 = 651.35 \text{ （kVA）}$$

选择变压器容量：800kVA。

表 3-23 　　　　　　　　　　夏季站用电容量选择结果表

序号	负 荷 名 称	额定容量（kW）	安装（kW）	运行（kW）
1	充电机	98	98	98
2	逆变电源	15	15	15
3	通信电源	40	40	40

序号	负 荷 名 称	额定容量（kW）	安装（kW）	运行（kW）
4	深井泵	30	30	30
5	生活水泵	7	7	7
6	污水处理设备	5	5	5
7	风机电源	100	100	100
8	主变压器冷却装置	50×2	100	100
9	消防报警主机	10	10	10
10	空调	171	171	171
11	主变压器电源箱	4.5×2	9	9
	小计 P_1		585	
12	断路器及隔离开关电加热	37.1	37.1	37.1
13	电热水器	12	2	2
	小计 P_2		39.1	
14	室外照明	2	2	2
15	变电综合楼一层照明	34	34	34
16	变电综合楼夹层照明	3	3	3
17	主控无功补偿楼一层照明	11	11	11
18	主控无功补偿楼二层照明	11	11	11
19	主控无功补偿楼三层照明	14	14	14
	小计 P_3		75	

计算负荷：

$$S \geqslant K_1 \cdot P_1 + P_2 + P_3$$
$$= 0.85 \times P_1 + P_2 + P_3$$
$$= 0.85 \times 585 + 39.1 + 75 = 611.35 \ (kVA)$$

选择变压器容量：800kVA。

（2）110kV 变电站站用变压器容量选择实例。

建设规模：变电站终期安装 110/10.5kV 50MVA 有载调压变压器 3 台；110kV 进线 3 回，支接出线 3 回；10kV 出线 72 回；站内配置相应的继电保护、远动、通信、无功补偿、站用变压器等装置及设施，按无人值班方式设计。

站用电及照明：站用电系统低压接线采用 380V 三相四线制零线接地系统。为提高站用电可靠性，设两台站用干式变压器，分别接于 10kV 的Ⅰ段和Ⅱ段母线上。380V 为单母线分段接线，每台站用变压器各带一段母线，重要负荷分别从两段母线双回供电。变电站工作照明由站用电交流屏供电，事故照明由直流屏供电。电气二次设备室、配电室、变压器附近分别安装动力配电箱或电源箱，供给检修、试验和照明电源。屋外照明采用泛光等，屋内工作照明采用荧光灯，事故照明采用白炽灯等。站用负荷统计见表 3-24。

表 3-24   站用电负荷统计

序号	负荷名称	额定容量（kW）	连续经常负荷			短时非经常负荷			运行方式
			安装台数	运行台数	运行容量（kW）	安装台数	运行台数	运行容量（kW）	
站内设备动力负荷 P_1									
1	充电机电源	20.6kW	2	1	20.6				经常，连续
2	主变压器电源	0.95				4	4	3.8	不经常，短时
3	逆变工作电源	8	1	1	8				经常，连续
4	主变压器调压电源	9.5				4	2	9.5	不经常，短时
5	辅助设施电源	6	1	1	6				经常，连续
6	通信电源	15.2	2	1	15.2				经常，连续
7	主变压器中性点刀闸动力	6				1	1	6	不经常，短时
8	风机电源	28	1	1	28				经常，连续
9	消防泵	40				2	1	40	不经常，短时
10	污水泵	4	2	1	4				经常，连续
11	稳压泵	4				2	1	4	不经常，短时
	小计				81.8			63.3	
站内电热负荷 P_2									
1	10kV 开关电热	0.2	98	98	19.6				经常，连续
2	110kV 开关电热	0.5	11	11	5.5				经常，连续
3	主变压器中性点刀闸电热	0.1	4	4	0.4				经常，连续
4	室内空调	41			41				经常，连续
	小计				66.5				经常，连续
站内照明负荷 P_3									
1	室外照明	5.5			5.5				经常，连续
2	室内照明	30			30				经常，连续
3	主变压器中性点刀闸照明	0.05				4	1	0.05	不经常，短时
4	10kV 开关柜照明电源	0.015				130	1	0.015	不经常，短时
5	110kV 开关照明电源	0.23				11	1	0.23	不经常，短时
	小计				35.5			0.295	不经常，短时

站用电由两台 10kV 站用变压器所带的 200kVA 二次绕组提供，

$$S \geqslant K_1 \cdot P_1 + P_2 + P_3$$
$$= 0.85 \times 63.3 + 66.5 + 35.5$$
$$= 156(\text{kVA})$$

由此，站用变压器容量可选 200kVA。

（三）站用电压器型式选择

1. 绝缘方式选择

站用变压器应选用低损耗节能型产品。户内变电站可采用干式站用变。对于 35～220kV 变电站，站用变压器一般放置在开关柜内，型式宜采用干式变压器。干式变压器具有体积小、阻燃性能好、损耗低、噪声小、维护工作量小等优点。

站用变压器选用 66kV 及以上时建议选用油浸绝缘变压器，也可以根据技术发展选用干式变压器。

2. 联结组别选择

站用变压器宜采用 Dyn11。与 Yyn 联结变压器比较，Dyn 联结变压器的零序阻抗大大减少了，其值约与其正序阻抗相等，使单相短路电流增大，缩小了与三相短路电流的差异。这不仅可直接提高单相短路时保护设备的灵敏度，利于保护设备与馈线电缆截面的选择配合。

Dyn11 联结变压器的三角形绕组，为三次谐波电流或零序电流提供了通路，使相电压更接近正弦波，改善了电压波形质量；另外，当低压侧三相负荷不平衡时，这种联结的变压器不会出现低压侧中性点的浮动位移，保证了供电电压质量。

因此，宜选用 Dyn 联结的变压器。

3. 阻抗的选择

站用电压器阻抗应考虑的因素有：低压电气对短路电流的承受能力，最大电动机起动时的电压要求，运行时由阻抗引起的电压波动等。当采用标准规定阻抗时，对于站用电系统来说，后两方面的要求较所厂用电系统更易满足。

当前生产的大部分低压电器产品均能适应短路电流水平。故一般情况下，所以变压器可采用标准阻抗系列的普通变压器。

4. 站用高压侧额定电压

站用变压器高压侧的额定电压，应按其接入点的实际运行电压确定，宜取接入点相应的主变压器额定电压。

三、站用电设备及导体选择

（一）短路电流计算

站用电低压系统的短路电流计算原则：

（1）应按单台站用变压器进行计算。

（2）应计及电阻。

（3）系统阻抗宜按高压侧保护电器的开断容量或高压侧的短路容量确定。

（4）短路电流计算时，可不考虑异步电动机的反馈电流。

（5）馈线回路短路时，应计及电缆的阻抗。

（6）不考虑短路电流周期分量的衰减。

（二）站用变压器供电回路持续工作电流计算

站用变压器进线回路工作电流

$$I_g = 1.05 \times I_e = 1.05 \times \frac{S_e}{\sqrt{3} \times U_e} \tag{3-4}$$

式中　I_g——站用变进线回路工作电流，A；

　　　I_e——站用变压器低压侧额定电流，A；

　　　U_e——站用变压器低压侧额定电压，kA；

　　　S_e——站用变压器额定容量，kVA。

（三）站用电高压电器选择

城市户内变电站站用变压器高压侧建议采用断路器作为保护电器。

（1）能够满足站用变压器重瓦斯或温度过高进行跳闸的保护要求。

（2）继电保护配置适当时，可切除站用变压器低压侧出口单相短路故障，避免出现高压侧单相断开的情况。

当经济上可以接受时，也可直接采用轻型断路器或轻型断路器配电抗器作为站用变压器的保护电器。

（四）站用电低压电器选择

站用电低压电器是用于站用变压器低压侧电路中起保护、控制、转换和通断作用的电器。

站用变压器低压侧电气的选择，应满足工作电压、工作电流、分断能力、动稳定、热稳定和周围环境的要求。

1. 低压电器的分类与用途

低压电器的分类与用途可见表 3-25。

表 3-25　　　　　　　　　　低压电器的分类与用途

分类名称	主　要　品　种	用　途
断路器	万能式空气断路器；塑料外壳式断路器；限流式断路器；直流快速断路器；灭磁断路器；剩余电流保护断路器	用于交、直流线路过载、短路或欠电压保护、不频繁通断操作电路；灭磁断路器用于发电机励磁电路保护；剩余电流保护断路器用于人身触电保护
熔断器	有填料封闭管式熔断器；保护半导体器件熔断器；无填料密闭管式熔断器；自复熔断器	用作交、直流线路和设备的短路和过载保护
刀开关	熔断器式刀开关；大电流刀开关；负荷开关	用作电路隔离，也能接通与分断电路额定电流
转换开关	组合开关；换向开关	主要作为两种及以上电源或负载的转换和通断电路用

2. 低压电气选择的一般要求

（1）按正常工作条件选择：

1）电器的额定电压应与所在回路的标称电压相适应。电器的额定频率应与所在回路的标称频率相适应。

2）电器的额定电流不应小于所在回路的负荷计算电流。切断负荷电流的电气（如开关、隔离开关）应校验其断开电流。接通和断开起动尖峰电流的电器（如接触器）应校核其接通、分断能力和每小时操作的循环次数（操作频率）。

3）保护器还应按保护性选择。

4）低压电器的工作制通常分8小时工作制、不间断工作制、断续周期工作制、短时工作制及周期工作制等几种，应根据不同要求选择其技术参数。

5）某些电器还应按有关的专门要求选择，如互感器应符合准确等级的要求。

（2）按短路工作条件选择：

1）可能通过短路电流的电器（如开关、隔离器、隔离开关、熔断器组合电器及接触器、启动器），应满足在短路条件下短时耐受电流的要求。

2）断开短路电流的保护电器（如低压熔断器、低压断路器），应满足在短路条件下分断能力的要求。

3）按使用环境条件选择。电器产品的选择应适应所在场所环境条件。

a. 多尘环境。

b. 化工腐蚀环境。

c. 高原地区。

d. 热带地区。

3. 低压断路器选择

低压断路器应符合现行标准GB 14048.2《低压开关设备和控制设备 低压断路器》的要求。

（1）低压断路器结构简述。按设计型式分为开启式（原万能式或框架式）和塑料外壳式或模压外壳式。自动开关生产的型号很多，各有特点。近几年来为了满足更广泛的使用要求和产品的更新换代，研制和发展了不少新品种。

1）万能式断路器。所有零件都装在一个绝缘的金属框架内，常为开启式，可装设多种附件，更换触头和部件较为方便，因此多用作电源端总开关。一个系列一般设计成3～4个框架等级。每个框架中可包括几档额定电流。万能式断路器可分为选择型和非选择型两类，选择型断路器的短延时一般在0.1～0.6s之间。过电流脱扣器有电磁式、热双金属式和电子式等几种。额定电流630～6300A。一般可满足站用变压器低压侧的要求。

2）塑料外壳式断路器。除接线端子外，触头、灭弧室、脱扣器和操动机构都装于一个塑料外壳中一般不考虑维修，适于作支路的保护开关。大多数为手动操作，额定电流较大的（200A以上）也可附带电动机操作。

3）限流断路器。限流断路器按构成原理，可分为多种类型，但使用最普遍的是电动斥力式限流断路器。不论是万能式还是塑料外壳式限流断路器，都是利用短路电流在触头回路间所产生的点动力，使触头快速斥开而达到限制短路电流上升，触头斥开后产生电弧，电弧电压上升（相当于电弧电阻增加），从而限制短路电流增加。触头在真空中，则电弧电压很低，难以利用电弧达到限流目的。

4）剩余电流保护断路器（漏电保护断路器）。剩余电流保护断路器是为了防止低压网络中发生人身触电和漏电火灾、爆炸事故而发展的一种新型电器。当人身触电或设备漏电时能够迅速切断故障电路，从而避开人身和设备受到危害。这种剩余电流保护断路器关实质上是装有检漏保护元件的塑料外壳式断路器。

剩余电流保护断路器有电磁式电流动作型、电压动作型和晶体管式电流动作型三种。电磁式电流动作型剩余电流保护断路器是在塑料外壳断路器中增加一个能检测剩余电流的剩余电流互感器和灵敏脱扣器。当出线漏电或人身触及相线（火线）时，剩余电流互感器的二次侧就感应出信号电流，使灵敏脱扣器动作，断路器快速断开。

5）直流快速断路器。直流快速断路器有电磁保持式和电磁感应斥力式两种。电磁保持式直流断路器在快速电磁铁的去磁线圈中的电流达到一定值时，衔铁所受的吸力骤减，机构在弹簧作用下迅速向断开位置运动而使触头断开。

（2）低压断路器的选用要点：

1）断路器额定电压不小于线路额定电压。

2）断路器额定电流的确定。断路器壳架等级额定电流（指塑壳式或开启式中所能装的最大过电流脱扣器的额定电流）I_{rQ}和断路器额定反时限电流指过电流脱扣器额定电流 I_{rt}的确定公式如下：

$$I_{rQ} \geqslant I_{rt} \tag{3-5}$$

$$I_{rt} \geqslant I_{c} \tag{3-6}$$

式中　I_{rQ}——断路器壳架等级的额定电流；

　　　I_{rt}——反时限过电流脱扣器的额定电流；

　　　I_{c}——线路的计算负荷电流。

3）断路器的额定短路通断能力不小于线路中最大短路电流。

4）断路器欠电压脱扣器额定电压等于线路额定电压。

5）选择型配电断路器需考虑短延时短路通断能力和延时梯级的配合。

6）选择电动机保护用断路器需考虑电动机的起动电流并使其在起动时间内不动作。笼型感应电动机的起动电流按 8～15 倍额定电流计算。

7）直流快速断路器需考虑过电流脱扣器的动作方向（极性）、短路电流上升 di/dt。

8）剩余电流保护断路器需选能否断开短路电流，如不能断开短路电流则需和适当的熔断器配合使用。

4. 低压熔断器选择

熔断器应符合 GB 13539.1《低压熔断器 第 1 部分：基本要求》和 GB/T13539.2《低压熔断器 第 2 部分：专职人员使用的熔断器的补充要求》的规定。

（1）低压熔断器的用途与分类：

1）低压熔断器是低压配电系统中的保护元件之一，主要作短路保护之用，有时也可作过载保护之用。通过熔断器的熔化器与其他电器的配合，在一定的短路电流范围内可达到选择性保护。

2）低压熔断器按照结构形式可分为：半封闭插入式熔断器；无填料密闭管式熔断器；有填料封闭式熔断器及自复熔断器（很少应用）四类。

（2）低压熔断器的结构与工作原理。低压熔断器是以自身产生的热量使其熔断体熔化而自动分断电路的。当通过熔断体的电流大于规定值，熔断体熔断而实现过载和短路保护。

半封闭插入式熔断器和无填料密闭式熔断器过去虽然应用很广，但趋向淘汰，应选用有填料封闭式熔断器。

有填料封闭管式熔断器按使用对象可分为专职人员使用的熔断器（亦称一般工业用熔断器）、非熟练人员使用的熔断器和保护半导体器件熔断器三种。

有填料熔断器多采用石英砂作填料，用铜片作熔体材料。用陶瓷作熔管制成的熔断器称有填料封闭管式熔断器。

（3）一般工业用低压熔断器。专职人员使用的熔断器最小额定分断能力为直流 25kA，交流 50kA，对熔断器的防护等级没有要求。按结构可分为刀型触头熔断器、螺栓连接熔断器、圆筒形帽熔断器。

（4）保护半导体器件熔断器。最小额定分段能力为 50kA。

（5）非熟练人员使用的熔断器。普遍用于家庭电气设备的电路中，其特点是有防护等级要求，并对其安全性指标（如防火）、防护等级进行考核。其最小额定分断能力，额定电压低于 240V 为 6kA，额定电压 240～500V 时为 20kA。螺旋式熔断器作为家用较为合适，体积小，额定分断能力可达 50kA。

（6）低压熔断器的选用。应根据使用场合选择适当的型式。做站用熔断器，应选用一般工业用熔断器。

1）按电网电压选用相应电压等级的熔断器。按系统中可能出现的最大短路电流，选择有相应分段能力的熔断器。

2）在电动机回路中作短路保护时，应考虑电动机的起动条件，按电动机起动时间长短选择熔体的额定电流。对起动时间不长的场合可按下式决定熔体的额定电流 I_n。

$$I_n = I_d/(2.5\sim3) \tag{3-7}$$

3）对起动时间长或较频繁起动（如起重机电动机起动）的场合，按下式决定熔体的额定电流 I_n。

$$I_n = I_d/(1.6\sim2.0) \tag{3-8}$$

式中　I_d——电动机的起动电流，A。

4）为了满足选择性保护要求，上下级熔断器应根据其保护特定曲线上的数据及实际误差来选择。一般，老产品的选择比为 2∶1，新型熔断器的选择比为 1.6∶1。

5. 刀开关、隔离器、隔离开关及其组合电器

刀开关、隔离器、隔离开关主要用于不频繁地接通和分段电路。多层组合开关是刀形开关的另一种型式，也用于转换电路，从一组连接换到另一组连接。适用于额定电流 100A 以下的电路。

刀开关、隔离器、隔离开关和熔断器组合具有一定的接通分断能力和足够的短路分断能力，可作为手动不频繁地接通分断电路以及作电路的短路保护和隔离之用，其短路分断能力由组合中熔断器的短路分断能力而定。

（五）导体选择

所变压器至低压配电屏一般采用电缆联结。低压电力电缆一般选用聚氯乙烯绝缘聚氯乙烯护套电缆（VLV）。

电缆的额定电压应不小于所在网络的额定电压，电缆的最高工作电压不得超过其额定电压的 15%。

三相动力回路电缆，一般选用三芯或四芯（当为四线制时）电缆，当距离超过电缆制造长度时，可选用单芯电缆。但不得用钢带铠装并应三相绞敷或捆好。电缆的选择满足《电力

工程电缆设计规范》GB 50217—2007 第四章电力电缆选择及敷设的相关内容。

第七节 联 络 导 体

配电装置与相关设备（包括变压器、电抗器、电缆和架空线）的连接方式应根据电气设备总体布置、技术经济合理、安装维修方便、减少施工干扰等诸方面综合比较后确定。配电装置中的联络导体设计应符合 DL/T 5222《导体和电器选择设计技术规定》的规定。

DL/T 5496—2015《220kV～500kV 户内变电站设计规程》规定"4.7.3 主变压器与各级电压配电装置之间的连接可采用钢芯铝绞线、共箱式母线、SF$_6$ 气体绝缘母线、绝缘管母线、电缆、母线桥等多种方式"。主变压器与各级电压配电装置之间宜按以下原则选择联络方式：

（1）主变压器引线跨越运输道与配电装置的连接可采用软导线。

（2）开关柜与主变压器之间的连接可采用共箱式母线、绝缘管母线，当共箱式金属封闭母线通过不同防火分区的隔墙时，应采用穿墙套管过渡。

（3）当主变压器距 66～500kV 配电装置较近时宜采用 SF$_6$ 气体绝缘母线。

DL/T 5496—2015《220kV～500kV 户内变电站设计规程》中 4.7.4 规定：配电装置内部及与站内电气设备之间宜按以下原则选择联络方式：

（1）10～35kV 开关柜之间的联络导体宜采用共箱式金属封闭母线，当条件不允许时可采用绝缘管母线或电缆。

（2）配电装置与站内并联电抗器、电容器组、站用变、接地变等电气设备之间的联络导体宜采用电缆。

（3）站用变压器与低压配电屏之间的联络宜采用电缆或低压封闭母线槽。

防护等级较低的共箱式金属封闭母线一般由开关柜生产厂家提供，共箱式金属封闭母线的外壳设有通风孔，一般用于户内，在变电站使用较多。防护等级较高的共箱式金属封闭母线一般由专门的厂家生产，可在户外条件下使用，主要用于发电厂，特殊情况下在变电站中使用。绝缘管母线，国外生产使用了几十年，国内生产使用的时间较短，具有集肤效应低、能耗低、载流量大、绝缘性能好、机械强度高等优点，尤其绝缘管母线在变电站内作为联络导体应用越来越多。电缆的敷设型式多样，可以适应各种使用环境条件，作为变电站内的联络导体已被普遍使用。在多根并联使用时要使并联电缆之间电流分配不平衡度尽量小，须尽量使同相两根电缆的长度相等，并联的两组电缆 A1B1C1 和 A2B2C2 空间布置应相互对应，例如：采用 A1B1C1 和 A2B2C2 上下两排布置，A1B1C1 和 A2C2B2 两个三角形布置方式。为避免因单相电缆工作电流较大引起附近铁磁物质的损耗增加，可采用不锈钢、铝合金材质的支架、抱箍固定电缆和使用非铁磁材料的电缆穿管。

一、联络导体选择的一般原则

（一）导体选择的技术条件

1. 电压

除裸导体外，选用导体的允许最高工作电压不得低于该回路的最高运行电压。

2. 电流

选用导体的长期允许电流不得小于该回路的持续工作电流。

（1）变压器回路在电压降低5%时，出力应能保持不变，其相应回路电流为额定电流的1.05倍。

（2）若考虑变压器过负荷运行时，回路最大工作电流应按变压器过负荷电流确定。

（3）高压开关设备没有连续过载能力，在选择其回路导体时，应满足各种可能运行方式下回路持续工作电流的要求。

3. 短路状态校验

校验导体的动稳定和热稳定所用的短路电流值应选取可能发生最大短路电流的正常运行方式下可能流经被校验导体的最大短路电流。短路点应选取被校验导体通过最大短路电流的短路点。对不带电抗器回路，短路点应选在正常接线方式时短路电流最大的地点；对带电抗器的进出线回路，校验母线与母线隔离开关之间隔板前或者主变套管和电抗器进线端子之间的引线时，短路点应选在电抗器前；校验该回路其他地点时，宜选在电抗器后。

短路热效应计算时间选择如下：

（1）对裸导体，宜采用主保护动作时间加相应断路器开断时间，主保护有死区时，可采用能对该死区起作用的后备保护动作时间。

（2）对电缆，宜采用后备保护动作时间加相应断路器的开断时间。

（3）仅用熔断器保护的导体可不验算热稳定，除用有限流作用的熔断器保护外，导体的动稳定仍应校验。

若考虑变压器过负荷运行时，回路最大工作电流应按变压器过负荷电流确定。

4. 绝缘水平

除裸导体外，其余导体的绝缘水平应按电网中出现的各种过电压和保护设备相应的保护水平来确定，在进行绝缘配合时，应权衡过电压的各种保护装置、导体费用及故障损失等因素，力求取得较高的综合经济效益，当所选导体的绝缘水平低于国家规定的标准时，应通过绝缘配合计算，选用适当的过电压保护设备。

5. 机械允许荷载

在正常运行和短路时，导体及固定导体的套管、绝缘子和金具，应根据当地气象条件和不同受力状态进行力学计算，其安全系数不应小于表 3-26 所列数值。

表 3-26　　　　　　　　　　　　导体和绝缘子的安全系数

类别	荷载长期作用	荷载短期作用
套管，支持绝缘子及其金具	2.5	1.67
悬式绝缘子及其金具①	4	2.5
软导线	4	2.5
硬导体②	2.0	1.67

① 悬式绝缘子的安全系数对应于1h机电试验荷载，而不是破坏荷载。若是后者，安全系数则分别为5.3和3.3。

② 硬导体的安全系数对应于破坏应力，而不是屈服点应力。若是后者，安全系数则分别为1.6和1.4。

（二）导体选择的环境条件

1. 环境温度

选择导体的环境温度宜采用表 3-27 所列数值。

表 3-27 选择导体的环境温度

类别	安装场所	环境温度
裸导体	屋外	最热月平均最高温度
	屋内	该处通风设计温度，当无资料时，可取最热月平均最高温度加5℃

注 1. 年最高温度为一年中所测得的最高温度的多年平均值。
  2. 最热月平均最高温度为最热月每日最高温度的月平均值，取多年平均值。

2. 日照

选择屋外导体时，应考虑日照的影响，对于按经济电流密度选择的屋外导体，可不校验日照的影响。计算导体日照的附加温升时，日照强度取 $0.1W/cm^2$，风速取 $0.5m/s$。

3. 风速

选择导体时所用的最大风速，可取离地面10m高、30年一遇的10min平均最大风速。

4. 污秽

为保证空气污秽地区导体的安全运行，在工程设计中根据污秽情况选用防污措施，如采用封闭式母线或屋内配电装置等。

当在屋内使用时，可不校验2、3、4条。

二、裸导体选择

（一）导体材料

常用的导体材料有铜、铝、铝合金及钢材料。铜的导电性能最好，机械强度也相当高，抗腐蚀性强，然而铜的储量少，价格较高。铝的机械强度较差，导电性能比铜略差，储量丰富，价格较低。作为导体材料，钢的机械强度很高且价格最低，但导电性能差，功率损耗大，并且容易锈蚀，一般用作避雷线或做铝绞线的钢芯，取钢的机械强度大和铝的导电性好的优点。

考虑户内变电站联络导体用量少，且对可靠性要求高等特殊性，载流导体宜采用铜质材料。

（二）导体截面选择

1. 一般要求

裸导体应根据具体情况，按下列技术条件选择和校验：

（1）电流。

（2）电晕。

（3）动稳定或机械强度。

（4）热稳定。

（5）允许电压降。

（6）经济电流密度。

导体尚应按下列使用环境条件校验：

（1）环境温度。

（2）日照。

（3）风速。

（4）污秽。

（5）海拔高度。

屋内导体可不校验日照、风速和污秽。

2. 截面选择

对年负荷利用小时数大（通常指大于 5000h）、传输容量大、长度超过 20m 的导体，如发电机、变压器的连接导体，其截面一般按经济电流密度选择。而配电装置的汇流母线通常在正常运行方式下，传输容量不大，可按长期允许电流来选择。

（1）按导体长期发热允许电流选择。计算式为：

$$I_{max} \leqslant K I_{al} \tag{3-9}$$

式中　I_{max}——导体所在回路中最大持续工作电流，A；

　　　I_{al}——在额定环境温度＋25℃，海拔高度为 1000m 以下时导体允许电流，A；

　　　K——与实际环境温度和海拔有关的综合校正系数，见表 3-28。

表 3-28　　　　　　　　　裸导体载流量在不同海拔高度及环境温度下的综合校正系数

导体最高允许温度（℃）	使用范围	海拔高度（m）	实际环境温度（℃）						
			+20	+25	+30	+35	+40	+45	+50
+70	屋内矩形、槽型、管线导体和不计日照的屋外软导体		1.05	1.00	0.94	0.88	0.81	0.74	0.67
+80	计及日照时屋外软导体	1000 及以下	1.05	1.00	0.94	0.89	0.83	0.76	0.69
		2000	1.01	0.96	0.91	0.85	0.79		
		3000	0.97	0.92	0.87	0.81	0.75		
		4000	0.93	0.89	0.84	0.77	0.71		
	计及日照时屋外管形导体	1000 及以下	1.05	1.00	0.94	0.87	0.80	0.72	0.63
		2000	1.00	0.94	0.88	0.81	0.74		
		3000	0.95	0.90	0.84	0.76	0.69		
		4000	0.91	0.86	0.80	0.72	0.65		

（2）按经济电流密度选择。电流通过导体而产生电能损耗，导体的截面越大，电能损耗就越小，但线路投资、维护管理费用和有色金属消耗都要增加。一年中导体的损耗值与电流大小、年利用小时数以及导体的截面有关。从节能角度出发，应增大导体截面；但从降低初始投资、运行维修费用以及金属消耗量等方面考虑，应尽量减小导体截面。综合计及以上因素，得出年计算费用，其最小值对应的导体截面应当是最合适的，称此截面为经济截面，对应的电流密度称为经济电流密度。经济电流密度随电价升高而下降。

导体经济截面

$$S_J = \frac{I_{max}}{J} \tag{3-10}$$

式中　I_{max}——正常工作时母线回路的最大长期工作电流，A（计算时不应计入特殊运行方式下可能出现的短时过负荷）；

　　　J——导体的经济电流密度。

导体的经济电流密度可参照 DL/T 5222—2005《导体和电器选择设计技术规定》中所列数值选取。当无合适规格导体时，导体截面积可按经济电流密度计算截面的相邻下一档选取。

3. 导体截面的校验

（1）按短路热稳定验算。验算短路热稳定时，首先要确定裸导体的最高允许温度，对硬铝及铝镁（锰）合金取 200℃；硬铜取 300℃，短路前的导体温度应采用额定负荷下的工作温度。

裸导体热稳定按式（3-11）验算。

$$S \geqslant \frac{\sqrt{Q_d}}{C} \qquad (3-11)$$

$$C = \sqrt{K\ln\frac{\tau + t_2}{\tau + t_1} \times 10^{-4}} \qquad (3-12)$$

式中　S——裸导体的截流面积，mm^2；

Q_d——短路电流的热效应，$A^2 \cdot s$；

C——热稳定系数；

K——常数，铜为 522×10^6，铝为 222×10^6，$WS/(\Omega \cdot cm^4)$；

τ——常数，铜为 235，铝为 245，℃；

t_1——导体短路前的发热温度，℃；

t_2——短路时导体最高允许温度，铝及铝镁（锰）合金可取 200，铜导体取 300。

不同工作温度下，不同材料的 C 值如表 3-29 所示。

表 3-29　　　　　　　　　　不同工作温度、不同材料下 C 值

工作温度（℃）	40	45	50	55	60	65	70	75	80	85	90	95	100	105
硬铝 铝镁合金	99	97	95	93	91	89	87	85	83	81	79	77	75	73
硬铜	186	183	181	179	176	174	171	169	166	164	161	159	157	155

（2）按短路动稳定验算。各种形状的导体通常都安装在支柱绝缘子上，短路冲击电流产生的电动力将使导体发生弯曲，因此，导体应按弯曲情况进行应力计算。而软导体不必进行动稳定校验。

（3）导体与导体、导体与设备的连接。导体和导体、导体和电器的连接处，应有可靠的连接接头。硬导体间的连接应尽量采用焊接，需要断开的接头及导体与电器端子的连接处，应采用螺栓连接。不同金属的螺栓连接接头，在屋外或特殊潮湿的屋内，应有特殊的结构措施和适当的防腐蚀措施。

导体无镀层接头触面的电流密度，不宜超过表 3-30 所列数值。

表 3-30　　　　　　　　　　无镀层接头接触面的电流密度　　　　　　　　　　A/mm^2

工作电流 I（A）	J_{Cu}（铜-铜）	J_{Al}（铝-铝）
<200	0.31	$J_{Al} = 0.78 J_{Cu}$
200～2000	$0.31 - 1.05 \times (I - 200) \times 10^{-4}$	
>2000	0.12	

注　I 为回路工作电流。

矩形导体接头的搭接长度不应小于导体的宽度。

103

导体之间、导体与电器端子搭接时，其搭接面的处理还应满足下列规定：

（1）铜与铜：室外、高温且潮湿或对母线有腐蚀性气体的室内，必须搪锡，在干燥的室内可直接连接。

（2）铝与铝：直接连接。

（3）钢与钢：必须搪锡或镀锌，不得直接连接。

（4）铜与铝：在干燥的室内，铜导体应搪锡，室外或空气相对湿度接近100%的室内，应采用铜铝过渡板，铜端应搪锡。

（5）钢与铜或铝：钢搭接面必须搪锡。

（6）封闭母线螺栓固定搭接面应镀银。

（三）硬导体

1. 一般要求

常用的硬导体截面有矩形、槽形、管形和圆形。

（1）矩形导体。单片矩形导体具有集肤效应小、散热条件好、安装方便、连接方便等优点，一般适用于工作电流小于2000A的回路中。多片矩形导体集肤效应比单片导体大，附加损耗增大，因此载流量不是随着导体片数的增加而成倍增加。

（2）槽形导体。槽形导体的电流分布比较均匀，与同截面的矩形导体相比，其优点是散热条件好、机械强度高、安装也比较方便。在回路持续工作电流大于4000A时，一般选用槽形导体。

（3）管形导体。管形导体是空芯导体，集肤效应系数小，有利于提高电晕的起始电压。户外配电装置采用管性导体，具有占地面积小、架构简明、布置清晰等优点。但导体与设备端子的连接复杂，用于户外时宜产生微风振动。

20kV及以下回路的正常工作电流在4000A及以下时，宜选用矩形导体；在4000～8000A时，宜选用槽形导体；在8000A以上时，宜选用圆管形导体。对于35～110kV变电站，槽形导体应用较少。

为消除温度变化引起的危险应力，矩形硬导体的直线段一般每隔20m左右应装设一个伸缩接头。对于滑动支持式铝管母线一般每隔30～40m安装一个伸缩接头。

2. 硬导体的常用技术参数

（1）各种导体材料的基本性能见表3-31。

表3-31　　　　　　　　　　导体材料基本特性

基本特性	材 料 名 称				
	铜	铝	铝锰合金	铝镁合金	钢
密度（kg/m³）	8.89×10^3	2.71×10^3	2.73×10^3	2.68×10^3	0.1390
20℃电阻率（Ω·m）	0.0179	0.0290	0.0379	0.0458	0.1390
20℃时的电阻温度系数（1/℃）	0.00385	0.00403	0.0042	0.0042	0.00455
熔点（℃）	1083	653	—	—	1536
比热［J/(kg·K)］	0.3843×10^3	0.9295×10^3	—	—	0.4522×10^3

基本特性	材料名称				
	铜	铝	铝锰合金	铝镁合金	钢
热导率（导热系数）[W/(m·K)]	3.8644×10^2	2.1771×10^2	—		0.8038×10^2
温度线膨胀系数（1/K）	16.42×10^{-6}	24×10^{-6}	23.2×10^{-6}	23.8×10^{-6}	12×10^{-6}
抗拉强度（MPa）	210～250	90～140	160	300	＞280
屈服点（MPa）	—	10×9.8	13×9.8	17×9.8	—
伸长率（%）	—	＞3	10	24	—
最大允许应力（MPa）	140	70	90	170	100
5×10^7循环疲劳极限（MPa）		50	65	95	
波桑系数		0.33	0.33	0.33	
弹性模数（MPa）	10×10^4	7×10^4	7.1×10^4	7×10^4	20×10^4
布氏硬度（MPa）	—	320	400	700	—
允许最高加热温度（℃）	300	200	200		600

（2）矩形导体的长期允许载流量。单片矩形导体具有集肤效应系数小、散热条件好、安装简单、连接方便等优点，一般适用于工作电流 $I\leqslant2000A$ 的回路中。多片矩形导体集肤效应比单片导体大，附加损耗也增大，因此载流量不是随导体片数增加而成比例增加，尤其是每相超过三片以上时，导体的集肤效应显著增大，此时不宜再增加导体片数，故多片矩形导体一般适用于 $I\leqslant4000A$ 的回路。

表 3-32 为各种尺寸矩形导体的长期允许载流量。

表 3-32　　　　　　　　　矩形铝导体长期允许载流量　　　　　　　　　A

导体尺寸 $h\times b$ （mm×mm）	单条		双条		三条		四条	
	平放	竖放	平放	竖放	平放	竖放	平放	竖放
40×4	480	503	—	—	—	—	—	—
40×5	542	562	—	—	—	—	—	—
50×4	586	613	—	—	—	—	—	—
50×5	661	692	—	—	—	—	—	—
63×6.3	910	952	1409	1547	1866	2111	—	—
63×8	1038	1085	1623	1777	2113	2379	—	—
63×10	1168	1221	1825	1994	2381	2665	—	—
80×6.3	1128	1178	1724	1892	2211	2505	2558	3411
80×8	1274	1330	1946	2131	2491	2809	2863	3817
80×10	1472	1490	2175	2373	2774	3114	3167	4222
100×6.3	1371	1430	2054	2253	2633	2985	3032	4043

导体尺寸 $h \times b$	单条		双条		三条		四条	
(mm×mm)	平放	竖放	平放	竖放	平放	竖放	平放	竖放
100×8	1542	1609	2298	2516	2933	3311	3359	4479
100×10	1728	1803	2558	2796	3181	3578	3622	4829
125×6.3	1674	1744	2446	2680	2079	3490	3525	4700
125×8	1876	1955	2725	2982	3375	3813	3847	5129
125×10	2089	2177	3005	3282	3725	4194	4225	5633

注 1. 载流量系按最高允许温度+70℃，基准环境温度+25℃、无风、无日照条件计算的。

2. 导体尺寸中，h 为宽度，b 为厚度。

3. 当导体为四条时，平放、竖放第2、3片间距离皆为50mm。

4. 铜导体载流量为同规格铝导体载流量的1.27倍。

3. 硬导体的动稳定校验

验算短路动稳定时，硬导体的最大应力不应大于表3-33所列数值。

表 3-33 硬导体的最大允许应力 MPa

项 目	导体材料及牌号							
	铜/硬铜	铝及铝合金						
		1060H112	IR35H112	1035H112	3A21H18	6063T6	6061T6	6R05T6
最大允许应力	120/170	30	30	35	100	120	115	125

注 表内所列数值为计及安全系数后的最大允许应力。安全系数一般取 1.67（对应于材料破坏应力）或 1.3（对应于屈服点应力）

重要回路（如变压器回路及配电装置汇流母线等）的硬导体应力计算，还应考虑共振的影响。

（1）一般要求。导体短路时产生的最大机械应力一般按系统三相短路时校验，其应该满足式（3-13）、式（3-14）：

$$\sigma_{al} > \sigma \tag{3-13}$$

$$\sigma = \sigma_{ph} + \sigma_b \tag{3-14}$$

式中 σ——短路时导体产生的总机械应力，MPa；

σ_{ph}——短路时导体相间产生的最大机械应力，MPa；

σ_b——短路时同相导体片间相互作用的机械应力，MPa；

σ_{al}——导体材料的允许最大应力，其值见表3-33，并考虑导体的安全系数，对应于屈服点应力的安全系数为1.4。

（2）导体相间机械应力校验：

1）短路时静态应力。配电装置中三相导体平行布置在同一平面内，如不计及短路时周期分量的衰减，边相导体和中相导体的最大静态电动力如式（3-15）、式（3-16）所示：

$$F_{1max} = 1.725 \times 10^{-1} \frac{i_{ch}^2}{a} \tag{3-15}$$

$$F_{2max} = 1.616 \times 10^{-1} \frac{i_{ch}^2}{a} \tag{3-16}$$

式中　F_{1max}——短路时单位长度中相导体的最大静态电动力，N/cm；

　　　　F_{2max}——短路时单位长度边相导体的最大静态电动力，N/cm；

　　　　　a——导体相间距，cm；

　　　　　i_{ch}——三相短路的冲击电流，kA。

由此可见，计算最大电动力应取中相所受的最大静态电动力。

2）短路时机械共振校验。硬导体具有质量和弹性，受到一次外力作用时，就按一定频率在其平衡位置上下运动，形成固有振动，其振动频率称为固有频率。若导体在电动力的持续作用下发生强迫振动，短路瞬间电动力中含有工频和 2 倍工频两个分量，当导体的固有频率接近这两个频率时，就会发生共振现象，可能导致导体及其构架损坏，所以在设计时，应避免发生共振。凡连接发电机、变压器以及配电装置中的导体均属重要回路，这些回路需要考虑共振的影响。

导体的固有频率为：

$$f_1 = \frac{10N_f}{L^2}\sqrt{\frac{EJ}{m}} \tag{3-17}$$

式中　E——导体材料的弹性模量，MPa，各种材料弹性模量详见表 3-31；

　　　　J——导体截面垂直于弯曲方向的惯性矩，cm⁴，各种导线截面惯性矩详见表 3-34；

　　　　m——导体单位长度的质量，kg/cm；

　　　　L——支柱绝缘子间的跨距，cm；

　　　　N_f——频率系数，其值见表 3-35。

表 3-34　　　　　　　　　不同形状和布置的导体的截面系数及截面惯性矩

导体布置方式及截面形状	截面系数 W	截面惯性矩 J
	$0.167bh^2$	$0.083bh^3$
	$0.167bh^2$	$0.083hb^3$
	$0.333hb^2$	$0.167bh^3$

导体布置方式及截面形状	截面系数 W	截面惯性矩 J
	$1.44hb^2$	$2.17hb^3$
	$0.5bh^2$	$0.333bh^3$
	$3.3hb^2$	$8.25hb^3$
	$0.667bh^2$	$0.5bh^3$
	$12.4hb^2$	$68.33hb^3$
	$0.1d^3$	$0.049d^4$
	$\dfrac{0.1(D^4-d^4)}{D}$	$\dfrac{\pi D^4}{64}\left(1-\dfrac{d^4}{D^4}\right)$

注 表中 b、h、d 及 D 单位为 cm。

表 3-35   导体在不同固定方式下的频率系数 N_f 值

跨数及支承方式	N_f
单跨、两端简支	1.57
单跨、一端固定、一端简支；两等跨、简支	2.45
单跨、两端固定；多等跨简支	2.56
单跨、一端固定、一端活动	0.56

动态应力一般采用修正静态计算法，在最大静态电动力 F_{1max} 上乘以动态应力系数 β，以求得实际动态过程中动态应力的最大值。β 如图 3-46 所示。

3）短路时动态应力计算。为了避免导体产生危险的共振，对于重要的导体，应使其固有频率在下述范围以外：

a. 单条导体及一组中的各条导体，35～135Hz；

b. 多条导体及引下线的单条导体，35～155Hz；

c. 管形导体，30～160Hz。

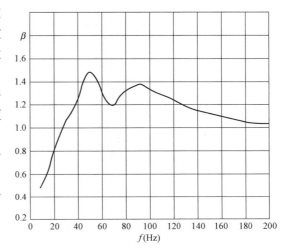

图 3-46 动态应力系数

若导体的固有频率在上述范围以外，可取 $\beta=1$；否则电动力应乘上动态应力系数，得到导体相间最大应力：

$$\sigma_{ph} = \frac{M}{W} = \frac{\beta F_{1max} l^2}{10W} = 1.725 \times 10^{-4} \frac{l^2}{aW} i_{ch}^2 \beta \tag{3-18}$$

式中 l —— 支柱绝缘子间的跨距，cm；

W —— 导体的截面系数，cm^3，详见表 3-34。

若每相仅有一片导体，最大相间应力 σ_{al} 应小于导体材料允许应力 σ_{al}，由此推出满足动稳定要求的支柱绝缘子间的最大允许跨距为：

$$l_{max} = \sqrt{\frac{10W\sigma_{al}}{F_{1max}}} = \frac{76.14}{i_{ch}} \sqrt{\frac{a\sigma_{al}W}{\beta}} \tag{3-19}$$

（3）导体片间机械应力校验。

1）机械应力计算。每相由多片矩形导体构成的回路进线机械应力校验时，应同时计及相间应力 σ_{ph} 和同相片间应力 σ_b，其满足短路动稳定条件为：

$$\sigma_{ph} + \sigma_b \leqslant \sigma_{al}$$

其中，相间应力 σ_{ph} 计算同式（3-18），片间应力 σ_b 如式（3-20）所示：

$$\sigma_b = 4.9 \times 10^{-2} \frac{F_b l_b^2}{hb^2} \tag{3-20}$$

式中 F_b —— 导体条间电动力，N/cm；

l_b —— 片间衬垫跨距，cm；

h —— 矩形导体宽度，cm；

b——矩形导体厚度，cm。

片间作用力 F_b 可分别按下列情况进行计算：

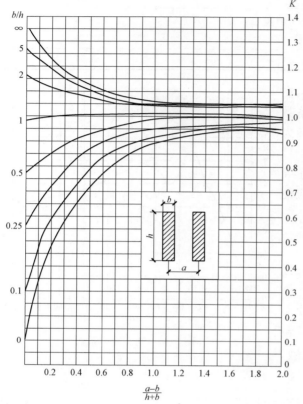

图 3-47　矩形导体截面形状系数曲线

a. 每相导体由两条矩形导体组成，相电流在两片导体中平均分配。片间作用力为：

$$F_b = 2.55 K_{12} \frac{i_{ch}^2}{b} \times 10^{-2} \quad (3\text{-}21)$$

式中　K_{12}——片 1、2 之间的截面形状系数，详见图 3-47。

b. 每相导体由三片导体组成时，考虑集肤效应影响，认为两侧导体通过短路电流的 40%，中间条通过短路电流的 20%，则受力最大的边片作用力为：

$$F_b = 0.8(K_{12} + K_{13}) \frac{i_{ch}^2}{b} \times 10^{-2}$$

$$(3\text{-}22)$$

式中　K_{12}、K_{13}——分别为第 1 与第 2 片导体、第 1 与第 3 片导体的形状系数，详见图 3-47。

2）片间衬垫跨距校验：

a. 片间衬垫的跨距应防止同相各片矩形导体在短路电动力作用下产生弯曲而互相接触，衬垫间允许的最大跨距由式（3-23）决定：

$$L_{cr} = 1.77 \lambda b_4 \sqrt{\frac{h}{F_b}} \quad (3\text{-}23)$$

式中　λ——系数，每相两片时，铝为 57、铜为 65；每相三片时，铝为 68、铜为 77；

L_{cr}——片间衬垫临界跨距，cm。

b. 根据 $\sigma_{ph} + \sigma_b \leqslant \sigma_{al}$，在相间应力确定的前提下，片间允许最大应力为 $\sigma_{al} - \sigma_{ph}$，代入公式（3-21），得出导体满足动稳定要求的最大允许衬垫跨距为：

$$L_{bmax} = 4.5b \sqrt{\frac{h(\sigma_{al} - \sigma_{ph})}{F_b}} \quad (3\text{-}24)$$

所选衬垫跨距 L_b 应满足 $L_b \leqslant L_{cr}$ 且 $L_b \leqslant L_{bmax}$，但过多增加衬垫对导体散热不利，一般相隔 30～50cm 设置一衬垫。

4. 硬导体安装

（1）硬导体的连接。硬导体的连接应采用焊接、贯穿螺栓连接或夹板及夹持螺栓搭接；管形导体应用专用线夹连接。无镀层接头接触面的电流密度，不应超过表 3-30 规定数值。

矩形母线的螺栓搭接连接应符合表 3-36 的规定。

表 3-36 矩形导体搭接要求

搭接形式	类别	序号	连接尺寸			钻孔要求		螺栓规格
			b_1	b_2	a	Φ(mm)	个数	
	直线连接	1	125	125	b_1 或 b_2	21	4	M20
		2	100	100	b_1 或 b_2	17	4	M16
		3	80	80	b_1 或 b_2	13	4	M12
		4	63	63	b_1 或 b_2	11	4	M10
		5	50	50	b_1 或 b_2	9	4	M8
		6	45	45	b_1 或 b_2	9	4	M8
	直线连接	7	40	40	80	13	2	M12
		8	31.5	31.5	63	11	2	M10
		9	25	25	50	9	2	M8
	垂直连接	10	125	125		21	4	M20
		11	125	100～80		17	4	M16
		12	125	63		13	4	M12
		13	100	100～80		17	4	M16
		14	80	80～63		13	4	M12
		15	63	63～50		11	4	M10
		16	50	50		9	4	M8
		17	45	45		9	4	M8
	垂直连接	18	125	50～40		17	2	M16
		19	100	63～40		17	2	M16
		20	80	63～40		15	2	M14
		21	63	50～40		13	2	M12
		22	50	45～40		11	2	M10
		23	63	31.5～25		11	2	M10
		24	50	31.5～25		9	2	M8
	垂直连接	25	125	31.5～25	60	11	2	M10
		26	100	31.5～25	50	9	2	M8
		27	80	31.5～25	50	9	2	M8

搭接形式	类别	序号	连接尺寸			钻孔要求		螺栓规格
			b_1	b_2	a	Φ(mm)	个数	
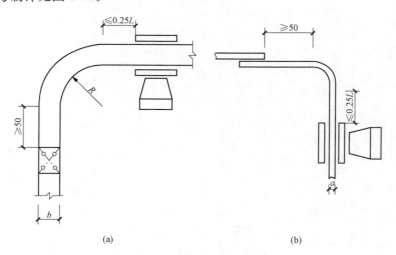	垂直连接	28	40	40~31.5		13	1	M12
		29	40	25		11	1	M10
		30	31.5	31.5~25		11	1	M10
		31	25	22		9	1	M8

（2）硬导体的弯制。矩形导体弯制时应符合下列规定：

1）开始弯曲处距最近绝缘子的导体支持夹板边缘不应大于 $0.25L$。

2）导体开始弯曲处距导体连接位置不应小于 50mm。

3）矩形导体应减少直角弯曲，弯曲处不得有裂纹及显著的折皱，矩形导体的最小弯曲半径应符合表 3-37 的规定。

表 3-37　　　　　　　　　矩形导体最小弯曲半径 （R） 值

导体类型	弯曲方式	母线断面尺寸（mm）	最小弯曲半径（mm）		
			铜	铝	钢
矩形导体	平弯	50×5 及其以下	$2a$	$2a$	$2a$
		125×10 及其以下	$2a$	$2.5a$	$2a$
	立弯	50×5 及其以下	$1b$	$1.5b$	$0.5b$
		125×10 及其以下	$1.5b$	$2b$	$1b$

4）多片矩形导体的弯曲度应一致。

5）导体弯制详见图 3-48。

图 3-48　硬导体的立弯和平弯

（a）立弯导体；（b）平弯导体

矩形导体采用螺栓固定搭接时，连接处距支柱绝缘子的支持夹板边缘不应小于50mm；上片导体端头与下片导体平弯开始处的距离不应小于50mm，见图3-49。

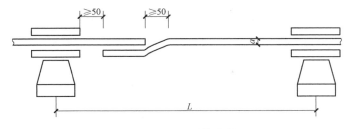

图 3-49　矩形导体搭接

导体扭转90°时，其扭转部分的长度应为母线宽度的2.5～5倍，见图3-50。

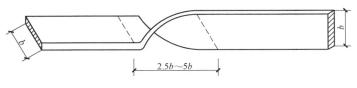

图 3-50　矩形导体扭转90°

（3）伸缩接头。为补偿硬导体在运行中由于温度变化、支持基础的不均匀沉降以及地震力作用所引起的导体应力增加，应在导体上的适当位置装设具有伸缩能力的伸缩接头。应装设伸缩接头处如下：

1）变压器端子。

2）穿墙套管端子。

3）其他电器设备的接线端子，是否装设伸缩接头取决于其端子允许承受拉力是否大于各种情况下的导体产生的拉力；当接线端子前有可活动的固定点时，可不装设伸缩接头。

4）硬母线长度超过30m时应设置伸缩接头，母线更长时应每隔30m设置一个伸缩接头。

（4）大电流导体附近的热效应：

1）钢构发热现象及允许温度。敞露式大电流导体的周围空间存在着强大的交变磁场，当工作电流大于4000A时，钢构损耗可能接近或超过导体本身的损耗，引起钢构过热。因此应采取相应措施，将钢构最热点温度控制在规定值以下。

2）改善钢构发热的措施。为减少钢构发热，当裸导体工作电流大于1500A时，不应使每相导体的支持钢构及导体支持夹板的零件（套管板、双头螺栓、压板、垫板等）构成闭合磁路，对于工作电流大于4000A的裸导体的邻近钢构，应采取避免构成闭合磁路的措施，如装设屏蔽环、屏蔽板、采用非磁性材料或封闭母线等。

三、共箱封闭母线的选择

封闭母线分为离相封闭母线和共箱封闭母线。一般适用于6～35kV电压等级。前者主要用于功率200MW及以上的发电机出线和厂用电源等场合，为避免相间短路和减少导体对邻近钢构的感应发热，在变电站中应用较少。后者主要应用于发电厂厂用高压变压器低压侧、变电站变压器低压侧到配电装置之间的连接，可减少短路故障和对邻近钢构的感应发热，尤其在屋内使用可减少占地面积，降低触电风险。

（一）一般规定

共箱封闭母线及其成套设备应按下列技术条件选择：

（1）电压。

（2）电流。

（3）频率。

（4）绝缘水平。

（5）动稳定电流。

（6）热稳定电流。

（7）绝缘材料耐热等级。

（8）各部分允许温度和温升。

共箱封闭母线及其成套设备尚应按下列环境条件选择：

（1）环境温度。

（2）海拔高度。

（3）相对湿度。

（4）地震烈度。

（5）风压。

（6）覆冰厚度。

（7）日照强度。

（二）共箱封闭母线的结构及布置

共箱式母线是将每相多片标准型铜（或铝）母线装设在支柱式绝缘子上，采用金属（铝）薄板制成罩箱来保护多相导体的一种电力传输装置。当采用支持式安装时，横梁上母线下的支持槽钢安装位置应与母线内绝缘子支持槽钢的安装位置对应。悬吊式安装则通过吊杆及其连接件固定在顶部预设的钢构上。检修孔一般安装在罩箱底部，孔口大小、形状和数量以能对每一绝缘子进行检修、安装为原则。为便于对可拆接头处进行温度监视，应在对应位置处设置测温装置和密闭式观察窗。在与设备相连处及土建结构沉降缝处，母线导体间用铜编织带伸缩节连接，罩箱用波纹伸缩管连接。多数工程共箱母线的布置从主变低压出线端子开始，通过装设于低压套管底部三相升高座上的矩形法兰到10kV进线柜顶矩形法兰，固定在开关柜上。

共箱母线一般为全封闭结构，法兰间（包括共箱母线路径上的法兰间）需装设橡胶密封圈。共箱母线内部导体和罩箱外表面均为热辐射方式散热，为提高散热效果，导体及罩箱内壁一般涂无光泽黑漆，罩箱外表面涂色油漆。为利于母线散热，罩箱内导体一般为多片立放。除满足导体载流量和散热要求外，母线应耐受额定短路动热稳定要求以及避免发生机械共振。共箱封闭母线结构断面图，见图3-51。

一般开关柜厂家配套提供的进线母线筒或柜间联络母线筒，都不是封闭式结构。通常在筒壁上开一些散热孔，通过散热孔进行空气对流散热。这样可以减小母线筒尺寸，但不能防结露。这种结构的母线筒一般安装在开关柜室等相对干净和干燥的环境中，且母线长时间带电运行，无结露条件。

如果采用全封闭式结构，共箱母线应在穿楼板（或墙）处设置密封绝缘套管或加装呼吸

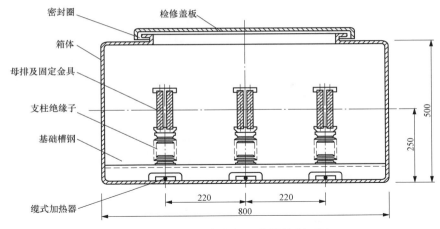

图 3-51 共箱封闭母线结构断面图

器，防止外壳中内外空气对流或潮湿空气进入而产生结露。如果采用带散热孔的半封闭结构，制造厂还可以在共箱母线内部设置线缆式电热器等防结露装置。另外，变电站主变压器10kV 出线回路停运可能性非常小，那么，共箱母线内部产生结露的概率也很低。

（三）共箱封闭母线的发热量计算（以额定电压 10kV、额定电流 3150A 为例）

因母线安装在密封罩箱内散热条件较差，铜（或铝）母线载流量按 70% 考虑。

考虑环境温度 +40℃ 校正系数 $k = 0.149 \sqrt{70-t} = 0.816$。

导体应选 3 片 TMY—125×10 立放。

铜导体直流电阻率（20℃）ρ_{20} 取 0.017 9Ω·mm²/m。

导体运行最高温度 $t_m = 70℃$。

导体电阻温度系数 α 取 0.003 85（1/℃），

则导体直流电阻率（70℃）$\rho_{dc} = \rho_{20}[1 + \alpha(t_m - 20)] = 0.021 3(\Omega \cdot mm^2/m)$。

每相三片导体直流电阻 $R_{dc} = 5.68 \times 10^{-6}$（Ω/m）。

集肤效应系数 K_j 取 1.8，

每相三片导体交流电阻 $R_{ac} = R_{dc}K_j = 5.68 \times 10^{-6} \times 1.8 = 1.02 \times 10^{-5}(\Omega/m)$；

每相三片导体发热量 $Q_1 = I^2 \cdot R_{ac} = 101.21$（W/m）；

三相导体发热量 $Q = 303.6$(W/m)。

上述导体发热量通过热辐射方式传导至共箱母线罩箱，然后通过罩箱外表面的辐射散热和对流散热传递到周围空气中。共箱母线罩箱上其他发热量，来自于回路三相不平衡电流和导体附近钢构发热。

三相不平衡电流在主变压器 10kV 出线回路肯定是存在，但是设计标准没有这方面规定。另外，该三相不平衡电流值数值较小，在共箱母线罩箱上产生的热效应也较小，可以忽略不计。

大电流母线的周围空间存在着较大的交变磁场，位于其中的钢铁构件，如导体和绝缘子的金具、支持母线结构的钢梁等，将由于涡流和磁滞损耗而发热。钢构中的损耗和发热随着母线工作电流增加而急剧增大。一般当母线电流大于 3000A 时就要考虑钢构发热，而母线电流超过 5000A 时，则钢构损耗可能接近或超过母线导体本身的损耗。

本工程母线载流量按 3150A 设计，导体附近钢构发热主要产生在罩箱内部绝缘子固定基础槽钢上，而这部分发热计算可以在生产厂家产品设计时考虑。生产厂家在产品设计时，应控制共箱母线罩箱最高允许温升值，不大于 30K。

按最高允许温升计算罩箱辐射散热 Q_{kf} 为：

$$Q_{kf}=5.7\varepsilon_k[(T_k/100)^4-(T_0/100)^4]U_{kf}$$

式中　罩箱外表面的黑度系数 $\varepsilon_k=0.85$；

周围环境温度 $T_0=273+40=313(K)$（绝对温度）；

罩箱外壳长期最高工作温度 $T_k=273+70=343(K)$（绝对温度）；

罩箱外壳外表面辐射散热的周边长度 $U_{kf}=3(m)$。

经计算，$Q_{kf}=616.6(W/m)$。

为了变电站运行安全可靠，可用此发热量进行通风散热计算。

共箱封闭母线的安装：

（1）共箱母线一般有支持式和悬吊式两种安装方式，主变压器室和电缆夹层内（垂直段）采用支持式安装，开关柜室内（水平段）采用悬吊式安装。

（2）共箱封闭母线在穿外墙处，宜装设户外型导体穿墙套管及密封隔板。

（3）当额定电流大于 2500A 时，宜采用铝外壳。

（4）对于有水、汽、导电尘埃等的场所，应采用相应防护等级的产品。

（5）导体表面宜浸涂或包敷绝缘材料。

（6）导体可采用瓷性或非瓷性材料支持，但非瓷性材料除进行力学计算外，尚应进行保证寿命 20 年以上的试验。

（7）对导体间的搭接及处理工艺的要求同第三节中对硬导体的要求。

（8）共箱封闭母线超过 20m 长的直线段、不同基础连接段及设备连接处等部位，应设置热胀冷缩或基础沉降的补偿装置。

（9）共箱封闭母线的外壳各段间必须有可靠的电气连接，其中至少有一段外壳应可靠接地，且共箱母线箱体宜采用多点接地。

（10）各制造段间导体的连接可采用焊接或螺栓连接，与设备的连接应采用螺栓连接；电流不小于 3000A 的导体，螺栓连接的导电接触面应镀银；导体电流不大于 3000A 时，可采用普通碳素钢紧固件，大于 3000A 时应采用非磁性材料紧固件。

（11）共箱封闭母线的外壳段间可采用焊接或可拆连接，并便于检修。

（12）共箱封闭母线在穿越防火隔墙处或楼板处，其壳外应设置防火隔板或用防火材料封堵，防止烟火蔓延。

四、电力电缆选择

（一）电力电缆应按下列技术条件选择：

（1）额定电压。

（2）工作电流。

（3）热稳定电流。

（4）系统频率。

（5）绝缘水平。

（6）系统接地方式。

（7）护层接地方式。

（8）敷设方式及路径。

（二）电力电缆尚应按下列环境条件校验：

（1）环境温度。

（2）海拔高度。

（三）电力电缆的结构、分类及型号

1. 电力电缆结构

电力电缆由导体、屏蔽层、绝缘层和保护层构成。其中，电缆保护层一般是由内护层、内衬层、铠装层和外护套等几个部分组合而成的，而根据不同环境场合的需要，保护层可采用不同的组合结构。保护层各个组成部分如下：

（1）内护层，也叫内护套。其作用是使绝缘层不会与水、空气或其他物体接触，防止绝缘受潮或腐蚀，并保证绝缘层不受机械伤害。内护层一般可分为金属套、非金属套或组合套三种。当电缆采用铅套或铝套时，金属套可作为金属屏蔽，但若铅套或铝套的厚度不能满足用户对短路容量的要求，则应采取增加金属套厚度或增加铜丝屏蔽的措施。外护层是包覆在电缆内护层的外面，保护电缆免受机械损伤和腐蚀或兼具其他特种作用的保护覆盖层。外护层通常由内衬层、铠装层和外护套组成。

（2）内衬层，也叫内包覆层，它在内护层和铠装层之间，其作用是为了防止内护层受腐蚀和防止电缆在弯曲时被铠装损坏。它主要是由无纺麻、无纺布或塑料带等软性织物涂上沥青包绕在内护层上的材料，只要求它具有柔软和无腐蚀性。

（3）铠装层，在内衬层和外被层之间，其作用为防止机械外力损坏内护层。符合一定要求的铠装层也可作为金属屏蔽层，但为了机械和电气安全，选择其材料时应特别考虑存在腐蚀的可能性。

（4）外护套，也叫外被层，在铠装层外，是电缆的最外层，其作用是防止铠装层受外界环境的腐蚀。

电力电缆结构见图 3-52、图 3-53。

图 3-52　单芯无铠装电力电缆结构

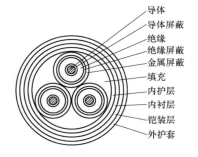

图 3-53　三芯铠装电力电缆结构

2. 电力电缆分类

电力电缆分类方法很多，常见的有按电压等级分类，按线芯截面分类，按导体芯数分类，按绝缘材料分类等。

（1）按电压等级分类。电力电缆按电压等级大致可以分为：低电压电力电缆（≤1kV）、中电压电力电缆（3～35kV）、高电压电力电缆（≥60kV）。

（2）按导电线芯截面分类。我国 500kV 及以下电力电缆的导电线芯标称截面（mm²）为：1.5、2.5、4、6、10、16、25、35、50、70、95、120、150、185、240、300、400、500、630、800、1000、1200、1400、1600、1800、2000、2500，共 27 种。

（3）按导电线芯数分类。电力电缆导电线芯数有单芯、二芯、三芯、四芯、五芯。3～35kV 三相供电回路的电缆芯数的选择，应符合下列规定：

1）工作电流较大的回路，每回可选用最大不多于 3 根单芯电缆。

2）除上述情况外，应选用三芯电缆；三芯电缆可选用普通统包型，也可选用 3 根单芯电缆绞合构造型。

110kV 及以上三相供电回路，每回应选用 3 根单芯电缆。

（4）按绝缘材料分类。根据导体绝缘层所用材料不同，电缆主要分为油浸纸绝缘电力电缆、塑料绝缘电力电缆和橡胶绝缘电力电缆等。其中塑料绝缘电力电缆，常用的有聚氯乙烯电力电缆和交联聚乙烯电力电缆。

3. 电力电缆的型号

电力电缆型号由拼音及数字依次组成代号表示电缆绝缘种类、线芯材料、结构特征等；其中数字表示铠装及外护套材料等。各种代号含义列于表 3-38。

表 3-38　　　　　　　　　　　　电缆型号各部分的代号及其含义

绝缘种类	导体材料	内护层	特征	铠装层	外护套
V-聚氯乙烯 X-橡胶 Y-聚乙烯 YJ-交联聚乙烯 Z-纸	L-铝 T-铜	V-聚氯乙烯护套 Y-聚乙烯护套 L-平铝套（简称铝套） LW-皱纹铝套或焊接皱纹铝套 Q-铅套 GW-焊接皱纹钢套 T-平铜套（简称铜套） TW-焊接皱纹铜套 H-橡胶护套 F-氯丁橡胶护套 A-金属塑料复合护套	D-不滴流 F-分相 CY-充油 P-屏蔽 Z-直流	0-无 1-联锁钢带 2-双钢带 3-细圆钢丝 4-粗圆钢丝 5-皱纹钢带 6-（双）非磁性金属带 7-非磁性金属丝 8-铜（或铜合金）丝编织 9-钢丝编织	0-无 1-纤维外被 2-聚氯乙烯 3-聚乙烯或聚烯烃 4-弹性体 5-交联聚烯烃

注　1. 当导体材料为铜时，可不表示。
　　2. 阻燃电缆在代号前加 ZR，耐火电缆在代号前面加 NH。
　　3. 非磁性金属带包括非磁性不锈钢带、铜或铜合金带、铝或铝合金带等。
　　4. 非磁性金属丝包括非磁性不锈钢丝、铜丝或镀锡铜丝、铜合金丝或镀锡铜合金丝、铝或铝合金丝。

示例 1："VLV32-0.6/1　4×10"表示铝芯、聚氯乙烯绝缘、聚氯乙烯护套、细圆钢丝铠装、额定电压为 0.6/1kV、四芯、标称截面为 10mm² 的电力电缆。

示例 2："YJV62-21/35　1×150"表示铜芯、交联聚乙烯绝缘、非磁性金属带铠装、聚氯乙烯护套、额定电压为 21/35kV、单芯、标称截面为 150mm² 的电力电缆。

（四）电力电缆型式选择

1. 电力电缆导体选择

电缆的导体通常用导电性好、具备一定韧性和一定强度的高纯度铜、铝或铝合金材料制成。导体的截面有圆形、椭圆形、扇形、中空圆形等几种。电缆导体材料应根据负荷性质、环境条件、市场资源等实际情况选择铜芯或者铝芯。

比较铜材与铝材技术上的性能，铜材的导电率高、损耗较低，载流量相同时，铜线芯截面仅约为铝的0.6倍；铜材的延展性好，便于加工和安装，而铝材具有蠕动属性，连接的可靠性较差；在相同条件下铝与铜导体比铜和铜导体连接的接触电阻更大；铝的耐高温性差，铝的熔融温度为660℃，铜可达到1080℃。

因此，变电站一般优先选用铜导体。

2. 电力电缆绝缘水平的选择

（1）电压选择。正确地选择电缆的额定电压值是确保电缆长期安全运行的关键之一。交流系统中电力电缆导体的相间额定电压，不得低于使用回路的工作线电压。

电力电缆缆芯与绝缘屏蔽或金属套之间额定电压的选择，应符合下列规定：

1）中性点直接接地或经低电阻接地的系统，当接地保护动作不超过1min切除故障时，应按100%的使用回路工作相电压。

2）对于上一项以外的供电系统，不宜低于133%的使用回路工作相电压，在单相接地故障可能持续8h以上，宜采用173%的使用回路工作相电压。

电缆的额定电压应适用于使用电缆的系统的运行状况，用U_0/U表示，见表3-39。

表3-39 电缆的额定电压值 U_0/U 和 U_m 的关系

序号	系统标称电压 U_n	U_0/U		U_m
		A类和B类	C类	
1	6	3.6/6	6/6	6.9
2	10	6/10	8.7/10	11.5
3	15	8.7/15	12/15	17.5
4	20	12/20	18/20	23.0
5	35	21/35	26/35	40.5
6	66	50/66		72.5
7	110	64/110		126
8	220	127/220		252
9	330	191/330		363
10	500	289/500		550

注 1. 为方便选择电缆，通常将运行系统分为以下三类：A类，该类系统在单相接地故障时，能在1min内与系统分离；B类，该类系统可在单相接地故障时作短时运行，接地故障应不超过1h。或者在任何情况下带故障运行时间不超过8h。每年接地故障的总持续时间应不超过125h；C类，不包括A类、B类的系统。

2. U_0 为电缆和附件的导体与屏蔽层或金属套之间的额定工频电压；U 为电缆和附件的任何两个导体之间的额定工频电压，此值仅在设计非径向电场的电缆和附件时才有用；U_m 为电缆和附件的任何两个导体之间的运行最高电压，不包括由于事故和突然甩负荷所造成的暂态电压升高。

U 值应按等于或大于电缆所在系统的额定电压选择，U_m 值应按不小于电缆所在系统的最高运行电压选择。

此外，电缆的绝缘水平还应根据线路的冲击绝缘、避雷器的保护特性、架空线路和电缆线路的波阻抗、电缆长度以及雷击点距离电缆终端的距离等因素，通过计算后选择，但不应低于表 3-40 所列数值。

表 3-40　　　　　　　　　　　　　电缆的雷电冲击耐受电压　　　　　　　　　　　　　　kV

U_0/U	3.6/6	6 /10	8.7/10 8.7/15	12/20	18/20	21/35	26/35	50/66	64/110	127/220	191/330	289/500
U_{p1}	60	75	95	125	170	200	250	350	550	1050	1300	1675

注　U_{p1} 为电缆和附件的每一导体与屏蔽层或金属套之间的雷电冲击耐受电压峰值。

（2）绝缘材料及护套选择：

1）聚氯乙烯绝缘（PVC）电缆。线芯长期运行工作温度 70℃，短路热稳定允许温度 300mm² 以下截面为 160℃，300mm² 以上截面为 140℃。

此类电缆有 1kV 和 6kV 两级。主要优点是制造工艺简单，无敷设高差限制，质量轻，弯曲性能好，接头制作简单，耐油和酸碱腐蚀，不延燃，价格便宜。缺点是工作温度低，特别是允许短路温度低，致使其载流量小，不经济，稍有过载或短路则绝缘易变形，因此重要回路电缆，不宜采用聚氯乙烯绝缘类型；对气候适应性能差，低温时变硬变脆，故在 -15℃ 以下的低温环境和 60℃ 以上的高温场所不宜选用普通聚氯乙烯绝缘电缆；含卤元素，有低毒无卤化防火要求的场所，不宜选用聚氯乙烯电缆。

2）交联聚乙烯绝缘（XLPE）电缆。线芯长期允许工作温度 90℃，短路热稳定允许温度 250℃。

该类电缆的主要优点是介质损耗低、性能优良，载流量大，外径小，质量轻，敷设方便，不受高差限制，耐腐蚀，电缆终端和中间接头制作简便。对于 6～500kV 电压级的非重要回路电缆可采用"非干式交联"工艺制作，生产成本大大降低。

交联聚乙烯绝缘电缆除可在一般场合下使用外，还可用于以下场所中：60～90℃ 的高温环境，以及有低毒无卤化防火要求的场所；在 -15℃ 以下的低温环境和有低毒无卤化防火要求的场所；放射性作用场所。交联聚乙烯绝缘聚氯乙烯护套电缆还可敷设于水下，但应选用具有高密度聚乙烯护套及防水层的构造。

交联聚乙烯材料对紫外线照射较敏感，通常采用聚氯乙烯作外护套材料。对绝缘较厚的电力电缆，为避免交联不彻底，不宜选用辐照交联而应选用化学交联生产的交联电缆。110kV 及以上的交联聚乙烯电缆应具有径向防水层，35kV 及以下的则一般不要求有径向防水层。

（3）保护层选择：

1）铅套和铝套电缆除适用于一般场所外，特别适用于下列场合：

a. 铅套电缆，腐蚀较严重但无硝酸、醋酸、有机质（如泥煤）及强碱性腐蚀质，且受机械力（拉力、压力、振动）不大的场所。

b. 铝套电缆，腐蚀不严重和要求承受一定机械力的场所（如直接与变压器连接，敷设在桥梁和竖井中等）。

2）金属塑料复合护层电缆主要适用于受机械力（拉力、压力、振动等）不大，无腐蚀或腐蚀轻微，且不直接与水接触的一般潮湿场所。

3）聚氯乙烯（PVC）外护套电缆主要适用于有一般防火要求和对外护套有一定绝缘要求的电缆线路。

4）聚乙烯（PE）外护套电缆主要适用于对外护套绝缘要求较高的直埋敷设的电缆线路。对－20℃以下的低温环境，或化学浸泡场所，以及燃烧时有低毒性要求的电缆宜采用PE外护套。PE外护套如有必要用于隧道或竖井中时，应采用相应的防火阻燃措施。

5）交流单芯电缆的护套或铠装不应采用磁性材料。

（五）电力电缆截面选择

电缆截面应按缆芯持续工作的最高温度和短路时的最高温度不超过允许值的条件选择。

电缆截面选择应满足允许温升、电压损失、机械强度等要求。对于电缆线路还应校核其热稳定，较长距离的大电流回路或 35kV 及以上的输电线路应校验经济电流密度，以达到安全运行、经济寿命期内总费用最少的目的。

1. 按允许温升选择导体截面

为保证电缆在最大工作电流作用下缆芯温度不超过按电缆使用寿命确定的允许值，电缆按发热条件的允许长期工作电流（即允许载流量）不应小于线路的最大工作电流。

通常，电缆的额定载流量是在一定的基准敷设条件下得出的。当实际电缆敷设的环境条件与基准敷设条件不完全一致时，就需要根据具体情况以校正系数的形式对电缆的允许载流量进行校正。

校正公式：

$$K_w g K_r (K_g、K_y) g K_b g I_b \geqslant I_g \qquad (3\text{-}25)$$

式中　K_w——不同环境温度时的载流量校正系数；

　　　　K_r——不同土壤热阻系数的校正系数；

　　　　K_b——电缆多根或多层并列敷设时的校正系数；

　　　　K_g——空气中穿管敷设时的校正系数；

　　　　K_y——户外无遮阳敷设时校正系数；

　　　　I_b——某一标准敷设条件下的电缆允许载流量；

　　　　I_g——线路的最大工作电流。

若电缆在空气中无遮阳明敷时，取 K_y 项；若电缆为直埋时，取 K_r 项；若电缆在空气中穿管时，取 K_g 项；若电缆在户内空气中敷设，则无 K_y、K_r 和 K_g 项。

以下各表列出电缆允许载流量及各种校正系数。

（1）常见环境温度下载流量的校正系数 K_w 见表 3-41。

表 3-41　　　　　　　　35kV 及以下电缆在不同环境温度时的载流量校正系数 K_w

敷设位置		空　气　中				土　壤　中			
环境温度（℃）		30	35	40	45	20	25	30	35
电缆导体最高工作温度（℃）	60	1.22	1.11	1.0	0.86	1.07	1.0	0.93	0.85
	65	1.18	1.09	1.0	0.89	1.06	1.0	0.94	0.87
	70	1.15	1.08	1.0	0.91	1.05	1.0	0.94	0.88
	80	1.11	1.06	1.0	0.93	1.04	1.0	0.95	0.90
	90	1.09	1.05	1.0	0.94	1.04	1.0	0.96	0.92

（2）电缆在不同敷设条件下多根并列敷设时校正系数 K_b 见表 3-42。

表 3-42 　　　　　　　　　　　**电缆多根或多层并列敷设时的校正系数 K_b**

并列根（层）数		1	2	3	4	5	6
在土中直埋多根并列敷设时							
电缆的净距	100	1.00	0.90	0.85	0.80	0.78	0.75
	200	1.00	0.92	0.87	0.84	0.82	0.81
	300	1.00	0.93	0.90	0.87	0.86	0.85
在空气中单层多根并列敷设时							
空气中电缆的中心距 S	$S=d$	1.00	0.90	0.85	0.82	0.81	0.80
	$S=2d$	1.00	1.00	0.98	0.95	0.93	0.90
	$S=3d$	1.00	1.00	1.00	0.98	0.97	0.96
在电缆桥架上无间距多层并列敷设时							
桥架型式	梯架	0.8	0.65	0.55	0.5	—	—
	桥架	0.7	0.55	0.5	0.45	—	—

注 1. S 为电缆中心距，d 为电缆平均外径。

　　2. 不适用于三相交流系统使用的单芯电缆。

　　3. 本表是按照全部电缆具有相同外径条件制订，当并列敷设的电缆外径不同时，d 值可近似的取电缆外径的平均值。

2. 按热稳定选择导体截面

电缆发生故障时，电缆截面不得小于热稳定校验要求的最小截面。验算电缆热稳定的短路点应选择在正常接线方式下短路电流最大的地点，宜按下述情况确定：

（1）短路点一般选择在电缆首端；当电缆长度超过 200m 时，短路点可按末端或接头处计算。

（2）有中间接头的电缆，当电缆线段等截面时，短路点选在第 1 个中间接头处；当电缆段不等截面时，短路点则选在每一缩减电缆截面的线段首端。

（3）无中间接头的并列连接的电缆，短路点选在并列点后。

变电站电缆导体允许的最小截面：

$$S \geqslant \frac{\sqrt{Q}}{C} \times 10^2 \tag{3-26}$$

$$Q = I_d^2 t \tag{3-27}$$

$$C = \frac{1}{\eta} \times \sqrt{\frac{Jq}{\alpha \rho_{20} k} \ln \frac{1 + \alpha(\theta_D - 20)}{1 + \alpha(\theta_P - 20)}} \tag{3-28}$$

式中　S——电缆导体截面，mm^2；

　　Q——短路热效应，$kA \cdot s$；

　　I_d——短路电流有效值（均方根值，A）一般为三相短路电流，但当单相、两相短路电流较三相短路严重时，则应按严重短路型式选择；

　　t——短路持续时间，s；

　　θ_P——短路发生前电缆导体的最高工作温度，可按额定负荷下电缆导体允许的长期工

作温度 θ_G 选取,℃;

θ_D——短路作用时间内（≤5s）电缆导体允许最高温度,℃;

η——计入包含电缆导体充填物热容影响的校正系数,取1.0;

J——热功当量系数,取1.0;

q——电缆导体的单位体积热容量,铜芯取3.4,J/(cm³·℃);

α——20℃时电缆导体的电阻温度系数,铜芯为0.00393,1/℃;

ρ_{20}——20℃时电缆导体的电阻系数,铜芯为 1.84×10^{-6}, Ω·cm²/cm

k——电缆导体的交流电阻与直流电阻的比值。

（六）电力电缆附件的选择及接地设计

1. 电缆附件的选择

（1）电缆终端的额定电压等级及其绝缘水平,不得低于所连接电缆的额定电压等级及其绝缘水平,户外终端外绝缘还应满足所设置环境条件（如污秽、海拔等）要求。

（2）电缆终端的机械强度,应满足安装处引线拉力和地震力的要求。

（3）电缆终端型式应与电缆所连接电器的特点相适应。

（4）与GIS相连的电缆终端应采用封闭式GIS终端,其接口应相互配合;GIS终端应具有与 SF_6 气体完全隔离的密封结构。

（5）与变压器直接相连的电缆终端应采用象鼻式终端,其接口应能相互配合。

（6）电缆与电器相连且具有整体式插接功能时,应采用可分离式（插接式）终端。

（7）电缆与上述以外其他电器或导体相连时,应采用敞开式终端。

2. 电力电缆接地设计

（1）电力电缆金属层必须直接接地。交流系统中三芯电缆的金属层,应在电缆线路两终端部位实施接地。

（2）交流单芯电力电缆的金属层上任一点非直接接地处的正常感应电势,宜符合《电力工程电缆设计规范》中的有关规定。电缆的正常感应电势最大值应满足下列规定:

1）未采取能有效防止人员任意接触金属层的安全措施时,不得大于50V。

2）除上述情况外,不得大于300V。

（3）交流系统单芯电力电缆金属层接地方式的选择,应符合下列规定:

1）线路不长,且能够满足感应电势的要求时,应采取在线路一端单点直接接地。

2）线路较长,单点直接接地方式无法满足感应电势的要求时,35kV及以下电缆或输送容量较小的35kV以上电缆,可采取在线路两端直接接地。

（4）交流系统单芯电力电缆及其附件的外护层绝缘等部位,应设置过电压保护,并应符合下列规定:

1）35kV以上单芯电力电缆为外护层、电缆直连式GIS终端的绝缘筒,以及绝缘接头的金属层绝缘分隔部位,当其耐压水平低于可能的暂态过电压时,应增加保护措施,且符合下列规定:

a.单点直接接地的电缆线路,在其金属层电气通路的末端,应设置护层电压限制器。

b.GIS终端的绝缘筒上,宜跨接护层电压限制器或电容器。

2）35kV单芯电力电缆金属层单点直接接地,且有增强护层绝缘保护需要时,可在线路未接地的终端设置护层电压限制器。

五、SF₆气体绝缘母线选择

SF₆气体绝缘母线一般用于出线场所特别狭窄，对可靠性要求比较的场所，比如变电站GIS与架空出线套管、GIS与变压器套管之间的连接。

SF₆气体绝缘母线可靠性高、易维护、寿命长、损耗低、本身的绝缘和温度可以检测、易于其他设备连接。一般为 35～500kV 电压等级；可户内或户外安装。

（一）一般规定

（1）SF₆气体绝缘母线及其成套设备应按下列技术条件选择：

1）电压。

2）电流。

3）频率。

4）绝缘水平。

5）动稳定电流。

6）热稳定电流。

7）额定短路持续时间。

8）绝缘材料耐热等级。

9）各部分允许温度和温升。

10）绝缘气体密度。

11）年漏气率。

（2）SF₆气体绝缘母线及其成套设备尚应按下列环境条件选择：

1）环境温度。

2）日温差。

3）海拔高度。

4）相对湿度。

5）污秽等级。

6）地震烈度。

7）最大风速。

8）覆冰厚度。

注：当在户内使用时，可不校验日温差、最大风速、污秽等级、覆冰厚度。

（二）结构设计要求

1. 导体材质和连接

SF₆气体绝缘母线的导体材质为电解铜或铝合金。铝合金母线的导电接触部位应镀银。

导电回路的相互连接其结构上应符合下列要求：

（1）固定连接应有可靠的紧力补偿结构，不允许采用螺纹部位导电的结构方式。

（2）触指插入式结构应保证触指压力均匀。

2. 外壳

外壳可以是钢板焊接、铝合金板焊接。并按压力容器有关标准设计、制造与检验。

外壳的厚度，应以设计压力和在下述最小耐受时间内外壳不烧穿为依据：

（1）电流等于或大于 40kA，0.1s。

（2）电流小于 40kA，0.2s。

设计外壳时，还应考虑以下各种因素：

（1）外壳充气以前需要抽真空。

（2）全部压力差可能施加在外壳壁或隔板上。

（3）发生内部故障的可能性。

SF_6 气体绝缘母线外壳要求高度密封性。每个气体隔室允许的相对年漏气率不应大于 1%。

伸缩节主要用于装配调整（安装伸缩节），吸收基础间的相对位移或热胀冷缩（温度伸缩节）的伸缩量等。制造厂应根据使用的目的、允许的位移量等来选定伸缩节的结构和位置。在 SF_6 气体绝缘母线和所连接的设备分开的基础之间允许的相对位移（不均匀下沉）应由制造厂和用户协商确定。

3. 气室划分

SF_6 气体绝缘母线隔室划分的目的是限制隔室内部电弧对其他隔室的影响，并且便于检修和维护。SF_6 气体绝缘母线应划分成若干隔室，以达到满足正常使用条件和限制隔室内部电弧影响的要求。为此，当相邻隔室因漏气或维修作业而使压力下降时，隔板应能够确保本隔室的绝缘性能不发生显著的变化。隔板通常由绝缘材料制成，但隔板本身不用来对人身提供电气安全性；然而，对相邻隔室中还存在的正常气体压力，隔板应提供机械安全性。

充有绝缘气体的隔室和充有液体的相邻隔室（如电缆终端或变压器）间的隔板，不应出现任何影响两种介质绝缘性能的泄漏。

SF_6 气体绝缘母线隔室的划分应有利于维修和气体管理。最大气体隔室的容积应和气体服务小车的储气罐容量相匹配。

每个封闭压力系统（隔室）应设置密度监视装置，制造厂应给出补气报警密度值。

4. 接地

SF_6 气体绝缘母线宜采用多点接地方式。同一相气体绝缘母线各节外壳之间宜采用铜或铝母线进行电气连接，气体绝缘母线在两端和中间三相互连后用一根接地线接地。

接地导线应有足够的截面，具有通过短路电流的能力。

在发生短路故障的情况下，外壳的感应电压不应超过 24V。

六、绝缘管母线

绝缘管母线是由固体绝缘材料包裹导体形成的一种新型载流导体。绝缘管母线的导体为铜（铝）棒或铜（铝）管，接线端子为平板型。绝缘管母线主要应用于变电站以代替裸母线、封闭母线及电缆，最适用于紧凑型变电站、地下变电站及地铁用变电站，减少占地面积，运行可靠。

一般适用于 6～35kV 电压等级；产品适用于户内或户外安装。

（一）一般规定

1. 绝缘管母线及其成套设备应按下列技术条件选择：

（1）电压。

（2）电流。

（3）频率。

（4）绝缘水平。

（5）动稳定电流。

（6）热稳定电流。

（7）绝缘材料耐热等级。

（8）各部分允许温度和温升。

2. 绝缘管母线及其成套设备尚应按下列环境条件选择：

（1）环境温度。

（2）海拔高度。

（3）相对湿度。

（4）地震烈度。

（5）风压。

（6）覆冰厚度。

（7）日照强度。

（二）绝缘材料和结构

绝缘材料一般选用聚四氟乙烯。绝缘母线采用密封屏蔽绝缘方式，在绝缘层之间设置 n 个金属电容屏，使每个绝缘层电位由零屏、金属电容屏、地屏之间电位逐层降低至零电位。屏蔽层采用编织铜网，整段母线表面电位为零。绝缘护套采用聚烯烃高聚物绝缘护套。绝缘管母线金属支架及相邻设备金属外壳产生的温升，不应超过 70℃。

由于生产厂家的工艺和技术不同，目前绝缘母线的绝缘材料和结构分为下列几种：

（1）国外某公司采用在导体外进行真空浇注环氧树脂工艺。

（2）国内 WX 公司，主绝缘采用聚四氟乙烯带加硅油。

（3）国内 DL 公司，主绝缘采用电缆纸浸环氧树脂。

（4）国内 WF 公司，主绝缘采用聚酯薄膜表面涂硅油，构成有机复合绝缘；由导电膜与聚酯薄膜构成电容屏的电容式复合绝缘。

（三）绝缘管母线温升

母线中间连接部位额定电流温升和母线端部连接部位额定电流温升均不大于导体温升。

绝缘铜管母线在正常使用条件下运行时，各部位的温度和温升的允许值应符合表 3-43 要求。

表 3-43 绝缘管母线各部位的温度和温升的允许值

金属封闭母线的部件	最高允许温度（℃）	最高允许温升（K）
导体	90	50
外护层	70	30
固定金具	70	30

（四）绝缘管母线的安装

绝缘管母线单根最大长度为固定长度（两端子间的直线距离），工程所需长度大于单根固定长的母线，用多根母线加一个或多个连接装置连接而成（连接装置用来将几部分连在一起）。连接装置用于屏蔽母线段之间连接处外露金属件的高电位，装置包括电容均压型干式绝缘套筒及连接部件。

1. 夹具

夹具 Bf 和 Bg 之间的距离必须严格执行图纸要求，这是因为母线存在自振，在内部在某个距离上可能发生谐振。在这个范围内母线可能被损坏，在极端情况下母线绝缘可能被损坏。

在标有 Bg 的母线夹具安装时，上下部分之间应装有足够的垫圈，允许选择适合母线的垫圈的数量使母线能沿着夹具滑动。

在标有 Bf 的母线夹具安装时，上下部分之间应装有足够的胶圈和垫圈。当装配时，按照母线在固定夹具中不滑动选择垫圈的数量，而且一定要装胶圈。

图 3-55 为夹具安装示意图。

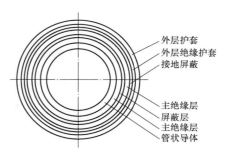

图 3-54　绝缘管母线结构示意图

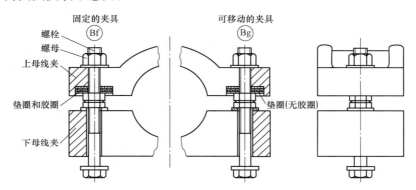

图 3-55　夹具安装示意图

2. 户内用绝缘套筒的装配

如图 3-56 所示，在一侧装上接地夹，按照顺序在绝缘母线上套装密封法兰、密封圈等，再套装绝缘套筒，用同样的方式在另一侧套装密封法兰、密封圈等，分别用六角螺栓、螺母和弹簧垫圈安装有弯曲的软铜带，弹簧片应该安装在母线上以便绝缘套筒可在母线上滑动。最后紧固绝缘套筒，这样做是为了考核弹簧片和铝筒充分接触，用六角螺栓、垫圈和弹簧垫圈先在一侧紧固，然后再上另一侧紧固，同时应确保接地夹与连接线的可靠连接，装配尺寸在相关的装配图中可以获得。

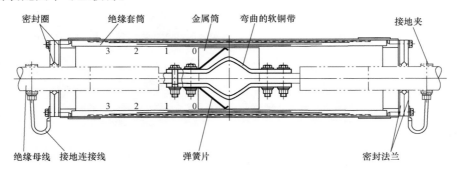

图 3-56　户内用绝缘套筒装配

3. 户外用绝缘套筒的装配

如图 3-57 所示，在一侧装上接地夹，按照顺序在绝缘母线上套装两个收缩管，再套装绝缘套筒，用同样的方式在另一侧套装两个收缩管、法兰和密封圈，分别用六角螺栓、螺母和弹簧垫圈安装有弯曲的软铜带，弹簧片应该安装在母线上以便绝缘套筒可在母线上滑动。

最后紧固绝缘套筒和法兰，这样做是为了考核弹簧片和铝筒充分接触，用六角螺栓、垫圈和弹簧垫圈紧固，在母线、法兰的金属管和热收缩管之间的所有表面都应涂防水胶，用合适的火使收热缩管收缩，在两个热收缩管的端部都应包防水胶带，用同一方式安装另一侧。同时应确保接地夹与连接线的可靠连接，装配尺寸在相关的装配图中可以获得。

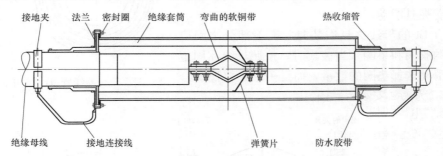

图 3-57　户外用绝缘套筒装配

4. 接地

每一段都要用导体单独接地。地屏仅在一段完整母线的一个末端引出，每一段（包括绝缘套筒的地屏）必须接地。在装配完成后，对所有段都要进行目测。

母线段的地屏经绝缘套筒串联连接。对这种情况，母线段的地屏在两个末端都引出。在装配完成后，应通过从母线的地屏始端到地电位进行串联连续连接试验。

母线夹具等金属部件也必须接地，这些部件应该与母线和绝缘套筒分别接地。

图 3-58 为绝缘管母线工程应用实例。

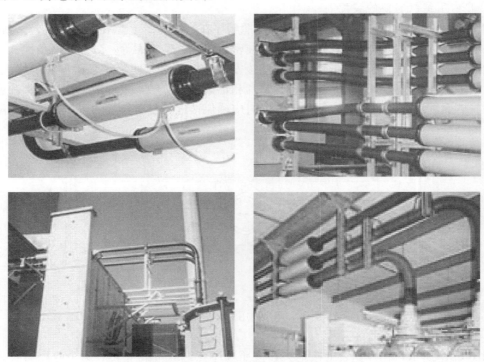

图 3-58　绝缘管母线工程应用实例

第八节　过电压保护和接地

过电压指峰值大于正常运行下最大稳态电压的相应峰值的任何电压。在工程上，它指一切可能对设备造成损害的危险电压。过电压包括：

(1) 瞬态过电压，持续时间为毫秒级或更短，是避雷器的主要防护对象。瞬态过电压的来源主要有雷击、开关操作和静电放电。

(2) 暂态过电压或短时过电压，持续时间相对较长，一般介于 0.1s 和 1s 之间。暂态过电压主要有转移过电压、断零过电压、断线谐振过电压和中性线漂移形成的过电压。此外，空载线路的电容效应、不对称接地故障和突然甩负荷也可能产生危险的过电压。

接地装置是把电气设备或其他物件和地之间构成电气连接的设备。接地装置由接地极、接地母线、接地引下线、构架接地组成，用以实现电气系统与大地相连接的目的。与大地直接接触实现电气连接的金属物体为接地极，它可以是人工接地极，也可以是自然接地极。接地母排是建筑物电气装置的参考电位点，通过它将电气装置内需接地的部分与接地极相连接。接地极与接地母排之间的连接线称为接地极引线。

一、过电压保护

城市户内变电站过电压保护主要包括厂房的防雷保护、主变压器各侧雷电侵入波引起的外部过电压保护和操作内过电压保护。

(一) 建筑防雷

1. 防雷类别

变电站建筑防雷的设计应符合《建筑物防雷设计规范》GB 50057 和《交流电气装置的过电压保护和绝缘配合》DL/T 620 的有关规定。城市户内变电站建筑防雷分类一般为第三类防雷建筑。

在雷电活动频繁或强雷区，可适当提高建筑物的防雷保护措施。

2. 厂房防雷保护的设置

当户内变电站各侧进出线均为电缆时，主厂房的防雷保护一般按规范设置屋顶环形避雷带即可满足要求。厂房各层楼板和柱内结构钢筋必须进行等电位电气连接。

对于采用架空进线的户内变电站主厂房防雷保护应结合进线段防雷保护一并考虑，可采用架空线避雷线与屋顶避雷带联合保护、架设避雷针与避雷线联合保护等措施，按照规程要求进行防雷保护范围计算后确定。

(二) 过电压保护

城市户内变电站内的雷电过电压来自架空进线上出现的雷电侵入波。应该采取措施防止或减少变电站近区线路的雷击闪络并在站内适当配置氧化锌避雷器以减少雷电侵入波过电压的危害。并应按《交流电气装置的过电压保护和绝缘配合设计规范》GB/T 50064 的要求对采用的雷电侵入波过电压保护方案校验。

1. 气体绝缘全封闭组合电器 (GIS) 变电站的雷电侵入波过电压保护

(1) 66kV 及以上进线无电缆段的 GIS 变电站。66kV 及以上进线无电缆段的 GIS 变电站的雷电侵入波过电压保护 (见图 3-59) 应符合下列要求：

a. 变电站应在 GIS 管道与架空线路的连接处装设 MOA，其接地端应与管道金属外壳

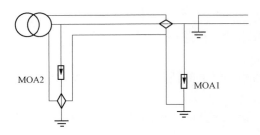

图 3-59 无电缆段进线的 GIS 变电站保护接线

连接。

b. 变压器或 GIS 一次回路的任何电气部分至 MOA1 间的最大电气距离对 66kV 系统不超过 50m 时，对 110kV 及 220kV 系统不超过 130m 时，或经过校验装一组 MOA 即能符合要求时，可只装设 MOA1。

c. 连接 GIS 管道的架空线路进线保护段的长度不应小于 2km，且应符合杆塔出地线对边导线保护角的相关要求。

（2）66kV 及以上进线有电缆段的 GIS 变电站。66kV 及以上进线有电缆段的 GIS 变电站的雷电侵入波过电压保护应符合下列要求：

a. 在电缆段与架空线路的连接处应装设 MOA，其接地端应与电缆的金属外皮连接。

b. 对三芯电缆段进线 GIS 变电站的保护接线 [见图 3-60（a）]，末端的金属外皮应与 GIS 管道金属外壳连接接地。

c. 对单芯电缆段进 GIS 变电站的保护接线 [见图 3-60（b）]，应经金属氧化物电缆护层保护器 CP 接地。

d. 电缆末端至变压器或 GIS 一次回路的任何电气部分间的最大电气距离不超过（1）项中 b 款的规定值可不装设 MOA2。当超过时，经校验装一组 MOA 能符合保护要求，图 3-60 中可不装设 MOA2。

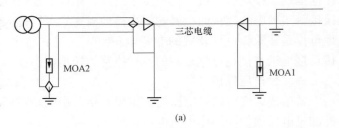

(a)

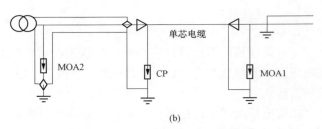

(b)

图 3-60 有电缆段进线的 GIS 变电站保护接线
(a) 三芯电缆段进 GIS 变电站的保护接线；
(b) 单芯电缆段进 GIS 变电站的保护接线

e. 对连接电缆段的 2km 架空线路应架设避雷线。

（3）进线全长为电缆的 GIS 变电站。变电站内是否需装设金属氧化物避雷器，应视电缆另一端有无雷电过电压波侵入的可能，经校验确定。

2. 操作过电压及保护

空载线路合闸时，由于线路电感—电容的振荡将产生合闸过电压。线路重合时，由于电源电势较高以及线路上残余电荷的存在，加剧了这一电磁振荡过程，使过电压进一步提高。

（1）252kV 以上电压等级系统中，线路合闸和重合闸过电压对系统中设备绝缘配合有重要影响，应该结合系统条件预测空载线路合闸、单相重合闸和成功、非成功的三相重合闸（如运行中使用时）的相对地和相间过电压。

（2）限制这类过电压的最有效措施是在断路器上安装合闸电阻。当系统的工频过电压符合线路断路器的变电所侧小于 1.3p. u. 或线路断路器的线路侧小于 1.4p. u. 要求且符合以下变电站出线架空线路小于 200km（电缆线路小于 12km）的情况下，可仅用安装于线路两端（线路断路器的线路侧）上的金属氧化物避雷器（MOA）将这类操作引起的线路的相对地统计过电压限制到要求值以下。

在其他条件下，可否仅用金属氧化物避雷器限制合闸和重合闸过电压，需经校验确定。

（3）252kV 及以下电压等级系统中线路合闸和重合闸过电压一般不超过 3.0p.u.，通常无需采取限制措施。

（4）采用 MOA 限制各类操作过电压时，其持续运行电压和额定电压不应低于表 3-44 所列数值。避雷器应能承受操作过电压作用的能量。

表 3-44　　　　　　　　无间隙金属氧化物避雷器持续运行电压和额定电压

系统中性点接地方式		持续运行电压（kV）		额定电压（kV）	
		相地	中性点	相地	中性点
有效接地	110kV	$U_m/\sqrt{3}$	$0.27U_m/0.46U_m$	$0.75U_m$	$0.35U_m/0.58U_m$
	220kV	$U_m/\sqrt{3}$	$0.10U_m$（$0.27U_m/0.46U_m$）	$0.75U_m$	$0.17U_m$（$0.35U_m/0.58U_m$）
	330、500kV	$U_m/\sqrt{3}$	$0.10U_m$	$0.75U_m$	$0.35U_m$
非有效接地	不接地	$1.10U_m$；	$0.64U_m$	$1.38U_m$	$0.80U_m$
	谐振接地	U_m	$U_m/\sqrt{3}$	$1.25U_m$	$0.72U_m$
	低电阻接地	$0.80U_m$	$0.46U_m$	U_m	$U_m/\sqrt{3}$
	高电阻接地	U_m	$U_m/\sqrt{3}$	$1.25U_m$	$U_m/\sqrt{3}$

注　1. 110、220kV 中性点斜线的上、下方数据分别对应系统无和有失地的条件。

　　2. 220kV 括号外、内数据分别对应变压器中性点经接地电抗器接地和不接地。

二、接地装置

1. 接地电阻计算

接地装置设计依据的主要标准为 GB/T 50065《交流电气装置的接地设计规范》，标准规定对于有效接地系统，电气装置保护接地的接地电阻宜符合下列要求：

$$R \leqslant \frac{2000}{I_G} \tag{3-29}$$

式中　R——考虑到季节变化的最大接地电阻，Ω；

　　　I_G——计算用的流经接地装置的最大入地短路电流，A。

式（3-29）中计算用流经接地装置的最大入地短路电流，采用在接地装置内、外短路时，经接地装置流入地中并考虑直流分量的最大短路电流。该电流应按工程远景年的系统最大运行方式确定，并应考虑系统中各接地中性点间的短路电流分配，以及避雷线中分走的接地短路电流。

当接地装置的接地电阻不符合式（3-29）要求时，可通过技术经济比较适当增大接地电阻。当采取相关措施如在站内采用铜带（绞线）与二次电缆屏蔽层并联敷设，且铜带（绞线）至少在两端就近与地网连接，并且采取站内外电位隔离措施的情况下，变电站地电位升高值可提高至5kV。必要时，经专门计算，且采取的措施可确保人身和设备安全可靠时，接地网地电位还可进一步提高。但应符合以下要求：

（1）为防止转移电位引起的危害，对可能将接地网的高电位引向所外或将低电位引向所内的设施，应采取隔离措施。

（2）考虑短路电流非周期分量的影响，当接地网电位升高时，变电所内的10kV避雷器不应动作或动作后应承受被赋予的能量。

（3）应验算接触电位差和跨步电位差。

在110kV及以上有效接地系统和6～35kV低电阻接地系统发生单相接地或同点两相接地时，发电厂和变电站接地网的接触电位差和跨步电位差不应超过由式（3-30）和式（3-31）计算得到的数值：

$$U_t = \frac{174 + 0.17\rho_s C_s}{\sqrt{t_s}} \tag{3-30}$$

$$U_s = \frac{174 + 0.7\rho_s C_s}{\sqrt{t_s}} \tag{3-31}$$

式中　　U_t——接触电位差允许值，V；

　　　　U_s——跨步电位差允许值，V；

　　　　ρ_s——地表层的电阻率，Ω·m；

　　　　C_s——表层衰减系数，见附录C；

　　　　t_s——接地故障电流持续时间，与接地装置热稳定校验的短路等效持续时间 t_e 取相同值，s。

35～66kV不接地、经谐振接地和高电阻接地的系统，发生单相接地故障后，当不迅速切除故障时，此时发电厂和变电站接地装置的接触电位差和跨步电位差不应超过下列数值：

$$U_t = 50 + 0.05\rho_s C_s \tag{3-32}$$

$$U_t = 50 + 0.2\rho_s C_s \tag{3-33}$$

随着网架结构的加强和系统容量的增大，目前大多数变电站短路电流较大，较难满足接地网地电位升高的要求，在这种情况下，通过合理设计和施工，满足规程规定的接触电势和跨步电压等要求，对保证人身安全显得尤为重要。

2. 接地材料及截面的选择

城市户内变电站的接地网一般埋设在主建筑底板下及四周，施工后地网的更换与维护比较困难，故其使用寿命应与主建筑物的寿命相同。同时考虑城市户内站所处区域的土壤对钢结构一般具有微或强的腐蚀性，且占地面积小，因此接地网接地体的材料主要考虑选用铜或其他新型接地材料。目前比较多的采用铜、新型纳米防腐导电材料和铜覆钢等材料。

铜覆钢是指作为芯体的钢表面被铜连续包覆所形成的金属复合材料。新型纳米防腐导电材料是以钢材料为基础，将该金属表面防腐处理技术与纳米防腐导电技术有机结合，以达到延长接地材料使用寿命的目的。三种接地材料的优缺点如表3-45所示。

表 3-45 不同接地材料的优缺点

接 地 材 料	优 点	缺 点
铜	导电性能好，抗腐蚀性强，使用寿命长	机械强度低，价格较高，施工工艺要求高，须采用放热焊接工艺
铜覆钢	导电性能好，抗腐蚀性强，价格较低，机械强度高，使用寿命长	施工工艺要求高，须采用放热焊接工艺
新型纳米防腐导电材料	抗腐蚀性强，机械强度高，使用寿命长，相对环保效益好	价格较高，导电性能相对弱

根据热稳定条件，未考虑腐蚀时，接地导体的最小截面应符合式（3-34）要求。

$$S_g \geqslant \frac{I_g}{c}\sqrt{t_e} \tag{3-34}$$

式中　S_g——接地线的最小截面，mm^2；

I_g——流过接地线的短路电流稳定值，（根据系统 5～10 年发展规划，按系统最大运行方式确定），A；

t_e——短路的等效持续时间，s；

c——接地线材料的热稳定系数，根据材料的种类、性能及最高允许温度和短路前接地线的初始温度确定。

3. 接地网设计

城市户内变电站应设置接地网，接地网除采用以水平接地线加人工垂直接地极构成的复合型地网外，还宜充分利用建筑结构的钢筋。

由于城市户内变电站大多建设于城市建筑及电信设施密集地区，变电站占地面积一般又较小，接地是变电站建设中的一个需要关注的问题。变电站不仅应在主建筑底板下设置接地网，同时为了达到降低接地电阻的目的，变电站接地网还应充分利用建筑中的接地设施，如建筑结构部分钢筋以及建筑地下桩基、护坡桩等，以辅助增强接地效果。需要时，变电站接地网也可与邻近的非变电站的主建筑地网连接。如无特殊要求，变电站的接地电阻通常应符合 GB/T 50065《交流电气装置的接地设计规范》的规定要求。

由于降阻剂的降阻效果有随时间增长而降低的问题，一般不推荐采用降阻剂。

城市户内变电站的接地网一般埋设在主建筑底板下及四周，呈笼形布置。为满足等电位接地，变电站建筑物各层楼板的钢筋宜焊接成网，并和室内敷设的接地母线相连。室内敷设的环形接地母线与应于不同方位至少 4 点与接地网连接。

接地网布置设计一般根据变电站最大长度和最大宽度，采用等间距接地体布置，间距为 8～10m 左右（边缘接地体除外）；另外在接地网的周边以及主变压器中性点附近增加长约 2.5m 的垂直接地极，接地网布置如图 3-61 所示。

接地网设计完成后需要对图 3-61 所示的结构进行接触电位差和跨步电位差的计算。为了简化计算，在基本计算中接地网结构仅考虑构成接地网主网孔的水平接地极和垂直接地极。另外在接触电位差的计算中，假定计算区域的所有位置都有接触到接地体的可能，对于接触电位差计算结果中超过人身安全限制的情况再根据具体位置分析是否有真正接触到接地体的可能。

对于经过计算无法满足要求的地网需要增设水平均压带、铺设沥青混凝土地面，用以解决跨步电位差和接触电位差的问题。

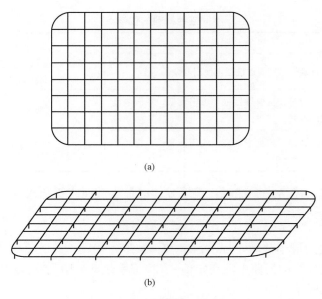

图 3-61　接地网结构示意图

(a) 俯视图；(b) 立体图

4. 减小接地电阻的特殊措施

由于土壤电阻率是不均匀的，特别是随着深度变化，电阻率一般有着较大差别即土壤分层特性。这种差别主要是由于大地结构不同所致，如水层和非水层的差别及一般土壤和岩石层的差别。故必须对土壤分层状况进行测试，以了解地层电阻率较低的位置。然后对各种能减小接地电阻的方法进行计算，以求得到符合要求的方法；否则，等到地网施工完成后进行实测，这时若实测值无法满足要求，往往很难有好的补救办法，而且代价昂贵。

（1）分层接地网。变电站的所址场地标高应考虑高于 50 年一遇洪水位，并高于城市规划道路的道路标高。综合这个因素，有的变电站要将现有场地填高 1～2m。填土层土壤比较干燥，土壤电阻率一般较高，而原土层或者较深土层由于接近地下水，比较湿润，土壤电阻率一般较低；在原土层或更深土层内敷设一个下层接地网，由于存在屏蔽效应，为节省钢材及施工费用，该层接地网宜采用长孔方式，其孔距按 10m 左右布置。另外在填土层内也敷设一个上层接地网，可起均压、降低接触电势和接地电阻的作用，对于场地填高不大不必设上层地网。

（2）深井式垂直接地极

深井式垂直接地极是在水平接地网的基础上向大地纵深寻求扩大接地面积。据研究表明，在大地分层情况下，只有穿入第 2 层的垂直接地极对接地电阻的影响较大。深井接地极可克服场地窄小的缺点，同时不受气候、季节等条件的影响。根据实际经验，附加于水平接地网的垂直接地体，接地电阻能减少 2.8％～8％，当垂直接地体的长度增大到可和均压网的长、宽尺寸相比拟，均压网趋近于半个球时，接地电阻会有较大的减小，可减小 30％左右。深井接地极的布置要合理，为避免垂直接地极相互的屏蔽作用，根据规程要求，垂直接地极的间距不应小于其长度的 2 倍，一般将深井接地极布置在接地网四周的外缘。同时为减小深井接地极地表的跨步电压，应埋设帽檐形辅助均压带，改善深井接地极地面上的电位分布。

第四章

系统及电气二次

在户内变电站中，用于控制、保护和监视一次系统的装置和系统称之为系统及电气二次。按专业可划分为继电保护、调度自动化、通信、电气二次部分。其中继电保护由系统保护、元件保护、安全自动装置等部分组成；电气二次部分由计算机监控系统、交直流电源、二次接线等部分组成。

继电保护装置在电力系统中承担快速、准确切除故障，有效隔离故障范围，并快速恢复非故障区域供电的任务；调度自动化系统完成各级调度端对辖区内变电站的调度、控制、协调的功能；通信是实现调度自动化、继电保护功能的通信手段，为其提供通信通道及必要的通信设备；电气二次为继电保护、调度自动化和通信提供电源保障、信息采集，并执行各个系统下达的命令。

第一节 继电保护及安全自动装置

继电保护和安全自动装置是电力系统的重要组成部分，对保证电力系统的安全经济运行、防止事故发生或事故范围扩大起重大作用。继电保护和安全自动装置的功能是在合理的电网结构下，保障电力系统和电力设备的安全运行。

一、继电保护

城市户内变电站继电保护和安全自动装置应符合可靠性、选择性、灵敏性和速动性的要求，其设计应符合 GB/T 14285《继电保护和安全自动装置技术规程》的规定。当确定继电保护和安全自动装置配置和构成方案时，应综合考虑以下几个方面：

（1）电力设备和电力网的结构特点和运行特点。

（2）故障出现的概率和可能造成的后果。

（3）电力系统的近期发展规划。

（4）相关专业的发展状况。

（5）经济上的合理性。

（6）国内和国外的经验。

继电保护和安全自动装置的配置要满足电网结构和变电站主接线的要求，并考虑电网运行方式的灵活性。在确定继电保护和安全自动装置方案时，应优先选用具有成熟经验的数字式保护装置。根据审定的系统接线方式及变电站主接线图进行继电保护和安全自动装置的系统设计，除新建部分外，还应考虑与现状配置的衔接及不满足要求部分的改造。为便于运行管理和性能配合，同一变电站的继电保护和安全自动装置的型式、品种不宜过多。要结合具体条件和要求，从装置的选型、配置、整定、试验、交直流电源、二次回路及运维等方面综合采取措施，重点突出，统筹兼顾，妥善处理，以达到保证电网安全经济运行的目的。

城市变电站的继电保护一般分为系统保护和元件保护，统筹变电站主接线、接入系统方案、变电站电压等级等因素考虑配置方案。系统保护包括线路保护、远方跳闸保护、断路器保护、母线保护、断路器失灵保护等。元件保护包括变压器保护、变电站低压侧并联电容器及电抗器保护等。以下按保护装置类别就保护装置构成、配置条件做简要介绍。

1. 线路保护

线路保护应选用主、后备保护一体化微机数字保护装置。线路各侧相对应的纵联保护必须配置相同厂家、相同原理的保护装置。220kV 及以上电压等级线路保护按双重化配置，线路纵联保护的通道应遵循相互独立的原则按双重化配置，两套主保护分别使用独立的远方信号传输设备，城市户内变电站优先采用光纤通道作为纵联保护的传输通道。两套保护宜采用一套专用、一套复用通道方式，复用光纤通道宜采用 2Mbit/s 通道。接入两套保护的电流、电压、切换回路等开入回路及出口回路、装置直流电源回路应遵循相互独立的配置原则。110kV 及以下电压等级线路保护单套配置，采用主、后备一体式保护装置。线路纵联保护的通道一般采用专用光纤通道。电缆线路、电缆与架空混合线路，应在电源侧装设过负荷保护，保护延时动作于信号。

线路保护主保护按照原理分为纵联距离保护、光纤纵差保护、距离保护、过流保护等。纵联距离保护、光纤纵差保护一般用于双端电源线路，光纤纵差保护、距离保护、过流保护可用于负荷线路保护。光纤纵差保护因工作原理清晰、整定计算简单、能够保障全线速动、动作正确率高，在城市户内变电站线路保护中广为采用。特别是城市户内变电站一般位于城市负荷中心区，线路多为电缆线路，且距离较短，当电缆长度小于 3km 时，如采用距离保护，定值过低，不能满足灵敏度要求，光纤纵差保护有效地解决了这个问题，所以在户内变电站线路保护中大量应用光纤纵差保护。线路保护的后备保护优先配置距离保护及零序电流保护，不满足距离保护运行条件时（如条件允许时，为简化系统接线，母线未配置电压互感器），可配置电流保护。

110~220kV 线路保护具备重合闸功能，330~500kV 线路保护不具备重合闸功能，重合闸由独立安装的断路器保护装置实现。

对于改扩建工程，双端电源线路保护的配置要考虑与现状对侧保护的匹配，即双端线路保护的保护装置型号、版本等必须一致。当对侧变电站相应电压等级主接线存在旁路断路器带路的运行方式时，还要考虑与旁路线路保护的配合，220kV 线路应配置一套与对侧 220kV 旁路装设的线路保护同厂家、同原理、切换通道方式相同的的纵联保护装置，并具备重合闸功能。500kV 线路的两套线路保护应分别与对侧 500kV 旁路装设的两套线路保护同厂家、同原理、切换通道方式的纵联保护装置。

对各类双断路器接线方式，当双断路器所连接的线路或元件退出运行而双断路器之间仍联接运行时，应装设短引线保护以保护双断路器之间的连接线故障。在工程应用中比较常见的是一个半断路器接线方式，当一个半断路器出线间隔装设出线隔离开关时，配置双套短引线保护。如图 4-1 所示。因当一个完整串中的一条线路 L 停用时，该线路侧隔离开关 QS 也将断开，此时，保护用电压互感器 TV 停电，线路主保护停用，该范围短引线故障，将没有快速保护切除故障。因此，应设置短引线保护，即短引线纵联差动保护。在上述故障情况下，可快速切除故障。当线路运行时，线路侧隔离开关投入使用，该短引线保护在线路侧故障时，将无法选择地动作，因此必须将该短引线保护停用。一般可由隔离开关 QS 辅助接点控制该保护的投退。

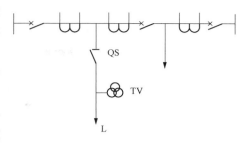

图 4-1　一个半断路器接线方式短引线
保护示意图

当 110kV 及以上电压等级线路保护集中组屏安装于二次设备室时，线路保护屏（柜）按间隔配置。220kV 及以上电压等级线路保护一般一回线组两面屏（柜），电压切换、操作箱分别安装于两面线路保护屏（柜）上。110kV 线路保护屏（柜）一般按间隔配置，一回线路组一面屏（柜），当线路保护为距离或电流保护时，也可两回线路组一面屏，电压切换装置、操作箱与线路保护屏（柜）同屏（柜）布置。

110kV 及以上电压等级线路保护分散安装于配电装置区时，宜与配电装置汇控柜统一设计、组柜安装，110kV 配置一面汇控柜，220kV 配置两面汇控柜。10(35)kV 配电装置采用户内开关柜的，10(35)kV 线路保护装置分散安装于 10(35)kV 开关柜上。

2. 远方跳闸保护

户内变电站的 220～500kV 线路，在以下故障时应传送跳闸命令，使相关线路对侧断路器切除故障：

（1）一个半断路器接线的断路器失灵保护动作。

（2）线路并联电抗器的断路器失灵保护动作。

（3）高压侧无断路器的线路并联电抗器保护动作。

（4）线路过电压保护动作。

（5）发电机变压器组并网断路器失灵保护动作。

为提高远方跳闸的安全性，防止误动作，对采用非数字通道的，执行端应经就地判别后跳线路断路器。对采用数字通道的，执行端可不经就地判别跳线路断路器。220kV 及以上线路，断路器与电流互感器之间发生故障，母线保护动作无法切除故障时，应传送远方跳闸命令，不经就地判别跳相关线路对侧断路器切除故障。

就地判别装置按双重化配置，采用数字通道，"一取一"经就地判别跳闸方式。330～500kV 线路过电压保护采用就地判别装置中的功能。保护动作跳开本侧断路器，并向线路对侧断路器发远跳信号。就地判别装置宜与线路保护同屏，优先采用和线路保护同一厂家的装置。当保护装置分散安装于配电装置区时，就地判别装置与线路保护同汇控柜布置。220kV 线路保护含远跳功能。110kV 及以上线路，断路器与电流互感器之间发生故障，母线保护动作无法切除故障时，应传送远方跳闸命令，不经就地判别跳相关线路对侧断路器切除故障。

3. 断路器保护

一个半断路器接线及 220kV 及以上电压等级线路变压器组接线的断路器保护按断路器配置，应具备断路器失灵、充电保护、重合闸保护功能。

110kV 及以上电压等级，配置有母线保护的母线上的母联或分段断路器应单独配置充电保护，含相间电流保护及零序电流保护。用以可靠地切除被充母线上的故障，而不影响已运行母线。母线充电保护原理、接线简单，定值整定灵敏度高，可作为专用母线单独带新建线路充电的临时保护。母线充电保护只在母线充电时投入，当充电过程结束，运行情况良好后，应及时停用。

110～220kV 城市户内变电站当作为负荷站运行，高压侧主接线为桥接线或单母线分段接线型式时，符合下列条件，在高压侧桥断路器或分段断路器应装设合环保护，以避免因变电站并列倒闸操作时，因一回线路故障，引发变电站全停的故障，或切除母线故障：

（1）电源线路未配置纵联电流差动保护。

（2）电源线路配置纵联电流差动保护但负荷端未投入跳闸。

（3）单母分段接线的母线未配置差动保护。

合环保护应配置一段相间过流和一段零序过流保护，合环保护在变电站并列倒闸操作前投入，倒闸操作完毕后退出。

当采用分相操作的断路器时，采用断路器本体的三相不一致保护。

断路器保护单套配置，按间隔组屏（柜）安装，当保护分散安装于配电装置区时，宜与配电装置汇控柜统一设计、组柜安装。

4. 母线保护

220～500kV 母线（桥接线方式除外）应按双重化配置快速有效地切除母线故障的母线保护。双母线及双母线单分段接线装设 2 套母线保护，双母线双分段接线装设 4 套母线保护，1 个半断路器接线每组母线装设 2 套母线保护。

对于 35～110kV 电压的母线，在下列情况下应装设一套专用母线差动保护：

（1）110kV 采用双母线接线型式。

（2）110kV 单母线（包括 110kV 变电站 110kV 侧为单母分段接线和 220kV 变电站的 110kV 侧为单母线分段接线）。

（3）重要发电厂或 110kV 以上重要变电站的 35～66kV 母线，需要快速切除母线上的故障时。

受母线保护元件的限制，单母线分段接线方式，母线数不大于 3 条时，配置 1 套母线保护；母线数大于 3 条，要增加 1 套母线保护。母线数大于 3 条的 2 套母线保护是为了解决 1 套母线保护只能接入 3 段母线的限制问题，并非双重化配置。

220kV 及以上电压等级用于双母线、双母线单分段、双母线双分段接线的母线保护含失灵保护功能。

母线保护组屏（柜）配置，可安装于二次设备室或配电装置区。为避免接入 1 面屏（柜）的电缆过多，当接入母线保护的支路数超过 10 回时，宜设置转接屏（柜）。

5. 断路器失灵保护

城市户内变电站 220～500kV 母线装设失灵保护。对于双母线、双母线单分段、双母线双分段接线双重化配置的母线保护均含失灵保护功能，断路器失灵启动电流判别元件应在母线保护装置内设置。每套线路保护及变压器电气量保护各启动一套失灵保护。一个半断路器接线方式的失灵保护由断路器保护实现。线路保护及变压器保护的电气量保护（220kV 主变压器后备保护切除母联、分段除外）启动失灵保护，断路器非全相及主变压器非电量保护不启动失灵保护。

6. 变压器保护

220kV 及以上电压等级变压器保护按双重化原则配置电气量保护，单套配置非电量保护，两套保护应选用主、后备保护一体式装置。110kV 及以下电压等级变压器保护单套配置电气量保护及非电量保护；可选用主、后备保护一体式保护或主、后备独立配置的保护，当 110kV 主变压器保护采用主、后备一体式保护时，应双套配置。变压器非电量保护的工作电源不得与控制电源共用。110kV 及以上变压器非电量保护跳闸出口必须与电气量保护出口分开。

220kV 及以下电压等级的变压器电气量主保护为纵差保护，后备保护为各侧复合电压闭锁过流保护，具备各侧过负荷发信号保护。330～500kV 一般选用自耦变压器，主变压器保护采用纵差或分相差动保护，当采用分相差动保护时，还要配置低压侧小区差动保护；为提高切除自耦变压器内部单相接地短路故障的可靠性，可配置中压侧和公共绕组互感器构成的分侧差动保护。高、中压侧后备保护包括带偏移特性的阻抗保护、复合电压闭锁过流保护、过励磁保护（高后备）、失灵保护；低压侧配置复合电压闭锁过流保护；公共绕组配置过流保护；各侧配置过负荷保护。

表 4-1 列出了油浸式变压器非电量保护动作内容，供参考。对于压力释放保护运行后是否投入跳闸，不同地区的运行部门由于运行习惯的差异而存在争议，建议以当地继电保护配置原则及相关厂家建议为依据。

表 4-1   **油浸式主变压器非电量保护参考**

动作于跳闸同时发信号	本体重瓦斯动作
	有载调压重瓦斯保护动作
	压力释放
	冷却器全停（强迫油循环或水冷却方式的变压器）
保护	轻瓦斯动作
	主变压器本体轻瓦斯
	油温高
	绕组过温
	本体油位异常
	调压油位异常

变压器保护组屏（柜）安装于二次设备室或配电装置区。110kV 变压器保护每台变宜组一面屏（柜），220kV 及以上电压等级变压器保护每台变宜组三面屏（柜）。

7. 电容器保护

对于电容器保护，一般考虑以下故障及异常运行方式的保护配置：

（1）电容器组与断路器之间的短路。

（2）单台电容器内部极间短路。

（3）电容器组多台电容器故障。

（4）母线电压升高。

（5）电容器组失压。

针对电容器组与断路器之间连线的短路故障宜设带有延时的速断保护和过电流保护，保护动作于跳闸。由总断路器与分组断路器控制多组电容器分别投切时，电流保护可以设置在总回路上。

单台电容器内部故障保护可以分为内熔丝保护加继电保护、外熔断器保护加继电保护。目前，随着我国大容量电容器生产能力的提高，大部分地区采用内熔丝保护加继电保护的配置方式，其结构简单，造价低。某些改扩建项目采用外熔断器保护加继电保护的配置方式，其故障点明显、运行维护具有一定的便捷性，在部分地区也在广泛应用。单台电容器内部故障保护应在满足并联电容器组安全运行的条件下，根据各地的实践运行经验配置。

电容器组多台电容器故障可依据电容器组接线方式配置保护。单星形电容器组，可采用开口三角电压保护（见图 4-2）；单星形电容器组，串联段数为两段及以上时，可采用相电压差动保护（见图 4-3）；单星形电容器组，每段能接成四个桥臂时，可采用桥式差电流保护（见图 4-4）；双星形电容器组，可采用中性点不平衡电流保护（见图 4-5）。

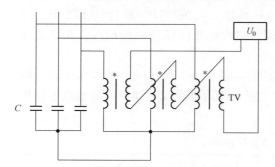

图 4-2　单星形电容器组开口三角电压
保护原理图

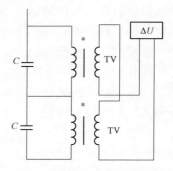

图 4-3　单星形电容器组相电压差
动保护原理接线图

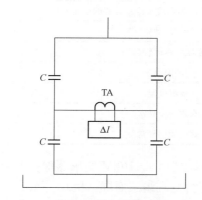

图 4-4　单星形电容器组桥差式电流
保护原理接线图

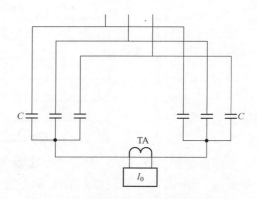

图 4-5　双星形电容器组中性点不平衡
电流保护原理接线图

电容器组只允许在 1.1 倍额定电压下长期运行，因此，当系统引起母线稳态电压升高时，为保护电容器组不致损坏，并联电容器组应装设母线过电压保护，带时限动作于信号或跳闸。

为避免电容器组所连接的母线失压对电容器产生危害，并联电容器组装设失压保护。

电容器保护一般为保护、测控合一装置，10、35kV 为户内开关柜布置的电容器保护分散安装于开关柜内，66kV 为 GIS 配电装置的电容器保护可组屏安装于二次设备室或分散布置于 GIS 汇控柜。

8. 电抗器保护

对于 220～500kV 并联电抗器，应双重化配置主、后备一体的电气量保护和一套非电量保护。主保护为差动保护，动作瞬时于跳闸，作为差动保护的后备保护，应装设过流保护，带时限动作于跳闸。220～500kV 并联电抗器还应装设匝间短路保护，不带时限动作于跳闸。当电源电压升高引起并联电抗器过负荷时，应装设动作于信号的过负荷保护。

330～500kV 线路的并联电抗器保护在无专用断路器时，其动作除断开本侧断路器外，还应启动远方跳闸装置，断开线路对侧断路器。

接于并联电抗器中性点的接地电抗器，应装设气体保护（瓦斯）。

66kV 及以下并联电抗器应配置电流速断保护作为电抗器绕组及引线相间短路的主保护；过流保护作为相间短路的后备保护。66、35kV 油浸式并联电抗器应配置非电量保护。双星接线的并联电抗器组，可配置中性点差流保护。

220～500kV 并联电抗器保护可组屏集中安装于二次设备室。10～66kV 电抗器保护采用保护、测控合一装置，66kV 电抗器保护可组屏安装于二次设备室或分散安装于 GIS 汇控柜；10(35)kV 配电装置采用户内开关柜的，10(35)kV 电抗器保护分散安装于户内开关柜。

二、安全自动控制装置

安全自动装置是防止电力系统失去稳定性和避免电力系统发生大面积停电事故的自动装置。城市户内变电站应按照电力行业标准 DL 755《电力系统安全稳定导则》的规定装设安全自动控制装置。安全自动控制装置的设计应符合 GB/T 50703《电力系统安全自动装置设计技术规范》的规定。

在城市户内变电站中安装的安全自动装置包括输电线路自动重合闸、备用电源自动投入装置、安全稳定控制装置、低电压控制装置、自动低频低压减负荷装置等。

安全自动装置应满足可靠性、选择性、灵敏性、速动性的要求。装置该动作时动作；按照预期的要求实现控制作用；在系统故障和异常时能可靠启动和正确判断；尽快动作，限制事故影响。装置应简单、可靠、有效、技术先进。

城市户内变电站 10kV 及以上电压等级的架空及电缆与架空混合线路如电气设备允许，应装设重合闸。城市户内变电站的重合闸一般由线路保护或断路器保护装置实现，不设置独立的重合闸装置。

城市户内变电站在 10kV 及以上电压等级，主接线为单母线分段、桥接线型式的分段断路器、桥断路器间隔安装备用电源自动投入装置。备用电源自动投入装置一般为独立设备，110kV 及以上电压等级的备用电源自动投入装置可与其他保护装置共同组屏安装于二次设备室，10、35kV 配电装置采用户内开关柜的，相应电压等级的备用电源自动投入装置分散安装于分段开关柜中。备自投装置可按电网特点差异化定制特有逻辑，如链式接线等。一般电网中应用的标准备自投过程分为充电、备自投动作、动作于故障后加速跳闸三个步骤。其中充电条件为分段（桥）断路器联络的两段母线均有压、两进线断路器为合闸位置、待投入分段（桥）断路器在分闸位置，经 15s 后充电完成。在充电过程中，如出现不满足上述充电条件的任何一条或外部闭锁信号、开关机构压力异常、手动跳闸等放电条件，即刻放电。充电完成后，当一段母线无压、无流，另一段母线有压，则无压、无流母线的进线断路器跳闸，待投入分段（桥）断路器自投动作，如自投动作于故障母线，备自投装置加速跳开。

当局部系统因无功不足而导致电压降低至允许值时，应配置低电压控制装置，以防止系统电压崩溃、系统事故范围扩大。城市户内变电站的监控系统具备低压无功自动投切功能，协调控制站内变压器分接头或电容器的投切，不再另配独立设备。

在城市户内变电站的低压侧出线一般安装因失去系统电源或负荷激增而引起的低频低压减负荷装置，按照预设轮次切除负荷，轮次一般按照负荷的重要等级由高到低排序，首先切除重要等级较低的负荷。10(35)kV 线路采用出线保护测控装置中的低频低压减负荷功能，也可采用独立装置。

当系统发生事故扰动失稳的情况下，应配置安全稳定控制装置。安全稳定控制装置具有以下功能：电力系统遭受大干扰时，防止暂态稳定破坏；电力系统有小扰动或慢负荷增长时，防止线路过负荷、静态或动态稳定破坏。在工程设计中，应有安全稳定分析的独立篇章，对系统进行必要的安全稳定计算以确定适当的安稳控制方案、策略或逻辑。其主站设置在电网调度中心或枢纽变电站，子站设置在预设执行断面的执行变电站。220kV 及以上电压等级的安全稳定控制装置按双重化配置。城市电网一般为多路电源送入的受端电网，一般不涉及安全稳定的问题，处于城市电网中的 220kV 及以下电压等级的输变电工程鲜见安稳设备的配置。

三、继电保护和安全自动装置的信息上送

继电保护和安全自动装置应将运行维护必要的信息通过变电站监控系统上送至远方监控中心。城市户内变电站对于继电保护和安全自动装置的信息上送在《220kV～500kV 户内变电站设计规程》、《35kV～110kV 户内变电站设计规程》5.1.3 中规定："变电站继电保护和自动装置应提供远方监控中心运行需要的各种信息。"

继电保护和安全自动装置的信息接至变电站监控系统可通过以下两种方式：继电保护和安全自动装置硬接点输出至监控系统测控装置；继电保护和安全自动装置通信口（网络口或串口）接至监控系统。对于继电保护和安全自动装置的动作信号一般通过装置硬接点输出至监控系统测控装置，其他的装置异常或告警信号经通信口（网络口或串口）接至监控系统。由监控系统通过远动工作站或独立的保护信息子站将必要的信息传送至远方监控中心，作为运行维护或事故分析的依据。继电保护和安全自动装置上送的信息内容参见本章第二节。

继电保护和安全自动装置上送至远方监控中心的信息范围，应在满足安全运行的基础上，依据各地的运维经验筛选，信息不宜过多，否则不利于运行人员在有限的时间内作出准确判断。

四、继电保护及故障信息管理系统

为使调度运行人员能全面、准确、实时地了解系统事故过程中继电保护装置的动作行为，在城市户内变电站建立了继电保护及故障信息管理系统子站。可区分继电保护及安全自动装置的运行及检修状态，为电网调度人员的正确决策提供信息。城市户内变电站对于继电保护及故障信息管理系统子站在《220kV～500kV 户内变电站设计规程》《35kV～110kV 户内变电站设计规程》"5.1.4 规定变电站继电保护及故障信息管理功能宜由监控系统统一实现。"330kV 及以上电压等级变电站继电保护及故障信息管理系统子站可独立配置。

继电保护及故障信息管理系统子站与各继电保护装置、故障录波装置进行数据通信，收集各继电保护装置、故障录波装置的动作信号、运行状态信号，通过分析软件，对事故进行分析。调度中心能通过继电保护及故障信息管理系统子站调取继电保护装置及故障录波装置的定值、动作事件报告、故障录波报告、运行状态信号等。

继电保护及故障信息管理系统子站与各继电保护装置、故障录波装置的通信接口采用以太网口，对于只具备串口输出的设备，可经串口服务器转换成以太网口后接入子站。

继电保护及故障信息管理系统子站独立配置时，子站与保护装置、监控系统采用以下两个方案联网，方案一（见图 4-6）：如果不考虑监控系统后台实现继电保护装置软压板投退、远方复归的功能，监控系统仅采集与运行密切相关的保护硬接点信号，站内所有保护装置与故障录波装置仅与继电保护及故障信息管理系统子站连接。继电保护及故障信息管理系统子站通过防火墙接入监控系统站控层网络，向监控系统转发各保护装置详细软报文信息。方案二（见图 4-7）：如果考虑监控系统后台实现继电保护装置软压板投退、远方复归的功能，则继电保护及故障信息管理系统子站与监控系统分别采集各继电保护装置信息，按照监控系统和继电保护及故障信息管理系统子站对信息的要求区别上送。故障录波装置单独组网后直接与继电保护及故障信息管理系统子站连接。

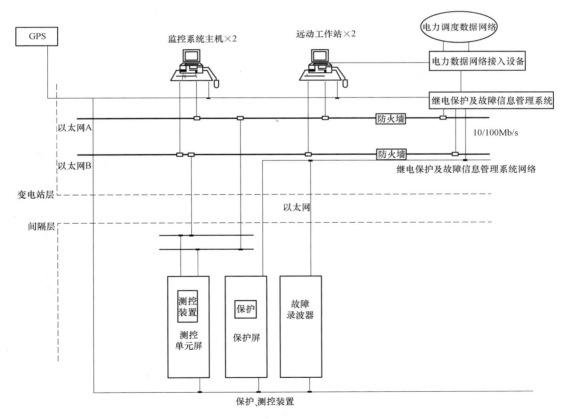

图 4-6　继电保护及故障信息管理系统子站与监控系统连接方案一

继电保护及故障信息管理系统子站通过电力调度数据网或专用通道与调度中心通信。

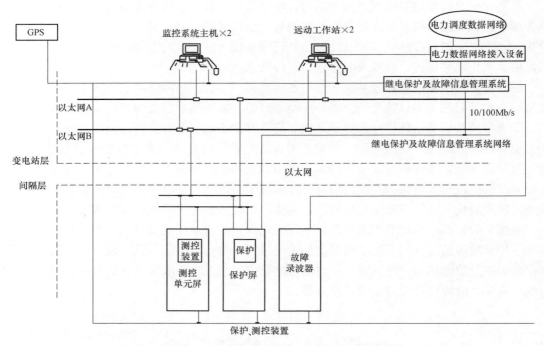

图 4-7 继电保护及故障信息管理系统子站与监控系统连接方案二

五、继电保护对其他回路及设备的要求

1. 保护用电流互感器的要求

保护用电流互感器的配置及二次绕组的分配应尽量避免主保护出现死区；保护接入电流互感器二次绕组的分配应注意避免当一套保护停用时，出现电流互感器内部故障的死区；保护用电流互感器的配置还应避免出现其内部故障时扩大故障范围。按双重化原则配置的保护应分别接入互感器的不同绕组。图 4-8～图 4-17 为按照不同主接线方式及电压等级的典型间隔保护用电流互感器配置图，供大家参考。

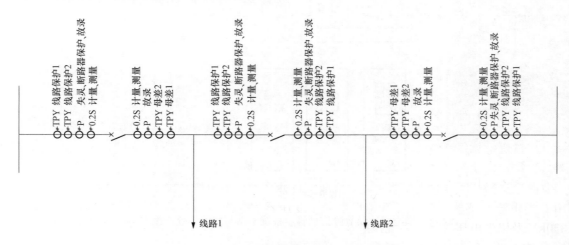

图 4-8 500kV 3/2 接线线路间隔电流互感器配置图

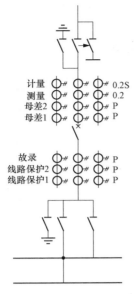

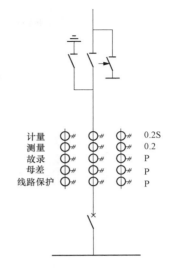

图 4-9　220kV 双母线接线线路
间隔电流互感器配置图

图 4-10　110kV 双（单）母线接线线路
间隔电流互感器配置图

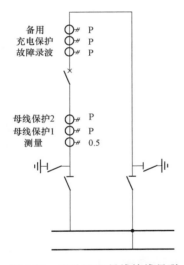

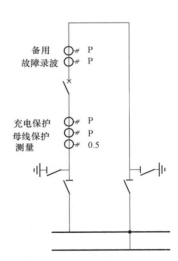

图 4-11　220kV 双母线接线母联
（分段）间隔电流互感器配置图

图 4-12　110kV 双（单）母线接线母
联（分段）间隔电流互感器配置图

　　保护用电流互感器的实际二次负荷在稳态短路电流下的准确限值系数或励磁特性应满足所接保护装置动作可靠性的要求。保护用电流互感器暂态特性应满足继电保护装置的要求，必要时应选择 TP 类电流互感器。一般地，110kV 及以下电压等级系统保护用电流互感器采用 P 类电流互感器；220kV 系统保护、主变压器保护用电流互感器采用 P 类电流互感器；330kV 及以上电压等级的系统保护及主变压器保护宜采用 TPY 电流互感器，失灵保护仍选用 P 类电流互感器。

　　用于变压器差动保护的各侧电流互感器、同一母线差动保护的电流互感器铁芯型式应一致。用于同一母线差动保护的各间隔电流互感器的变比可不同，但要满足母差装置的要求，大多数设备要求接入母差保护装置的一次额定电流值不宜大于 4。用于线路纵差保护的双端间隔的电流互感器变比也可不同。

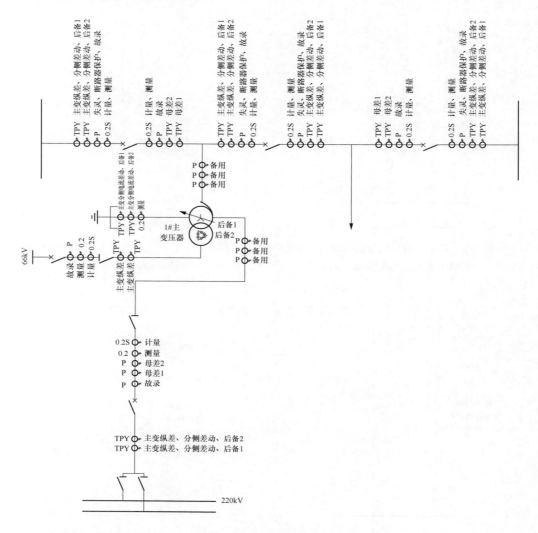

图 4-13 500kV3/2 接线主变压器间隔电流互感器配置图

当几种保护类装置共同接在电流互感器的一个绕组时，其接线顺序宜先接保护，再接安全自动装置，最后接故障录波。

2. 保护用电压互感器的要求

保护用电压互感器的标准准确级为 3P 和 6P。保护用电压互感器一般设有剩余电压绕组，供接地故障产生剩余电压用，准确级为 6P。对于微机保护，推荐由保护装置内三相电压自动形成剩余（零序）电压，此时可不设剩余电压绕组。保护用电压互感器主绕组准确级为 3P，当保护与测量合用时，准确级选择为 0.5（3P）。

电压互感器的二次输出额定容量及实际负荷应在保护互感器准确等级的范围内。双重化保护的电压回路宜分别接入电压互感器或不同的二次绕组。电压互感器的一次侧隔离开关断开后，其二次回路应有防止反馈的措施。电压互感器二次回路中，除开口三角线圈回路外，应装设自动开关或熔断器。接有距离保护时，宜装设自动开关。

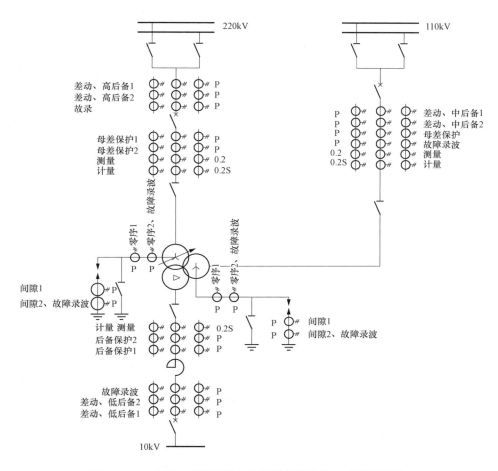

图 4-14　220kV 双母线接线主变压器间隔电流互感器配置图 1

当 110kV 及以上电压等级的线路对端有电厂接入时，因重合闸需要无压重合和同期重合判据，线路侧应装设线路电压互感器。

3. 直流电源

采用双重化原则配置的保护，两套装置应由不同的直流电源供电，并分别设有专用的自动空气开关。由一套装置控制多组断路器（如母差、主变压器差动保护）时，保护装置与各断路器的操作回路应分别由专用的自动空气开关供电。有两组跳闸线圈的断路器，其每一跳闸回路应分别由专用的自动空气开关供电。由不同空气开关供电的两套保护装置的直流逻辑回路间不允许有任何电的联系。每一套独立的保护装置应有直流电源消失的报警回路。上下级自动空气开关之间应有选择性。

4. 断路器及隔离开关

220kV 及以上电压等级的断路器应有两套跳闸线圈。220kV 及以上电压等级分相操作的

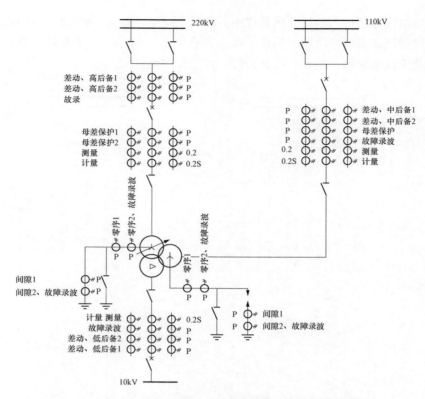

图 4-15　220kV 双母线接线主变压器间隔电流互感器配置图 2

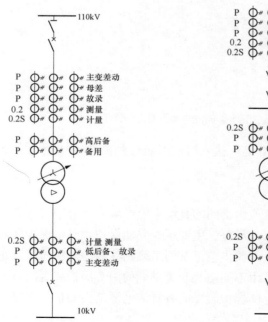

图 4-16　110kV 单母线分段接线主
变压器间隔电流互感器配置图

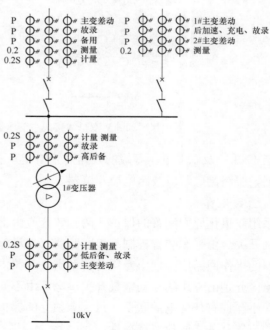

图 4-17　110kV 内桥接线主变压器间隔
电流互感器配置图

断路器应具备三相不一致保护回路，动作事件在 0.5～4.0s 内可调。各级电压的断路器应有防止跳跃的功能。各类气压或液压断路器应具备压力异常、压力低闭锁重合闸、压力低闭锁合闸、压力低闭锁跳闸动合、动断触点供保护装置及信号回路使用。

断路器、隔离开关应有足够数量、动作逻辑正确、接触可靠的辅助接点供保护装置使用。

5. 继电保护和安全自动装置通道

随着电力建设的发展，城市户内变电站继电保护和安全自动装置的通道一般采用光纤通道。按双重化原则配置的保护和安全自动装置，两套装置的通道应相互独立，且通道设备的电源也相互独立。

六、与智能变电站相关的问题

近几年，出现了相当规模按照智能变电站模式建设的城市户内变电站。智能变电站较综合自动化模式建设的变电站，多出了过程层设备。过程层设备及过程层、间隔层交换机网络与继电保护和安全自动装置紧密相连。与继电保护和安全自动装置关联的过程层设备主要有合并单元、智能终端。继电保护和安全自动装置在智能变电站建设中要特别注意以下几点：

220kV 及以上电压等级的继电保护及与之相关的设备、网络等应按照双重化原则进行配置，双重化配置的两套保护的电压（电流）采样值应分别取自相互独立的 MU❶；双重化配置的 MU 应与电子式互感器两套独立的二次采样系统一一对应；双重化配置保护使用的 GOOSE❷（SV）❸ 网络应遵循相互独立的原则，当一个网络异常或退出时不应影响另一个网络的运行；两套保护的跳闸回路应与两个智能终端分别一一对应；两个智能终端应与断路器跳闸线圈分别一一对应；双重化的两套保护及其相关设备（电子式互感器、MU、智能终端、网络设备、跳闸线圈等）的直流电源应一一对应；保继电保护设备与本间隔智能终端之间通信应采用 GOOSE 点对点通信方式；继电保护之间的联闭锁信息、失灵启动等信息宜采用 GOOSE 网络传输方式；双重化配置的保护之间不直接交换信息；保护应直接采样，对于单间隔的保护应直接跳闸，涉及多间隔的保护（如母线保护）宜直接跳闸，对于涉及多间隔的保护，如确有必要采用其他跳闸方式，相关设备应满足保护对可靠性和快速性的要求。

原一个半断路器接线及 220kV 及以上电压等级线路变压器组接线的断路器保护，220kV 及以上电压等级的母联（分段）保护按断路器单套配置，在智能变电站继电保护配置中，由于保护装置不能跨接双重化配置设备的两个网络，改为双套配置。

智能变电站按照全站信息数字化、通信平台网络化、信息共享标准化的基本要求建设，通过系统集成优化，实现全站信息的统一接入、统一存储和统一展示，实现运行监视、操作与控制、综合信息分析与智能告警、运行管理和辅助应用等功能。具备将继电保护及故障信

---

❶ MU：MU（合并单元 merging unit），用以对来自二次转换器的电流和/或电压数据进行时间相关组合的物理单元。合并单元可是互感器的一个组成件，也可是一个分立单元。

❷ GOOSE：GOOSE（Generic Object Oriented Substation Event）是一种面向通用对象的变电站事件。主要用于实现在多 IED 之间的信息传递，包括传输跳合闸信号（命令），具有高传输成功概率。

❸ SV：SV（Sampled Value）采样值，基于发布/订阅机制，交换采样数据集中的采样值的相关模型对象和服务，以及这些模型对象和服务到 ISO/IEC8802-3 帧之间的映射。

息管理系统子站功能纳入变电站监控系统的技术条件。结合调度端调控一体化的需求及取消设备冗余配置的原则，在智能变电站中，将继电保护及故障信息管理系统子站统一由监控系统实现。

第二节　调 度 自 动 化

电力系统调度自动化作为电网运行的技术支持系统，已经成为当前电力生产、电力调度的主要技术手段。电力系统调度自动化可对电网安全运行状态实现监视、对电网运行实现经济调度、对电网运行实现分析和事故处理。

一、变电站调度管理关系

根据电力系统统一调度、分级管理的原则和电网实际，目前电力调度分为国家级调度、大区级电网调度、省级电网调度、地（市）级电网调度和县级电网调度五级。

国家调度中心主要通过计算机数据通信网与各大区电网调度中心连接，协调和确定大区间的联络线潮流和运行方式，监视、统计和分析全国电网运行情况；大区网调负责超高压电网的安全运行并按照规定的发用电计划及监控原则进行管理，提高电能质量和经济运行水平；省级电网调度负责省网的安全运行并按照规定的发电计划及监控原则进行管理，提高电能质量和经济运行水平；对容量大、地域广、站点多且分散的地区电网调度，除少量站点可直接监控外，宜采用由若干个集控站将周围站点信息汇集、处理后再送地区调度的方式，避免信息过于集中和处理困难，并有利于节省通道，简化远动制式，促进无人站的实施；县级电网调度主要监控110kV及以下农村电网的运行，其工作任务与上述的几级调度相比，较为简单，电压控制和负荷控制是其中的重要内容。

以上各级调度之间实现计算机数据通信，并逐步形成网络，构成对电力系统的运行分层控制的调度自动化系统。具体实施时，电网公司可根据具体情况调整，如某电网公司调度设置国调和分中心、省调、地（县）调（地调、县调一体化运作）；各省、直辖市根据各自电网情况设调度机构，例如某省电力公司设省调、地（县）调，某直辖市电力公司设市调和区调（即县调）。

1996年国家电力公司颁布了关于建设集控中心系统的文件，建议在电网调度的层次之下建立多个集控中心，以保证电网及无人值班变电站的安全有效运行。集控中心负责变电站及线路设备运行安全，负责变电站的监视、操作和运行维护。集控中心只有运行权，没有调度权。网省公司根据变电站布点设置多个集控中心，每个集控中心负责附近几个变电站的监视与控制，操作队一般设置在集控中心，负责集控变电站的运行与维护。此阶段变电站信息上送集控中心，集控中心负责将一部分重要的电网信息送往调度系统，调度中心和集控中心各司其职。2007年开始部分网省公司基于"集约化"的管理思路，提出对调度自动化系统、集控中心监控系统实现整合，建立"调控一体化"系统。近年来调控一体化系统逐步推广，集控中心逐步退出历史舞台。

目前330kV及以上变电站一般由网调或省调进行调度管理，220kV变电站一般由市（直辖市）调或地（县）调进行调度管理；35～110kV变电站一般由地（县）调进行调度管理。

二、变电站信息采集

变电站应按照要求向调度中心传送变电站遥测、遥信信息，同时接收调度中心下发的遥控、遥调命令，信息采集和上送遵循直调直采、直采直送的原则。参照《电力系统调度自动化设计技术规程》DL/T 5003，变电站端信息采集要求如下：

（一）遥测量

（1）变电站应向调度中心传送下列遥测量：

1）变压器各侧有功功率和无功功率。

2）220kV及以上电压等级线路有功功率和无功功率。

3）110kV线路宜测有功功率和电流。个别线路必要时可测有功功率和无功功率。

4）母联、分段只测电流，必要时可测有功功率和无功功率。

5）旁路断路器的测量内容与同等电压线路相同。

6）双向传输功率的线路、变压器的双向有功功率和无功功率。

7）220kV及以上电压等级的各段母线电压。

（2）根据调度需要和设备可能，变电站可向调度中心传送下列遥测量：

1）220kV及以上联络变压器各侧电流。

2）运行中可能过负荷的自耦变压器公共绕组电流。

3）由调度中心监视的220kV以下的中枢点母线电压。

4）330kV及以上电压等级长距离输电线路末端电压。

5）变压器各侧有功、无功电量。

6）220kV及以上等级线路，跨大区、跨省联络线和计量分界点的线路侧双向有功、无功电量。

（3）无功补偿装置应向调度中心传送下列遥测量：

1）220kV及以上线路并联电抗器组的无功功率。

2）设置串联补偿装置的220kV及以上线路的电流、电压。

3）220kV变电站主变压器低压侧的并联电抗器、电容器组总回路的双向无功功率和主变压器低压侧的母线电压。

（4）无功补偿装置可向调度中心传送下列遥测量：

1）220kV及以上线路并联电抗器组的电流、电压。

2）220kV电压等级及以上变电站主变压器低压侧的并联电抗器、电容器组的分相单相电流。

（二）遥信量

（1）变电站应向调度中心传送下列遥信量：

1）线路、母联、旁路和分段断路器的位置信号。

2）变压器和无功补偿装置断路器位置信号。

3）变电站事故总信号。

4）反映电力系统运行状态的各级电压等级的隔离开关位置信号。

5）有载调压变压器抽头位置信号。

（2）变电站可向调度中心传送下列遥信量：

1）反映电力系统运行状态的各级电压等级的接地开关位置信号。

2）变压器和无功补偿装置的保护动作信号。

3）220kV及以上电压等级线路主要保护、重合闸动作信号。

4）220kV及以上电压等级母线、失灵保护动作信号。

5）220kV及以上等级的3/2接线，当2个断路器之间有短引线保护时，其短引线保护动作信号。

6）调度范围内的通信设备运行状况信号。

7）影响电力系统安全运行的越限信号（如过电压和过负荷）。

（三）遥控、遥调量：

（1）调度中心根据需要可向变电站传送下列遥控或遥调命令。

（2）断路器的分、合。

（3）无功补偿装置的投切。

（4）有载调压变压器抽头的调节。

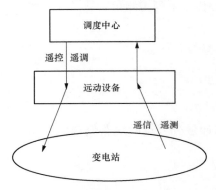

图 4-18　变电站与调度中心之间
的数据传输示意图

三、变电站远动系统

为实现向调度中心传送或接收远动信息，变电站站内需配置一套远动系统（见图4-18）。

远动系统包括计算机监控系统中的远动工作站设备、采集控制设备等。工程中应选用性能优良、可靠性高的定型产品。

（一）变电站远动技术的发展情况

20世纪60、70年代的变电站远动设备包括远动主设备（RTU）、调制解调器和过程设备，其中过程设备包括信息输入设备（变送器等）、信息输出设备（遥控继电器、档位调节器等）。这些远动设备不涉及软件，为非智能硬线逻辑方式，远动设备内部各部分之间以并行接口技术为主，很少或几乎不采用串行技术，且设计理念面向全站，而不是面向间隔和元件，因此都采用集中组屏方式。

20世纪80年代～90年代前几年，随着电子技术的发展，以及远动设备和PC计算机的结合，出现了数据采集与监控（SCADA）系统。此时意味着远动向提高速度、提高纠错能力以及应用智能控制技术对所采集的数据进行预处理和正确性校验等方向发展。变电站不再独立配置远动设备，功能由监控系统设备统一完成。设备多以单或多CPU和嵌入式软件为核心，在采用多CPU设计时，设备内部逐渐从并行接口技术转向以串行接口技术为主，此阶段设计理念仍然是面向全站，采用集中组屏方式。

20世纪末至今，随着半导体芯片技术、通信技术以及计算机技术的快速发展，分层分布式的自动化系统被广泛采用。同时由于传统上相对独立的远动和继电保护的逐步统一，远动技术的传统概念与内涵也有了质的不同，把这样的技术称为变电站自动化技术。此阶段真正以分层分布式结构取代传统集中式，设计理念上不再以整个变电站作为设备所要面对的目标，而是以间隔和元件作为设计的依据。主设备硬件以高档32位工业级模件作为核心，配有大容量内存、闪存以及电子盘和嵌入式软件，构成所谓的嵌入式系统。网络，尤其是基于

TCP/IP 的以太网，在变电站自动化系统中广泛应用。自动化系统中逐步配置专用远动工作站实现变电站远动功能。

（二）变电站远动系统性能指标

变电站远动系统性能指标应满足调度系统运行的要求和《电力系统调度自动化设计技术规程》DL/T 5003 的规定。主要有以下几个方面。

1. 可靠性

远动系统的可靠性是指设备技术要求所规定的工作条件下，能够保证所规定的技术指标的能力。变电站远动系统对可靠性要求很高，一次误动作或是失效都有可能引起严重的后果，造成生命和财产的损失。

远动系统中每个设备的可靠性一般用平均故障间隔时间，即两次偶然故障的平均间隔时间来表示。远动系统的平均故障时间宜不低于 25000h。

2. 容量

通常把遥控、遥调、遥测及遥信等对象的数量，统称为该装置的容量。首先远动系统的容量要满足实际用户的远动化要求，容量同远动系统的路数有着密切的关系，显然容量越大，则表示该远动系统所完成的功能越多。变电站远动系统的容量宜按照变电站的发展需要确定，运行时间宜考虑 10 年。

3. 实时性

从提高生产率，加速事故处理等观点出发，对变电站远动系统实时性的要求是显而易见的。实时性可用"传输时延"来衡量。它是指从发送端事件发生到接收端正确的接收到该事件信息这一时间间隔。

（三）变电站远动系统设备配置

目前，变电站远动通信设备不需单独配置，其功能由变电站计算机监控系统中的远动工作站设备实现。远动工作站需要的数据应直接来自数据采集控制层 I/O 测控装置，并通过站控层网络作为传输通道，直采直送要求远动工作站与站内监控设备无关，操作员站的任何操作和设备故障对远动工作站都不应有任何影响。

220kV 及以上电压等级变电站远动工作站应双套配置，重要 110(66)kV 变电站远动工作站宜双套配置，35kV 变电站远动工作站宜单套配置（见表 4-2）。

表 4-2　　　　　　　　　　变电站远动工作站配置表

序号	电压等级	远动设备配置
1	220kV 及以上电压等级变电站	2 台
2	110(66)kV 变电站	2 台或 1 台
3	35kV 变电站	1 台

变电站远动通信系统可与多个调度端进行数据通信，应有多种规约可选，工程中选用的远动规约应与调度端一致。远动通信系统具备接受并执行遥控、遥调命令及反送校验，但同一时刻某一具体被控设备只允许执行一个调度端的遥控、遥调命令。同时具有遥测越死区传送、遥信变位传送、事故信号优先传送的功能。

为保证设备的供电可靠性，变电站远动设备电源引自站内不间断电源，双路供电。

四、相量测量装置

传统电力系统的数据采集及监控系统侧重于对电力系统的稳态的监测，故障录波装置也只能记录前后几秒的暂态波形，由于数据量大，难以全天候保存，而且不同地点之间缺乏准确的共同时间标记，记录数据只是局部有效，难以用于对全系统动态行为的分析。近年来，广域测量系统（WAMS：Wide Area Measurement System）为电力系统的"广域测量与控制"开创了新的平台，WAMS 系统能够获得同一时间参考轴下大型互联电力系统中的稳态信息和动态信息，为电力系统区间动态监视、分析并决策提供数据基础，使电力系统的监视从稳态阶段延伸到动态阶段。

广域测量系统（WAMS）包括主站部分和子站部分，相量测量装置（PMU：Phasor Measurement Unit）是 WAMS 系统的子站部分，安装于各变电站或电厂。PMU 装置是利用时钟同步系统的高精度授时信号实现对电力系统各个节点数据的同步采集，以及对电网中关键节点的电压相量测量。

1. 相量测量装置（PMU）功能

相量测量装置主要具备实时监测和实时记录功能，它对于电网安全监测具有重要意义。通过 PMU 实时记录的带有精确时标的波形数据对事故的分析提供有力的保障，同时通过其实时信息，可实现在线判断电网中发生的各种故障的起源和发展过程，辅助调度员处理故障；PMU 可捕捉电网的低频振荡，基于其高速实时通讯可较快地获取系统运行信息；PMU 可实时测量发电机的功角信息，是判断电网扰动、振荡和失稳的重要依据，同时通过 PMU 装置高速采集的机组励磁电压、励磁电流、PSS 控制信号等，可分析出发电机组的动态调频特性，进行发电机的安全预度分析，为分析发电机的动态过程提供依据。

2. 相量测量装置（PMU）应用

PMU 一般装设在大型发电厂、联络线落点、重要负荷联络点及无功补偿器等控制系统。PMU 装置通过测量变电站每条线路三相电流、三相电压、开关量等计算获得 A、B、C 三相及正序电流、电压相量，同时具备暂态录波功能。

一般各电压等级变电站 PMU 装置配置要求见表 4-3。

表 4-3 一般各电压等级变电站 PMU 配置要求

序号	电压等级	PMU 配置
1	330kV 电压等级及以上变电站	单套
2	220kV 枢纽变电站	单套
3	220kV 负荷变电站	不配置
4	110kV 电压及以下变电站	不配置

PMU 装置一般利用时钟同步系统的授时信号，采样脉冲的同步误差不低于 $\pm 1\mu s$，当装置时钟信号丢失或异常时，装置应能维持正常工作，要求在失去同步时钟信号 60min 以内装置的相角测量误差不大于 $1°$。

五、电能量计量系统

随着电力体制改革的深入，电力市场的概念逐渐深入人心，电能量计量系统也已从仅仅实现电量采集、网损分析等简单、单一的功能，发展成为对电能量数据进行自动采集、远传和存储、预处理、统计分析，以支持电力市场的运营、电费结算、辅助服务费用结算和经济补偿计算等功能的电力市场技术支持系统子系统。

变电站电能量系统包括电能计量装置和电能量远方终端。电能量计量装置包括电能量计量表计、电流互感器、电压互感器及他们之间的连接装置。装置选择应满足发电、供电、用电的准确计量的要求，以作为考核电力系统经济技术指标和实现贸易结算的计量依据。

（一）变电站电能量计量装置及计量需求

1. 电能计量装置

（1）电能计量装置按其计量对象的重要程度和计量电能的多少分为五类：

1）Ⅰ类电能计量装置：月平均用电量 5000MWh 及以上或变压器容量为 10MVA 及以上的高压计费用户、200MW 及以上发电机、发电/电动机、发电企业上网电量、电网经营企业之间的电量交换点、省级电网经营企业与其供电企业的供电关口计量点的电能计量装置。

2）Ⅱ类电能计量装置：月平均用电量 1000MWh 及以上或变压器容量为 2MVA 及以上的高压计费用户、100MW 及以上发电机、发电/电动机、发电企业上网电量交换点的电能计量装置。

3）Ⅲ类电能计量装置：月平均用电量 100MWh 及以上或负荷容量为 315kVA 及以上的高压计费用户、100MW 以下发电机的发电企业厂（站）用电量、供电企业内部用于承包考核的计量点、110kV 及以上电压等级的送电线路有功电量平衡的考核用、无功补偿装置的电能计量装置。

4）Ⅳ类电能计量装置：负荷容量为 315kVA 以下的计费用户、发电企业内部经济技术指标分析、考核用的电能计量装置。

5）Ⅴ类电能计量装置：单向电力用户计费用的电能计量装置。

（2）电能计量装置准确度最低要求见表 4-4。

表 4-4   电能计量装置准确度最低要求

电能计量 装置类别	准确度最低要求（级）			
	有功电能表	无功电能表	电压互感器	电流互感器
Ⅰ	0.5S 或 0.5	2.0	0.2	0.2S 或 0.2
Ⅱ	0.5S 或 0.5	2.0	0.2	0.2S 或 0.2
Ⅲ	1.0	2.0	0.5	0.5S 或 0.5
Ⅳ	2.0	3.0	0.5	0.5S 或 0.5
Ⅴ	2.0	—	—	0.5S 或 0.5

2. 计量需求

（1）变电站下列回路应测量有功电能：

1）双绕组变压器的一侧和三绕组变压器的三侧。

2）10kV 及以上线路。

3）旁路断路器、母联（或分段）兼旁路断路器。

4）站用变压器一侧。

5）外接保安电源的进线回路。

（2）变电站下列回路应测量无功电能：

1）双绕组变压器的一侧和三绕组变压器的三侧。

2）10kV 及以上线路。

3）旁路断路器、母联（或分段）兼旁路断路器。

3. 计量装置选择

根据电能计量装置的分类及准确度要求，变电站内计量点分为计量关口点及计量考核点，电能量计量表计的设置及参数选择根据关口、考核点有所不同。

（1）一般电能计量表计单表设置，选择有功 0.5 级（无功 2.0 级）准确度等级的表计。

（2）对于重要关口计量点的电能计量表计可采用双表配置，发电厂的上网关口计量点双表按主/副方式运行，选择有功 0.2 级（无功 1.0 级）设备。

（3）变电站站用电计量点的电能量表计可配置有功 1.0 级（无功 2.0 级）准确度等级的表计。

（4）电流互感器、电压互感器的参数选择根据表计参数不同而不同，参照表 4-4 电能计量装置准确度最低要求进行配置。

（二）电能量远方终端

为实现变电站电能量向调度中心传送，变电站应设置电能量远方终端。

1. 电能量远方终端的功能

电能量远方终端主要用于变电站、发电厂等关口电能量数据的采集、处理、发送，配合主站端数据处理系统，完成电能量自动抄表，实现电能量远方计量。

（1）电量采集终端能实现电能量的数据采集，具有数据采集处理及抄表功能。电能量采集终端采集的数据包括正（反）向有（无）功电能示值、最大需量（总、尖、峰、平、谷）、电压、电流、有功无功功率、功率因数等，采集到的数据保持与电表显示数据的量纲一致，并带时标存储；同时可实现实时招测数据、曲线数据、日数据、月数据、告警事件数据的抄读及存储要求。

（2）电量采集终端应具备数据存储功能。应采用无需电池支持的非易失存储介质存储数据、参数，保证数据掉电不丢失事件为 10 年，数据的存储容量可以方便地配置和扩展。

（3）电量采集终端应具备通信功能，具有与厂站其他设备接口能力，可与当地监控等系统进行数据通信。装置对主站可具备拨号、网络和 GPRS/CDMA 三种通信方式（可同时使用），支持 DL/T 719（IEC 60870-5-102）传输规约，兼容其扩展协议。电量采集终端还支持一发多收，可根据不同主站的要求与权限，用不同的规约，上传不同时段范围、不同周期的数据。

（4）电量采集终端还应具备对时功能，能够对电能表对时；具备自检功能，可自诊断硬件，装置发生故障时可向主站和当地告警，当失电恢复供电时，也可向当地和主站报告。

2. 电能量远方终端技术的发展

电能量远方终端技术的发展主要为三个阶段，分别为通用系统向专用嵌入式系统发展、嵌入式系统硬件平台的发展—8 位/16 位微处理器向 32 位微处理器发展、嵌入式软件平台的发展—无操作系统向简单嵌入算法向支持 Internet 的商业化实施嵌入式操作系统发展。

3. 变电站电能量远方终端的应用

变电站内电能量远方终端与电能表接口方式为 RS485 方式，并具有对不同电能表规约和通信速率的同时转换能力，至少包括 DL/T645、IEC61107、IEC62056（DLMS）等电能表规约，目前变电站内电能表与电能量远方终端间采用 DL/T645 规约。

变电站电能量远方终端与主站端通信方式包括调度数据网通道、专线通道和拨号方式通道等，随着数据网的建设与发展，目前变电站推荐采用调度数据网通道方式（见图 4-19）。

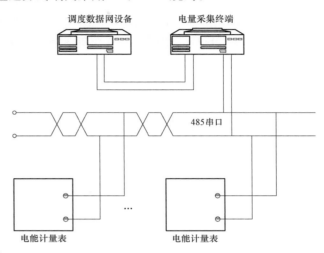

图 4-19 变电站电能量采集终端连接示意图

六、信息传输和通道要求

变电站远动系统、PMU 装置及电能量远方终端与调度通信中心调控一体化系统主站、WAMS 主站、电能量主站分别通信，上传信息至主站或接受主站下行信息。

1. 变电站远动系统信息传输历程

变电站远动系统与调度系统间信息传输与通道大概经历三个阶段（见图 4-20），早期采用低速模拟通道，后来发展为低速数字通道，随着通信设备及网络的发展现在多数采用调度数据网通道。低速模拟通道和低速数字通道传输都属于专线方式，调度数据网通道传输属于网络方式。

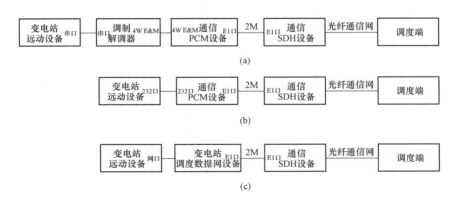

图 4-20 变电站远动设备数据远传示意图

（a）远动设备模拟通道传输示意图；（b）远动设备低速数字通道传输示意图；
（c）远动设备数据网传输示意图

目前变电站优先采用调度数据网，当数据网络不能到达时，应设独立的专用远动通道。

2. 调度数据网

调度数据网是为电力调度生产服务的专用数据网络，是实现各级调度中心之间及调度中心与厂站之间实时生产数据传输和交换的基础设施。调度数据网具有实时性强、可靠性高的特点，其安全性直接关系到电力生产安全稳定运行。

调度数据网的建设大概经历两个阶段，最初建设时调度数据网是基于单一路由平面的网络，大部分业务支持为单机方式，在单一平面网络中，由于耦合度较高，网络设备和系统缺陷，容易影响网络的可用性。随着电力通信传输网络的发展，调度数据网逐渐建设为双平面，设备双重化，提高了网络可靠性，而双平面网络由于平面间的相对独立性，通过与业务层面的配合，业务可通过正常网络平面实现转发，可有效规避该类问题对业务的影响。在业务系统可靠性要求较高的情况下，双平面网络具有较高的业务保障能力。

目前调度数据网承载的业务主要有以下两类：

（1）安全Ⅰ区业务：

1）EMS 与 RTU 或变电站自动化系统的实时数据通信。

2）EMS 之间的实时数据交换。

3）广域相量测量系统（WAMS）数据采集。

4）实时电力市场辅助控制信息。

5）电力系统动态测量及控制数据。

6）稳定控制系统。

7）五防系统（集控站）。

（2）安全Ⅱ区业务：

1）水调自动化数据。

2）发电及联络线交换计划、联络线考核。

3）调度操作票、检修票等。

4）电能量计量信息。

5）故障录波、保护和安全自动装置有关管理数据。

6）GPS 变电站统一时钟系统数据。

7）节能发电调度数据。

8）调度员培训仿真系统（DTS）反事故系统数据。

其中变电站主要有 EMS 与 RTU 或变电站自动化系统的实时数据通信、广域相量测量系统（WAMS）数据采集、电能量计量信息、故障录波、保护和安全自动装置有关管理数据业务。目前调度数据网建设各省市、地区存在差异，220kV 及以上变电站基本可实现数据由双平面调度数据网传输，但 110、66、35kV 变电站数据存在由单平面调度数据网传输方式。数据传输示意图见图 4-21、图 4-22。

七、二次系统安全防护

为了防范黑客及恶意代码等对电力二次系统的攻击侵害及由此引发电力系统事故，建立电力二次系统安全防护体系，保障电力系统的安全稳定运行，电监会于 2005 年下发电监会 5 号令《电力系统安全防护规定》，并于 2006 年下发电监安全〔2006〕34 号文"关于印发《电力二次系统安全防护总体方案》"等安全防护方案的通知，均对电力系统二次安全防护提出了要求。总体原则为"安全分区、网络专用、横向隔离、纵向认证"，保证电力监控系统和电力调度网络的安全。

电力系统基于计算机网络技术的业务系统原则上划分为生产控制大区和管理信息大区，

生产控制大区又分为控制区（安全Ⅰ区）和非控制区（安全Ⅱ区）。《电力系统安全防护规定》中提出在生产控制大区和管理信息大区间必须设置经国家指定部门检测认证的电力专用横向单向安全隔离装置；生产控制大区内部安全区应当采用具有访问控制功能的设备、防火墙或者相当功能的设施，实现逻辑隔离；在生产控制大区与广域网的纵向交接处应当设置经国家指定部门检测认证的电力专用纵向加密认证装置或者加密认证网关及相应设施。

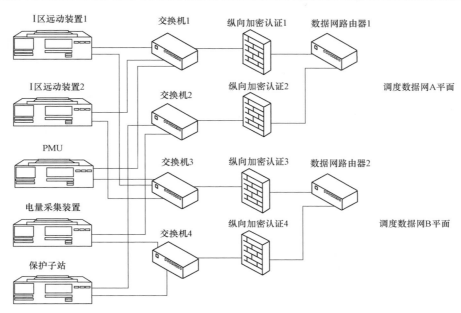

图 4-21　220kV 变电站信息传输示意图（双平面数据网）

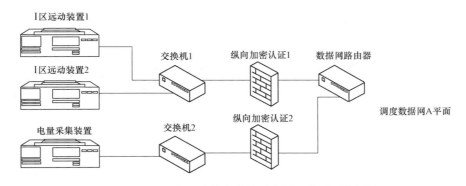

图 4-22　110kV 变电站信息传输示意图（单平面数据网）

变电站站内系统及相关子系统和设备一般分为Ⅰ区和Ⅱ区，见表 4-5。

变电站安全Ⅰ区设备与安全Ⅱ区设备直接通信采用防火墙隔离，计算机监控系统与远方调度（调控）中心进行数据通信设置纵向加密认证装置；计算机监控系统通过正反向隔离装置向Ⅲ/Ⅳ区远动网数据通信关机传送数据，实现与其他主站系统（PMS、营销系统等）的信息传送。二次安全防护设备的配置与调度数据网的网络形式相关，纵向加密认证装置、防火墙、正反向隔离装置的配置与接线示意见图 4-21～图 4-23。

表 4-5　　　　　　　　　变电站内设备所在分区表

序号	设　　　备	所在分区
1	监控主机	Ⅰ区
2	Ⅰ区远动数据通信网关机	
3	数据服务器、图形网关机	
4	操作员工作站	
5	工程师工作站	
6	保护、测控、PMU等	
7	综合应用服务器	Ⅱ区
8	计划检修终端	
9	Ⅱ区远动数据通信网关机	
10	Ⅲ/Ⅳ区远动数据通信网关机	
11	在线监测装置	
12	智能辅助控制系统	
13	故障录波、电源、计量装置	

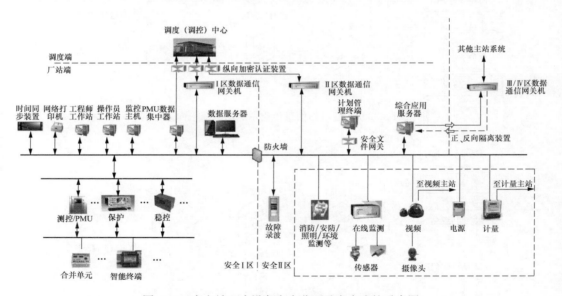

图 4-23　变电站二次设备安全分区及安全防护示意图

第三节　通　　信

　　变电站应建设至各级调控中心、生产运行管理单位安全可靠的系统通信通道，以满足变电站调度、运行、管理等信息传输的要求。这些通道组成了电力系统专用通信网络，它不同于公共通信网，由于它直接关系到电力系统的安全运行，因此，安全性、实时性和可靠性要求很高。

一、总体设计原则

城市户内变电站应装设为电力调度、远方监控和继电保护服务的安全可靠的专用通信设施，变电站还应装设与当地电话局的通信。变电站通信设计应符合《220kV～500kV 变电站通信设计技术规定》DL/T 5225、《电力系统通信设计技术规定》DL/T 5391 和《35kV～110kV 变电站通信设计技术规定》DL/T 5225 的有关规定。一般地，城市户内变电站通信总体设计原则如下：

（1）变电站的通信设计、通道组织应与本站的调度管理体制和生产管理关系相一致。

（2）符合所在电网通信配置原则和通信网络接入要求以及通信规划的要求。

二、信息统计

变电站业务信息可分为数据和非数据业务，包括实时性和非实时性。

数据业务承载方式以数据网络为主，实时性数据业务承载在调度数据网上，非实时数据业务承载在综合数据网上。

非数据业务承载在光传输网络上。

户内变电站的主要业务包括调度电话、行政电话、线路保护、电网自动化、安全自动装置、视频监控以及办公自动化信息等。此外，一些变电站还会有雷电监测、电缆测温、电缆井盖监控、电力隧道监控等业务信息。

变电站主要业务和通道要求如表 4-6 所示。

表 4-6   变电站主要业务和通道要求

业务名称	接口类型	通道
调度电话	2W	光传输网
行政电话	2W	光传输网
警卫电话	2W	光传输网
备调电话	2W	综合数据网
光纤线路保护（光纤专用通道）	光接口	光缆专用纤芯
光纤线路保护（2M 复用通道）	2M（75Ω）电接口	光传输网注
调度自动化	FE	调度数据网＋光传输网
保护故录	FE	调度数据网＋光传输网
故录组网	FE	调度数据网＋光传输网
电量采集	FE	调度数据网＋光传输网
视频监视	FE	综合数据网
办公自动化 OA	FE	综合数据网

注   当同 1 条电力线路的 2 套光纤线路保护都采用 2M 复用方式时，要求这 2 套保护分别复用在不同的光传输设备上。

三、通信方式选择

变电站系统通信方式优先采用光纤通信方式。

电力系统通信的发展经历了从无到有，从模拟到数字的发展过程，使用的通信方式由最初的音频电缆、电力载波通信、微波通信、一点多址微波通信，发展到今天被广泛采用的光纤通信。

（1）音频电缆通信：在电力系统通信发展的初期，变电站的运行方式都是有人值班变电站，对通信的需求主要是调度电话、行政电话等话音业务，几乎没有数据业务，音频电缆是此时期常用的通信方式。音频电缆方式除了敷设音缆和安装电话之外，不需要安装专门的通信传输设备，通道组成非常简单，就是一根音频电缆，电缆的芯数根据话路通道的数量确定。

（2）电力载波通信：是将变电站业务信息通过载波机调制并加载在输电线路上进行传输的一种通信方式，这是电力系统特有的通信方式，在微波通信和光纤通信得到广泛应用之前是电力系统最主要的通信手段。它是以架空电力线的相导线为传输介质，不必考虑架设专用线路，并且不需要经过无线电管理委员会申请频率、因此，通道的建设非常方便而且投资少见效快。载波通道主要是由电力载波机、阻波器、耦合电容器、结合滤波器等通道结合加工设备和输电线组成。

（3）微波通信：信号以电磁波的形式在空间进行传输的通信方式。它的信号频率工作在0.3～300GHz微波频段，因此，称为微波通信，它要求视距传播，即两个站点之间必须视通，不能有阻挡，否则将影响通道质量。主要是由微波通信设备和天馈线系统组成。

（4）光纤通信：以光纤作为传输介质的通信方式，所传信号是光波信号。它的特点是传输带宽非常宽，抗干扰能力极强。是由光传输设备和光缆线路组成。

这些通信方式中，除光纤通信方式外，其他通信方式因自身的一些特性或者说是不足，在应用上受到了限制，例如：音频电缆随着路径长度的增加，信号的衰耗会增加，造成通道质量下降，因此音频电缆方式的传输距离有限，一般线路长度不超过10km。微波通信方式可靠性高、通道质量好，但它要求传输路径必须视通、无阻挡，而且使用频率得申请，容易被干扰。电力载波方式的传输容量非常有限，已经不满足电力系统大量数据以及图像信息传输的需求。而光纤通信因为提供的传输通道质量优良，传输带宽和抗干扰能力强，加上电力系统拥有丰富的路径杆塔资源的优势，所以，光纤通信方式成为主要通信手段。音缆、电力线载波、微波等通信方式现在已经很少采用甚至不再使用。

四、光纤通信设计

变电站光纤通信系统主要由光缆、光传输设备、PCM 接入设备以及配线辅助设备等组成。

（一）光缆设计原则

（1）城市户内变电站应具备两个及以上方向的光缆路由。

（2）充分利用输电线路径和杆塔资源以及电力隧道资源建设光缆，优先选用可靠性更高的 OPGW 光缆和沿电力隧道敷设的非金属管道阻燃光缆。

（3）选用电力特种光缆时不能影响原输电线路杆塔基本结构和线路安全，尤其是对现有输电线路提出更换地线为 OPGW 光缆，应与线路专业配合充分论证其经济性和可行性。

（二）常用光缆类型

光缆线路是给光信号提供传输通道。目前，电力系统常用的光缆有光纤复合架空地线（Optical Fiber Composite Overhead Ground Wire，OPGW）、全介质自承式光缆（All-dielectric Self-supporting Optical Cable，ADSS）和非金属管道阻燃光缆。

OPGW 光缆，把通信光纤放置在架空高压输电线的地线中，主要由含光纤的缆芯（光单元）和绞合的金属线材（一般为铝包钢线和铝合金线）组成（见图 4-24），其中光纤提供光信号传输通道，钢部分主要承受机械负载，铝部分主要承载短路电流。使地线兼具传统架空地线与通信双重功能。

OPGW 光缆安装在输电线路杆塔顶部，具有很高的可靠性。OPGW 主要应用在新建电力线路和现有电力线更换地线时架设。

ADSS 光缆是一种全部由介质材料组成的非金属光缆（见图 4-25），在高压强电环境中，能耐受强电的影响，适合与高压输电线同路径架设。同时，光缆内部的芳纶层作为光缆自身支撑系统使光缆具有极高的抗拉强度，在架设时不需依附于吊线。ADSS 光缆质量轻，对杆塔强度的影响很小，可在已建输电线路杆塔上直接架设，省去了线路勘测和架设杆塔的过程，极大地降低了通信线路成本。另外，全非金属绝缘的结构使安装和维护均可带电作业，避免了停电施工造成的损失。

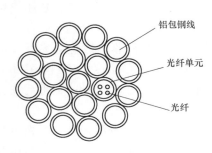

图 4-24　OPGW 光缆结构示意图

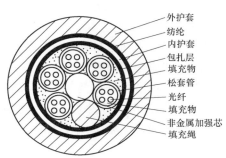

图 4-25　ADSS 光缆结构示意图

ADSS 光缆的挂线位置根据依附的输电线路空间电位计算和塔型、净空距离等确定。悬挂点的空间电位大于 12kV 时，光缆外护套采用 AT 耐电痕护套料；悬挂点的空间电位不大于 12kV 时，可选用普通聚乙烯护套。ADSS 光缆主要应用于沿已有输电线路架设的工程。

非金属管道阻燃光缆属于普通光缆，光缆的加强件采用非金属加强件、使用阻燃材料作为外护层（见图 4-26），使光缆适用于强电磁环境下。主要应用于在电力隧道中敷设以及变电站进站引入缆。在电力隧道中敷设时，光缆最好放置在最上层电缆支架上。新建电力隧道工程一般将最上层电缆支架安排给光缆使用。非金属光缆在安装过程中应采用防火阻燃措施，如加装防火槽盒、阻燃管等。

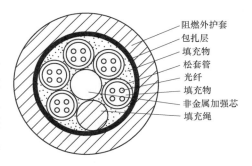

图 4-26　非金属阻燃光缆结构示意图

变电站在光缆设计时，应根据具体路径资源情况选择合适的光缆类型。

（三）光缆路由方向的确定

变电站光缆路由方向应综合考虑变电站的电网一次接线、周边可利用电缆隧道资源、本站电力线光纤专用保护通道需求等因素后确定。一般情况下，变电站的光缆路由方向都与本站的电网接线的方向一致，光缆沿本站电力线路的路径进行建设，并根据线路的架设方式来确定光缆类型，如新建架空线选用 OPGW 光缆，现有架空线选用 ADSS 光缆，电力隧道内采用非金属管道阻燃光缆。

光缆路由在两端进站时通常采用非金属管道阻燃光缆作为站内引入缆进入通信机房。如果站外光缆使用的是 OPGW 光缆和 ADSS 光缆，则在进站前，需要转换为非金属管道阻燃光缆。对于城市户内变电站，站内没有门型架构作为站外架空光缆与站内引入缆的转换连接点，OPGW 光缆和 ADSS 光缆一般终止在站外线路终端塔，可以在终端塔处，将 OPGW 和 ADSS 光缆引下与非金属阻燃管道光缆连接，然后，非金属阻燃管道光缆通过穿管地埋进入站内电缆夹层。为了后期进站光缆的顺利实施，在变电站设计阶段，通信设计应与土建设计配合，按照变电站终期架空线路间隔的平面布置，一次将本期需要的和后期预留的光缆进站穿管预埋好。如果站外光缆是沿电力隧道敷设的非金属光缆，则光缆可以沿隧道直接进入户内变电站电缆夹层实现光缆进站。

（四）光纤选型和光缆芯数

光纤类型有多模光纤（MM）和单模光纤（SM）。单模光纤传输性能好，适合长距离传输，光缆中的纤芯应选用单模光纤。

目前，常用的单模光纤有两种：G.652 和 G.655 光纤。G.652 称非色散位移光纤，可工作在 1310nm 和 1550nm 两个波长，主要使用于传输速率不大于 10Gbit/s 的系统。G.655 称非零色散位移光纤，主要工作在 1550nm 波长，使用于传输速率大于 10Gbit/s 的系统和波分复用系统 WDM。

光缆网络是变电站以及整个电网用于搭建各种通信系统的公共基础资源，因此，光缆芯数应该预留充分的富余量，110kV 及以下城市户内变电站可以考虑选择 24～48 芯、220kV 及以上变电站至少 48 芯。对于需要开通线路光纤专用保护通道的光缆路由，光缆芯数还需在上述基础上增加保护专用纤芯，每 1 回线路按照增加 4 芯考虑（主用 2 芯，备用 2 芯）。

光缆中的纤芯可以全部采用 G.652 光纤（见表 4-7），也可以选用 G.652 光纤和 G.655（见表 4-8）光纤混合成缆。具体光缆的芯数和光纤类型应结合工程实际情况和所在地区的光缆设计原则确定。

表 4-7 G.652 光纤技术参数

序　号	名　　称	标　称　值
1	物理特性	
1.1	包层直径（μm）	125±1
1.2	包层不圆度（≤,%）	1
1.3	芯/包层同心度公差（≤，μm）	0.6
1.4	涂层直径（μm）	245±5
1.5	包层/涂层同心度偏差（≤，μm）	12
1.6	涂层不圆度（≤,%）	3
1.7	翘曲度（≥，m）	4
2	衰减特性	
2.1	衰减系数	
2.1.1	1310nm 衰减系数（采用 OTDR 测试成缆后的单盘单芯双向平均值，≤，dB/km）	0.35

序　号	名　　称	标称值
2.1.2	1550nm 衰减系数（采用 OTDR 测试成缆后的单盘单芯双向平均值，≤，dB/km）	0.21
2.2	衰减波长特性	
2.2.1	衰减波长特性（在 1285～1330nm 波长范围内的衰减值，相对于 1310nm 波长的衰减差值，≤，dB/km）	0.04
2.2.2	衰减波长特性（在 1525～1575nm 波长范围内的衰减值，相对于 1550nm 波长的衰减差值，≤，dB/km）	0.03
2.2.3	衰减波长特性（在 1480～1580nm 波长范围内的衰减值，相对于 1550nm 波长的衰减差值，≤，dB/km）	0.05
2.3	衰减不连续性	
2.3.1	1310nm（≤，dB）	0.03
2.3.2	1550nm（≤，dB）	0.03
2.4	衰减双向端差	
2.4.1	1310nm（≤，dB）	0.05
2.4.2	1550nm（≤，dB）	0.05
2.5	衰减不均匀性	
2.5.1	1310nm（≤，dB）	0.05
2.5.2	1550nm（≤，dB）	0.05
2.6	温度循环附加衰减（≤，dB/km）（−60～85℃）	0.05
3	色散特性	
3.1	零色散波长 λ_0（nm）	130～1322
3.2	最大零色散斜率 S_{0max}[≤，ps/(nm2·km)]	0.091
3.3	色散系数绝对值	
3.3.1	（1288～1339nm）色散系数绝对值 [≤，ps/(nm·km)]	3.5
3.3.2	（1271～1360nm）色散系数绝对值 [≤，ps/(nm·km)]	5.3
4	偏振模色散系数	
4.1	单根光纤最大值（ps/$\sqrt{}$km）	0.2
4.2	光纤 PMD 链路值（ps/$\sqrt{}$km）	0.1
5	截止波长（≤，nm）	1260
6	模场直径（MFD）	
6.1	1310nm（μm）	9.2±0.4
6.2	1550nm（μm）	10.4±0.8
7	机械特性	
7.1	筛选强度（筛选应变不小于1%）（≥，N）	9
7.2	抗拉强度	
7.2.1	韦伯尔概率50%（≥，MPa）	4000
7.2.2	韦伯尔概率15%（≥，MPa）	3050
7.3	动态疲劳参数（≥，Nd）	20
8	宏弯损耗	
8.1	ϕ32mm 缠绕 1 圈（1310nm）（≤，dB）	0.05
8.2	ϕ60mm 缠绕 100 圈（1550nm 或 1625nm）（≤，dB）	0.05

表 4-8　　　　　　　　　　　　　　　**G.655 光纤技术参数**

序　号	名　　称	标　称　值
1	物理特性	
1.1	包层直径（μm）	125±0.7
1.2	包层不圆度（≤，%）	1
1.3	芯/包同心度偏差（≤，μm）	0.5
1.4	涂层直径（μm）	245±5
1.5	包层/涂层同心度偏差（≤，μm）	12
1.6	涂层不圆度（≤，%）	3
1.7	翘曲度（≥，m）	4
2	衰减特性	
2.1	衰减系数（1550nm，采用 OTDR 测试成缆后的单盘单芯双向平均值，≤，dB/km）	0.21
2.2	相对于波长 1550nm 衰减变化（1550nm（1525～1575nm）（≤，dB）	0.03
2.3	温度循环附加衰减（−60～85℃）（≤，dB/km）	0.05
3	色散特性	
3.1	零色散波长（≤，nm）	1405
3.2	1550nm 色散斜率［≤，ps/(nm2・km)］	0.04
3.3	1530～1575mm 范围内色散［ps/(nm・km)］	5.8～8.9
4	偏振模色散系数	
4.1	单根光纤最大值（≤，ps/√km）	1
4.2	光纤 PMD 链路值（≤，ps/√km）	0.04
4.3	截止波长（≤，nm）	1,330
4.4	1550nm 模场直径（MFD）（μm）	8.6±0.4
5	机械特性	
5.1	筛选强度（筛选应变不小于1%）（≥，N）	9
5.2	抗拉强度	
5.2.1	韦伯尔概率 50%（≥，MPa）	4000
5.2.2	韦伯尔概率 15%（≥，MPa）	3050
5.3	动态疲劳参数（≥，Nd）	20
6	宏弯损耗	
6.1	φ32mm 缠绕 1 圈（1550nm 或 1626nm）（≤，dB）	0.05
6.2	φ60mm 缠绕 100 圈（1550nm 或 1625nm）（≤，dB）	0.05

（五）光传输设备配置和网络组织

变电站光传输设备的选择和配置主要包括设备制式、传输速率、设备选型、设备数量等几方面。应遵照所在电网同等电压等级变电站的通信设备配置原则进行设计。

变电站光传输设备制式应采用 SDH 同步传输体制。常用的设备传输速率有 622 080kbit/s、24 883 320kbit/s 和 9 953 280kbit/s。

电力系统光传输网络是按照分级分层进行建设的。有国家级干线网络、网省级干线网络和地区级网络等。网络拓扑结构有网状结构、环形结构和两种结构混合网络。变电站应根据在电网和通信网中的地位和作用接入相应的光传输网络，设备选型、传输速率、光接口配置要满足所接入光传输网络的要求，设备型号应与接入网络所使用的型号一致或兼容。接入网络的方式应满足通过不同光缆线路分别从 2 个及以上站点接入现有网络。

例如，某市 220kV 变电站通信设备配置原则规定：新建 220kV 变电站应配置 2 套 SDH 光传输设备用于 220kV 层面，110kV 层面不需配置。当前 220kV 层面已经建有光传输网络 A 和光传输网络 B，两个网络相互独立，A 网使用的是华为 SDH 设备，速率 2.5G，光接口 1+0 配置；B 网使用的是马可尼 SDH 设备，速率 2.5G，光接口 1+1 配置。因此，该市 1 座新建 220kV 城市户内变电站光传输设备就应该按照上述配置原则进行，并且接入现有 220kV 层面的 2 个传输网络。具体配置方案为：为 220kV 站配置 2 套光传输设备，均采用 SDH 设备，传输速率均为 2.5G bit/s。1 套从两个方向接入 A 网中的不同站点，每个光方向光接口 1+0 配置；另 1 套也从两个方向接入 B 网中的不同站点，每个光方向光接口 1+1 配置。2 套设备的型号分别与接入的 A 网和 B 网所用的设备型号一致。

（六）光缆传输再生段长度

按 DL/T 5404—2007《电力系统同步数字系列（SDH）光缆通信工程设计技术规定》，对于速率低于 STM-64 的系统，再生段设计距离应同时满足系统所允许的衰减和色散要求。

（1）衰减限制系统再生段距离计算公式为：

$$L = (P_s - P_r - P_p - M_c - \sum A_c)/(A_f + A_s) \qquad (4\text{-}1)$$

式中　L——衰减受限再生段长度，km；

P_S——S 点寿命终了时的光发送功率，dBm；

P_r——R 点寿命终了时的光接收灵敏度，dBm；

P_p——光通道功率代价，取 2，dB；

M_c——光缆线路光功率余量，取 3，dB；

$\sum A_c$——S 至 R 点间其他连接器衰耗之和；

A_f——光纤衰减常数，dB/km；

A_s——光缆固定接头平均衰减，dB/km。

计算过程中，固定接头衰减按每个 0.05dB 考虑，活动接头衰减按每个 0.5dB 衰减。

（2）色散限制系统再生段距离计算公式为：

$$L = D_{max}/\,|\,D\,| \qquad (4\text{-}2)$$

式中　L——色散受限再生段长度，km；

D_{max}——S（MPI-S）、R（MPI-R）间设备允许的最大总色散值，ps/nm；

D——光纤色散系数，ps/nm·km。

（七）光接口和工作波长

SDH 光传输设备的光接口具有多种类型，设计应根据采用的光传输设备的传输速率、工作波长和搭建的光纤电路传输距离，通过再生段计算选择合适的光接口板。表 4-9 为光接口分类。

表 4-9 光接口分类

序号	波长 nm	光纤类型	STM-1	STM-4	STM-16	STM-64
1	1310	G.652	I-1	I-4	I-16	I-64.1r
2	1310	G.652	—	—	—	I-64.1
3	1550	G.652	—	—	—	I-64.2r
4	1550	G.652	—	—	—	I-64.2
5	1550	G.655	—	—	—	I-64.5
6	1310	G.652	S-1.1	S-4.1	S-16.1	S-64.1
7	1550	G.652	S-1.2	S-4.2	S-16.2	S-64.2
8	1550	G.655	—	—	—	S-64.5
9	1310	G.652	L-1.1	L-4.1	L-16.1	L-64.1
10	1550	G.652	L-1.2	L-4.2	L-16.2	L-64.2
11	1310	G.652	—	V-4.1	—	—
12	1550	G.652	—	V-4.2	V-16.2	V-64.2
13	1550	G.652	—	U-4.2	U-16.2	—

注 1. 表中字母 I 表示局内通信，字母 S 表示短距离局间通信，字母 L 表示长距离局间通信，字母 V 表示很长距离局间通信，字母 U 表示超长距离局间通信，r 表示同类型缩短距离应用。

2. 字母后的第一位数字表示 STM 的等级；第二位数字表示工作窗口和所用光纤类型；空白或 1 表示工作波长为 1310nm，所用光纤为 G.652；2 表示工作波长为 1550nm，所用光纤为 G.652；5 表示工作波长为 1550nm，所用光纤为 G.655。

为了备品备件的配置和方便维护，同一光传输网络使用的光接口类型不宜过多。

光接口板工作波长的选用一般应符合以下规定：使用 G.652 光纤时，短距离电路选用 1310nm 波长，长距离电路选用 1550nm 波长。使用 G.655 光纤时，选用 1550nm 波长。

（八）PCM 复用设备以及辅助设备配置

PCM 复用设备是将多路话音、低速数据等业务信息调制成 2M 电信号并上送至光传输设备。变电站应根据本站的调度关系配置 PCM 设备，配置原则为对应每个调度部门各 1 套；调度端是否随本次变电站工程配置 PCM 设备，则要根据各个调度部门现有 PCM 设备是否具有本工程变电站接入的剩余容量来确定，如果剩余容量不足，需要为相应调度部门新配置 PCM 设备，数量 1 套；如果满足，则调度部门不需配置，这种情况下需要变电站侧新上的与该调度部门对应的 PCM 设备型号要与调度侧一致。

变电站应配置光纤配线设备、2M 数字配线设备和音频配线设备，这些配线设备分别为光线路通道、2M 数字业务、话音业务的连接提供便利，方便业务通道灵活搭接和调整。220kV 及以上变电站，光纤配线设备、数字配线设备和音频配线设备适宜采用单独机柜，110kV 及以下变电站，可以考虑将三种配线设备集中于 1 个机柜中。变电站各种配线设备的配线容量建议根据本期工程的需求进行配置，因为，配线设备采用的都是单元模块装置，今后容量扩容十分方便。

五、综合数据网设计

电力系统综合数据网主要为电力生产管理信息服务，承载安全分区为Ⅲ、Ⅳ区的电力信息业务。目前，各地区电网基本都已经建成综合数据网，网络结构多采用分层结构，例如：某地区电网综合数据网采用统一组网模式，覆盖了调度、各供电公司、所有 35kV 及以上变电站和各供电所等营销网点。网络结构为核心层、骨干层、汇聚层和接入层四个层面。核心层和骨干层采用网状结构，网架结构非常坚强，汇聚层基本采用环网方式，通过两个方向分别上联至核心骨干层不同节点，能够避免单点失效导致大面积节点脱网情况的产生。基于光缆纤芯资源，设备间互联采用光纤直连方式，接口主要为 10GE/1GE 光接口。

新建城市户内变电站应接入所在地区的综合数据网，需配置 1 套综合数据网设备，如果光缆纤芯资源具备条件，可通过光纤直接连接的方式与现有综合数据网中的两个不同站点连接，接口采用 GE 光接口，在选择综合数据网设备时要求设备至少具备 2 个及以上上联 GE 光接口。如果纤芯资源不具备，可通过 POS 口进行上联。

六、站内通信与通信电源

因目前变电站均为无人值守变电站，不考虑为变电站配置调度程控交换机。变电站安装 1~2 部公网市话。

变电站通信设备要求有可靠的、不间断的供电电源。通信设备采用直流−48V 电源供电。−48V 电源由通信专用高频开关电源系统或变电站一体化电源系统提供。

当变电站采用通信专用高频开关电源时，110kV 及以下变电站按照配置 1 套−48V 高频开关电源和 2 组−48V 蓄电池组考虑；220kV 及以上变电站配置 2 套−48V 高频开关电源和 2 组−48V 蓄电池组。−48V 高频开关电源要求有 2 路交流输入，并能自动切换，高频开关整流模块数量按照 N+1 冗余配置。蓄电池组应采用阀控式密封铅酸蓄电池，这种蓄电池在额定年限内正常使用情况下，不需要补水加酸，而且无酸雾逸出，可以与通信设备安装在同一个机房内，蓄电池配置容量按照持续供电时间不少于 1~3h 考虑。

高频开关电源和蓄电池的容量按通信设备本期需要同时兼顾远期预留进行配置。

采用变电站一体化电源供电时，通信电源部分统一由变电专业进行设计，可靠性要求不变。

七、通信设备布置

变电站有独立通信机房的，通信设备安装在通信机房（见图 4-27），没有通信机房时，与站内二次设备布置在同一机房，通信专业的设备集中布置（见图 4-28）。

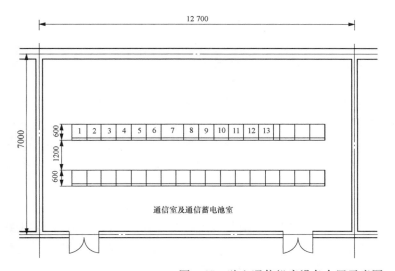

屏位布置表

序号	名称	备注 尺寸（$L \times W \times H$）
1	交流配电柜	600×600×2260
2	高频开关电源柜	600×600×2260
3	高频开关电源柜	600×600×2260
4	直流配电柜	600×600×2200
5	蓄电池柜	600×600×2200
6	蓄电池柜	600×600×2200
7	ODF光纤配线柜	900×600×2200
8	数据通信设备	600×600×2200
9	光端机机柜	600×600×2200
10	光端机机柜	600×600×2200
11	PCM机柜	600×600×2200
12	音频配线柜	600×600×2200
13	光电转换柜	600×600×2200

图 4-27 独立通信机房设备布置示意图

为了机房美观，不同通信设备要求机柜尺寸和颜色要一致，与自动化设备同在二次设备室时，机柜的颜色应与二次设备一致。

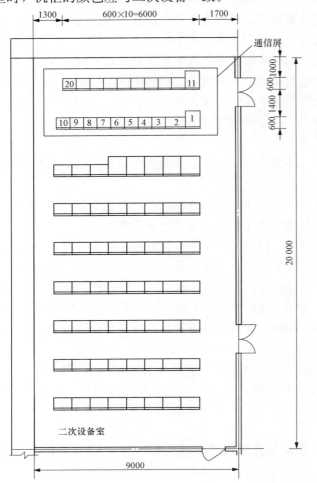

序号	名称	备注 尺寸（$W \times D \times H$）
1	综合数据网机柜	600×900×2260
2	ODF光纤配线柜	900×600×2260
3	光端机机柜	600×600×2260
4	光端机机柜	600×600×2260
5	PCM机柜	600×600×2260
6	音频配线柜	600×600×2260
7	DC/DC电源柜1	600×600×2260
8	直流配电柜	600×600×2260
9	DC/DC电源柜2	600×600×2260
10	光电转换柜	600×600×2260
11	调度数据网机柜	600×900×2260
12~20	通信预留盘位	600×600×2260

屏位布置表

图 4-28　二次设备室通信设备布置示意图

第四节　计算机监控系统

随着计算机软硬件技术、通信技术、网络技术、接口技术及其在变电站中应用的不断发展成熟和广泛应用，计算机监控系统已在变电站中广泛应用，并作为变电站的主要监控手段。计算机监控系统是指以计算机为核心，由计算机全部或部分取代常规的控制设备和监视仪表，对动态过程进行监视和控制的自动化系统，是自动控制系统发展到目前阶段的一种崭新形式。

同时，随着变电站自动化技术的迅速发展，变电站已基本上实现无人值班。无人值班变电站是一种先进的运行管理模式，站内不设置固定运行、维护值班人员，运行监视、主要控制操作由远方控制终端进行，即值班人员借助微机远动等自动化技术，在远方获取相关信息，并对变电站的设备运行进行控制和管理，设备采取定期巡检维护的方式。

变电站监控系统已经历了三代变革。第一代产品为独立结构，不同功能（如闭锁、保护、当地控制和远方控制）均由独立的部件完成，因而造成多重数据采集和分配，信息和资源不能共享；第二代产品为部分综合结构，在变电站远动装置 RTU 中实现了部分综合，然后通过控制中心再进行整合；第三代产品为完全综合化结构，整个系统为总线拓扑的分布式网络控制。第三代产品比较先进，它取消了常规的测量系统，取代了控制屏上的指针式仪表，改变了常规断路器控制回路的操作把手和位置指示，取代了常规的中央信号系统中得预告报警信号、事故音响报警信号，取消了光字牌，代表着当前变电站计算机监控系统的发展方向。

户内各电压等级变电站计算机监控系统的设计应满足 DL/T 5149《220kV～500kV 变电所计算机监控系统设计技术规程》的规定。其控制操作对象包括各电压等级的断路器、隔离开关、接地开关、主变压器及站用变压器有载调压分接头以及站内其他需要执行启动/停止的重要设备。

智能变电站监控系统配置方式与常规变电站略有不同，将在下文具体阐述。

一、监控系统系统构成

（一）监控系统结构

变电站计算机监控系统应具备完善的站内控制、同期、测量、计量防误功能，并具备遥测、遥信、遥调、遥控等全部的远动功能，具有与调度通信中心交换信息的能力。

随着计算机技术和通信技术的发展，变电站计算机监控系统大量采用了分层分布式结构，每一层完成不同的功能，每一层由不同的设备或不同的子系统组成。分层分布式结构式按功能模块设计，采用主从 CPU 协同工作方式。与集中式结构相比，它的优点主要在方便了系统扩展与维护，局部故障不影响其他部件正常运行，数据传输的瓶颈问题得以解决，提高了系统的实时性。

变电站计算机监控系统由站控层和间隔层两部分组成，采用直接连接方式，并用分层、分布、开放式网络系统实现连接。智能变电站监控系统在功能逻辑上由站控层、间隔层、过程层组成，较常规变电站增加了过程层。

站控层由主机、操作员站、远动通信装置、保护故障信息子站和其他各种功能站构成，提供站内运行的人机联系界面，实现管理控制间隔层、过程层设备等功能，形成全站监控、管理中心，并与远方监控/调度中心通信，以适应变电站无人值班的要求。

间隔层由保护、测控、计量、录波、相量测量等若干个二次子系统组成，在站控层及网络失效的情况下，仍能独立完成间隔层设备的就地监控功能。

过程层由互感器、合并单元、智能终端等构成，完成与一次设备相关的功能，包括实时运行电气量的采集、设备运行状态的监测、控制命令的执行等。

站控层设备宜集中设置。间隔层设备宜按相对集中方式分散设置，当技术经济合理时也可按全分散方式设置或全集中方式设置。过程层设备宜分散布置。

（二）监控系统网络结构

计算机监控系统各层网络宜采用国际标准推荐的高速以太网组成，通信规约采用 DL/T 860《变电站通信网络和系统》规定的通信标准。全站设备统一建模。

变电站监控系统采用的网络架构应合理，可采用星型网络、环形网络。

1. 站控层、间隔层网络结构

站控层网络通过相关网络设备与站控层其他设备通信，与间隔层网络通信；可传输

MMS 报文和 GOOSE 报文。

间隔层网络通过相关网络设备与本间隔其他设备通信、与其他间隔设备通信、与站控层设备通信；可传输 MMS 报文和 GOOSE 报文。

主要网络拓扑结构有双星型接线、单星型接线、环型网络模式等。

（1）双星型拓扑。星型拓扑结构也称"集中式拓扑结构"，是因交换机连接的各连接节点呈星状分布而得名。双星型网络模式如图 4-29 所示。

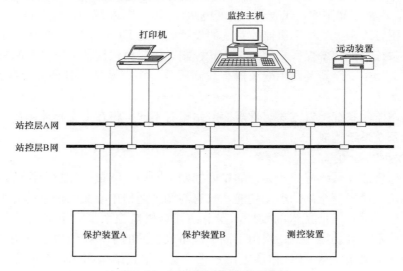

图 4-29 双星型网络模式示意图

双星型网络结构中，各保护、测控装置均有两个出口，分别连接到两个独立的网络上。当一个网络中的设备出现故障，不会影响到另一个网络的正常运行，因此安全性、稳定性较高，但是使用的交换机数量也相对较多。

（2）单星型网络模式。单星型网络也属于星型拓扑结构，如图 4-30 所示。这种模式的网络故障，都可以方便隔离，不影响其他间隔。

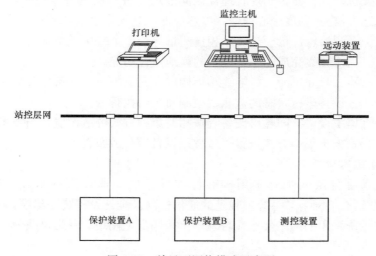

图 4-30 单星型网络模式示意图

单星网络结构可节省一定数量的交换机，但安全性、稳定性也相应有所降低。每个间隔只有一个出口，通过一台交换机与网络相连，当交换机故障时，本间隔保护、测控将无法与系统通信。

（3）环型拓扑。环型网络中各交换机通过级联构成闭环，各间隔设备平均分布在各交换机上。这种模式网络冗余度好，网线或光纤故障时可自动重新组网，不影响交换机及设备运行。交换机数量较少，成本一般相对较低。环型网络模式如图 4-31 所示。

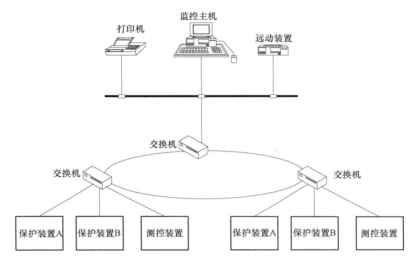

图 4-31　环型网络模式示意图

此种网络结构的缺点是：①结构较为复杂，网络协议也复杂，从结构上存在广播风暴的风险；②扩展困难，增加交换机设备时，需要将网络打开重新组环；③不同厂家交换机不能组网，不利于后期工程的扩建；④维护、隔离比较困难，任何交换机故障检修将导致大面积故障。

（4）模式比较。上述三种网络结构，在可靠性方面均能满足变电站网络的要求，均可作为实施方案。在网络发生故障时，基于以太网交换机的单环网虽然需要一定的网络配置时间，但时间通常很短（不超过 100ms），是一个经济且具有一定可靠性的通信冗余方案；双通信网络的冗余方案（双星型或双环网配置）不需要网络配置时间，具有更高的可靠性；双环形和双星形相比，其网络可用率提高很少（单故障均不损失功能，少数的复故障环形网可以保留更多的设备通信），但是支持环网的交换机和普通星型交换机相比价格大大提高。并且星型网络实时性优于环型，星型网络较易扩展，只要交换机预留足够端口即可方便实现扩展；环网在扩展时必须解环，对运行设备影响较大。

因此，220kV 及以上变电站站控层、间隔层网络宜采用双重化星形以太网络，110kV（66kV）变电站站控层、间隔层网络宜采用单星形以太网络。

2. 过程层网络结构（GOOSE 和 SV 网络）

在智能变电站中，由于站控层、间隔层网络和过程层网络承载的业务功能截然不同。为了保护网络的实时性、安全性，在现有的技术条件下，站控层、间隔层网络应与过程层网络物理分开，并采用 100M 及以上高速以太网构建。

过程层网络通过相关网络设备完成间隔层与过程层设备、间隔层设备之间以及过程层设备之间的数据通信，可传输 GOOSE 报文和 SV 报文。主要网络拓扑结构有星型和环型网络模式。

（1）星型结构。星型拓扑结构的网络中有中央节点（中心交换机），其他节点（接二次设备交换机）都与中央节点直接相连。这种结构以中央节点为中心，因此又称为集中式网络，如图 4-32 所示。

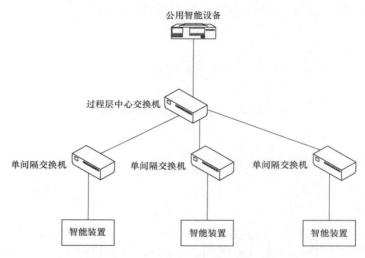

图 4-32　过程层网络星型拓扑结构示意图

星型网络简单，易于布线，易于扩展。当任何一台间隔交换机故障，都可以方便隔离，不影响其他间隔；中心交换机故障时，仅影响公用智能电子设备，不影响间隔智能电子设备，便于维护。传输速度快，从任一设备到另一设备至多经过三台交换机。报文延时固定，从结构上没有广播风暴的风险。

但星型网络中心交换机负担较大，检修时将影响公用智能电子设备；交换机数量较多，成本一般相对较高，但间隔交换机所需端口最少，而端口数量影响交换机价格，整个网络成本应结合工程具体分析。

（2）环型结构。环型拓扑结构由各交换机之间连接成闭环，如图 4-33 所示。

环形网络冗余度好，网线或光纤故障时采用 RSTP（快速生成树协议）自动重新组态，不影响交换机及设备运行。交换机数量较少，成本一般相对较低，但间隔交换机所需端口最多。

环形网络扩展困难，增加交换机设备时，需要将网络打开重新组环，所以在变电站中应用时，宜按照终期规模配置交换机，但将增加一期工程的成本。同时维护、隔离比较困难，任一交换机检修，网络变为总线结构，任何交换机故障将导致大面积故障。报文延时不固定，从结构上存在广播风暴的风险。环型网络使用公有协议时自愈之间可能达到数百毫秒，将影响保护功能；环网使用私有协议时自愈时间减少到数十毫秒，但不同厂家交换机不能组网。

（3）模式比较。虽然面向间隔配置的星型结构过程层网络在技术性能上显著占优，但和环型共享交换机对比，该方式将导致交换机数量的明显增多。面向间隔配置的星型网虽然交换机数量有所增加导致基础部分价格上升，但它的光口数量与环型共享交换机相比反而略有减少，更可以免去网络管理这部分软硬件乃至人员维护方面的成本，因此综合起来，面向间隔配置的星型网网络设备部分的综合价格未见得会增加。

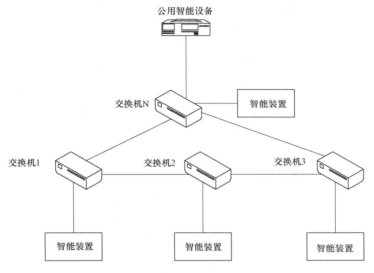

图 4-33　过程层网络环型拓扑结构示意图

综上所述，星型结构在运行维护、传输时间、可靠性、经济性等多方面优于环型结构，故推荐采用星型结构构建变电站的过程层网络。

（4）网络结构设置原则。过程层网络宜按电压等级分别组网。智能变电站是否设置独立的过程层网络、GOOSE 报文和 SV 报文是否可共网络传输、采用星型单网结构或星型单网结构等，应依据变电站电压等级、工程规模、所传输的数据流量等具体情况，通过充分的论证后确定。一般设置原则如下：

1）220kV 及以上电压等级宜按电压等级配置 GOOSE 和 SV 网络，网络宜采用星型双网结构。

2）220kV 变电站及 110(66)kV 电压等级采用单母线或双母线接线的 110(66)kV 变电站，110kV 过程层 GOOSE 报文宜采用网络方式传输，GOOSE 网络宜采用星型双网结构；110kV 每个间隔除应直采的保护及安全自动装置外有 3 个及以上装置需接收 SV 报文时，宜配置 SV 网络，SV 网络宜采用星型单网结构。

3）采用桥式接线、线路变压器组接线的 110(66)kV 变电站，GOOSE 报文及 SV 报文可采用点对点方式传输。

4）35(10)kV 电压等级不宜配置独立的过程层网络，GOOSE 报文通过站控层网络传输。

（三）监控系统设备配置原则

1. 常规变电站监控系统设备配置原则

（1）站控层设备。站控层设备包括监控主机、操作员工作站、工程师站、远动通信设备、与电能量计费系统的接口以及公用接口等，完成数据采集、数据处理、状态监视、设备控制和运行管理等功能。其中：

1）监控主机。站控层主机配置应能满足整个系统的功能要求及性能指标要求，主机容量应与变电站的规划容量相适应，优先选用性能优良、符合工业标准的产品。

220kV 及以上电压等级变电站主机双套配置，110(66)kV 变电站单套配置，无人值班变电站主机可兼操作员工作站和工程师站。

2）操作员站。操作员站应满足运行人员操作时直观、便捷、安全、可靠的要求。

变电站可以设置独立的"五防"工作站，也可以将"五防"功能配置在操作员工作站内。具备操作票专家系统，利用计算机实现对倒闸操作票的智能开票及管理功能，能够使用图形开票、手工开票、典型票等方式开出完全符合"五防"要求的倒闸操作票。

对于有人值班的 330～750kV 变电站可按双重化配置 2 台操作员站。

3）工程师站（选配）。330～750kV 变电站可配置 1 套工程师站。220kV 及以下变电站不配置专用工程师站。

4）远动通信设备。远动通信设备通过站控层以太网直接采集来自间隔层的实时数据，设备应满足 DL5002、DL5003 的要求，其容量及性能指标应能满足变电站远动功能及规约转换要求，所有信息通过远动通信设备向调度（调控）中心传送。

220kV 及以上电压等级变电站远动通信设备双套配置，110kV 及以下变电站远动通信设备宜单套配置，110kV 变电站也可配置两台。

5）配置方案。根据无人值班变电站的运行模式要求，综合考虑设备硬件处理能力，常规变电站站控层配置方案如表 4-10、表 4-11 所示。

表 4-10　　　　　　　　　　110kV 及以下变电站站控层设备配置表

序　号	项　目	配置方案
1	监控主机兼操作员	1 台
2	远动通信设备	1 台或 2 台

表 4-11　　　　　　　　　　220kV 及以上变电站站控层设备配置表

序　号	项　目	配置方案
1	监控主机兼操作员	2 台
2	工程师站（330～750kV 变电站选配）	1 台
3	远动通信设备	2 台

（2）间隔层设备。间隔层包括继电保护、安全自动装置、测控装置、计量表计等设备，实现或支持实现测量、控制、保护、计量、监测等功能。

1）继电保护及安全自动装置。继电保护及安全自动装置具体配置原则见本章第一节相关内容。

2）测控装置。测控装置按照 DL/T860 标准建模，具备完善的自描述功能，与站控层设备直接通信。

110kV 及以上电压等级及主变压器测控装置宜独立配置，66kV 及以下电压等级宜采用保护测控一体化装置。

3）有载调压和无功投切。有载调压和无功投切宜由变电站自动化系统和调度主站系统共同实现集成应用，不宜设置独立的控制装置。

4）打印机。打印机的配置数量和性能应能满足定时制表、召唤打印、事故打印等功能要求。

（3）网络通信设备。变电站自动化系统的交换机应满足 DL/T860 标准。二次设备室设备以太网通信介质采用超五类屏蔽双绞线。

1）站控层网络交换机。220kV 及以上电压等级变电站站控层宜冗余配置 2 台中心交换机，每台交换机端口数量应满足应用需求；110kV 及以下电压等级变电站站控层宜配置 1 台中心交换机，交换机端口数量应满足应用需求，宜采用 100M 电口。

2）间隔层网络交换机。间隔层二次设备室网络交换机按照按电压等级配置，交换机端口数量宜满足应用需求。

当交换机处于同一建筑物内且距离较短（小于 100m）时宜采用电口连接，其余应采用光口互联。

2. 智能变电站监控系统设备配置原则

（1）站控层设备。智能变电站站控层设备监控主机、操作员工作站、工程师站配置方式与常规变电站一致，增加的设备包括数据通信网关机、数据库服务器、综合应用服务器等。其主要区别在于：

1）数据通信网关机。数据通信网关机根据信息安全分区方案灵活配置，以满足安全防护要求。

Ⅰ区、Ⅱ区数据通信网关机应满足与调度（调控）中心的信息交互要求，支持调度（调控）中心对智能变电站进行实时监控、远程浏览及顺序控制等功能，支持调度（调控）中心采集实时电测量信息及设备状态信息以实现电网广域态势感知等功能。

Ⅲ、Ⅳ区数据通信网关机应满足与生产管理系统的信息交互要求，支持智能变电站将设备状态信息报送至生产管理系统，以支持设备状态检修。

220kV 及以上电压等级智能变电站Ⅰ区、Ⅱ区数据通信网关机双套配置，Ⅲ、Ⅳ区数据通信网关机单套配置；110 及以上电压等级智能变电站Ⅰ区数据通信网关机双套配置，Ⅱ区数据通信网关机单套配置，Ⅲ、Ⅳ区数据通信网关机依照工程实际需求单套配置。

2）数据库服务器。数据库服务器应用于智能变电站全景数据的集中存储，存储变电站默许、图像和操作记录、告警信息、故障波形等历史数据，为站控层设备和应用提供统一的数据查询和访问服务。

220kV 及以上电压等级智能变电站数据库服务器单套配置，110（66)kV 智能变电站数据库服务器功能集成于监控主机内。

3）综合应用服务器。综合应用服务器集合站用电源、安全警卫、消防、环境监测、状态监测等监控或监测信息，实现对站用电源、辅助设施、输电线路及高压设备等得运行监视、控制与管理。

智能变电站综合应用服务器单套配置，条件具备时可以集成Ⅲ、Ⅳ区数据通信网关机功能。

4）配置方案。根据无人值班变电站的运行模式要求，综合考虑设备硬件处理能力，智能变电站站控层配置方案如表 4-12、表 4-13 所示。

表 4-12   110kV 及以下智能变电站站控层设备配置表

序 号	项 目	配置方案
1	监控主机兼操作员、工程师工作站、数据库服务器	2 台
2	综合应用服务器	1 台
3	Ⅰ区数据通信网关机兼图形网关机	2 台
4	Ⅱ区数据通信网关机兼图形网关机	1 台
5	Ⅲ、Ⅳ区数据通信网关机兼图形网关机	1 台

表 4-13   220kV 及以上智能变电站站控层设备配置表

序 号	项 目	配置方案
1	监控主机兼操作员及工程师工作站	2 台
2	数据库服务器	1 台
3	综合应用服务器	1 台
4	Ⅰ区数据通信网关机兼图形网关机	2 台
5	Ⅱ区数据通信网关机兼图形网关机	2 台
6	Ⅲ、Ⅳ区数据通信网关机兼图形网关机	1 台

（2）间隔层设备。智能变电站间隔层设备继电保护、安全自动装置与常规变电站一致，其主要区别在于：

1）测控装置。测控装置按照 DL/T 860 标准建模，具备完善的自描述功能，与站控层设备直接通信。支持通过 GOOSE 报文实现间隔层五防联闭锁功能，支持 GOOSE 报文下行实现设备操作。

220kV 及以上电压等级及主变测控装置宜独立配置，110kV 及以下电压等级宜采用保护测控一体化装置。条件具备时，测控装置可以集成非关口计量功能。

2）计量表计。66kV 以上电压等级宜独立配置智能电能表，35(10)kV 电压等级可采用保护、测控、计量、录波四合一装置，计费关口应满足电能计量规程规范要求。

3）网络报文记录分析装置。网络报文记录分析装置记录智能变电站过程层 SV、GOOSE 网络的信息和站控层 MMS 网络的信息。

4）打印机。智能变电站设置网络打印机，通过变电站自动化系统的工程师站或保护及故障信息子站打印全站各装置的保护告警、事件、波形等，并取消保护装置屏上的打印机。

（3）过程层设备。智能变电站过程层设备包括智能电力变压器、智能高压开关设备、互感器等高压设备及合并单元 MU 和智能终端，以支持或实现电测量信息和设备状态信息的实时采集和传送，接受并执行各种操作与控制命令。

1）合并单元（MU）。合并单元用以对来自二次转换器的电流和/或电压数据进行时间相关组合的物理单元。输入特性应与配套的互感器输出特性相匹配，输出特性应满足保护、监控、电能计量、电能质量监测、电力系统动态记录及相量测量等应用要求。其配置原则如下：

a）220kV 及以上电压等级各间隔合并单元宜冗余配置。

b）110kV 及以下电压等级各间隔合并单元宜单套配置。

c) 对于保护双重化配置的主变压器，主变压器各侧、中性点（或公共绕组）合并单元宜冗余配置。

d) 高压并联电抗器首末端电流合并单元、中性点电流合并单元宜冗余配置。

e) 220kV 及以上电压等级双母线接线，两段母线按双重化配置两台合并单元。

f) 同一间隔内的电流互感器和电压互感器宜合用一个合并单元。

g) 结合工程实际情况，合并单元应具备接入常规互感器或模拟小信号互感器输出的模拟信号的功能。

h) 合并单元宜具备合理的时间同步机制以及前端采样和采样传输时延补偿机制，各类电子互感器信号或常规互感器信号在经合并单元输出后的相差应保持一致；合并单元之间的同步性能应满足保护要求。

i) 合并单元宜具备电压切换或电压并列功能，宜支持以 GOOSE 方式开入断路器或隔离开关位置状态。

j) 合并单元应能提供输出 IEC61850-9 协议的接口及输出 IEC 60044-8 的 FT3 协议的接口，能同时满足保护、测控、录波、计量设备使用。

2) 智能终端。智能终端是一种智能组件，与一次设备采用电缆连接，与保护、测控等二次设备采用光纤连接，实现对一次设备（如断路器、隔离开关、主变压器等）的测量、控制等功能。

当智能变电站采用智能终端后，实现了一次设备本体信号的测量数字化，相同定义的硬接点信号接入智能终端后可转化成 GOOSE 报文通过网络传输至多个目标装置。其配置原则如下：

a) 各电压等级智能终端的配置数量主要与继电保护装置配置原则有关，220～500kV 继电保护装置均采用双重化配置，相应智能终端也采用冗余配置。对于母线间隔，智能终端负责该段母线上的母线地刀、母线设备隔离开关信息的采集和智能控制。

b) 110kV 继电保护装置（主变保护除外）均采用单套配置，相应智能终端也采用单套配置。

c) 66 (35)kV 及以下户内开关柜实现了保护测控装置下放布置，一次和二次设备距离较近，可不配置智能终端，信息采集和分合闸控制可采用常规控制电缆直联实现；66 (35)kV 及以下户外敞开式布置，一次和二次设备距离较远，需就地配置智能终端，实现相关量就地数字化转换，利用光纤上传，提高信号传输的抗干扰性和可靠性。

d) 220～750kV 主变压器保护装置均采用双重化配置，相应智能终端也采用冗余配置。110(66)kV 变电站主变压器保护若采用主、后备保护一体化装置时采用双重化配置，相应智能终端也采用冗余配置。主变压器保护若采用主、后备保护分开配置时采用单套配置，相应智能终端也采用单套配置。主变压器本体智能终端宜单套配置。

e) 全站智能终端的布置宜实现就地化，以保证一次设备属性的就地数字化。

(4) 网络通信设备。变电站自动化系统的交换机应满足 DL/T860 标准。二次设备室与 GIS 室之间的网络连接则应采用光缆。过程层网络的传输介质采用光缆。

1) 站控层网络交换机。220kV 及以上电压等级变电站站控层宜冗余配置 4 台中心交换机，其中Ⅰ区 2 台、Ⅱ区 2 台，每台交换机端口数量应满足应用需求；110kV 及以下电压等级变电站站控层宜配置 1 台中心交换机，交换机端口数量应满足应用需求。

站控层交换机宜采用100M电口，220kV及以上电压等级变电站站控层交换机之间的级联端口宜采用1000M端口，110（66)kV变电站站控层交换机级联端口可采用1000M端口。

当交换机处于同一建筑物内且距离较短（小于100m）时宜采用电口连接，其余应采用光口互联。

2）间隔层网络交换机。间隔层二次设备室网络交换机因智能站保护、测控装置下放至智能控制柜，交换机宜按照设备室或按电压等级配置，交换机端口数量宜满足应用需求。

当交换机处于同一建筑物内且距离较短（小于100m）时宜采用电口连接，其余应采用光口互联。

以220kV变电站为例，站控层、间隔层网络采用双星型拓扑结构。站控层、间隔层交换机连接如图4-34所示。

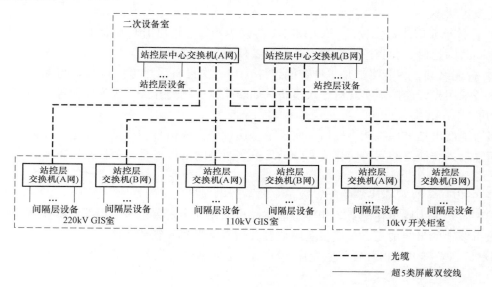

图4-34 站控层及间隔层交换机示意图

3）过程层网络交换机。智能变电站宜按间隔对象配置过程层交换机；3/2接线过程层交换机应按串配置；每台交换机的光纤接入数量不宜超过16对，并配备适量的备用端口，备用端口的预留应考虑虚拟网的划分。

任两台智能电子设备之间的数据传输路由不应超过4个交换机；任两台主变压器智能电子设备不宜接入同一台交换机。

过程层交换机与智能设备之间的连接及交换机级联端口均宜采用100M光口。

3. 工程实例

（1）110kV变电站监控系统配置方式。以110kV电压等级户内变电站为例，变电站按综合自动化系统变电站建设，系统设备配置和功能满足无人值班技术要求。其中，站控层配置主机兼操作员站（兼工程师站）1台、远动通信装置1台、公用测控装置以及其他智能接口设备等。

间隔层110kV、主变压器采用保护测控分开装置，10kV采用保护测控集成装置。

监控系统站控层、间隔层网络采用单星型拓扑结构。

变电站监控系统网络图如图 4-35 所示。

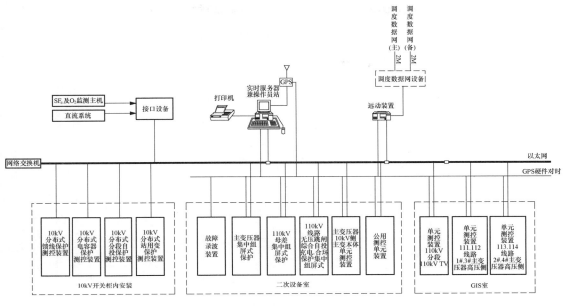

图 4-35　110kV 常规变电站监控系统网络图

（2）220kV 智能变电站监控系统配置方式。以 220kV 电压等级户内变电站为例，变电站按智能化变电站建设，系统设备配置和功能满足无人值班技术要求。

站控层配置主机兼操作员站（兼工程师站）2 台、数据服务器 1 台、综合应用服务器 1 台、Ⅰ区数据通信 2 台、Ⅱ区数据通信网关机 2 台、Ⅲ/Ⅳ区数据通信网关机 1 台、网络通信记录分析系统 1 套以及其他智能接口设备等。

间隔层 110kV 及以下电压等级采用保护测控集成装置，220kV、主变压器采用保护测控分开装置。

过程层 220kV 线路、220kV 母联、主变压器各侧间隔智能终端、合并单元双套冗余配置；110kV 出线及母联间隔智能终端、合并单元单套配置；220、110kV 母线合并单元双套冗余配置、智能终端单套配置，主变压器中性点 TA 合并单元双套配置。

监控系统站控层、间隔层网络采用双星型拓扑结构，过程层 SV＋GOOSE 两网合一，按照 220、110kV 分别划分，均采用星形网络结构，两套 SV＋GOOSE 网络物理上相互独立，不配置独立的主变压器过程层网络，主变压器 SV＋GOOSE 信息按电压等级分别接入 220、110kV 过程层网络。220kV 过程层 SV＋GOOSE 网络按双套物理独立的单网配置；110kV 过程层除主变压器间隔按双套物理独立的单网配置外，其余间隔过程层 SV＋GOOSE 网络按单网配置。

变电站监控系统网络图如图 4-36 所示。

二、监控系统功能及监控范围

为满足无人值班变电站的模式运行方式，计算机监控系统监控范围包括变电站输电线、母线设备、主变压器和联络变压器、站用电系统、变电站消防水泵的启动命令、35（66）kV

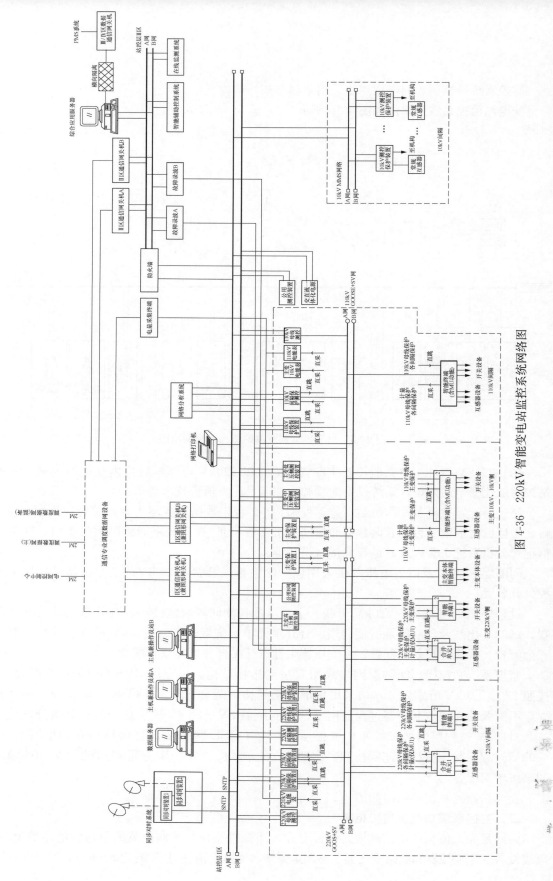

图 4-36　220kV 智能变电站监控系统网络图

及以下并联电容器、并联电抗器。监控系统站自身能实现完善的站内控制、同期、监视、测量及防误功能，并具备遥测、遥信、遥调、遥控等全部的远动功能，具有与调度通信中心交换信息的能力。

1. 数据采集和处理

变电站计算机监控系统应能实现数据采集和处理功能，其范围包括模拟量、开关量、电能量以及来自其他智能装置的数据。

模拟量的采集包括电流、电压、有功功率、无功功率、功率因数、频率及温度等信号。

开关量的采集包括断路器、隔离开关及接地开关的位置信号，继电保护装置和安全自动装置动作及报警信号，运行监视信号，有载调压变压器分接头位置信号等。

电能量采集包括有功电能量和无功电能量数据，并能实现分时累加、电能平衡等功能。

2. 数据库的建立与维护

监控系统应能建立实时数据库、历史数据库，能不断更新来自间隔层或过程层设备的全部实时数据、并对历史数据进行可靠存储。同时，数据库还应便于扩充和维护，可在线修改或离线生成数据库。

3. 操作与控制

变电站计算机监控系统控制操作对象包括各电压等级的断路器及隔离开关、电动操作接地开关、主变压器分接头位置、站内其他重要设备的启动/停止。

监控系统实现站内设备的就地和与远方的操作与控制，包括站内操作、调度控制、自动控制（顺序控制、无功优化控制、负荷优化控制）、正常或紧急状态下的开关设备控制等。

对于所有操作，实现电气防误闭锁操作功能，自动生成符合操作规范的操作票。

可配备直观图形界面，在站内和远方实现可视化操作。

具备无功电压优化控制（AVQC）功能，控制策略应符合相关电网调度自动化或区域监控中心给定的目标要求。

4. 报警处理与智能告警

报警内容包括设备状态异常、故障，测量值越限及计算机监控系统的软/硬件、通信接口及网络故障。报警信息来源包括监控系统自身采集和通过数据通信接口获取的各种数据。

智能变电站同时具有智能告警功能，包括对全站预警与告警信息进行实时在线甄别和推理，建立统一的预警与告警逻辑，可根据需求上报分层、分类的预警与告警信息，并给出处理指导意见。

5. 事件顺序记录与故障分析

当变电站一次设备出现故障时，将引起继电保护动作、开关跳闸，监控系统应将站内重要设备的状态变化列为时间顺序记录处理内容，应将事件过程中各设备动作顺序，带时标记存储、显示、打印，并生成事故追忆表，以实现事故重演。

智能变电站同时具有故障分析功能，在电网事故、保护动作、设备或装置故障、异常报警等情况下，具有通过对站内事件属性与时序、电测量信息等的综合分析，实现故障类型识别和故障原因分析；实现单事件推理、关联多事件推理、故障推理等智能分析决策功能；具备可视化的故障反演功能。

6. 远动功能

计算机监控系统应能实现 DL 5002、DL5003 中与变电站有关的全部功能，满足电网调度实时性、安全性和可靠性要求。

远动通信设备能与多个相关调度通信中心进行数据通信，直接从间隔层测控单元获取调度中心所需的数据，实现远动信息的直采直送。

7. 系统自诊断与自恢复

计算机监控系统应具有在线诊断能力，对系统自身的软、硬件运行状况进行诊断。发现异常时，予以报警和记录。一般性的软件异常时，自动恢复正常运行；当设备有冗余配置时，在线设备发生软、硬件故障时，能自动切换到备用设备。

8. 与其他设备接口及监控系统通信标准

变电站计算机监控系统设有与继电保护装置的通信接口，以接受继电保护装置的报警和事件记录信号，并有对保护装置的动作及整定值进行查询功能。同时应能与其他智能设备的接口，包括：

（1）站用直流及 UPS 系统。

（2）火灾报警及消防系统。

（3）故障录波系统。

（4）小电流接地装置。

（5）在线监测系统。

（6）智能变电站一体化电源系统。

（7）智能变电站辅助系统。

计算机监控系统在实现上述各种接口时，宜采用《变电站通信网络和系统》DL/T 860规定的通信标准，保证数据的一致性，功能的完整性。对于变电站内个别不支持 DL/T860标准的智能设备则应能通过规约转换设备实现信息的互通。

9. 运行管理

监控系统应能根据运行要求，实现各种管理功能，包括运行操作指导、事故记录检索、在线设备管理、操作票开列、模拟操作、运行记录及交接班记录等。

10. 运行监视

智能变电站对电测量信息、设备状态信息的实时监视应满足支持调度（调控）中心远方浏览变电站运行状态、支持设备控制、电网运行与视频监控联动、采用可视化技术对运行监视内容进行统一展示。

11. 源端维护及数据辨识

智能变电站监控系统具有源端维护和数据辨识功能。

源端维护利用配置工具，统一进行信息建模及维护，生成标准配置文件，主接线和分画面图形文件应以标准图形格式上报调度（调控）中心，具备模型合法校验功能。

数据辨识是基于站内测量信息的冗余及关联性，对不良数据进行辨识与处理，提升基础数据的品质，支持调度（调控）中心对电网运行状态估计的应用需求。

综上所述，变电站计算机监控系统具备以功能综合化、管理智能化、操作简单化为主的特点，监控系统可以非常明显的提高变电站的安全水平，保证变电站的运行稳定。同时随着无人值班变电站管理模式的推广，在调度中心实现对现有变电站实现远程实时监控，可以降低变电站运行的维护成本，从而提高变电站的经济效益。

第五节　直流系统及不间断电源

一、直流系统

20世纪80年代以来，我国电力系统直流电源几乎一直沿用体积庞大且操作、维护复杂的晶闸管（可控硅）相控式电源。80年代后期，国外许多厂家纷纷推出结构轻巧且功能齐全、性能优越且维护简便的高频开关电源，这一产品一经问世，便受到广大工程技术人员的热切关注，高频开关电源首先在国外工程中得到应用。我国直到90年中期才接受和引进这一技术，目前，国产高频开关设备技术已日臻成熟，设备选型几经更新换代，在我国电力系统建设中得到广泛应用。

高频开关较相控电源在技术性能、全寿命周期经济性等方面具备优势。高频开关电源由于具有高质量的直流输出特性，始终保持稳定的浮充电压和很低的纹波系数，从而保证了阀控式蓄电池的内部化学反应的平衡，为蓄电池的安全运行和长寿命提供了保障；且蓄电池脱离系统运行仍可以单独带负荷供电，大大提高了系统运行的稳定性。高频开关电源允许负载发生短路，短路电流不超过系统的定值。这一点在蓄电池因事故深度放电或大电流放电后再进行充电时显得更为重要。由于体积减小、质量轻，充电柜与馈电柜可相邻布置，模块与模块之间可以彼此互换，可带电插拔，更换时无时间限制，使直流系统的维护变得简便。由于电源质量高，提高了蓄电池使用寿命，对控制、保护、监控等需要直流电源供电的设备提供了良好的运行环境。

1. 直流系统配置

户内变电站直流系统的配置由变电站电压等级及在电网中的重要程度决定。城市户内变电站直流系统在《220kV～500kV户内变电站设计规程》《35kV～110kV户内变电站设计规程》"5.5.1规定变电站直流系统的设计应符合《电力工程直流系统设计技术规程》DL/T 5044的规定。"

直流系统是变电站内最安全的工作电源，当变电站正常运行时，直流系统为站内的保护、控制、自动装置、通信、计量等设备提供工作电源；当电网发生故障造成变电站内交流全停时，直流系统为变电站提供故障时的应急操作及故障后恢复供电时的电气设备操作电源及通信电源。

直流系统由蓄电池、充电装置、馈电设备组成。直流母线电压为110V或220V。

蓄电池一般采用阀控式密封铅酸蓄电池，单体电压为2V。220kV及以上电压等级配置2组蓄电池，110kV及以下变电站宜安装1组蓄电池，对于重要的110kV变电站也可装设2组蓄电池。

充电装置宜选用高频开关，当采用2组蓄电池时，宜配置2套高频开关，采用$N+1$或$N+2$配置方式；也可配置3套高频开关，采用$N+0$配置方式。当采用1组蓄电池时，宜配置1套高频开关，采用$N+1$或$N+2$配置方式；也可配置2套高频开关，采用$N+0$配置方式。

当采用2组蓄电池时，直流系统主接线采用两段单母线接线方式，两段直流母线之间应设联络电器。正常时两段母线应分别独立运行。当2组蓄电池配置2套高频开关时，每组蓄电池及其高频开关应分别接入相应母线段（见图4-37）。当2组蓄电池配置3套高频开关时，每组蓄电池及其高频开关应分别接入相应母线段，第三套高频开关应经切换电器对两组蓄电池进行充电（见图4-38）。

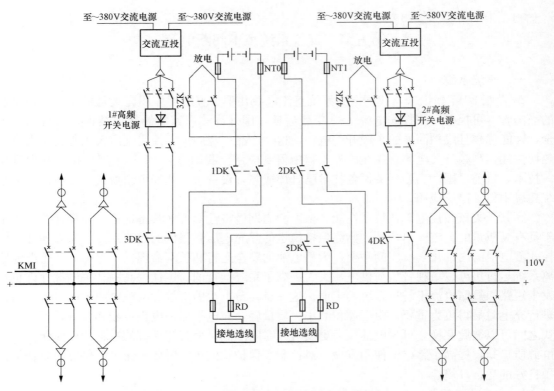

图 4-37 两组蓄电池、双套高频开关直流系统

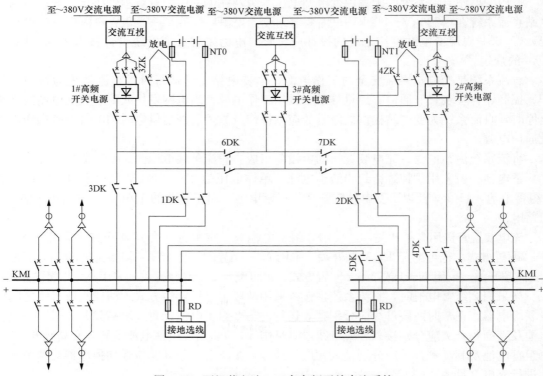

图 4-38 两组蓄电池、三套高频开关直流系统

当采用1组蓄电池配置1套高频开关时，直流系统主接线采用单母线接线方式（见图4-39）；当采用1组蓄电池配置2套高频开关时，直流系统主接线采用单母线分段接线方式，2套高频开关接入不同母线段，蓄电池组跨接在两段母线上（见图4-40）。

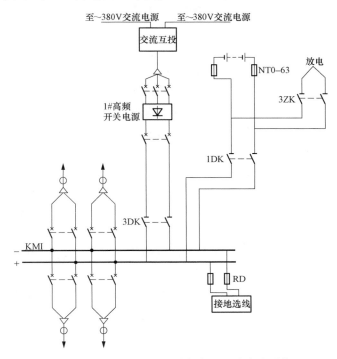

图 4-39　单组蓄电池、单套高频开关直流系统

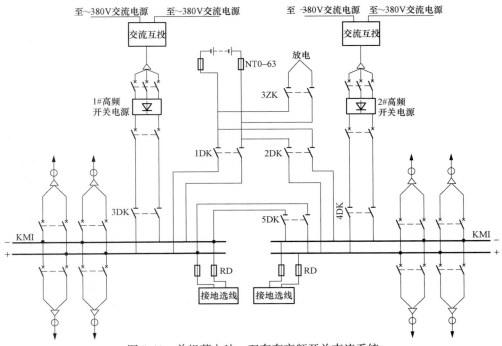

图 4-40　单组蓄电池、双套套高频开关直流系统

直流系统采的馈电设备采用集中辐射形供电方式或分层辐射供电方式。负荷中的应急照明、DC/DC转换装置、交流不间断电源、直流分电屏采用集中辐射形供电方式；其他的保护、控制、自动装置、电能量计费系统等负荷可根据变电站的规模及负荷与直流系统的相对距离考虑采用集中辐射形供电方式或分层辐射供电方式。

直流系统充电装置、馈电设备组屏（柜）安装：蓄电池容量在300Ah以下时，组屏（柜）安装；容量在300Ah及以上时应采用组架安装方式布置于专用蓄电池室，两组蓄电池之间设防火隔墙。充电装置、馈电设备与蓄电池室应临近布置，并且宜布置于负荷中心。当馈电设备采用分层辐射供电方式时，根据负荷及设备布置情况，合理设置分电屏（柜）。

当采用专用蓄电池室安装阀控式铅酸蓄电池组时，蓄电池室内温度宜为15～30℃，当蓄电池采用多层迭装且安装在楼板上时，楼板强度应满足荷重要求。双套蓄电池宜布置在不同的蓄电池室。

2. 直流系统蓄电池、高频开关的选择及计算实例

在进行户内变电站直流系统设计时，要根据变电站的电压等级、重要性确定直流系统的接线方式、直流母线电压等级、蓄电池及高频开关采用单套或双套配置，然后按照相应的计算方法选择蓄电池只数、容量及高频开关单只额定电流及模块数量。下面以常用的计算方法介绍户内变电站直流系统蓄电池、高频开关的选择，为便于掌握，提供一个110kV户内变电站的直流系统计算实例。

户内变电站直流系统蓄电池的选择，首先要根据直流母线电压按照式（4-3）确定蓄电池的个数，然后参照表（4-13）进行全站直流负荷统计，在此基础上可按照阶梯计算法确定蓄电池的容量。

（1）蓄电池参数选择：

1）蓄电池个数应满足在浮充电运行时，直流母线电压为$1.05U_n$的要求，蓄电池个数应按下式计算：

$$n = 1.05 \frac{U_n}{U_f} \tag{4-3}$$

式中　U_n——直流电源系统标称电压，V；

　　　U_f——单体蓄电池浮充电电压，V；

　　　n——蓄电池个数。

2）蓄电池需连接负荷进行均衡充电时，蓄电池均衡充电电压应根据蓄电池个数及直流母线电压允许的最高值选择单体蓄电池均衡充电电压值。单体蓄电池均衡充电电压值应符合以下要求：

a. 对于控制负荷，单体蓄电池均衡充电电压值不应大于$1.10U_n/n$。

b. 对于动力负荷，单体蓄电池均衡充电电压值不应大于$1.125U_n/n$。

c. 对于控制负荷和动力负荷合并供电，单体蓄电池均衡充电电压值不应大于$1.10U_n/n$。

3）蓄电池放电终止电压应根据蓄电池个数及直流母线电压允许的最低值选择单体蓄电池事故放电末期终止电压。单体蓄电池事故放电末期终止电压应按下式计算：

$$U_m \geqslant 0.875U_n/n \tag{4-4}$$

式中　U_m——单体蓄电池放电末期终止电压，V。

（2）按照表 4-14、表 4-15 统计全站的直流负荷。

表 4-14 　　　　　　　　　　　　**直流负荷统计表（用于阶梯计算法）**

序号	负荷名称	装置容量 (kW)	负荷系数	计算电流 (A)	经常负荷电流 (A)	事故放电时间及放电电流 (A)					随机
						持续（min）					随机
						初期	1～30	30～60	60～120	120～180	5s
						1min					
					I_{jc}	I_1	I_2	I_3	I_4	I_5	I_R
1											
2											
3											
4											
5											
6											
7											
8											
	合计										

表 4-15 　　　　　　　　　　　　**直流负荷统计负荷系数表**

序 号	负 荷 名 称	负 荷 系 数
1	控制、保护、继电器	0.6
2	监控系统、智能装置、智能组件	0.8
3	高压断路器跳闸	0.6
4	高压断路器自投	1.0
5	恢复供电高压断路器合闸	1.0
6	变电站交流不间断电源	0.6
7	DC/DC 变换装置	0.8
8	直流应急照明	1.0

（3）蓄电池容量计算。蓄电池容量阶梯计算法应按下列公式计算：

第一阶段计算容量

$$C_{c1} = K_k \times \frac{I_1}{K_C} \tag{4-5}$$

第二阶段计算容量

$$C_{c2} \geqslant K_k \left[\frac{I_1}{K_{C1}} + \frac{(I_2 - I_1)}{K_{C2}} \right] \tag{4-6}$$

第三阶段计算容量

$$C_{c3} \geqslant K_k \left[\frac{I_1}{K_{C1}} + \frac{(I_2 - I_1)}{K_{C2}} + \frac{(I_3 - I_2)}{K_{C3}} \right] \tag{4-7}$$

第 n 阶段计算容量

$$C_{cn} \geqslant K_k \left[\frac{I_1}{K_{C1}} + \frac{(I_2 - I_1)}{K_{C2}} + \cdots + \frac{(I_n - I_{n-1})}{K_{cn}} \right] \tag{4-8}$$

随机负荷计算容量

$$C_R = \frac{I_R}{K_{CR}}$$

将 C_R 叠加在 $C_{c2} \sim C_{cn}$ 中最大的阶段上，然后与 C_{c1} 比较，取其大者，即为蓄电池的计算容量。

式中　$C_{C1} \sim C_{Cn}$ ——蓄电池 10h（或 5h）放电率各阶段的计算容量，Ah；

C_R——随机负荷计算容量，Ah；

$I_{1.2.-n}$——各阶段的负荷电流，A；

I_R——随机负荷电流，A；

K_k——可靠系数，取 1.40；

K_c——初期（1min）冲击负荷的容量换算系数，1/h；

K_{CR}——随机（5s）冲击负荷的容量换算系数，1/h；

K_{C1}——各计算阶段中全部放电时间的容量换算系数，1/h；

K_{C2}——各计算阶段中除第 1 阶段时间外放电时间的容量换算系数，1/h；

K_{C3}——各计算阶段中除第 1、第 2 阶段时间外放电时间的容量换算系数，1/h；

K_{cn}——各计算阶段中最后 1 个阶段放电时间的容量换算系数，1/h。

（4）高频开关装置的选择。高频开关根据直流系统接线方式、负荷统计结果、单只高频开关的额定输出电流按照式（4-9）～式（4-16）确定高频开关数量。

高频开关电源模块配置和数量选择应按以下方式计算：

1）充电装置额定电流的选择。

满足浮充电要求铅酸蓄电池 $I_r = 0.01 I_{10} + I_{Jc}$ （4-9）

满足初充电要求铅酸蓄电池 $I_r = 1.0 I_{10} \sim 1.25 I_{10}$ （4-10）

满足均衡充电要求铅酸蓄电池 $I_r = (1.0 I_{10} \sim 1.25 I_{10}) + I_{Jc}$ （4-11）

2）每组蓄电池配置一组高频开关电源，其模块选择应按下式计算：

$$n = n_1 + n_2$$ （4-12）

a. 基本模块的数量应按下式计算：

$$n_1 = \frac{I_r}{I_{me}}$$ （4-13）

b. 附件模块的数量按下式计算：

$$n_2 = 1（当 n_1 \leqslant 6 时）$$ （4-14）

$$n_2 = 2（当 n_1 \geqslant 7 时）$$ （4-15）

3）一组蓄电池配置二组高频开关电源或二组蓄电池配置三组高频开关电源，其模块选择按下式计算：

$$n = \frac{I_r}{I_{me}}$$ （4-16）

式中 I_{jc}——直流电源系统的经常负荷电流，A；

I_r——充电装置电流，A；

I_{me}——单个模块额定电流，A；

n——高频开关电源模块选择数量，当模块选择数量不为整数时，可取邻近值。

（5）直流系统计算实例。以 110kV 户内变电站直流系统计算为例。此变电站规模为 110kV 侧主接线型式为单元接线，10kV 侧主接线型式为单母线 6 分段环形接线，终期 3 台主变压器。直流系统母线电压 110V，采用双套蓄电池组、双套高频开关方案。

1）负荷统计：

a. 经常负荷。监控系统、智能装置、智能组件负荷：6030/110＝54.82（A）。

控制、保护、继电器负荷：620/110＝5.64（A）。

b. 事故照明。直流事故照明按 4kW 考虑。

c. 不间断电源。交流 380VUPS 容量选用 8kVA，有功功率 6.4kW。

负荷电流为 6400/110＝58.18（A）

d. 断路器跳闸电流。按保护最严重情况，主变压器差动保护最多断开 3 台断路器，分闸电流按 3A 考虑，负荷电流为 9A。

e. 断路器自投。10kV 自投按 2 台同时动作考虑，合闸电流每台 3A，负荷电流为 6A。

f. 通信负荷。本站配置 DC/DC 直流转换单元 1 套，总容量为 48V/50A，要求二次馈线屏提供两路相互独立（来自不同母线）的直流 110V 电源。

通信 DC/DC 正常功耗：48×50＝2400（W）

通信负荷 2400/110＝21.82（A）

2）直流计算：

a. 蓄电池个数选择为：

$$n = 1.05 \times \frac{U_n}{U_f} = 1.05 \times \frac{110}{2.23} = 52(只)$$

b. 蓄电池均衡充电电压选择。对于控制负荷和动力负荷合并供电：

$$U_C \leqslant 1.10 U_n/n = 1.10 \times \frac{110}{52} = 2.33(V)$$

c. 蓄电池放电终止电压选择。对于控制负荷和动力负荷合并供电：

$$U_m \geqslant 0.875 U_n/n = 0.875 \times \frac{110}{52} = 1.85(V)$$

d. 蓄电池容量选择（阶梯计算法）见表 4-16。

表 4-16 直流系统负荷统计表（按最终规模）

序号	负荷名称	装置容量 (kW)	负荷系数	计算电流 (A)	经常负荷电流 (A)	事故放电时间及放电电流（A）					随机
						持续 (min)					5s
					初期 1min	1～30	30～60	60～120	120～180		
					I_{jc}	I_1	I_2	I_3	I_4	I_5	I_R
1	控制、保护、继电器	0.62	0.6	3.38	3.38	3.38	3.38	3.38	3.38	—	—
2	监控系统、智能装置、智能组件	6.03	0.8	43.85	43.85	43.85	43.85	43.85	43.85	—	—
3	不间断电源	6.4	0.6	34.91	—	34.91	34.91	34.91	34.91	—	—
4	事故照明	4	1	36.36		36.36	36.36	36.36	36.36	—	—
5	断路器跳闸电流	—	0.6	5.4		5.4				—	—
6	断路器自投	—	1	6		6				—	—
7	通信设备	2.4	0.8	17.45	17.45	17.45	17.45	17.45	17.45	17.45	—
8	恢复供电合闸	—	1	3	—	—	—	—	—		3
—	合计	—	—	—	64.68	147.35	135.95	135.95	135.95	17.45	3

e. 第 1 阶段计算容量（1min）：经查《电力工程直流电源系统设计技术规程》DL/T 5044—2014 表 C.3-3 得，放电初期，终止电压为 1.85V 时，

$$K_c = 1.24$$

$$C_{c1} = K_k \times \frac{I_1}{K_c} = 1.4 \times \frac{147.35}{1.24} = 166.36(\text{Ah})$$

第 2 阶段计算容量（1～30min）：查《电力工程直流电源系统设计技术规程》DL/T5044—2014 中表 C.3-3，$K_{c1} = 0.78$，$K_{c2} = 0.8$

$$C_{c2} \geqslant K_k \left[\frac{I_1}{K_{c1}} + \frac{(I_2 - I_1)}{K_{c2}} \right] = 1.4 \times \left[\frac{147.35}{0.78} + \frac{(135.95 - 147.35)}{0.8} \right] = 244.524(\text{Ah})$$

第 3 阶段计算容量（30～60min）：查 DL/T5044—2014 的表 C.3-3，$K_{c1} = 0.54$，$K_{c2} = 0.558$，$K_{c3} = 0.78$

$$C_{c3} \geqslant K_k \left[\frac{I_1}{K_{c1}} + \frac{(I_2 - I_1)}{K_{c2}} + \frac{(I_3 - I_2)}{K_{c3}} \right]$$

$$= 1.4 \times \left[\frac{147.35}{0.54} + \frac{(135.95 - 147.35)}{0.588} + \frac{(135.95 - 135.95)}{0.78} \right] = 354.88(\text{Ah})$$

第 4 阶段计算容量（60～120min）：查 DL/T5044—2014 的表 C.3-3，$K_{c1} = 0.347$，$K_{c2} = 0.347$，$K_{c3} = 0.428$，$K_{c4} = 0.54$

$$C_{c4} \geqslant K_k \left[\frac{I_1}{K_{c1}} + \frac{(I_2 - I_1)}{K_{c2}} + \frac{(I_3 - I_2)}{K_{c3}} + \frac{(I_4 - I_3)}{K_{c4}} \right]$$

$$= 1.4 \times \left[\frac{147.35}{0.344} + \frac{(135.95 - 147.35)}{0.347} + \frac{(135.95 - 135.95)}{0.428} + \frac{(135.95 - 135.95)}{0.54} \right]$$

$$= 553.68(\text{Ah})$$

第 5 阶段计算容量（120～240min）：查 DL/T5044—2014 的表 C.3-3，$K_{c1} = 0.214$，$K_{c2} = 0.214$，$K_{c3} = 0.214$，$K_{c4} = 0.262$，$K_{c5} = 0.344$

$$C_{c5} \geqslant K_k \left[\frac{I_1}{K_{c1}} + \frac{(I_2 - I_1)}{K_{c2}} + \frac{(I_3 - I_2)}{K_{c3}} + \frac{(I_4 - I_3)}{K_{c4}} + \frac{(I_5 - I_4)}{K_{c5}} \right]$$

$$= 1.4 \times \left[\frac{147.35}{0.214} + \frac{(135.95 - 147.35)}{0.214} + \frac{(135.95 - 135.95)}{0.214} + \frac{(135.95 - 135.95)}{0.262} + \frac{(17.45 - 135.95)}{0.344} \right]$$

$$= 407.12(\text{Ah})$$

随机（5s）负荷计算容量：经查 DL/T5044—2014 表 C.3-3，$K_{cR} = 1.34$

$$C_R = \frac{I_R}{K_{cR}} = \frac{3}{1.34} = 2.24(\text{Ah})$$

选出第 2 阶段到第 5 阶段中最大容量的计算容量，于随机负荷计算容量相加：

$$C_c = C_{c4} + C_R = 553.68 + 2.24 = 555.92(\text{Ah})$$

选择蓄电池容量为：$C_{10} = 600\text{Ah}$

3）充电装置额定电流选择：

a. 满足浮充电要求，铅酸蓄电池：

$$I_r = 0.01I_{10} + I_{jc} = 0.01 \times 60 + 64.68 = 65.28(\text{A})$$

b. 满足初充电要求，铅酸蓄电池：

$$I_r = 1.0I_{10} = 60(\text{A})$$

c. 满足均衡充电要求，铅酸蓄电池：

$$I_r = 1.0 I_{10} + I_{jc} = 60 + 64.68 = 124.68(A)$$

充电装置额定电流选 140A。

d. 高频开关电源模块配置和数量选择。单个模块额定电流 20A。基本模块数量：

$$n_1 = \frac{I_r}{I_{me}} = \frac{140}{20} = 7(只)$$

附加模块的数量：

$$n_2 = 2(当 \ n_1 \geqslant 7 \ 时)$$

总模块数量：$n = n_1 + n_2 = 7 + 2 = 9$

二、不间断电源（UPS）

随着 20 世纪 90 年代无人值班变电站的建设，变电站中开始安装微机监控及网络通信设备，为了保证无人值班变电站能够向调度端实时传送信息，上述设备均要求变电站电源系统提供持续、稳定的交流电源，不间断电源能够有效地解决这个问题，开始在电力系统广泛应用。在无人值班变电站建设初期，仅在 220kV 及以上电压等级或重要的无人值班变电站中安装不间断电源系统，随着 110kV 及以下电压等级变电站在电力系统中承担供电可靠性要求地位的提升，以及不间断电源在电力系统中运维经验的丰富，不间断电源的安装开始向 110kV 及以下电压等级延伸。

1. 户内变电站不间断电源（UPS）的配置

现阶段，户内变电站内的监控系统、故障信息子站、调度自动化系统、辅助控制系统、电能量计费系统、在线监测等设备中要求提供连续性交流电源的设备，须由不间断电源供电。不间断电源一般由整流器、逆变器等组成，在上述设备输入电源故障或消失时能维持负载供电连续性。户内变电站不间断电源的设计应符合《220kV～500kV 变电所计算机监控系统设计技术规程》DL/T 5491 的规定。

110kV 及以下电压等级变电站，全站集中配置 1 套 UPS；220kV 及以上电压等级变电站应集中配置 2 套 UPS，可采用主机冗余配置方式，也可采用模块化 N+1 冗余配置方式。

不间断电源系统接线采用单母线接线方式。因变电站内需由不间断电源供电的设备多为单相负载，为简化接线，UPS 宜为单相输出，输出的配电屏（柜）馈线应采用辐射状供电方式。UPS 由一路交流主电源、一路交流旁路电源和一路直流电源供电，交流主电源与旁路电源一般共用一路电源。UPS 正常运行时由站用交流电源供电，当输入电源故障或整流器故障时，由变电站直流系统供电，当 UPS 装置故障或设备检修时，由旁路供电。冗余配置的 2 套 UPS 的交流电源宜由不同站用电源母线引接。UPS 直流电源宜不带独立蓄电池组，由站内 220V 或 110V 直流系统引接。UPS 输入/输出回路应装设隔离变压器，直流回路应装设逆止二极管。

不间断电源系统接线图见图 4-41～图 4-44。图 4-41 为 1 台 UPS 构成的不间断电源系统，用于 110kV 及以下等级的变电站。图 4-42～图 4-44 为双套 UPS 配置的不间断电源系统，用于 220kV 及以上电压等级的变电站。图 4-42、图 4-43 用于负荷多为重要的单电源供电的变电站，图 4-42 为并联 UPS 构成的不间断电源系统接线图，两台 UPS 并列运行带全站负荷，2 台 UPS 的输出均为全站负荷的 50%，要求 2 台 UPS 具备良好的纹波同步及电流同步功能；图 4-43 为串联冗余 UPS 构成的不间断电源系统接线图，两台 UPS 为主、从方式运行，正常情况下由 UPS 主机提供全站的不间断电源输出，UPS 从机输出作为 UPS 主机的旁路输入，当 UPS 主机故障时，由 UPS 从机输出作为旁路供电带全站负荷。图 4-44

为双重化冗余 UPS 构成的不间断电源系统接线图，2 台 UPS 分列运行，适用于负荷多为双重化供电电源的变电站，正常时两台 UPS 均投入，各带全站一半负荷，负荷侧母线分段开关断开，仅在应急维修时投入。图 4-42～4-44 中任何一台 UPS 在容量选择时，均应考虑可带全站负荷。

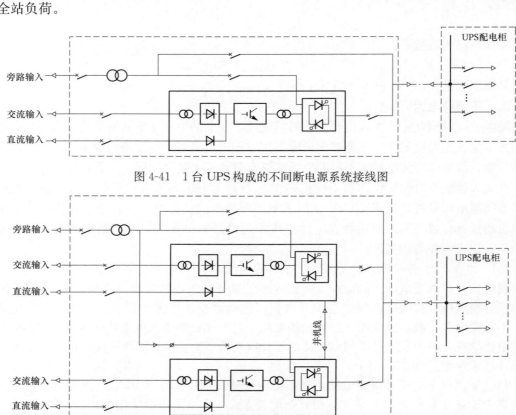

图 4-41　1 台 UPS 构成的不间断电源系统接线图

图 4-42　并联 UPS 构成的不间断电源系统接线图

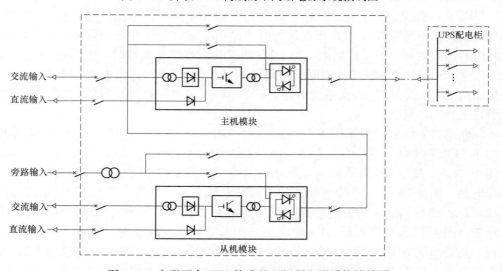

图 4-43　串联冗余 UPS 构成的不间断电源系统接线图

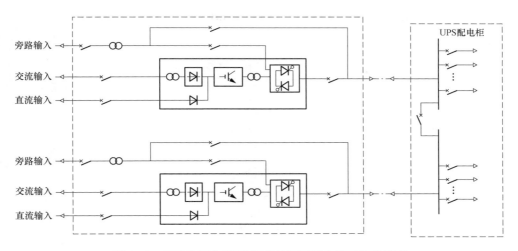

图 4-44　双重化冗余 UPS 构成的不间断电源系统接线图

不间断电源系统集中组屏（柜）安装，根据负荷及设备布置情况，合理配置分电屏（柜）。

2. 户内变电站不间断电源（UPS）的容量计算

（1）负荷计算。根据各负载的铭牌容量、功率因数和换算系数，按式（4-17）计算负载的总有功功率，按式（4-18）计算负载的总无功功率（当负载为容性时，其无功功率取负值），然后按式（4-19 ）计算负载的总视在功率，并按式（4-20）计算负荷综合功率因数：

$$P_c = \sum KS_i \cos\varphi_i \tag{4-17}$$

$$Q_c = \sum KS_i \sqrt{1 - \cos\varphi_i^2} \tag{4-18}$$

$$S_c = \sqrt{P_c^2 + Q_c^2} \tag{4-19}$$

$$\cos\varphi_{av} = \frac{P_c}{S_c} \tag{4-20}$$

当 UPS 所连接负载类型一致或各负载功率因数相近时，也可按下式进行负荷计算：

$$S_c = \sum (KS_i) \tag{4-21}$$

式中　S_i—— 负载铭牌容量，kVA；

　$\cos\varphi_i$—— 单个负载功率因数；

　K—— 换算系数，可取表 4-17 数值；

　P_c—— 计算负荷有功功率，kW；

　Q_c—— 计算负荷无功功率，kvar；

　S_c—— 计算负荷，kVA；

　$\cos\varphi_{av}$——负荷综合功率因数。

（2）UPS 容量选择。根据计算负荷，按式（4-22）计算 UPS 容量，根据计算容量，选择大于或等于该计算容量的 UPS 容量作为选择容量。

$$S = K_k \frac{S_c}{K_f K_d} \qquad (4\text{-}22)$$

表 4-17　　　　　　　　　　常用交流不间断负荷容量换算系数

序　号	负 荷 名 称	折算系数
1	电能计费系统	0.8
2	时钟同步系统	0.8
3	火灾报警系统	0.8
4	系统主机或服务器	0.7
5	操作员工作站	0.7
6	交换机及网络设备	0.7
7	工程师工作站	0.5
8	网络打印机	0.5

式中　S——UPS 计算容量，kVA；

　　　S_c——计算负荷，kVA；

　　　K_k——可靠系数，取 1.25；

　　　K_f——功率校正系数，取 0.8～1，根据负荷综合功率因数，由制造厂提供，当制造厂无数据时可取表 4-18 数值；

　　　K_d——降容系数，由制造厂提供或取表 4-19 数值。

表 4-18　　　　　　　　　　功率校正系数 (K_f)

负荷特性	容性		阻性	感　　　性					
负荷综合功率因数	0.8	0.9	1	0.95	0.9	0.85	0.8	0.7	0.6
功率校正系数 (K_f)	0.55	0.74	0.80	0.84	0.89	0.94	1.0	0.84	0.75

表 4-19　　　　　　　　　　降容系数 (K_d)

海拔高度 (m)	1000	1500	2000	2500	3000	3500	4000	4500	5000
降容系数 (K_d)	1.0	0.95	0.91	0.86	0.82	0.78	0.74	0.70	0.67

三、一体化电源

随着电源设备供应商设备整合能力的提升，直流电源、交流不间断电源（UPS）、直流变换电源（DC/DC）等装置组成的一体化电源系统在变电站建设中开始应用。城市户内变电站一体化电源系统在《220kV～500kV 户内变电站设计规程》《35kV～110kV 户内变电站设计规程》"5.5.3 规定变电站宜采用由直流电源、交流不间断电源（UPS）、直流变换电源（DC/DC）等装置组成的一体化电源系统（见图 4-45），其运行工况和信息数据应能统一监视控制。220kV 变电站宜将通信电源与站内直流电源整合；330～500kV 变电站通信电源可整合于站内直流电源，也可单独配置。

一体化电源系统由电源设备供应商统一供货，将分立的若干电源系统整合，便于集成商优化设计；在 220kV 及以下电压等级变电站减少了站内二次、通信蓄电池的冗余配置，便于一体化建设、运维；为变电站模块化建设提供了基础。

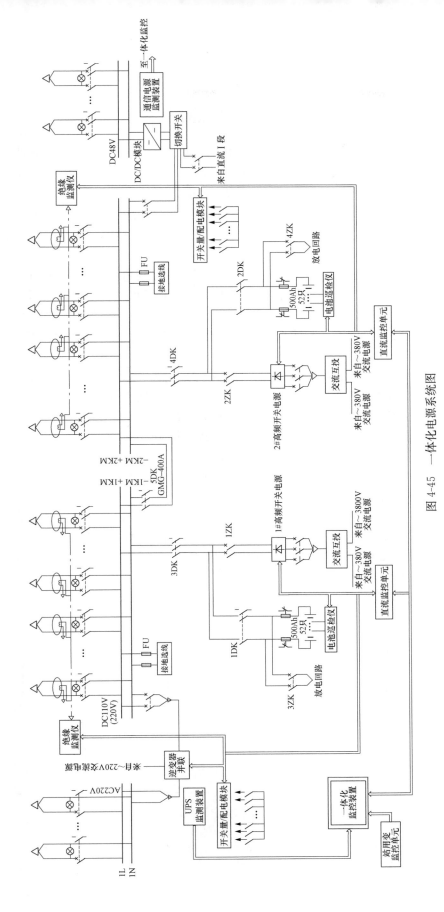

图 4-45 一体化电源系统图

第六节 时 间 同 步 系 统

户内变电站时间同步系统的配置主要由变电站的电压等级、在系统中的重要性决定。城市户内变电站时间同步系统的设计应符合 DL/T 5136《火力发电厂、变电站二次接线设计技术规定》的相关规定。在《220kV～500kV 户内变电站设计规程》《35kV～110kV 户内变电站设计规程》规定"5.6.2 变电站应配置一套公用的时间同步系统,主时钟应双重化配置,支持北斗系统和 GPS 标准授时信号,时间同步精度和守时精度满足站内所有设备的对时精度要求。"

在变电站中应统一配置一套时间同步系统,支持北斗系统和 GPS 系统单向标准授时信号,优先采用北斗系统。110kV 及以下电压等级变电站配置单主钟时间同步系统,220kV 及以上电压等级变电站配置双主钟时间同步系统,以提高时间同步系统可靠性。当二次设备采用下放布置方案时,为便于时间同步系统与需授时设备连接,变电站内可配置时钟扩展装置。

变电站时间同步系统通常由天线、主钟、时钟扩展装置、时间信号传输介质组成(见图4-46)。主钟主要功能为接收外部时间基准信号作为同步源,输出各类时间同步信号和信息,满足变电站设备的对时要求。主钟作为接收单元接收外部时间基准信号,至少能同时接收两种外部时间基准信号。接收外部时间基准信号后,按照优先顺序选择外部时间基准信号作为同步源,将时钟牵引到跟踪锁定状态,并补偿传输延时。时钟接收外部时间基准信号的控制,并输出与其同步的时间信号和信息。当主钟接收单元失去外部时间基准信号时,时钟保持一定精度进入守时保持状态,并输出时间信号和信息。外部时间基准信号恢复后,时钟接收单元结束守时保持状态,重新被外部时间基准信号牵入跟踪锁定状态。当变电站需要接受对时的设备较多或分散布置时,时间同步系统需要配置时钟扩展装置以提供足够的时钟信号接口或满足设备不同安装地点的需要。时间信号传输介用于传递天线与主钟,主钟与时钟扩展装置之间的时间信号信息。

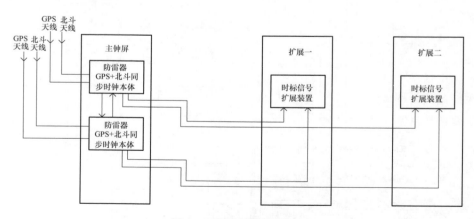

图 4-46 时间同步系统图

主钟、时钟扩展装置一般配置于二次设备室及继电保护小室或安装下放二次设备的配电装置室。时间信号传输介质主要由天线、传输线缆组成。时间同步系统的接收天线天线要安装在室外，尽可能安装在屋顶开阔和无视野遮挡的位置。由于 GPS 卫星出现在赤道的概率大于其他地点，我国位于北半球，应尽量将 GPS 天线安装在安装地点的南边，北斗天线安装需要南面无遮挡。

变电站要求进行时间同步的设备大致分为以下两类：要求记录与时间有关信息的设备，用于设备运行情况分析或事故追忆，如故障录波器、保护信息管理系统、监控系统、调度自动化系统、微机保护装置、安全自动装置等设备；工作原理建立在时间同步基础上的设备，如同步向量测量装置、线路故障行波测距装置、雷电定位系统等。基于同步向量测量装置、线路故障行波测距装置对采样同步误差要求不大于±1μs，所以变电站时间同步系统输出时间与协调世界时❶同步准确度不大于±1μs。

时间同步系统产生与协调世界时信号同步的各种时间信号，时间信号输出有几种方式，如脉冲方式（1PPS、1PPM、1PPH）、报文方式（RS-232）、IRIG-B 码（AC 码，DC 码）、网络方式（NTP/SNTP 协议）和 DCF77 以适应不同的设备需要。

目前，变电站站控层设备时钟同步要求低（ms 级），可选择 SNTP 方式，节省投资。保护、测控装置时钟同步要求高（μs 级），选择 IRIG-B 码、1PPS 时间信号输出方式。

在智能变电站建设中，合并单元、❷ 智能终端❸ 时钟同步要求为 μs 级，一般采用 IRIG-B 码时间信号输出方式，在某些试点项目中采用了 IEC61588 网络对时方式，其对时精度更高，理论上可达到 ns 级，但其对网络交换机的要求也更高，现阶段尚未实现商业化推广。

第七节 辅 助 控 制 系 统

为了保证户内变电站可靠稳定运行，在变电站内配置有视频监控子系统、安全防范子系统、环境监测与控制子系统、SF_6 及含氧量监测子系统、火灾自动报警及主变压器消防子系统等辅助生产系统。

《220kV～500kV 户内变电站设计规程》及《35kV～110kV 户内变电站设计规程》规定"变电站配置 1 套辅助控制系统。"城市户内变电站的辅助控制系统实现视频监控、周界报警、门禁、环境监测、采暖通风、给排水、SF_6 及含氧量监测、火灾自动报警及主变压器消防、灯光控制等辅助设施的智能监测及联动控制，实时接收各子系统上传的各种模拟量、开关量及视频图像信号，分类存储各类信息并进行分析、计算、判断、统计和其他处理，实现各个子系统间的智能联动。

一、辅助控制系统设计原则

一般地，户内变电站均为无人值班变电站，辅助控制系统采用开放式系统，系统设备配置和功能应满足无人值班变电站技术要求。辅助控制系统应满足全站安全运行要求。系统后

---

❶ 协调世界时：以世界时作为时间初始基准，以原子时作为时间单元（s）基础的标准时间。

❷ 合并单元：用以对来自二次转换器的电流和/或电压数据进行时间相关组合的物理单元。合并单元可以是互感器的一个组成件，也可以是一个分立单元。

❸ 智能终端：一种智能组件。与一次设备采用电缆连接，与保护、测控等二次设备采用光纤连接，实现对一次设备（如：断路器、隔离开关、主变压器等）的测量、控制等功能。

台设备按全站最终规模配置，前端设备按本期建设规模配置。

根据户内变电站网络分层结构体系，常规变电站计算机监控系统由站控层和间隔层两部分组成，并用分层、分布、开放式网络系统实现连接。智能变电站监控系统在功能逻辑上由站控层、间隔层、过程层组成，较常规变电站增加了过程层。辅助控制系统参照以上网络结构型式，无论常规变电站还是智能变电站均设置有过程层、间隔层和站控层。过程层主要通过各种传感设备实现设备状态监测、数据通信，支持以太网、RS485 总线、无线等通信方式。间隔层实现监测数据的汇集及互动控制信息传送，总体遵循 IEC-61850 通信规约。站控层将相关数据接入智能一体化监控平台，由智能一体化监控平台进行统一接收、分析、报警联动和可视化展示。此外，智能一体化监控平台经防火墙与综合自动化系统实现互联，为变电站智能运行、检修提供辅助支持。

变电站辅助控制系统以变电站网络结构为基础，将物联网技术融入变电站辅助控制系统的过程层、间隔层、站控层分层结构中，通过有线、无线等多种通信方式，构建辅助设施监控通信网络，实现基于物联网的变电站视频监控、动力环境监测及联动控制、智能运行辅助、智能检修辅助和综合集成展示等功能；实现与综合自动化系统信息接入，为变电站信息化、自动化、互动化提供支持。同时提供外部系统接口，实现与上级调控中心互联互通、数据同步、信息共享。辅助控制系统结构示意图如 4-47 所示。

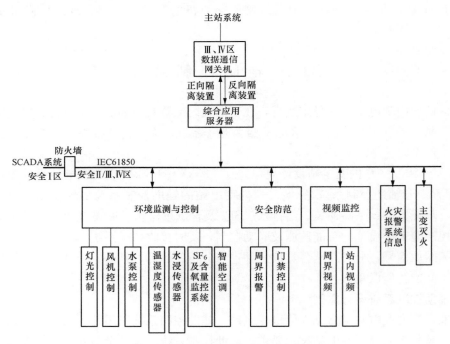

图 4-47　辅助控制系统结构示意图

辅助控制系统应满足先进性、可靠性、扩展性、运行安全性要求。

1. 先进性

机柜、站端视频处理单元、电源、外围采集控制设备等设备应采用具有国内先进水平的产品，并出示国际认证和国内检验机构的合格证书，系统应充分考虑可升级性。

2. 可靠性

为保证系统正常运行，硬件设备必须具备如下可靠性保证：

（1）系统的使用不能影响被监控设备的正常运行。

（2）系统的局部故障不能影响整个辅助控制系统的正常工作。

（3）系统设备应采用模块化结构，便于故障排除和替换。

（4）系统应具备处理同时发生的多个事件的能力。

（5）系统应具备防雷和抗强电磁干扰能力。

3. 扩展性

由于电力系统建设阶段性特点，辅助控制系统要求具备良好的可扩展性。

（1）主要设备的配置按照终期规模设计，在智能变电站将来扩建时，辅助控制系统的软硬件无须改变。

（2）系统各项功能和运行状态不受扩建影响。

（3）系统具备多级组网能力以便组建更大的监控网络。

4. 运行安全性

（1）系统实行操作权限管理，按工作性质对每个操作人员赋予不同权限，系统登录、操作进行权限查验。

（2）系统所有重要操作，如登录、控制、退出等，均应有操作记录，系统可对操作记录进行查询和统计，所有操作记录具有不可删除和不可更改性。

（3）网络安全保护，保证系统数据和信息不被窃取和破坏。

（4）系统保存的重要数据，具有不可删除和不可更改性；系统具有较强的容错性，不会因误操作等原因而导致系统出错和崩溃。

（5）系统应具有自诊断功能，对设备、网络和软件运行进行在线诊断，发现故障，能显示告警信息。

（6）系统应具有数据备份与恢复功能。

（7）系统应具有远程配置的能力。

（8）系统可接入多种智能设备，通信协议为标准的 DL/T 860 协议。

（9）系统采用全中文图形化界面，提供对系统操作的在线中文帮助。

（10）自动生成系统运行日志，可查询及以报表方式打印输出。

二、辅助控制系统结构

辅助控制系统应满足全站安全运行要求。系统后台设备按全站最终规模配置，前端设备按本期建设规模配置。

（一）辅助控制系统后台

辅助控制系统后台可独立配置服务器，也可集成于其他系统，如一体化监控平台综合应用服务器等，但应考虑二次系统安全防护要求。

1. 独立配置辅助控制系统服务器

辅助控制系统采用独立的系统服务器，实时接收包括视频监控、周界报警、门禁、环境监测、采暖通风、给排水、SF_6 及含氧量监测、火灾自动报警及主变消防、灯光控制等子系统上传的各种模拟量、开关量及视频图像信息，分类存储各类信息并进行分析、计算、判断、统计和其他处理，通过设定预定机制实现各个子系统间的智能联动。辅助控制系统的服务器通过标准的 DL/T 860 协议接于变电站内Ⅱ、Ⅲ区站控层网络，与综合应用服务器进行信息交互；综合应用服务器通过正反向隔离装置向Ⅲ、Ⅳ区数据通信网关机发布信息，并由Ⅲ、Ⅳ区数据通信网关机传输给上级监控中心。具体架构如图 4-48 所示。

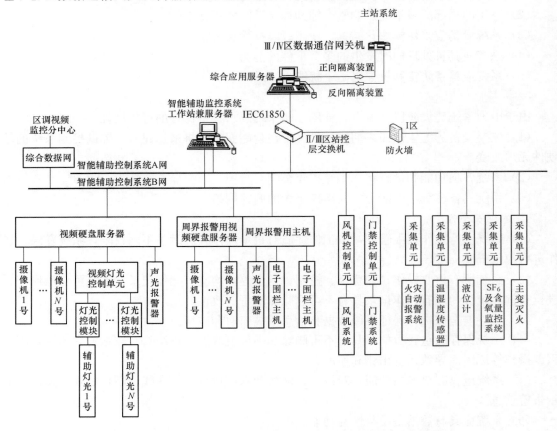

图 4-48　辅助控制系统架构图（独立配置辅助控制系统服务器）

设置独立的辅助控制系统服务器处理变电站辅助设施的所有状态信息。根据预设的联动策略，实现各辅助设备联动与控制功能。并将联动信息、控制结果信息通过站控层网络与综合应用服务器进行交互。综合应用服务器对辅助控制系统服务器的联动信息与控制结果信息进行展示与呈现。

2. 智能一体化监控平台综合应用服务器

现状变电站设置有智能一体化监控平台，配置综合应用服务器实现与一次设备状态监测、站内各辅助设施子系统的信息通信。综合应用服务器通过集中分析、处理和统一展示，实现一次设备在线监测和辅助设施的运行监视、联动控制与管理。具体架构如图 4-49 所示。

采用一体化监控平台实现辅助控制系统功能，设计时需要注意综合应用服务器对应开发相应的功能软件，综合应用服务器需要运行专门的软件程序接收、处理、展现辅助监控信息，提供配置系统间联动的功能和界面。所有的环境量采集设备必须通过 DL/T 860 通信标准协议上传。

（二）视频监控及安全警卫子系统

视频监控及安全警卫系统按满足安全防范要求配置，应符合 GB 50348《安全防范工程技术规范》的规定。视频监控及安全警卫系统设备包括视频监控、门禁及沿变电站围墙四周设置的周界报警等。

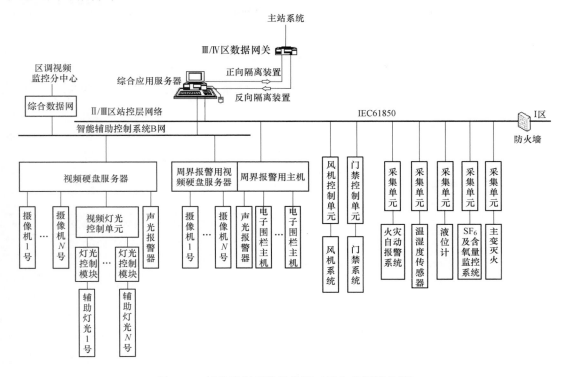

图 4-49　辅助控制系统架构图（综合应用服务器）

1. 视频监控子系统

视频监控子系统由四部分组成：前端摄像机，嵌入式硬盘录像视频服务器，视频信息传输通道、视频管理平台。

嵌入式硬盘录像视频服务器的主要作用记录前端摄像机所采集的图像，同时接收由服务器传送来的报警信号，根据预先的设定，调用不同摄像机转向其预置位，查看相应设备所出现的异常情况并将信息保存下来，以供事后调看。

前端摄像机现状设计一般采用模拟摄像机或网络摄像机，虽然单个模拟摄像机造价较低，但使用网络高清摄像机不论从设备性能、施工难度还是工程总体造价均具备较大优势，模拟摄像机与网络摄像机性能对比如表 4-20 所示。

表 4-20　　　　　　　　　　模拟摄像机与数字摄像机性能对比

比较内容	模拟摄像机	网络摄像机
实现原理	CMOS/CCD 感光器（转换）　模拟信号（DSP 转换）电视信号输出	视频信号（嵌入式芯片转换）数字信号（高效压缩芯片）Web 服务器 用户 IP（本地，远程观看，存储和管理）
清晰度	隔行扫描（分辨率 4CIF，最高只能达到 40 万像素），在捕抓高速度移动的物体下，会导致图像模糊	逐行扫描（达到百万甚至千万像素），更适用于捕捉移动的目标，即使在很高的移动速度下也能提供画面清晰的图像

比较内容		模拟摄像机	网络摄像机
监控管理		通过 PC 机进行观看和管理，易于搜索，存储，不会被破坏	封闭式管理，本地存储，观看。容易被破坏
布线部分	电源线	需要	支持 POE 供电
	数据传输线	视频线、光纤	网络线、光纤
	网络级联	需要级联到电脑主机或硬盘录像机才能传输至网络	单台摄像机即可连接网络，不依赖于其他设备
录像存储方式	前端本地存储	无	可通过前端 SD 卡存储
	中心集中录像	采用硬盘录像机或者 PC 加视频采集卡	安装集中管理软件的联网 PC 即可
	录像品质	存储多为 CIF、D1 格式	存储多为 D1、720P、1080P 格式
	扫描方式	隔行扫描	逐行扫描
摄像机类型	枪机	定位式，使用普及	定位式，网络摄像机普及型
	红外枪机	定位式，使用普及	定位式，网络摄像机普及型
	匀速球机	可 360°转动（低端）	网络匀速球普及
	高速球机	可 360°转动（高端）	网络高速球领域普及
传感器		多为 CCD	多为 CMOS
视频输出		BNC 模拟视频输出	RJ45 数字视频输出

前端摄像机按变电站本期建设规模配置。以某 110kV 户内变电站为例，其摄像机配置如表 4-21 和表 4-22 所示。

表 4-21　　　　　　　　　110kV 户内变电站视频监视摄像机配置方式

序号	安装地点	摄像头类型	数　量
1	主变压器室	室内球型摄像机	每台主变压器配置 2 台
2	10kV 电容器室	一体化摄像机	每组电容器配置 1 台
3	110kV 配电装置室	室内球型摄像机	根据规模配置 3～4 台
4	10kV 配电装置室	室内球型摄像机	根据规模配置 2～3 台
5	10kV 配电装置室	一体化摄像机	根据规模配置 2～3 台
6	二次设备室	室内球型摄像机	根据规模配置 2～4 台
7	二次设备室	一体化摄像机	根据规模配置 2～4 台
8	低压配电室	一体化摄像机	根据需要配置 1 台
9	电缆夹层	一体化摄像机	配置 1 台
10	蓄电池室	一体化摄像机	配置 1 台
11	接地变压器室	一体化摄像机	每组配置 1 台
12	站用变压器室	一体化摄像机	每组配置 1 台
13	变电站四周	室外高清摄像机	根据规模配置 2～4 台
14	警卫及消防控制室	一体化摄像机	配置 1 台

表 4-22　　　　　　　　　　　　110kV 户内变电站视频监视摄像机配置方式

序号	安装地点	摄像头类型	数　量
1	主变压器室	无线网络摄像机	每台主变压器配置 2 台
2	10kV 电容器室	无线网络摄像机	每组电容器配置 1 台
3	110kV 配电装置室	无线网络摄像机	根据规模配置 3～4 台
4	10kV 配电装置室	导轨式无线网络摄像机	配置 1 台
5	10kV 配电装置室	一体化摄像机	根据规模配置 2～3 台
6	二次设备室	导轨式无线网络摄像机	根据规模配置 2～4 台
7	低压配电室	无线网络摄像机	根据需要配置 1 台
8	电缆夹层	无线网络摄像机	配置 1 台
9	蓄电池室	无线网络摄像机	配置 1 台
10	接地变压器室	无线网络摄像机	每组配置 1 台
11	站用变压器室	无线网络摄像机	每组配置 1 台
12	变电站四周	室外无线网络摄像机	根据规模配置 2～4 台
13	警卫及消防控制室	无线网络摄像机	配置 1 台

2. 周界报警子系统

有围墙的变电站一般设置一套周界报警子系统，在警卫及消防控制室设置周界报警主机，实时监测围墙范围内的非法入侵报警信息。将信息通过网络方式上送至变电站辅助控制系统。并在四周围墙设置视频监控摄像机，当发生非法入侵告警时，联动显示并记录相关视频信息。

早期变电站周界报警方式多采用红外对射方式。红外对射式周界报警方式由周界报警主机和红外对射探测器组成，根据红外对射探测器的探测范围设置报警区域。红外对射探测器容易受周围环境影响产生误报，如图 4-50 所示。

DL/T5218《220kV～750kV 变电站设计技术规程》6.7.3 规定："宜在围墙四周设置电子围栏，实现视频监控与安全警卫系统的联动"。近两年的变电站周界报警系统设计多采用高压脉冲原理的电子围栏。高压脉冲电子围栏由脉冲电子围栏主机和电子围栏前端组成。脉冲电子围栏主机的作用是产生高压脉冲信号、接收和检测高压脉冲信号以及判断是否产生报警信号，电子围栏前端是指安装在变电站围墙上的围栏部分，主要包括终端杆、承力杆、中间杆、合金线、绝缘子、紧线器、警示牌、高压绝缘线、线线连接器、避雷器等。电子围栏应取得当地公安部门认证。四周围墙采用电子围栏布防时，一般一面围墙为一个防区（单面围墙长度不超过 500m，超过 500m 增加防区）；大门上方采用 1 对红外对射；警卫及消防控制室设置周界报警主机，如图 4-51 所示。

3. 门禁子系统

门禁系统大体分为指纹式门禁系统、刷卡式门禁系统。对于无人值班变电站，设计时推荐采用刷卡式门禁系统，其稳定性高于指纹式门禁系统，如遇突发情况不会因为手指、污垢等问题而出现打不开门的情况。

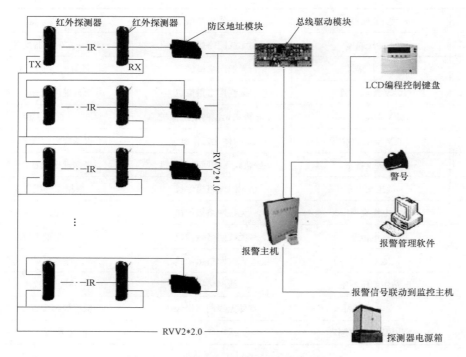

图 4-50　红外对射式周界报警系统示意图

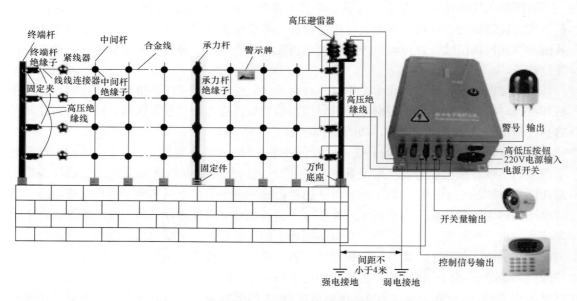

图 4-51　高压脉冲电子围栏式周界报警系统示意图

变电站门禁系统由门禁主机、读卡器和电锁组成。系统采用先进的感应读卡技术和自动控制技术，具有使用方便、功能全面、安全可靠和管理严格的特点。授权范围内的人员将持有如信用卡大小的感应卡，根据所获得的授权，在有效期限内可开启指定的门锁进入实施门禁控制的场所。门禁系统可通过辅助控制系统服务器统一管理，与其他辅助控制系统交互信息、智能联动。

变电站入口大门应配置门禁，高压室、通信室、蓄电池室、二次设备室、GIS 室、电容器室可配置门禁。图 4-52 为门禁联动功能示意图。

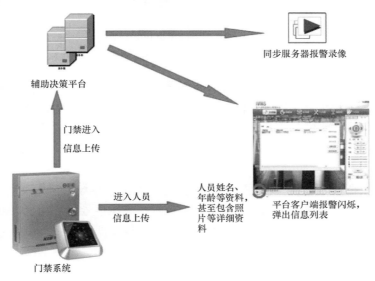

图 4-52　门禁联动功能示意图

（三）火灾自动报警子系统

火灾自动报警子系统应取得当地消防部门认证。火灾自动报警子系统按 GB50116《火灾自动报警系统设计规范》规范要求进行设计。户内变电站一般设置 1 套火灾自动报警系统，采用集中报警系统，保护对象为二级，报警主机设在警卫及消防控制室内。火灾自动报警系统设备包括火灾报警控制器、探测器、控制模块、地址模块、信号模块、手动报警按钮等。火灾探测区域应按独立房（套）间划分。火灾探测区域有二次设备室、蓄电池室、可燃介质电容器室、各级电压等级配电装置室、油浸变压器及电缆夹层等。根据所探测区域的不同，配置不同类型和原理的探测器或探测器组合。

（四）环境监测子系统

环境监测子系统由环境数据采集单元、温度传感器、湿度传感器、SF_6 泄露传感器、水浸传感器等组成。配置原则如下。

1. 温度、湿度传感器

二次设备室、各级电压等级配电装置室等重要设备间宜每个房间配置 1 套温度传感器、湿度传感器或组合型温湿度传感器。

温湿度传感器常规设计时多采用传感、变送一体化设计，采集温湿度数据，进行数据校正转换，转换成 4～20mA 电流环信号上传。随着设备技术的发展，现在可以采用无线温湿度传感器，无线温湿度传感器是一款基于智能家居标准设计的温湿度检测设备，用于检测室内空气的温度和湿度。并通过无线网络向一体化监控平台发送监测数据。一体化监控平台通过实际的现场参数进行相关数据展现。无线温湿度传感器如图 4-53 所示。

图 4-53　无线温湿度传感器

2. 水浸传感器

电缆层、电缆沟等电缆集中区域可配置水浸传感器。当连续降雨或排水不畅时，室内外的电缆沟道内会产生积水，当积水淹没沟道内电缆时会造成安全隐患，电缆长期浸泡在水中时，如果没有很好的防水结构，很容易造成绝缘树脂老化，从而造成绝缘的破坏，将会大大缩短电缆的寿命，严重的还会造成短路跳闸。所以需实时掌握电缆沟道的积水情况，以便及时使用抽水泵排水。

水浸传感器根据探测电极浸水后阻抗发生变化，通过专用集成芯片对水浸输入信号进行信号放大、整形、比较，将电极电导的变化转换成标准电压信号，推动继电器输出开关量信号，指示探头所在位置是否有水。在没有水浸入时，电极之间的电导为零，当有水接触电极时，电导变大。变电站需对电缆沟道内的水位及站内给排水系统溢水水位进行实时检测，当水位超过警戒线时，能够通过开关量向系统报警。

3. SF$_6$ 及含氧量监测子系统

GIS 室、SF$_6$ 断路器开关柜室等含 SF$_6$ 设备的配电装置室应配置 SF$_6$ 泄露传感器。变电站一般配置一套或两套独立的 SF$_6$ 及含氧量监测子系统。子系统主要检测 GIS 室、SF$_6$ 断路器开关柜内 SF$_6$ 气体含量和氧气含量，当室内环境中 SF$_6$ 气体含量超标或者缺氧时，能实时进行报警，同时自动开启风机进行事故排风，并具备温湿度检测、工作状态提示、远传报警、历史数据查询等诸多功能。

环境数据处理单元串口采集 SF$_6$ 及含氧量监测装置报警信息，并将报警信息以标准格式上送至智能一体化监控平台。当 SF$_6$ 及含氧量监控装置发生报警时，智能一体化监控平台进行视频联动监视，同时弹出报警信息及告警画面，方便运行维护人员的查看和处理。同时智能一体化监控平台通过环境监控单元联动相应风机进行有毒气体排放。SF$_6$ 及含氧量监控系统如图 4-54 所示。

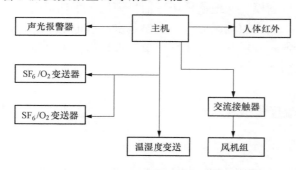

图 4-54　SF$_6$ 及含氧量监控系统示意图

三、辅助控制系统功能

辅助控制系统应能实现全站图像监视及安全警卫、火灾自动报警、照明、采暖通风、环境监测等系统的智能联动控制。辅助控制系统主要考虑对全站主要电气设备、关键设备安装地点以及周围环境进行全天候的状态监视，以满足电力系统安全生产所需的监视设备关键部位的要求，同时，该系统可满足变电站安全警卫的要求。

智能变电站辅助系统以网络通信（IEC61850协议）为核心，完成站端音视频、环境数据、安全警卫信息、火灾报警信息的采集和监控，并将以上信息远传到监控中心或调度中心。在视频系统中应采用智能视频分析技术，从而完成对现场特定监视对象的状态分析，并可以把分析的结果（标准信息、图片或视频图像）上送到统一信息平台；通过划定警戒区域，配合安防装置，完成对各种非法入侵和越界行为的警戒和告警。

通过和站内综合自动化系统、其他辅助子系统的通信，应能实现用户自定义的设备联动，包括现场设备操作联动、火灾消防、门禁、SF_6监测、环境监测、风机、给排水等相关设备联动；并可以根据变电站现场需求，完成自动的闭环控制和告警，如自动启动/关闭空调、自动启动/关闭风机、自动启动/关闭排水系统等。

根据国家电网公司《智能变电站辅助系统通用技术规范》规定，系统应具备以下九项功能。

1. 视频显示功能

（1）实时图像监视，彩色图像以不少于4通道、每通道以每秒25帧的速率实时传送和播放。视频图像大小随意可调。

（2）支持VGA/HDMI、主辅音视频及辅助视频端口的本地输出；VGA最高分辨率可达1280×1024，HDMI分辨率最高可达1920×1080。

（3）支持1/4/9/16画面预览，预览通道顺序可调。

（4）支持预览分组切换、手动切换或自动轮巡预览，自动轮巡周期可设置。

（5）支持预览的电子放大。

（6）可屏蔽指定的预览通道。

（7）支持视频移动侦测、视频丢失检测、视频遮挡检测、视频输入异常检测。

（8）支持视频隐私遮盖。

（9）支持多种主流云台解码器控制协议，支持预置点、巡航路径及轨迹。

（10）云台控制时，支持鼠标点击放大、鼠标拖动跟踪功能。

2. 图像储存回放功能

（1）支持循环写入和非循环写入两种模式。

（2）支持定时和事件两套压缩参数。

（3）录像触发模式包括手动、定时、报警、移动侦测、动测或报警、动测和报警等。

（4）每天可设定8个录像时间段，不同时间段的录像触发模式可独立设置。

（5）支持移动侦测录像、报警录像、动测和报警录像、动测或报警录像的预录及延时。

（6）定时和手动录像的预录。

（7）支持按事件查询录像文件。

（8）支持录像文件的锁定和解锁。

（9）支持本地冗余录像。

（10）支持指定硬盘内的录像资料仅供读取，只读属性。

（11）支持按通道号、录像类型、文件类型、起止时间等条件进行录像资料的检索和回放。

（12）支持回放时对任意区域进行局部电子放大。

（13）支持回放时的暂停、快放、慢放、前跳、后跳，支持鼠标拖动定位。

（14）支持多路同步回放，可通过资源配置加以调整。

3．视频分析与互动功能

（1）接受调度端或统一信息平台的启动分析命令，控制摄像机预置位完成监视对象（如户外隔离开关、户外开关）的视频画面捕捉。

（2）在指定时间内进行数据分析，并进行模型比对。

（3）在指定时间内以指定数据格式上传分析结果，分析结果可以是模型数据，亦可是分析图片或视频片段。

（4）通过 MMS 网获取需要联动的信息，并按预先制定的规则进行相关设备的联动。

（5）在线修改联动规则。

（6）可同时联动不同摄像机。

（7）依据联动信息，启动录像，并具有预录像功能，预录时间可设置。

4．设备联动控制功能

（1）对变电站环境和设备进行防盗、防火、防人为事故的监视。通过通信网络通道，将被监视的目标实时图像及报警信号上传到监控中心，并实现控制功能。

（2）操作人员通过监控主机对变电站设备或现场进行监视，对变电站摄像机控制（左右、上下、远景/近景、近焦/远焦），画面切换和数字录像装置的控制。能对任一摄像机进行控制，实现对摄像机视角、方位、焦距、光圈、景深的调整，对于带预置点云台，操作人员能直接进行云台的预置和操作。可设置现场球形摄像机，包括设置预置位、区域名称、区域遮盖等所有智能球形摄像机功能。

（3）对操作人员能设置权限管理。保证控制的唯一性，即对某一设备操作时，其他设备则不准许动作，确保一对一操作。

（4）可完整的远程控制前端设备：如现场云台、电动变焦镜头、防护罩雨刷等各种受控设备。

（5）可进行当地或远程布防/撤防，也可以事先确定布防/撤防策略，由系统按照制定的策略自动进行布防/撤防。也可以通过电子地图进行布防或者撤防。

（6）具有操作联动功能，当运行人员对某一设备进行操作时，摄像机应自动调整到该设备处，并启动录像装置录像。

1）通过和其他辅助子系统的通信，应能实现用户自定义的设备联动，包括消防、环境监测、报警等相关设备联动；

2）在夜间或照明不良情况下，需要启动摄像头摄像时，联动辅助灯光、开启照明灯；

3）发生火灾时，联动报警设备所在区域的摄像机跟踪拍摄火灾情况、自动解锁房间门禁、自动切断风机电源、空调电源；

4）发生非法入侵时，联动报警设备所在区域的摄像机；

5）当配电装置室 SF_6 浓度超标时，联动配电装置室区域的摄像机，自动启动相应的风机；

6）发生水浸时，自动启动相应的水泵排水；

7）通过对室内环境温度、湿度的实时采集，自动启动或关闭通风系统。

5．报警功能

（1）报警类别：消防报警、防盗报警、画面变化报警。报警可根据需要进行分级，报警信号、报警内容可在任何画面自动显示。当发生报警时，监控主机硬盘或相应录像装置能自动进行存盘录像，同时传送报警信息和相关图像，并自动在电子地图上提示报警位置及类型。

（2）系统应具备处理多事件多点报警的能力，多点报警时采用覆盖方式，报警信息不得丢失和误报。

（3）现场报警器可以方便的与各种现场探测器连接，组成安保自动系统。

（4）各种探测器可以手动、自动地布防、撤防。并可按时间自动投入或自动撤防。

（5）报警视窗内提供报警信号的详细信息，可以通过点击报警信息切换报警画面。

（6）报警时能提供语音报警和电话、传呼报警等多种方式。

（7）报警信息储存管理，实现报警联动录像，具备长延时录像和慢速回放功能。可以多种方式查询报警信息。

（8）可方便通过弹出菜单设置报警联动的摄像机，可以联动智能球形摄像机的不同预置位。

（9）报警信息可以区分该报警信息是否已被用户检查确认。

（10）画面变化报警的变化率可设置。

（11）视频监控系统应具有与火灾报警系统联动的功能，即当发生火灾时，火灾发生点处附近的摄像机应能跟踪拍摄火灾情况，同时，彩色监视器画面应能自动切换，以显示火灾情况。

（12）能对各摄像机进行自检并报警。

（13）所有报警信息均可查询，有需要时可打印输出。

6. 环境信息采集处理功能

（1）能对站内的温度、湿度、风力、水浸、SF_6 浓度等环境信息进行实时采集、处理和上传，采集周期小于 5s。

（2）可设置不同级别的环境信息告警值。

（3）环境信息数据的变化以 IEC61850 协议上传视频主站、一体化平台，阀值可设。

（4）环境信息历史数据应能至少保存一个月，存储周期为 10s～10min 可调。

（5）支持本地/远程控制空调、排风扇、水泵的启动和关闭。

7. 语音功能

（1）变电站端场景录音、传输和播放。

（2）实现实时与省级主站和地区级主站的双向语音对讲及语音广播。

（3）实现双向语音录音功能，播放、保存、回放语音。

8. 远方配置功能

应能接收地区级主站下发的指令完成参数配置、布/撤防、预置位设置等配置功能。

9. 自动对时功能

辅助控制系统具备自动对时功能，时间采集源为全站统一的授时时钟。

户内变电站一般配置 1 套智能辅助控制系统后台系统，宜由综合应用服务器实现，实现辅助系统的数据分类存储分析以及智能联动功能。应考虑二次系统安全防护要求。

随着计算机、通信和网络技术发展以及智能变电站高度集成化的迫切要求，将变电站视频监控系统和其他辅助设施子系统集成为统一系统，有利于上级监控中心的协调与控制，使得变电站自动化集成程度进一步提高。

依据国家电网公司下发的《智能变电站辅助控制系统通用技术规范》，建设变电站辅助控制系统监控系统（以下简称系统），该系统应具备易用性、主动性、兼容性、稳定性、安全性、可扩展性等性能要求，应集视频监控、语音广播、灯光控制、温湿度采集、空调风机控制、门禁系统、周界安防、火灾、水浸报警、自动化联动等功能为一体，使得信息能够高度集成化，深化智能预警、互动等高级应用，实现视频、音频、自动化控制于一体的数字化、网络化、智能化。

四、辅助控制系统通信标准

辅助控制系统宜采用 DL/T 860《变电站通信网络和系统》通信标准。

为了使得各辅助设施子系统信息能够顺利采集和共享，必须采用统一的系统架构，在辅助控制平台的统一调配下，各司其职的处理辅助信息。这样既可以避免传统信息共享方法采用的大量前端布线（即各子系统之间交叉互相连接，造成资源浪费和前端设备为了应付多重连接进而通信负载太重），又可以达到信息统一采集统一分配，提高系统网络使用效率的目的。

为了进一步与变电站自动化系统接轨，并结合考虑相关调度和管理部门对信息的远动采集需要，主干网络结构采用目前变电站所使用的星型以太网结构，分为站控层和过程层：站控层以太网使用符合 IEC61850 标准的数字化通信协议。过程层根据辅助系统的不同，有现行标准的采用国家标准或国家电网公司（简称国网）标准，例如视频监控系统采用国网A/B接口，在线监测系统采用国网 I1/I2 接口；没有现行标准的，统一采用标准串口 RS485 协议进行接口。辅助控制系统具体功能要求在 Q/GDW688—2012《智能变电站辅助控制系统技术规范》中规定：

安全警戒（电子围栏、红外对射和红外双鉴等）、门禁、声光报警等前端设备可采用 RS485（232）或现场总线与图像监视及安全警卫子系统通信，摄像头采用模拟或网络方式传输图像。

温度传感器、湿度传感器、SF$_6$泄露传感器、水浸传感器等前端设备可采用 RS485（232）或现场总线与环境监测子系统通信。

火灾探测器、报警控制器、手动报警器等前端设备可采用 485（232）或现场总线与火灾报警子系统通信。火灾自动报警子系统一般采用自有规约，其规约不对外开放，故火灾自动报警子系统信息一般采用硬接点方式上送至站内综合自动化系统，上送内容仅为火灾自动报警子系统动作和故障信息，无法精确到报警动作的具体地点。

图像监视及安全警卫子系统、环境监测子系统、火灾报警子系统与辅助控制系统监控后台应采用 DL/T 860 进行通信，实现设备控制、监视和联动。应具备和照明、暖通、给排水等子系统的通信接口。

五、安全防范的要求

户内变电站辅助控制系统的设计应符合 GB 50348《安全防范工程技术规范》的规定。对应 GB 50348《安全防范工程技术规范》对安全管理系统的定义，户内变电站辅助控制系统对安全防范各子系统的管理按集成式安全防范系统的功能进行设计。

（1）安全管理系统应设置在禁区内（监控中心），应能通过统一的通信系统和管理软件将监控中心设备与各子系统设备联网，实现由监控中心对各子系统的自动化管理与监控。安全管理系统的故障应不影响各子系统的运行；某一子系统的故障应不影响其他子系统的运行。

（2）应能对各子系统的运行状态进行监测和控制，应能对系统运行状况和报警信息数据等进行记录和显示。应设置足够容量的数据库。

（3）应建立以有线传输为主、无线传输为辅的信息传输系统。应能对信息传输系统进行检验，并能与所有重要部位进行有线和/或无线通信联络。

（4）应设置紧急报警装置。应留有向接处警中心联网的通信接口。

（5）应留有多个数据输入、输出接口，应能连接各子系统的主机，应能连接上位管理计算机，以实现更大规模的系统集成。

以维护社会公共安全为目的，运用安全防范产品和其他相关产品所构成的入侵报警系统、视频安防监控系统、出入口控制系统、防爆安全检查系统等；或由这些系统为子系统组合或集成的电子系统或网络。

户内变电站安全防范各子系统设计应符合 GB 50348《安全防范工程技术规范》的规定。

1. 入侵报警系统设计要求

应根据各类建筑物（群）、构筑物（群）安全防范的管理要求和环境条件，根据总体纵深防护和局部纵深防护的原则，分别或综合设置建筑物（群）和构筑物（群）周界防护、建筑物和构筑物内（外）区域或空间防护、重点实物目标防护系统。

系统应能独立运行。有输出接口，可用手动、自动操作以有线或无线方式报警。系统除应能本地报警外，还应能异地报警。系统应能与视频安防监控系统、出入口控制系统等联动。集成式安全防范系统的入侵报警系统应能与安全防范系统的安全管理系统联网，实现安全管理系统对入侵报警系统的自动化管理与控制。组合式安全防范系统的入侵报警系统应能与安全防范系统的安全管理系统联接，实现安全管理系统对入侵报警系统的联动管理与控制。

系统的前端应按需要选择、安装各类入侵探测设备，构成点、线、面、空间或其组合的综合防护系统。应能按时间、区域、部位任意编程设防和撤防。应能对设备运行状态和信号传输线路进行检验，对故障能及时报警。应具有防破坏报警功能。应能显示和记录报警部位和有关警情数据，并能提供与其它子系统联动的控制接口信号。在重要区域和重要部位发出报警的同时，应能对报警现场进行声音复核。

2. 视频安防监控系统设计要求

应根据各类建筑物安全防范管理的需要，对建筑物内（外）的主要公共活动场所、通道、电梯及重要部位和场所等进行视频探测、图像实时监视和有效记录、回放。对高风险的防护对象，显示、记录、回放的图像质量及信息保存时间应满足管理要求。

系统的画面显示应能任意编程，能自动或手动切换，画面上应有摄像机的编号、部位、地址和时间、日期显示。

系统应能独立运行。应能与入侵报警系统、出入口控制系统等联动。当与报警系统联动时，能自动对报警现场进行图像复核，能将现场图像自动切换到指定的监视器上显示并自动录像。集成式安全防范系统的视频安防监控系统应能与安全防范系统的安全管理系统联网，实现安全管理系统对视频安防监控系统的自动化管理与控制。组合式安全防范系统的视频安防监控系统应能与安全防范系统的安全管理系统联接，实现安全管理系统对视频安防监控系统的联动管理与控制。分散式安全防范系统的视频安防监控系统，应能向管理部门提供决策所需的主要信息。

3. 出入口控制系统设计要求

应根据安全防范管理的需要，在楼内（外）通行门、出入口、通道、重要办公室门等处设置出入口控制装置。系统应对受控区域的位置、通行对象及通行时间等进行实时控制并设定多级程序控制。系统应有报警功能。系统的识别装置和执行机构应保证操作的有效性和可靠性。宜有防尾随措施。

系统的信息处理装置应能对系统中的有关信息自动记录、打印、存储，并有防篡改和防销毁等措施。应有防止同类设备非法复制的密码系统，密码系统应能在授权的情况下修改。

系统应能独立运行。应能与电子巡查系统、入侵报警系统、视频安防监控系统等联动。集成式安全防范系统的出入口控制系统应能与安全防范系统的安全管理系统联网，实现安全管理系统对出入口控制系统的自动化管理与控制。

组合式安全防范系统的出入口控制系统应能与安全防范系统的安全管理系统联接，实现安全管理系统对出入口控制系统的联动管理与控制。分散式安全防范系统的出入口控制系统，应能向管理部门提供决策所需的主要信息。

系统必须满足紧急逃生时人员疏散的相关要求。疏散出口的门均应设为向疏散方向开启。人员集中场所应采用平推外开门，配有门锁的出入口，在紧急逃生时，应不需要钥匙或其他工具，亦不需要专门的知识或费力便可从建筑物内开启。其他应急疏散门，可采用内推闩加声光报警模式。

六、一次设备状态监测

一次设备的状态监测按实时性和连续性可分为在线监测和离线监测，在线监测方式和离线监测方式的选择应满足必要性、合理性和经济性要求。一次设备状态监测设计原则如下：

（1）一次设备的状态监测范围及参量的选择应按运行需求和应用功能、考虑设备重要性及性价比等因素，通过经济技术比较，选用成熟可靠、具有良好运行业绩的产品。状态监测设备使用不应影响一次设备的安全性与可靠性。全站应建立统一的状态监测后台系统，实现各类设备状态监测数据汇总与分析。220kV 及以上主变压器、高压组合电器（GIS/HGIS）应预置局放传感器及测试接口供状态监测使用。一次设备状态监测监测范围及参量如表 4-23 所示。

表 4-23　　　　　　　　　　一次设备状态监测监测范围及参量

电压等级	监测设备	状态监测参量
500kV 变电站	主变压器	油中溶解气体（采用多组分，其中氢气、乙炔、一氧化碳、甲烷、乙烯、乙烷为应选）、铁芯接地电流、油中含水量、局部放电
	高压并联电抗器	油中溶解气体、油中含水量
	500kV 高压组合电器（GIS/HGIS）、500kV 高压断路器	SF_6 气体密度、局部放电
	220kV 高压组合电器（GIS/HGIS）	SF_6 气体密度；金属氧化物避雷器：泄漏电流、放电次数
330kV 变电站	主变压器	油中溶解气体、铁芯接地电流、油中含水量
	高压并联电抗器	油中溶解气体、油中含水量
	330kV 高压组合电器（GIS/HGIS）	SF_6 气体密度；金属氧化物避雷器：泄漏电流、放电次数

电压等级	监测设备	状态监测参量
220kV 变电站	主变压器	油中溶解气体、铁芯接地电流
	220kV 高压组合电器（GIS/HGIS）	SF_6 气体密度； 金属氧化物避雷器：泄漏电流、放电次数
110kV（66kV）变电站	主变压器	油中溶解气体（应综合考虑变电站运动的安全可靠性、重要性、经过技术经济比较后确定）
35kV 变电站	无	无

变电设备状态监测系统宜采用分层分布式结构，由传感器、状态监测 IED 、后台系统构成，其系统结构可参见图 4-55。

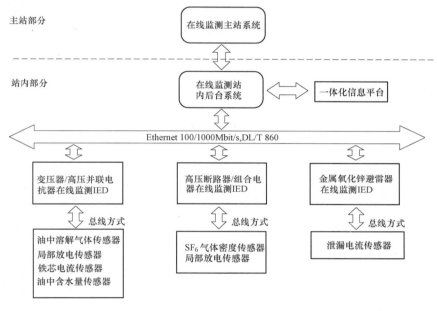

图 4-55　状态监测系统构成

（2）对于预埋在设备内部的传感器，其设计寿命应不少于被监测设备的使用寿命；传感器宜按照设备参量对象进行配置。SF_6 气体密度宜以气室为单位进行配置；GIS/HGIS 局部放电宜以断路器为单位进行配置，可采用特高频法或超高频法进行监测，在保证传感器监测灵敏度与覆盖面前提下，应减少传感器配置数量；局部放电传感器宜采用内置方式安装，其余参量传感器宜采用外置方式安装。油中溶解气体导油管宜利用主变压器原有放油口进行安装，宜采用油泵强制循环，保证油样无死区；SF_6 气体密度传感器宜利用高压组合电器（GIS/HGIS）或高压断路器原有自封阀进行安装；若传感器采用内置方式，内置传感器采用无源型或仅内置无源部分，内置传感器与外部的联络通道（接口）应符合高压设备的密封要求，内置传感器在设备制造时应与设备本体采用一体化设计；若传感器采用外置方式，外置传感器应安装于地电位处，若需安装于高压部分，其绝缘水平应符合或高于高压设备的相应要求。与高压设备内部气体、液体绝缘介质相通的外部传感器，其密封性能、机械杂质含量控制等应符合或高于高压设备的相应要求。

（3）状态监测 IED 配置宜按照电压等级和设备种类进行配置。在装置硬件处理能力允许情况下，同一电压等级的同一类设备宜多间隔、多参量共用状态监测 IED，以减少装置硬件数量。

（4）后台系统配置应按变电站对象配置，全站应共用统一的后台系统，各类设备状态监测宜统一后台分析软件、接口类型和传输规约，实现全站设备状态监测数据的传输、汇总、和诊断分析。当局部放电采用离线监测方式时，可配置 1 套离线式局部放电检测仪。

（5）传感器与状态监测 IED 间宜采用 RS485 总线或 CAN 总线方式传输模拟量数据；状态监测 IED 之间或状态监测 IED 与后台系统间宜采用 DL/T 860 标准通信，通信网络宜采用 100M 及以上高速以太网。

（6）一次设备状态监测系统宜通过一体化信息平台与变电站自动化系统接口。宜预留与远方状态监测主站端系统的通信接口。与其他系统的通信应严格按照《电力二次系统安全防护总体方案》要求，通过 MPLS-VPN 实现网络和业务以及不同安全分区的隔离，确保系统功能安全。

第八节 二次设备布置

二次设备的布置方式主要取决于变电站的电压等级、一次设备布置方案、变电站的运行管理模式。城市户内变电站二次设备的布置方式一般要求按照规划终期规模一次建成，除了满足巡视、检修要求外，应达到布置紧凑、满足设备运行的环境条件、合理预留终期屏位的要求。城市户内变电站二次设备布置在《220kV～500kV 户内变电站设计规程》《35kV～110kV 户内变电站设计规程》中规定："5.8.1 二次设备室的位置应满足节省控制电缆、防尘、防潮等的要求。5.8.2 二次设备室宜按规划建设规模一次建成，在满足定期巡视和检修的条件下，二次设备室布置应紧凑，并合理预留屏位。5.8.3 变电站不宜设独立的通信机房，当变电站按无人值班运行管理模式建设时，不宜设独立的主控制室。5.8.4 二次设备室的设计和布置应符合监控系统、继电保护设备的抗电磁干扰能力要求。"

一、二次设备室布置

二次设备室的布置应与总平面布置、建筑、照明、暖通等专业密切配合，应考虑空调、必要的采暖和通风条件、电磁屏蔽措施，应尽可能避开强电磁场、强振动源和强噪声源的干扰，还应考虑防尘、防潮、防噪声，并符合防火标准，使二次设备获得良好的运行条件。

二次设备的布置大致分为集中式和分散式。当采用集中式布置时，将大部分二次设备统一安装在二次设备室；当采用分散式布置时，仅将监控系统站控层设备及二次公用设备安装于二次设备室，其他二次设备按间隔安装于配电装置的汇控柜或端子箱。

二次设备室按照终期规模一次建成（见图 4-56），以免在工程扩建时对电气及其他专业施工及运行造成困难。城市户内变电站一般布局紧凑，要在符合运行、检修要求的基础上，考虑以下因素，合理布置：初期工程对屏柜的布置应结合终期规划，充分考虑扩建的便利，尽量紧凑成组，避免由于初期缺乏周密细致的统筹规划而形成排列的杂乱无章。为便于巡视及检修，屏柜间及屏柜与墙之间应保留足够的通道尺寸（见表 4-24），一般屏正面-屏正面不小于 1400mm，屏正面-屏背面不小于 1200mm，屏背面-屏背面不小于 800mm，屏正面-墙不小于 1200mm，屏背面-墙不小于 800mm，主要通道不小于 1400mm。在紧凑布置的基础上，考虑备用屏位，一般采用集中布置时按总屏位的 10% 考虑，采用下放布置时按总屏位的 15% 考虑。

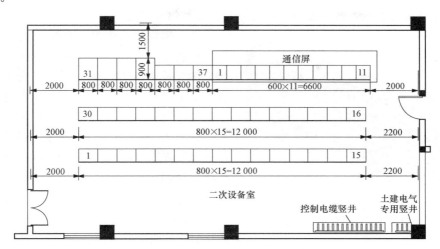

图 4-56　110kV 变电站二次设备室屏位布置图

表 4-24　　　　　　　　　　　二次设备室屏间距离和通道宽度　　　　　　　　　　　　　　mm

距离名称	采用尺寸	
	一般	最小
屏正面-屏正面	1800	1400
屏正面-屏背面	1500	1200
屏背面-屏背面	1000	800
屏正面-墙	1500	1200
屏背面-墙	1200	800
边屏-墙	1200	800
主要通道	1600～2000	1400

变电站不宜设独立的通信机房，通信设备与其他二次设备同室布置。按无人值班运行管理模式建设的变电站，不设独立的控制室，计算机监控系统设备和继电保护设备同室布置于二次设备室。

330～500kV 变电站按无人值班运行管理模式建设，当规模较大时，可分别设计算机室和继电器小室，可不设计算机控制台。继电器小室可在配电装置区就近布置或按电气单元设置，继电器小室设置方式的选择，需根据具体工程综合考虑：满足设备抗电磁干扰的要求、有利于运行巡视方便、节省用地、减少维护费用和降低工程投资等。近年来国内设计的变电站，按各电压等级配电装置分别设置 1～2 个相对集中或分散设置多个继电器小室。当受场地的限制有困难时，为了减少征地，一级电压的配电装置也可设置 2 个继电器小室。从目前国内主要采用的电气一次接线方式来考虑，变电站的继电器小室总量不宜超过 4 个。

一般二次设备屏体外形尺寸为 2260mm×800mm×600mm（高×宽×深），站控层设备屏体因工作站尺寸限制，深度可在 900～1000 mm 范围内调节；通信设备屏体外形尺寸为 2260mm×600mm×600mm（高×宽×深）。近期，由于智能化设备的应用，设备外形尺寸可优化，端子排大幅度减少，某些厂家可提供 $2260mm\times600mm\times600mm$（高×宽×深）外形尺寸的二次屏体。因此，当通信设备布置于二次设备室时，为了确保二次设备室整体美观，通信设备屏体宜与二次设备屏体尺寸一致。全站屏柜颜色应一致，见图4-56。

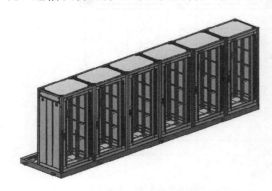

图 4-57　预制式二次组合设备示意图

等，宜按功能采用预制式二次组合设备。

　　预制式二次组合设备安装于二次设备室。其特有的辅助框架除用于加固二次组合设备模块，还可防止模块运输以及现场吊装运输过程中的冲击、振动对模块化二次组合设备产生不良影响。预制式二次组合设备安装就位后与传统方案外观一致，且单个屏柜增加或更换方便，利于工程扩建或改造。预制式二次组合设备使用寿命达25年，满足二次设备20年寿命要求。二次设备屏柜采用统一规格，除服务器、电源柜外，其他二次设备屏宽宜采用600mm。

　　预制式智能控制柜（见图4-58）将就地布置的保护、测控、计量和智能组件等设备按间隔与一次设备本体一体化设计、一体化安装，实现一、二次设备的高度集成。至一次设备本体采用预制电缆，至二次设备室采用预制光缆，实现智能控制柜"即插即用"，现场零接线，还可有效地节省配电装置区的占地面积。

　　预制式智能控制柜宜考虑取消重复的二次回路，以简化柜内元器件配置，增加就地可利用空间。柜内配线、联调在出厂前完成，减少现场接线、调试工作量。智能控制柜尺寸与各电压等级紧凑型GIS装置布置尺寸匹

二、模块化二次组合设备

　　在新建变电站工程中，为有效减少现场安装、接线及调试工作量，近期，变电站二次系统提出了模块化设计的理念。主要包括预制式二次组合设备及预制式智能控制柜。

　　预制式二次组合设备（见图4-57）由二次设备屏柜（或机架）及具备承载机柜、布线、收纳线缆、接地等的一体化框架组成，以模块为单位，在工厂内完成集成和调试后，整体运至现场，大幅减少现场工作量。站内公用设备，如一体化监控模块、电源模块、通信模块、辅助模块

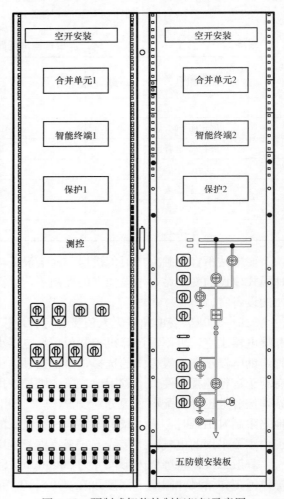

图 4-58　预制式智能控制柜组柜示意图

配，一般 220kV：1600mm（W）×800mm（D）×2260mm（H）；110kV 及主变压器本体：800mm（W）×800mm（D）×2260mm（H）两种规格。预制式智能控制柜安装于配电装置区，柜体应具备相应等级的抗干扰性及温度、湿度调节和防尘等方面的措施。

第九节　控制电缆、光缆的选择与敷设

城市户内变电站控制电缆与光缆的选择与敷设主要从满足设备安全运行、避免检修时互相影响、故障时减少次生灾害的角度考虑。

一、控制电缆

城市户内变电站控制电缆的选择与敷设的设计应符合《电力系统电缆设计规程》GB 50217 的规定及《火力发电厂、变电站二次接线设计技术规定》DL/T 5136 的相关规定。

1. 变电站用控制电缆的分类

变电站用控制电缆通常分为阻燃电线电缆和耐火电线电缆两种。

阻燃电缆是在规定的试验条件下，试样被燃烧，在撤去火源后，火焰在试样上的蔓延仅在限定范围内并且自行熄灭的特性，即具有阻止或延缓火焰发生或蔓延的能力。阻燃电缆按国家实验标准（GB12666—1999）可分为三个等级：ZRA、ZRB、ZRC。在一般产品命名中，ZRA 通常用 GZR 表示，属称高阻燃电缆或隔氧层电缆或高阻燃隔氧层电缆。ZRC 在一般阻燃产品中表示 ZR。

阻燃电缆是保持普通电缆的电性能和理化性能的同时，具有自熄性，即不易燃烧，或当电缆因故自身着火或是外火源引燃着火时，在着火熄灭后电缆不再继续燃烧，或燃烧时间很短（60min 以内），或延燃长度很短。根据电缆阻燃材料的不同，阻燃电缆分为含卤阻燃电缆及无卤低烟阻燃电缆两大类。

其中含卤阻燃电缆的绝缘层、护套、外护层以及辅助材料（包带及填充）全部或部分采用含卤的聚乙烯（PVC）阻燃材料，因而具有良好的阻燃特性。但是在电缆燃烧时会释放大量的浓烟和卤酸气体，卤酸气体对周围的电气设备有腐蚀性危害，救援人员需要带上防毒面具才能接近现场进行灭火。电缆燃烧时给周围电气设备以及救援人员造成危害，不利于灭火救援工作，从而导致严重的"二次危害"。

无卤低烟阻燃电缆的绝缘层、护套、外护层以及辅助材料（包带及填充）全部或部分采用的是不含卤的交联聚乙烯（XLPE）阻燃材料，不仅具有更好的阻燃特性，而且在电缆燃烧时没有卤酸气体放出，电缆的发烟量也小，电缆燃烧产生的腐蚀性气体也由阻燃性和降低卤酸气体发生量之间采取折中的方式开发出了低卤低烟阻燃电缆。它的含卤量约为含卤阻燃电缆的 1/3 左右。发烟量也接近于公认的"低烟"水平。

耐火电缆是指在规定的火源和时间下燃烧时能持续地在指定状态下运行的能力，即保持线路完整性的能力。耐火电缆按国家实验标准可分为二个等级：NHA、NHB；在一般产品命名中，NHA 通常用 GNH 表示，属称高耐火电缆。NHB 在一般耐火产品中表示为 NH。

B 类耐火电缆能够在 750～800℃的火焰中和额定电压下耐受燃烧至少 90min 而电缆不被击穿（即 3A 熔丝不熔断）。在改进耐火层制造工艺和增加耐火层等方法的基础上又研制了 A 类耐火电缆，它能够在 950～1000℃的火焰中和额定电压下耐受燃烧至少 90min 而电缆不被击穿（即 3A 熔丝不熔断）。

因此耐火电缆与阻燃电缆的主要区别是：耐火电缆在火灾发生时能维持一段时间的正常供电，而阻燃电缆不具备这个特性。基于上述原因，在变电站直流、不间断电源、保安电源系统应选用耐火电缆。计算机监控系统、双重化的继电保护、保安电源或应急电源等双回路合用同一通道或未相互隔离时的其中一个回路；消防、报警、应急照明、断路器操作直流电源等重要回路在外部火势作用一段时间内需维持通电时，明敷电缆应实施耐火防护或选用具有耐火性的电缆。当变电站与公共建筑合建时，为避免火灾引发次生灾害，建议使用低烟无卤电缆。

2. 变电站控制电缆的选择

变电站控制电缆应选择屏蔽电缆，根据运行环境选择耐火或阻燃电缆。控制电缆的绝缘水平宜采用 0.45/0.75kV 级。

继电保护用电流互感器二次回路电缆截面的选择应保证互感器误差不超过规定值。计算条件为系统最大运行方式下最不利的短路型式，并应计及电流互感器二次绕组接线方式、电缆阻抗换算系数、保护装置阻抗换算系数及接线端子接触电阻等因素。对系统最大运行方式如无可靠依据，可按断路器的断流容量确定最大短路电流。

测量仪表回路电流互感器二次回路电缆截面的选择，按照一次设备额定运行方式下电流互感器误差不超过选定的准确级次。计算条件应为电流互感器一次电流为额定值、一次电流三相对称平衡，并应计及电流互感器二次绕组接线方式、电缆阻抗换算系数、测量仪表或测控装置阻抗换算系数和接线端子接触电阻及仪表保安系数等诸多因素等。

继电保护和自动装置电压互感器二次回路电缆截面的选择应保证最大负荷时，电缆的压降不应超过额定二次电压的 3%。

测量仪表用电压互感器二次回路电缆截面的选择要满足：常用测量仪表回路电缆的电压降不应大于额定二次电压的 3%；Ⅰ、Ⅱ类电能计量装置的电压互感器二次专用回路压降不宜大于电压互感器额定二次电压的 0.2%；其他电能计量装置二次回路压降不应大于额定二次电压的 0.5%。

控制回路电缆截面的选择应保证最大负荷时，控制电源母线至被控制设备间连接电缆的电压降不应超过额定二次电压的 10%。

控制电缆应选择多芯电缆，尽可能减少电缆根数。当芯线截面为 1.5mm² 或 2.5mm² 时，电缆芯数不宜超过 24 芯。当芯线截面为 4mm² 及以上时，电缆芯数不宜超过 10 芯。用于双重化保护的各类控制电缆，两套系统不应合用一根多芯电缆；强、弱电信号不应合用同一根多芯电缆。7 芯及以上的芯线截面小于 4mm² 的较长控制电缆应留有必要的备用芯。但同一安装单位的同一起止点的控制电缆不必在每根电缆中都预留备用芯，可在同类性质的一根电缆中预留备用芯。应尽量避免将一根电缆中的各芯线接至屏上两侧的端子排，若为 6 芯及以上时，应设单独的电缆。

控制电缆的敷设应按照走向合理、路径最短、避免交叉的方式设计路径和敷设顺序。在电缆沟或电缆夹层的支架和吊架中，控制电缆应按以下原则进行敷设：控制电缆与电力电缆不宜配置在同层支架和吊架上；强电、弱电控制电缆按由上而下的顺序敷设。为排列美观，运行安全，在电缆夹层中的控制电缆及配电装置本体至其汇控柜或端子箱的控制电缆宜置于电缆槽盒中。

二、光缆

《220kV～500kV 户内变电站设计规程》《35kV～110kV 户内变电站设计规程》规定"5.9.2 光缆的选择应根据传输性能、使用环境确定，除线路纵联保护专用光纤外，其余宜采用缓变型多模光纤。"

在城市变电站建设中，在二次系统中的以下传输过程需要采用光缆：跨设备间之间的网络连接，智能变电站中对可靠性要求较高的采样值、保护 GOOSE、过程层对时等信息宜采用光缆。

室内光缆可选用尾缆或软装光缆；室外光缆可根据敷设方式采用无金属、阻燃、加强芯光缆或铠装光缆；缆芯一般采用紧套光纤；每根光缆或尾缆至少预留 2 芯备用，一般预留20％备用芯，光缆芯数宜采用 4、8、12 芯或 24 芯。

双重化保护的电流、电压采样值回路以及保护 GOOSE 跳闸、控制回路等需要增强可靠性的回路接线，应采用相互独立的光缆。起点、终点为同一对象的多根光缆应整合。

为了保证光缆的可靠性及使用寿命，应采用密封性能良好和便于接续的光缆接头。宜采用标准化的光纤接口、焊接或插接工艺，可根据需要采用无需现场熔接的预制光缆组件。当采用预制光缆时，应准确测算预制光缆敷设长度，避免出现光缆长度不足或过长情况。可利用柜体底部或特制槽盒两种方式进行光缆余长收纳。

光缆敷设时宜配置在支、吊架的最底层，可采用专用的槽盒或 PVC 塑料管保护。软装光缆在电缆沟内应加阻燃子管保护。当光缆沿槽盒敷设时，光缆可多层叠置。当光缆穿PVC 管敷设时，每根光缆宜单独穿管，同一层上的 PVC 管可紧靠布置。应根据室外光缆、尾缆、跳线不同的性能指标、布线要求预先规划合理的柜内布线方案，有效利用线缆收纳设备，合理收纳线缆余长及备用芯，满足柜内布线整洁美观、柜内布线分区清楚、线缆标识明晰的要求，便于运行维护。

三、电缆、光缆的"即插即用"

在智能变电站建设过程中，提出了针"标准化设计、工厂化加工、装配式建设"的设计理念，控制电缆和光缆的选型和敷设采用了"即插即用"的设计方案：即控制电缆、光缆采用工厂预制及标准化设计，减少施工工作量、缩短建设周期，并消除传统熔接操作带来的多种质量风险，提高系统长期运行可靠性。下面分别介绍现阶段光缆、电缆的"即插即用"方案。

1. 光缆的"即插即用"

近几年，通过大量的智能变电站建设工程实践，光缆连接工艺、技术的不断的发展，总结出光缆的"即插即用"的实施方案，现阶段一般采用预制光缆、光端子＋光纤转换模块技术实现。

（1）预制光缆。预制光缆（见图 4-59）是早期出现的光缆"即插即用"方案，光缆经过工厂预处理后，在光缆的一端或两端根据需要连接各种类型的光纤连接器，实现预制端在施工现场的无熔接接续点的连接或直连。预制光缆主要解决现场熔接问题。在施工现场，由于缺乏具有指导意义的光缆施工工艺规范要求及标准指导，受安装人员操作水平、环境温湿度及粉

图 4-59　双端预制光缆

尘影响，施工现场熔接易造成光缆安装过程中各熔点的质量良莠不齐，在环境条件急剧变化或长期运行中留下安全隐患，预制光缆解决了这个问题。预制光缆需要在光缆供应商供货前，由设计人员提供准确的光缆芯数及双端设备之间的长度，由供货商在出厂前利用较好的环境及专业的熔接设备，提前熔接好端头。

预制光缆包括单端预制、双端预制。对于站区面积较小、光缆长度较短的应用场合，预制光缆可采用双端预制方式；对于站区面积较大、光缆长度较长的应用场合，预制光缆可采用单端预制方式。

预制光缆的方案简便、有效，在现阶段工程建设中仍大量应用。但是因需要工程设计人员在光缆订货阶段提供准确的光缆芯数，当采用双端预制时，还要提供准确的光缆长度，否则由于芯数不匹配或长度不满足要求，造成预制光缆无法使用。准确提供光缆芯数及长度，相当于将施工图设计周期向前延伸，是制约供货商按时供货的因素之一，所以在工程实践中，各建设方在探索更有效的解决方法。

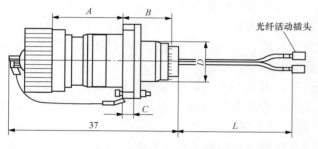

图 4-60　光纤分配器插座组件

随着新型光缆工艺的发展，通过新型多芯连接器的研发，制造商设计出了光纤分配器（见图 4-60、4-61）的理念，为预制光缆提供了高对接能力的连接器，即在多芯光缆上预制相应多芯分配器，使之紧密匹配，同时具备光缆特性和新型连接器的双重优点，以高可靠性和抗侵扰能力，满足智能变电站严格的施工、运行环境的需要。其优势在于连接器本身即为预制光缆的核心组成部分、与光缆为一体化结构，既实现了预制光缆的各项功能，又可以通过自身的强化结构直接改善连接性能。其特点在于光纤分配器外有高强度金属外壳保护，可以抵抗施工时如踩踏、挤压等偶发因素影响，于固定光缆处有尾管及注胶等工艺结构，强度大、具备很高的拉力水平（不小于 800N），满足复杂敷设路径要求。并且户外连接器小巧、紧凑，对接简单、牢固，具备 IP68 防尘防水等级，耐侵蚀，满足智能变电站长期运行需要。同时连接器对接精度高、衰减小（典型

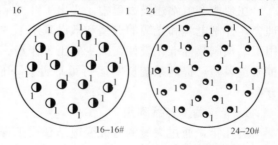

图 4-61　16、24 芯装针绝缘体插合面视图

值 0.2dB），并且消除光路熔接断点，降低光路损耗，可以有效保障信号传输质量。

光纤分配器分为插头、插座两个部分，插头部分接在光缆的两端（由光缆厂家完成），根据实际需要，16、24、48 光缆分别配置 16、24、48 插头。插头组件的一端为光缆，另一端有 16、24 根或 48 根插针（依据光缆的芯数确定），跟插座配合使用。

在工程实施中，光纤分配器与 ODF 配合使用，可有效地解决机械折弯、踩踏、生拉硬拽等不当施工造成的光缆损坏，而且可合并双端为同一对象的多芯电缆的根数。

（2）光端子＋光纤转换模块。通过近几年光纤技术的发展以及智能变电站光缆"即插即用"的研究，目前跨室连接以及同室内光缆的"即插即用"的方案已经相对成熟，但制约智

能变电站"即插即用""模块化设计"的最后一个环节——"装置与装置之间的即插即用"，由于各厂家装置接口的不统一，还未真正的实现。

为了解决上述问题，借助二次专业端子排的概念，提出了在智能变电站应用光端子的方案。光端子的应用可以使各厂家不同接口形式在光端子的出端实现统一。各装置至"光端子"内部的连接属于厂家内部接线，可以实现"工厂化加工"的要求；光端子外部的预制光缆连接统一使用 ST 接口，光端子按照功能段进行标准化布置，工程设计人员在施工图设计阶段不需要考虑厂家接口及布置不统一的问题，达到"标准化设计"的要求。施工单位在进行光缆敷设及接线时不用考虑接口差异，可以"即插即用"，达到"模块化建设"的要求。

户内变电站各典型间隔可进行基于光端子的模块化设计，使相同间隔对外端子段及接口一致，形成标准化接口。光端子的运用效果类似于传统变电站端子排，实物示意图见图 4-62。屏柜内的装置接口全部引至光端子，类同于传统变电站装置内部接线引至电缆端子排，此部分属于供货商完成的内部接线。预制光缆通过光端子接入装置，类同于传统变电站电缆接入端子排。其功能示意图见图 4-63。

图 4-62　"光端子"实物示意图

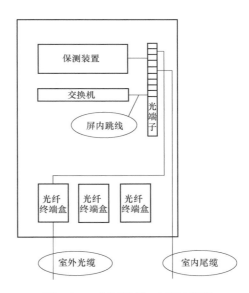

图 4-63　"光端子"功能示意图

光端子的应用可以使施工、检修及运行方式完全继承传统变电站端子排的丰富经验，如：运行屏柜内工作"封端子"等有效的安全手段，完全可以应用于智能变电站光端子排上。

光纤转接模块（见图 4-64）主要用于将预制光缆插头组件的 4～24 芯连接器分支为 LC 口连接器，然后利用单芯或双芯跳线可以直接将模块输出端连接至"光端子"或者智能装置光端口。

图 4-65 提供了一个二次设备分散布置的典型间隔，

图 4-64　光纤转换模块图

利用光端子进行光缆连接的完整方案图。安装于相同设备间的装置，通过光端子及预制尾缆连接，安装于不同设备间的装置，通过光端子及光纤转换模块经预制光缆连接。

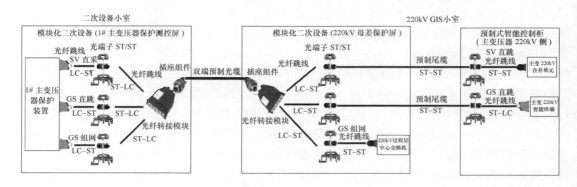

图 4-65 "光端子"连接方案示意图

通过以上分析，光缆的"即插即用"方案可综合光端子、光纤转接模块、预制光缆、尾缆等成果，区分不同使用环境实现。屏柜内二次装置间连接宜采用跳纤；室内不同屏柜间二次装置连接宜采用光端子＋光纤转换模块＋预制尾缆方案；跨设备间二次装置连接可采用光端子＋光纤转换模块＋预制光缆方案。

对于站区面积较小、室外光缆长度较短应用场合，室外预制光缆可采用双端预制方式；对于站区面积较大、室外光缆长度较长的应用场合，室外预制光缆可采用单端预制方式。

2. 电缆的"即插即用"

现阶段，通过工程实践，总结出应用效果较好的两种电缆"即插即用"实施方案：航空插头和转接端子。

（1）航空插头。航空插头在控制电缆两端安装，插座尾部接设备，插头尾部接控制电缆，组合形成预制电缆。航空插头早期广泛应用于主变压器有载调压机构至端子箱的接线中，适合单位接线密度大的单元。航空插头由于连接可靠性高，在高压组合电器设备本体与汇控柜的连接上也得到了广泛应用。

使用航空插头来取代传统施工现场接线有以下几个优势：采用压接型，比拧螺丝的接线更牢靠；单位密度大，一个航空端子可以接线 64 芯以上；线缆老化更换方便；不同的机构的接线位置固定，可以实现标准化接线；出厂检验合格后，线缆基本免维护；适合厂家批量化生产；适应现场复杂恶劣的环境，抗干扰能力强，屏蔽性能良好；现场容易操作，施工方便，节省空间。

在户内变电站中，航空插头的使用范围有以下特征：电缆使用线芯数量大；在平面布置图确定后能够准确测量长度；电缆敷设距离较短，路径简单，不涉及限制航空插头结构的穿管、穿墙工作。即航空插头可应用于 GIS 本体至汇控柜；主变压器有载调压、本体非电量单元、冷却器控制回路至相应的端子箱；主变压器有载调压端子箱、主变压器本体端子箱、冷却器控制箱至主变压器智能组件柜的接线。目前，由于接线密度低，及最大限度地保证回路安全，电源接线回路、TA 回路接线暂不考虑使用航空插头。图 4-66 提供了使用航空插头连接与传统电缆连接的对比图。

（2）转接端子。转接端子在 10、35kV 开关柜中可方便地实现电缆的"即插即用"。

目前，10、35kV 保护测控装置多采用在开关柜上就地安装的方式。不同型号的保护测控装置背板端子排接线布置不同，在对继电保护装置进行初次安装或更换时，需要设计开关柜端子排至保护测控装置的二次连接线，保护测控装置在开关柜的寿命期内进行更换时，需要重新布置开关柜端子排的二次接线。转接端子是保护测控装置与开关柜之间的桥梁，在保护测控装置与开关柜端子排之间布置 4 个转接端子，安装在开关柜柜门上，分别划分为 TA 与 TV 回路、控制回路、信号回路、备用接线单元，4 个单元按照标准化进行设计。

转接端子分为插头、插座两个部分，保护测控装置与转接端子插头部分连接，开关柜端子排与转接端子插座部分连接。

图 4-66　使用航空插头连接与传统电缆连接的对比图

在新建工程中，开关柜生产商按照标准设计布置开关柜端子排即可，无需等待保护测控装置的招标结果，开关柜到现场后，通过转接端子方便地与保护测控装置对接；在改造工程中，更换保护测控装置时，只需将转接端子插头与保护测控装置进行对接，不需要改造其他接线回路。由此可见，转接端子在新建及改造工程中，均可实现开关柜与保护测控装置之间电缆的接线的"即插即用"。转接端子安装效果图如图 4-67 所示。

图 4-67　转接端子安装效果图

第五章

建 筑 与 结 构

变电站是电网中的线路连接点，用以变换电压、交换功率和汇集、分配电能的设施场所。变电站建筑设计与结构设计是整个变电站建筑设计过程中的两个重要的环节，对整个建筑物的外观效果、结构稳定起着至关重要的作用。

变电站的建筑设计应根据工程规模、电压等级、功能要求、自然条件等因素，结合电气布置、进出线方式、消防、环保、节能等要求，合理进行建筑物的平面布置和空间组合，在满足生产工艺的基础上，保证结构的安全可靠和优化建筑造型，积极采取各项经济可行的节能措施，注重建筑单体和群体的效果，并与周围环境相协调。位于城市或工业区内部的变电站还应符合城市规划及工业企业总体规划的要求。

变电站的结构设计应满足强度、稳定、变形、抗裂及抗震等要求，并在总结实践经验和科学试验的基础上，积极慎重地推广国内外先进技术，因地制宜地采用成熟的新结构和新材料。

变电站建筑及结构的设计应遵守国家有关建筑节能政策以及相关的规程规范要求，结合变电站的使用功能，因地制宜地选择和应用比较成熟且有效的节能技术。对变电站建筑结构进行良好的设计，将会很有效的推动我国经济健康稳定地发展。

第一节 建 筑 设 计

变电站按照建筑形式和电气设备布置方式，分为户内、半户内和户外变电站三种类型。其中，户外变电站主变压器和高压侧电气设备均布置在户外，设备占地面积较大，一般适合于城市中心区以外土地资源比较宽松的地方。城市户内变电站是指主变压器和高压侧电气设备其中之一或全部设置在城市建筑物内的变电站，一般位于城市中心或市郊，采用全户内和半户内两种电气布置方式。随着电气设备科技的进步和广泛推广，城市户内变电站高压侧配电装置普遍采用体积小、技术性能优良的 GIS（SF_6 气体绝缘全封闭组合电器）设备，全部配电装置包括主变压器均可以集中布置在一栋建筑物内，从而具有节约占地面积、设备运行条件良好、容易与周围环境相协调的优点。

（1）全户内变电站：主变压器和高压侧电气设备全部设置在厂房内的变电站。具有全站布置紧凑，占地面积小，运行安全性能高，与环境结合较好的特点，一般应用于城市开发密度较高的区域，如图 5-1 所示。

（2）半户内变电站：一般主变压器为户外布置，其他配电装置布置于厂房内的电气布置方式，国内部分地区也有将高压侧配电装置如 GIS 设备布置于户外的方式。如图 5-2 所示。

该种布置方案结合了全户内布置变电站占地面积小和户外布置变电站工程造价低廉的优点，一般应用于城市近郊或边缘区域。

图 5-1　全户内 220kV 变电站图例

图 5-2　半户内 220kV 变电站图例

一、城市户内变电站建筑设计的基本原则

随着我国城市化进程加速以及各级城市建设的蓬勃发展，城市对于电力的需求量不断增长，变电站的布点越来越密，为满足城市各区域内用电需求，越来越多的 110、220kV 直至 500kV 变电站深入城市用地范围，这就要求变电站这一特殊工业建筑的建设必须满足当地城市规划、环保、节能等要求，并且要融入城市整体建设风貌，与周围环境和谐共生。同时，城市变电站也是电力行业文明发展的载体之一，它在一定程度上反映了电力企业的文明发展、社会形象、科技水平和文化内涵，从而在社会上树立起电力企业的良好社会形象。因此，积极采用新技术、新材料、新工艺，建设"资源节约型、环境友好型、工业化"的户内变电站，是城市变电站的必然发展方向和要求。

（1）城市户内变电站除应满足运行管理及电气设备工艺要求外，尚应满足当地规划、环保、节能等方面的要求。

城市户内变电站隶属工业建筑的范畴，和其他工业建筑一样，首先具有生产的物质功能，必须满足运行管理及电气设备工艺要求，必须符合经济、适用、安全运行的建设目标。但是，作为城市建筑群中的一分子，还需要符合城市总体规划以及详细规划确定的制约性要求，如建筑控高、建筑密度、容积率、绿化率、退线距离、交通出入口方位、防火间距等。同时，随着国家对节能减排的要求和公众对环境影响的日趋关注，城市户内变电站还需要符合当地政府规定的噪声控制、日照间距、水土保持等环保、节能等方面的要求。其中，对于毗邻城市住宅区、中小学教育机构、医院等对噪声、电磁影响敏感的特殊区域建设的变电站，在变电站站址选择、土建设计上还需要满足更为严格的环保要求。以北京市电力建设为例，按照 GB 8702—2014《电磁环境影响控制限值》、HJ 24—2014《环境影响评价技术导则 输变电工程》中建设项目环境影响评价要求，220kV 变电站电磁环境影响的评价范围为站界外 40m 内的敏感目标（居民、办公、中小学、幼儿园等）。按照要求，变电站建设必须取得敏感目标内 60% 样本的支持意见，方可以办理环评批复，否则选址不成立，工程建设的可行性就存在问题。故变电站在选址和设计阶段需充分考虑与敏感建筑的合理距离，主要电气设备房间宜布置在远离敏感建筑一侧。

（2）城市户内变电站建筑设计应与周围环境协调。城市户内变电站建筑设计还应注意外观与周围环境协调，满足城市市容市貌的要求，使变电站融入城市整体环境设计中。

变电站建筑属于工业建筑的一个分支。回顾工业建筑发展的历史，工业建筑随着 18 世纪工业革命的兴起而诞生。工业建筑与当时的先进技术紧密结合，从产生之日起就打上了深刻的技术烙印，逐渐形成了一套技术主义倾向的，与机器美学相对应的建筑美学。这种美学思想的主要特点体现在以满足生产和设备需要、经济性和结构合理性基础上的模式化（可大量重复）、功能主义（生产主导型，功能决定形式）以及简约化。然而，这种技术主义发展到极端就成了技术至上主义、极简主义，这种倾向排斥建筑美学的其他层面，尤其是环境因素、人文因素、企业标识因素等层面，必然导致其自身的不完善和与时代的不协调，产生大量无美学特征的方盒子建筑。

长期以来，我国城市变电站受经济条件及思想观念的制约，变电站建筑大多呈现简单朴素的形象，一些变电站的形体和立面处理相对简单粗糙。体量庞大、色彩单一，纯粹满足设备功能需要的工业化形态的呈现方式与周边环境协调性较差，造成邻近居民对变电站设施形成形象不佳的观感，甚至产生不必要的担心及严重的抗拒心理。

随着国内城市化进程的不断推进，城市变电站工程的建设与城市发展的矛盾日益凸显，城市的文明进程愈来愈要求城市变电站与环境的和谐性，即更少的土地资源占用、更美观的外观展现。同时，邻近居民对变电站工程外观宜人的感官感受也影响着社会公众对城市输变电工程的接受度，有利于城市输变电工程的选址和建设、运行。

为了适应城市变电站建设的发展趋势，城市户内变电站建筑设计应符合"环境友好型"的设计理念，与周围环境相协调。变电站外观设计的总体原则应为：变电站的建筑外形、风格与周围环境、景观协调统一，不突兀于总体环境。建筑设计中一定要有整体景观的概念，应明确变电站建筑对于整体景观起到的辅助和陪衬性作用，不可喧宾夺主。

由于变电站建筑受到电气工艺布置的限制，其开间进深、建筑层高、门窗开洞与一般公共建筑具有很大的差别，部分设备、设施如主变压器散热器、吊装平台、吊装口、暖通消音

设备暴露在外界。一般建议在变电站总平面图布局中，将容易"暴露"变电站属性的主变压器间、散热器间布置在比较不引人注意的平面位置，也可以通过建筑物将上述设备间围合或半围合起来，不直接面向主要道路和公众。当电气布置主变压器和散热器间必须面向外界道路和公众时，建筑设计师可采取"遮""掩""挡"的办法，对建筑的外表皮进行精心设计。

在具体设计手法上，城市户内变电站建筑虽然不能完全等同于民用建筑，但其设计的基本原理是一致的：需要在满足不同的使用要求的同时，采用建筑的造型和空间处理、结构的技术形式、建筑材料色彩、肌理的对比等手段，营造出适应和协调所在区域环境的建筑形象。建筑设计师需要分析变电站建筑自身的功能要求、周边建筑和环境的风格包括所处区域的文化脉络，找到一种最恰当的立面形式，将相互矛盾的各方面统一起来，从而与其所处的特定环境取得平衡。对于建于非风景名胜区、历史风貌区的城市户内变电站，一般宜尽可能通过建筑物本体的造型、线条、色彩设计，体现变电站现代工业建筑的简洁、稳健、理性的美感，避免过于繁琐的立面处理及采用大量豪华的装饰材料。

近年来，为了破解变电站与城市环境协调难题，国内一些大中型城市电力公司立足当地城市规划实际，提出并制定了具有针对性的变电站外观优化设计管理办法和变电站外观优化设计原则。例如，有的城市根据城市变电站所处地区的不同，将变电站划分为七种类型并提出不同的要求：户外敞开式变电站按通用设计要求执行；架空进出线的户内、半户内变电站适度进行外观优化设计，体现工艺建筑的美学价值；电缆进出线的户内、半户内变电站应进行外观优化设计；与绿地结合建设的地下、半地下变电站应尽可能减少地面建筑、设施体量，使之成为绿地里的景观物；商务区建设的地下、地上变电站外观应与所处区域建筑风格和谐统一；工业区建设的户内、半户内变电站应适度进行外观优化设计，体现工业建筑的美学价值；风景名胜区、历史风貌区、居民区建设的变电站应积极进行外观优化设计，使之融合于周边建筑之中，如图5-3～图5-7所示。

通过上述措施，各地城市户内变电站涌现了一批符合"资源节约型、环境友好型"原则的优秀工程设计。

图5-3　位于经济开发区的北京市
亦庄兴业110kV变电站

图5-4　位于鸟巢附近的北京市110kV变电站

图5-5　位于城市中心区的南京市某110kV变电站

图 5-6　位于城市居民区的某 110kV 变电站　　图 5-7　位于城市中心区的某 220kV 变电站

（3）户内变电站主要生产建筑物宜按规划要求一次建成。其他建（构）筑物可根据工程特点，一次建成或分期建设。

随着城市的快速发展，城市区域用地负荷高度密集，供电设施用地急需与城市区域内可供建设用地日益减少的矛盾越来越突出，国内不少城市虽然已经有了变电站用地的市政规划，但受到各方面因素重重制约，导致电网建设相对滞后。同时，由于变电站从规划、选址、立项、设计、施工到最终投产运行的建设周期较长，一般情况下，一个变电站从规划到投产大约需要 5～6 年时间，因此，需要未雨绸缪，提前开展电网规划和建设等工作。

为了保障城市工商业以及居民日益增加的用电需求，有效保障可靠供电，35～220kV城市变电站不可避免越来越靠近敏感建筑（如城市住宅区、办公建筑等）建设。随着政府和社会公众普遍的环保、维权意识的增强，加上部分群众对于变电站电磁辐射影响等的不科学理解，尽管新型城市户内变电站已经采取了电气设备全户内布置等措施，但城市变电站建设的实施越来越困难。

针对城市变电站规划选址难、建设难的问题，建议城市户内变电站主要生产建筑物宜按规划要求一次建成，特别是选址位于规划新建住宅小区等敏感区域附近的变电站，宜先于或同期于敏感建筑建设，避免今后建设实施的困难。

（4）建筑实例。北新桥 110kV 变电站（地点，北京；建设时间，2006 年）。该站位于东四北大街以东，平安大街以北，东四十一条和东四十二条之间南北约 71m、东西约 25m 的不规则狭长地带内，占地面积约为 1643m²。变电站与地铁五号线张自忠站地下通风道及排风口贴建，设计为无人值班有人值守全户内型变电站。

图 5-8　原段祺瑞执政府海军部办公楼

厂房结合地块呈狭长状，长度方向为正东正西，地上三层，地下三层，总建筑面积3492m²。地下埋深约 12.15m，地上建筑高度13.95m，室内外高差 0.45m。其中，110kVGIS、主变压器及其散热器布置在地上一层；10kV 电容器、接地变压器、主控室布置在地上三层。10kV 开关柜布置在地下二层；地下一层和地下三层均为电缆夹层。

该站是城市型变电站的典型案例，站区位于文物保护地区，厂房东侧接地铁广场，西侧隔东四北大街与原段祺瑞执政府海军部办公楼对应，如图5-8所示，北侧及东侧均为受保护的四合院区域。原段祺瑞执政府海军部办公楼是1924年北洋军阀皖系首领段祺瑞执政时的中华民国临时执政所在地，为一幢2层的灰白洋楼，建筑高度与变电站相同，每层有一个通透的环形券廊，立面用青砖砌出壁柱和檐口，采用券形窗，带有明显的欧洲折中主义建筑风格，而拱券上又布满了精雕细刻的中国传统纹饰，中西合璧。

由于变电站主要立面为西侧和南侧，西侧正对原段祺瑞执政府海军部办公楼，北侧、东侧均为低矮的灰色四合院平房，南侧为绿化带，变电站在东四北大街以东显得格外突出。为了保持文物保护区的特色，必须通过适当的造型与周边环境协调。设计师在尊重文化脉络的基础上用现代建筑语言、建筑材料，与原段祺瑞执政府海军部办公楼和四合院平房友好而不张扬的对话，成为这片文物保护区又新又"老"的一员。如图5-9～图5-12所示。具体设计手法有：

1）主变压器间后砌墙采用挤塑聚苯板外喷真石漆形成西洋拱券造型与海军部办公楼券廊呼应。

2）女儿墙挑檐下增加装饰性挑檐，檐口装饰块的造型既有西洋建筑雉堞的简化又有中国古典建筑特有的"斗拱"神韵。

3）外墙砖选用灰色瓷砖错缝铺贴；外立面窗增加白色窗套，雨棚增加线脚，进站大门门柱及围墙采用中国传统的院墙形制，与四合院建筑协调。

4）建筑总体色调采用灰色系列，与周围环境协调。其中，墙体外墙砖为灰黑色，檐口及券饰造型为中灰色，窗套及雨棚为白色，色彩统一又富于变化。

图5-9　变电站西南侧效果图

图5-10　变电站东南侧效果图

图5-11　变电站西南侧验收照片

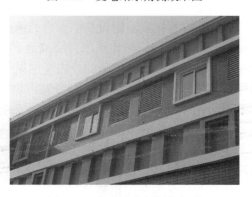
图5-12　变电站东侧局部细节

二、城市户内变电站建筑设计的要点

1. 建筑平面布置

城市户内变电站根据工艺需要，一般设置有变压器室、配电装置室、电抗器室、电容器室、主控制室、继电器室、通信机房、蓄电池室、电缆夹层等生产用房以及安全工具间、绝缘工具间、备品备件室、资料室、水泵房等生产辅助用房。另外，根据安全和运行需要，有的城市户内变电站还设有办公室、会议室、值班休息室、保安室等附属用房。

城市户内变电站一般位于城市中心或市郊，土地资源稀缺，城市中可供选择的站址较少，且用地条件苛刻。变电站建筑功能房间布置越紧凑、占地面积越小，变电站设计方案的适用性、可实施性就越大，经济性也越好。现实设计中，变电站平面布置不宜采用平面、分散式布局，应尽可能把所有设备用房、辅助用房、附属用房布置于同一幢配电装置楼内，采用立体紧凑布置，合理开展电气平面布局和立体流线设计，尽量减少不必要的附属用房、门厅、走道，提高建筑使用率。这样做将有效控制建筑的占地面积和建筑体积，减少变电站的占地面积以及建筑材料、电缆敷设等工程量，实现节地、节能、节材、节水和保护环境（简称"四节约一环保"）的建设目标。

通常情况下，为了节约用地，有利于设备垂直运输、消防、减少变电站对城市景观的影响等，城市户内变电站采用全户内立体紧凑布置的多层厂房方案。一般地上1~4层，地下一般1~2层，建筑高度控制在24m及以下。建筑平面布局中对于生产用房，应综合考虑电气设备布置、安装运输、运行检修、以及消防、土建等要求进行合理经济布置：主变压器等较重的电气设备以及低压侧配电装置出线较多时，宜布置在地上一层；中、高压侧配电装置可根据条件布置在适当楼层，当布置在地上二层及以上且有电缆出线时需设置电缆竖井；电容器组、站用变压器、接地变及消弧线圈（电阻柜）等电气设备可视情况布置在各层。生产辅助用房和附属用房则根据安全、运行检修、消防等要求，可视情况布置在各层。

对于某些对安全运行和消防有影响的生产辅助用房和附属用房，还需在平面布置中注意其特殊要求：

（1）水泵房。附设在厂房内的水泵房不宜布置在电气设备房间的正上方，同时，为了保证泵房内部设备在火灾时仍能正常工作，以及便于操作人员在火灾时进入泵房，消防水泵房不应设置在地下三层及以下或室内地面与室外出入口地坪高差大于10m的地下楼层，泵房疏散门应直通室外或安全出口，进出泵房不需要经过其他房间或使用空间而直接到达建筑外或者通过疏散走道直接通向疏散楼梯。

（2）消防控制室。附设在厂房内的消防控制室，必须确保控制室设置的位置能便于安全进出，一般设置在厂房建筑内首层或地下一层，并宜布置在靠外墙部位。

（3）保安室。无人值班的户内变电站可设置保安室，一般布置在靠近进站大门侧以方便站区保卫工作。目前，国内大部分城市户内变电站均按无人值班设计，但电力公司出于安全保卫考虑，一般都安排有少数保安人员在变电站驻守。对于站区周边生活配套设施不全的变电站，一般在设置保安室的同时还配套设置卫生间、厨房、休息室等附属房间，为保安人员日常生活提供保障。通常情况下，站内保安人员仅负责变电站的日常安全保卫工作，除特殊情况外不允许进入生产运行区域，所以，当保安室附设在配电装置楼内时，保安室与生产运行区域之间应采取分隔措施。

（4）卫生间、厨房。卫生间等用水房间不应布置在主控制室、继电器室、通信机房、配电装置室等重要设备房上方，也不宜有上下水管道和暖气干管通过设备房间，否则应采取有效的防范措施。

考虑健康卫生要求，变电站内厨房不宜布置在卫生间下方，否则应采取有效的防范措施。

卫生间、淋浴间、厨房等用水房间墙脚与楼板结合处容易积水、受潮，可能会导致相邻墙面渗水或发霉及墙面剥落。一般采取的防治措施是用水房间的楼板设置防水隔离层，楼板四周与墙体结合处（除门洞口）设置高度不小于 120mm 的混凝土翻边，且混凝土翻边尽量与混凝土结构梁板同时浇筑。

（5）主控制室、值班休息室、办公室。对于有人值班的户内变电站，为了避免变电站内部房间的互相干扰，主控制室、值班休息室、办公室等房间布置位置宜远离主变压器室、并联电抗器室、风机房等干扰源，同时宜具备良好的自然采光和通风条件。

2. 垂直交通运输组织

城市户内变电站厂房各层垂直交通组织一般设置疏散楼梯间，随着时代进步，工作条件的改善，针对消防、运行检修有要求的厂房也可考虑设置电梯。

疏散楼梯间的设计应满足《建筑设计防火规范》《民用建筑设计通则》等规范的要求。根据规范，对于常规将油浸变压器和多油电气设备部分或全部设置在多层厂房内的城市户内变电站，其生产火灾危险类别应按火灾危险性较大的部分确定为丙类厂房。厂房内的疏散楼梯间应按封闭楼梯间要求设置，楼梯间入口一般设置乙级防火门以防止火灾时的热气和烟进入。当封闭楼梯间不能天然采光和自然通风时，应按防烟楼梯间的要求设置。

同时，变电站厂房内楼梯的数量、位置、宽度和楼梯间形式应满足使用方便和安全疏散的要求。由于城市户内变电站趋向平时无人或少人值班的智能变电站模式，楼梯间净宽一般按两股人流为 $2 \times 0.55 + (0 \sim 0.15)$m 确定；每个梯段的踏步不应超过 18 级，亦不应少于 3 级；楼梯平台上部及下部过道处的净高不应小于 2m，梯段净高不宜小于 2.20m；内楼梯扶手高度不应小于 1.05m；楼梯踏步尺寸一般取宽为 260～280mm，取高为 160～180mm 较为适合。

另外，建筑垂直交通组织还应为各层电气设备的垂直运输及安装提供便利条件。城市户内变电站由于很多设备布置在地上二层及二层以上，有的设备质量比较大，且建筑层高较高，设备靠人工通过楼梯搬运非常困难，因此应在设计阶段重点解决各层的设备运输问题。体积或质量较大的电气设备应设置专用吊装口、吊装平台，吊装口应根据实际情况配备起重机、挂环等吊装设施，必要时可考虑采用电梯。

3. 建筑材料与建筑构造

城市户内变电站建筑物与其他生产性和民用建筑物一样，由楼地层、墙或柱、基础、楼电梯、屋盖、门窗等几部分组成，建筑构造与使用建筑材料的设计要求基本一致。由于变电站属于工业建筑范畴，变电站建筑构造设计和建筑材料的选用应符合工业建筑的特点，突出"实用、经济、在可能条件下美观"的设计原则。近年来，随着国内大力发展"绿色建筑"以及推广建设无人值班智能化变电站，变电站构造设计和建筑材料选用原则又相应增加了"工业化、节能环保、少维护"的要求。

在厂房建筑构造与使用建筑材料上，实用性设计首先应满足电气设备安装、运行、检修的要求，同时，还应满足建筑物的功能要求和使用要求，符合建筑构造和建筑材料选用的规律。经济性设计则要求厂房构造与建筑材料在厂房的全寿命周期内，最大限度地节约资源（节能、节水、节材），投资经济效益好。这里需要特别指出的是，经济性是在建筑的全寿命周期内的经济比较。经济性并不意味着单纯的低价格，也不意味着建筑设计要选用标准低、过渡性、使用年限少的构造做法，或者使用低质廉价、不耐用，甚至不能满足功能需要的建筑材料。具体表现在：

（1）楼地层。主要设备房间的楼地面宜采用防滑、耐磨材料；对于主变压器等荷载较大、运输安装困难，并对室内清洁度要求不高的电气设备房间，房间地坪宜采用坚固耐磨材料，通常采用细石混凝土楼（地）面或耐磨混凝土楼（地）面；对于设备质量不大，但对室内清洁度要求不高的电气设备房间，如接地变室、站用变室、电缆室、电缆夹层、通风机房、水泵房等房间，一般可以选用水泥楼（地）面或混凝土楼（地）面；对于设备质量较大或一般，且对室内清洁度有一定要求的电气设备房间，如配电装置室、GIS 组合电器室、蓄电池室等房间的楼面或地面宜采用不起尘的耐磨面层，如地砖、水泥面层或水泥自流平面层；对于电气布置有要求的二次设备室等设备房间可采用耐火抗静电活动地板。为了满足房间清洁度、便于电缆施工和维护，建议抗静电活动地板采用槽钢和角钢焊接的支架，地板面层可以采用瓷砖或其他防滑耐磨、不起尘、易清洁的面层材料，如图 5-13～图 5-16 所示。

图 5-13　地下电缆层采用细石混凝土地面示例

图 5-14　配电装置室采用地砖地面示例

图 5-15　配电装置室采用水泥楼面示例

图 5-16　二次设备室采用槽钢支架抗静电地板楼面示例

（2）墙体。城市户内变电站墙体材料应结合当地实际情况，在节能、环保基础上选用经济合理的材料。外墙材料应符合保温、隔热、防水、防火、强度及稳定性要求，通常采用的材料有加气混凝土砌块、混凝土空心砌块、煤矸石多孔砖、灰砂砖、粉煤灰砌块墙等，严禁使用实心黏土砖或孔隙率达不到规定要求的粘土多孔砖。

对于严寒地区有采暖要求的房间或者寒冷地区有节能要求的，需要采暖的房间外墙宜设墙体保温措施，建议优先采用外墙外保温做法。目前，外墙外保温做法常用做法有两种：第一种为外墙外挂聚苯板或挤塑板等保温材料，该外挂技术是采用粘结砂浆或者是专用的固定件将保温材料贴、挂在外墙上，然后抹抗裂砂浆，压入玻璃纤维网格布形成保护层，最后做外饰面。外墙外保温材料应与主体结构及外墙饰面连接牢固。第二种是在外墙的外侧使用保温节能砂浆材料。保温砂浆一般以无机类的轻质保温颗粒作为轻骨料，加由胶凝材料、石粉、抗裂添加剂及其他填充料等组成的干粉砂浆，其保温效果比第一种做法要差一些。

另外，为了减轻结构自重，节约投资，室内非承重墙及框架填充墙宜采用轻质材料，如加气混凝土砌块、混凝土空心砖、水泥纤维板等。

（3）屋盖。变电站屋面排水宜采用有组织排水及外排水，平屋面排水坡度不应小于2%。由于变电站厂房一般屋面排水距离较长，为了减轻屋面找坡层自重，厂房屋盖宜采用结构找坡或选用轻质屋面找坡材料。屋面防水应根据建筑物的性质、重要程度、使用功能要求采取相应的防水等级。通常情况下，由于主控制楼及户内配电装置楼等设有重要电气设备的建筑重要性较高，屋面防水等级应采用 GB 50345《屋面工程技术规范》规定的Ⅰ级。

（4）门窗。窗墙面积比是影响建筑能耗的重要因素，同时也受到采光、自然通风等室内环境要求的制约。普通窗户的保温隔热性能比外墙差很多，窗墙面积大，采暖和空调的能耗也较大。另外，目前城市户内变电站发展的趋势是无人化，开窗面积少也意味着维护工作量减少。因此，对于变电站厂房内的采暖空调房间，从节能和少维护的角度出发，在满足室内采光要求的前提下，宜减少开窗面积并采用节能中空玻璃窗。

蓄电池室应避免阳光直射，当设有采光窗时应采取毛面玻璃、磨砂玻璃、遮阳帘等遮光措施。

三、城市户内变电站与非居建筑结合建设

经过一定时期城市建设的快速开发，国内大中型城市建设用地特别是城市核心区建设用地的稀缺性充分暴露出来。当前，国内大中型城市核心区建设用地日趋紧张，城市核心区用电紧张和负荷中心区变电站选址困难、动迁成本高的矛盾也越来越突出。在城市繁华的金融、商业、行政、居住区域内获得一块变电站建设用地，电力公司往往会付出很大经济代价。为了充分利用土地这一不可再生的资源，国内部分城市已在进行城市户内变电站与办公等非居住类民用建筑结合建设的新建设模式探索。这种建设模式通过对城市中心区稀缺土地的集约开发，可以提高土地综合使用效益、降低成本、减少扰民、平衡电力公司建设资金，实现社会、政府、电力公司三方共赢，对建设可持续发展的、资源节约型、环境友好型的变电站具有积极的意义。

1. 与非居民用建筑建设结合的变电站

目前，国内外已有变电站结合其他非居民用建筑建设的成功经验，但由于国内尚未有相应的政策支撑和建设规范，社会各方面对变电站结合建设的看法不一致，因此，国内 110～220kV 城市地上户内变电站与非居建筑结合建设的实例还比较少，消防部门一般对该类型变电站采用专项审查的方式，消防设施的设置要求相比一般变电站要严格得多。国内变电站与非居民用建筑相结合建设一般采取以下技术措施：

（1）变电站一般不宜与居住类建筑结合建设。

（2）变电站与非居民用建筑相结合建设的综合楼，其耐火等级一般不低于二级。非居民用建筑部分宜采用耐火极限不低于 2.5h 的不燃烧体隔墙和不低于 1.50h 的楼板与变电站部

分隔开，并应至少设置一个独立的安全出口。如隔墙上需开设相互连通的门时，应采用甲级防火门。

（3）油浸主变压器室及多油配电装置室不应布置在人员密集的场所的上一层、下一层或贴邻。

（4）油浸变压器下面应设置储存变压器全部油量的事故储油设施或在站区设置总事故油池；油浸变压器室的疏散门应直通室外或直通安全出口；外墙开口部位的上方应设置宽度不小于1.0m的不燃烧体防火挑檐或高度不小于1.2m的窗槛墙。

（5）油浸变压器等宜采用水喷雾、细水雾、气体等自动灭火系统。

2．建筑实例

（1）北京宣武门110kV变电站。该站位于北京市宣武门地铁站东南，紧邻SOGO商场，由变电楼、半户外主变间及110kV配电装置室等组成，地上六层，地下一层，变电楼地上二层以上布置为办公用房，如图5-17～图5-19所示。

图 5-17　宣武门 110kV 变电站外观

图 5-18　宣武门 110kV 变电站站区

（2）广州 220kV 五仙门变电站（集控站）。该站采用综合楼布置形式（办公楼与变电站连为一体），变电站电压等级为 220/110/10kV，容量最终为 3×240MVA，本期为 2×180MVA，主变压器采用分体式。建筑平面布置如下：

图 5-19　与变电站合建的办公设施

1）地下层：消防水池，冷却器通风道，油池。

2）0.000m 层：主变压器，冷却器，站用变压器，室内停车场。

3）3.500m 层：主变压器室、冷却器上空，110kVGIS，站用配电室，办公房。

4）7.000m 层：主变压器、冷却器、110kVGIS 上空，办公房。

5）11.500m 层：主变压器室、冷却器上空，10kV 电缆室，办公房。

6）14.000m 层：10kV 开关室，检修室，电容器室，休息室，备品室等。

7）17.800m 层：10kV 分裂电抗器，蓄电池室，电容器室，控制电缆层。

8）22.600m 层：控制室，会议室等。

（3）上海复兴 220kV 变电站：该站与高层住宅楼贴建，变电站部分设备用房布置于两幢住宅楼之间的裙房内，三台油浸变压器并列布置在基地的西侧，主变压器间与住宅楼裙房之间布置 10m 净宽的通道，距住宅楼本体之间有 13m 以上的间距，满足防火间距要求。

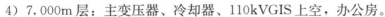

第二节　结　构　设　计

建筑结构是形成一定的空间和造型，并具有承受人为和自然界施加于建筑物的各种荷载作用，使建筑物得以安全使用的骨架，用来满足人类对生产、生活需求以及对建筑物的美观要求。建筑结构是在建筑物（包括构筑物）中，由若干构件（如梁、板、柱等）连接而构成的能承受各种外界作用（如荷载、温度变化、地基不均匀沉降等）的体系。建筑结构因所用的建筑材料不同，可分为混凝土结构、砌体结构、钢结构、轻型钢结构、木结构和组合结构等。

变电站结构设计是在特定的建筑空间中用整体概念完成结构总体方案的设计，并处理构件与结构、结构与结构的关系。结构设计应满足结构强度、稳定、变形、抗裂及抗震等要求，建筑物必须满足结构的可靠性与安全性，并在总结实践经验和科学试验的基础上，积极慎重地推广国内外先进技术，因地制宜地采用成熟的新结构和新材料。

一、建筑结构的设计原则

变电站厂房作为建筑物必须满足结构的可靠性与安全性。其设计方案需满足相关技术要求，保证在全寿命周期内正常使用，在偶然事件发生时和发生后仍保持必要的功能正常，不发生事故；设计方案必须具有可施工性，避免大量的设计变更，保证工期和节约成本；同时需考虑材料设备的可供性和施工的便捷性。

1. 结构的可靠性

结构应根据国家规范和行业特点，综合考虑变电站的重要性、电气设备安装使用要求、建（构）筑物的使用功能等因素，对变电站内的建（构）筑物选取合理的设计使用年限。对重要建（构）筑物和关键部位可适当提高设计标准，提高其整体耐久性、可靠性。

结构在规定的使用年限内应具有足够的可靠度，应满足以下功能要求：

（1）在正常施工和正常使用时，能承受可能出现的各种作用；

（2）在正常使用时具有良好的工作性能；

（3）在正常维护下具有足够的耐久性；

（4）在设计规定的偶然事件发生时或发生后，仍能保持必须的整体稳定性。

为保证建筑结构具有规定的可靠度，除应进行必要的设计计算外，还应对结构材料、施工质量、使用与维护进行相应的控制。对控制的具体要求，应符合有关勘察、设计、施工及维护等标准的专门规定。

2. 结构的安全等级

城市户内变电站建（构）筑物的安全等级应根据结构破坏可能产生的后果（危及人的生命、造成经济损失、产生社会影响等）的严重性来确定。根据电 DL/T 5496—2015《220kV～500kV 变电站设计技术规程》的规定，500kV 城市户内变电站中含 500kV 配电装置或二次设备室的建筑结构的安全等级宜采用一级，其余结构安全等级宜采用二级；根据 DL/T 5495—2015《35kV～110kV 变电站设计技术规程》的规定，35～110kV 变电站的主要建筑物安全等级宜采用二级，结构重要性系数应符合 GB 50153《工程结构可靠性设计统一标准》的有关要求。

主要建筑结构安全等级为一级的变电站是本省（区）电压等级最高，处于本地区电网中最重要的变电站。对于一些边远地区的 220kV 变电站属于大区域枢纽变电站，其主控通信楼设计可靠度也要适当提高。

建筑物中各类结构构件的安全等级，宜与整个结构的安全等级相同，对其中部分结构构件的安全等级可进行调整，但不得低于三级。一级及二级的结构重要性系数 γ_0 分别为 1.1 及 1.0。

3. 结构的设计使用年限

建筑结构的设计使用年限是指按规定设计的建筑结构或构件，在正常施工、正常使用和维护下，不需进行大修即可达到其预定功能要求的使用年限。GB 50068《建筑结构可靠度设计统标准》中规定：普通房屋和构筑物的设计使用年限为 50 年，纪念性建筑和特别重要的建筑结构设计使用年限为 100 年。考虑到变电站对城市供电的重要性及其破坏后果的严重性。城市户内变电站的设计使用年限应按不低于 50 年设计。

4. 结构的设计基本原则

工程结构设计采用的是以概率论理论为基础、以分项系数表达的极限状态设计方法。极限状态可分为承载能力极限状态和正常使用极限状态。

承载能力极限状态是结构或构件达到最大承载能力，出现疲劳破坏或出现不适于继续承载的变形时的状态。承载能力极限状态主要控制结构的安全性，一旦超过了这种极限状态，结构整体破坏，会造成人身伤亡和重大经济损失，因此，结构设计时应严格控制出现此种状态。

结构或构件达到正常使用或耐久性能中某项规定限值的状态，称为正常使用极限状态。正常使用极限状态控制结构的适用性和耐久性，若超过这种极限状态，其危险性比出现承载能力极限状态的危险性要小，设计时可靠性可比承载能力极限状态略低一些。

变电站的结构设计应满足承载力、稳定、变形、抗裂、抗震及耐久性等要求，并在总结实践经验和科学试验的基础上，积极慎重地推广国内外先进技术，因地制宜地采用成熟的新结构和新材料。变电站的结构设计应符合现行国家标准 GB 50009《建筑结构荷载规范》、GB 50007《建筑地基基础设计规范》、GB 50010《混凝土结构设计规范》、GB 50011《建筑抗震设计规范》、GB 50017《钢结构设计规范》、GB 50003《砌体结构设计规范》以及工程所在地设计标准的规定。

二、荷载及荷载效应组合

1. 荷载类型

户内变电站建构筑物的荷载及荷载效应组合应按照 DL/T 5496—2015《220kV～500kV变电站设计技术规程》、DL/T 5496—2016《35kV～110kV 变电站设计技术规程》规定采用，规程未涉及的应按照现行国家标准 GB 50009《建筑结构荷载规范》的规定执行。

根据荷载的性质，作用在变电站建构筑物上的荷载通常可分为以下三种类型：

（1）永久荷载，如结构自重、固定的设备重、土重、土压力、水位不变的水压力、导线及避雷线的张力等。

（2）可变荷载，如楼面活荷载、屋面活荷载、起重机荷载、风荷载、冰荷载、雪荷载、水位变化的水压力、安装及检修时临时性荷载、地震作用、温度变化作用及车辆荷载等。

（3）偶然荷载，包括短路电动力、验算（稀有）风荷载及验算（稀有）冰荷载等。

2. 荷载组合

建筑结构设计应根据使用过程中在结构上可能同时出现的荷载，按承载能力极限状态和正常使用极限状态分别进行荷载（效应）组合，并应取各自的最不利的效应组合进行设计。

基本组合的荷载分项系数，除满足现行国家标准《建筑结构荷载规范》GB 50009 的规定外，尚应满足下列要求：

（1）偶然荷载的分项系数 γ_A 可取 1.0。

（2）温度作用的分项系数可取 1.0。

（3）建筑物风荷载的组合系数可取 0.6。

3. 房屋建筑的楼面、屋面活荷载的标准值

生产建筑的楼面在生产使用、检修及施工安装过程中，由设备、材料及工具所引起的活荷载应由工艺设计专业提供，但不应小于表 5-1 中的数值，当设备及运输工具的荷载大于表 5-1 中的数值时应按实际荷载进行设计。

表 5-1 建筑物楼面均布活荷载标准值及有关系数

项次	类　别	标准值 (kN/m²)	组合值系数 ψ_c	准永久值系数 ψ_q	计算墙、柱、主梁、基础的折减系数 η	备　注
1	二次设备室楼面	4.0	0.7	0.8	0.7	如电缆夹层的电缆吊在本层的楼板下则应按实际计算
2	电缆夹层楼面	3.0	0.7	0.8	0.7	

项次	类 别	标准值 (kN/m²)	组合值 系 数 ψ_c	准永久 值系数 ψ_q	计算墙、柱、 主梁、基础的 折减系数 η	备 注
3	电容器室楼面	4.0～9.0	0.7	0.8	0.7	活荷载标准值按等效均布活荷载计算确定
4	电抗器室楼面	4.0～9.0	0.7	0.8	0.7	活荷载标准值按等效均布活荷载计算确定
5	10kV 屋内配电装置楼面	4.0～7.0	0.7	0.8	0.7	限用于每组开关质量不大于8kN，否则应按实际计算
6	35kV 屋内配电装置楼面	4.0～8.0	0.7	0.8	0.7	限用于每组开关质量不大于12kN，否则应按实际计算
7	110kV 屋内配电装置楼面	4.0～10.0	0.7	0.8	0.7	限用于每组开关质量不大于36kN，否则应按实际计算
8	110～220kV GIS 组合电器楼面	10.0	0.7	0.8	0.7	
9	330、500kV GIS 组合电器楼面	—	0.7	0.8	0.7	标准值按实际计算
10	办公室及宿舍楼面	2.5	0.7	0.5	0.85	
11	楼梯（室内、外）	3.5	0.7	0.5	0.9	作为设备搬运通道时应按实际计算
12	室外阳台	3.5	0.7	0.5	0.9	作为吊装设备使用时应按实际计算
13	室内沟盖板	4.0	0.7	0.5	1.0	如搬运设备需通过盖板时应按实际计算
14	不上人屋面	0.5	0.7	0	1.0	
15	上人屋面	2.0	0.7	0.4	1.0	

注 1. 本表所给各项活荷载适用于一般使用条件，当使用荷载较大或情况特殊时，应按实际情况采用。

2. 运输通道按运输的最重设备计算。

3. 当电缆夹层电缆系吊在上层楼板下或在楼板板面上活动地板内布置电缆时，楼面活荷载应计入电缆荷载值。

4. 当工艺专业提供全部设备荷载时，楼面活荷载可按 2.0kN/m² 取值。

结构楼面均布活荷载的标准值、组合值、准永久值以及折减系数主要摘自或借鉴 GB 50009《建筑结构荷载规范》及 DL/T 5457—2012《变电站建筑结构设计技术规程》。考虑到按表格中的楼面活荷载计算框架梁、柱和基础结果会偏大，不经济，参照《建筑结构荷载规范》和《火力发电厂土建结构设计技术规定》的相关条文，增加了"当工艺专业提供全部设备荷载时，楼面活荷载可按 2.0kN/m² 取值。"的规定，无设备区域的操作荷载主要包括操作人员、一般工具、零星部件等荷载。

屋面的均布荷载不应与雪荷载同时组合。但对严寒地区的正常使用极限状态的准永久组合，雪荷载的准永久值系数应按雪荷载分区Ⅰ取 0.5。雪荷载的准永久值系数分区，根据现行国家标准 GB 50009《建筑结构荷载规范》的有关规定采用。雪荷载的组合系数可采用 0.7。

变电站设计时在结构设计总说明中应分别注明作用在结构楼屋面各个部位或各个构件上的活荷载标准值。变电站作为工业建筑，其活荷载的取值应参考荷载规范、《变电所建筑结构设计技术规定》中的相关规定，但对于非人防地下室顶板（标高±0.000处），宜考虑施工时堆放材料或作临时工场的荷载，该荷载的标准值宜取 5kN/m²。

对高低层相邻的屋面，在设计低层屋面时应适当考虑施工临时荷载，该荷载的标准值宜取 4kN/m²，荷载的分布范围应在施工图上注明。

屋面天沟应考虑充满水时的荷载；当天沟深度大于 500mm 时，宜在天沟侧壁适当位置增设溢水孔，此时水荷载可计算至溢水孔底面，天沟设计尚应考虑找坡荷载。

带檐板的雨棚，应考虑因排水管堵塞而产生的积水荷载，积水荷载按雨棚板板顶以上的檐口高度计算，但计算的积水深度不宜大于 350mm，积水荷载不要和板面活荷载同时考虑。

三、结构形式与计算

结构设计应遵守国家、行业现行标准、规范及工程所在地的地方标准的规定，并应结合工程实际情况，与建筑专业、设备专业紧密合作，精心设计，做到安全适用、耐久舒适、经济合理、技术先进、确保质量。结构设计应根据建筑功能、材料性能、建筑高度、抗震设防类别、抗震设防烈度、场地条件、地基及施工等因素，经过技术经济和使用条件综合比较，选择安全可靠、经济合理的结构体系。城市户内变电站因设备均布置在厂房内，建筑物结构跨度大、层高高，其建筑宜采用钢筋混凝土结构或钢结构等结构形式。

1. 结构形式的选择

城市户内变电站的主控通信楼、配电装置楼的结构形式可根据建筑物场地设防烈度、场地类别按表 5-2 选用。

表 5-2 　　　　　　　　　　　　主控通信楼、配电装置楼的结构形式

项次	设防烈度	场地类别	结构形式
1	6，7	Ⅰ～Ⅳ	框架结构、钢结构
2	8	Ⅰ～Ⅱ	框架结构、钢结构
		Ⅲ～Ⅳ	框架结构、框剪结构、钢结构
3	9	Ⅰ～Ⅳ	框架结构、框剪结构、钢结构

根据以往变电站建筑的建设经验，抗震设防烈度在 7 度及以上地区的 500kV 变电站的主控通信楼以及抗震设防烈度在 8 度及以上地区的 220～330kV 变电站的主控通信楼，一般采用框架结构、框剪结构、钢结构等；其他附属设施可以采用混合结构的建筑物，设计时应根据建筑抗震设计规范设置构造柱、圈梁及其他构造措施。

2. 现浇混凝土框架结构与钢框架结构的比较

在结构平面布置时首先应满足工艺设备布置要求，同时保证传递路线明确，使结构具有必要的刚度，特别对产生水平动力的设备，要使水平动力荷载很好地传到各框架梁上。因变电站厂房需要形成较大的使用空间，且适宜加支撑的地方大多不允许加支撑，所以主厂房一般多采用框架结构。

城市户内变电站的主厂房根据电气专业、建筑专业提供的平面布置，结构形式可选用现

浇混凝土框架结构和钢框架结构。

现浇混凝土框架结构适用于体型规则、平面和竖向刚度较均匀的多、高层建筑。框架结构宜采用竖向梁柱刚接的抗侧力体系，以承受纵横两个方向的地震作用或风荷载。

钢框架结构具有材料强度高、自重轻、结构抗震性能好、但耐火性和耐腐蚀性能差等特点。钢结构承重构件的设计一般均需满足强度、刚度、整体稳定和局部稳定的要求。钢筋混凝土框架结构与钢框架结构的技术方案上的比较见表 5-3。

表 5-3   结构方案比较表

技术指标	钢筋混凝土框架结构	钢框架结构
结构特性	平面布置灵活，结构传力简洁，构件受力明确。建筑物的自重较重，有较好的抗震性能及整体性	平面布置灵活，结构传力简洁，构件受力明确。建筑物的自重轻，有较好的抗震性能及整体性
围护墙体	各种砖、砌块、NALC 板材	轻质材料、幕墙、NALC 板材
施工连贯性	梁、板、柱浇灌混凝土后需要养护期，不能马上进行下一步工序	钢结构工程的柱一般取 2～3 层为一个施工段，在现场一次吊装，而且柱子的吊装、钢框架的安装、组合楼盖的施工等，可以实施平行立体交叉作业，且无养护期
季节要求	冬季不宜浇筑混凝土施工，如必须施工需增加大量冬施费用	混凝土工程量少，施工周期短，受季节影响小
现场作业	混凝土结构大部分均为现场湿作业，现场工人素质参差不齐，工作条件相对较差，施工质量影响因素较多	钢结构大部分工作在工厂完成，现场只是拼装工作，工人素质及技术水平相对稳定，工厂制作条件相对较好，容易保证质量
防火防腐	钢筋混凝土结构具有较好的防火防腐性能	钢结构的防火材料的选择占整个钢结构成本的比重较大。需采用防火涂料、阻燃墙板、砌块和混凝土（包覆）等方法进行钢结构防火。钢结构必须在钢结构表面进行刷涂或喷涂防腐涂料
柱脚的连接方式	不需要特殊处理	需要特殊处理
运行维护	混凝土结构很少需要后期维护	钢结构需要定期进行检查和维护，需要一定的检查与维护成本（主要为防火、防腐方面维护）
节能减排	混凝土材料很难再利用	钢结构的大部分材料可以回收再利用。钢材、隔板、外挂板皆可全部回收
工程造价	略低	较高

通过以上对钢筋混凝土框架结构、钢框架结构的技术方案及经济指标的比较，可以看出在技术方案上这两种结构形式都适用于变电站建筑。混凝土结构在工程造价、防火防腐、后期运行维护等方面优于钢框架结构。但是钢结构在材料性能、施工周期、现场作业以及节能减排等方面有明显优势。因此，实际工程中可以根据建筑功能、施工工期、建筑高度、抗震设防类别、抗震设防烈度、场地条件、地基及施工等因素，经过技术经济和使用条件综合比较，选择安全可靠、经济合理的结构体系。

3. 结构计算

城市户内变电站的主变压器或高压侧电气设备安装于建筑物内，建筑物跨度大、层高高，结构布置复杂。大部分厂房为地下室结构、大空间结构、错层、挂线独立柱等非规则复杂结构。对于复杂结构设计，简单的手算复核已不可能，设计时需要依靠软件计算分析。

目前常用的计算软件都是填一套计算参数，由软件计算得到一个计算结果，如果参数和结构模型设置不正确，分析的结构就会有很大的差异，我们常用的 PKPM 系列软件也是如此，因此计算模型和软件参数的正确与否，计算结果的判断和后处理是关系到工程设计的安全和质量的重要因素。

变电站主厂房因受电气设备布置影响，会出现结构不规则现象，在结构计算不满足规范要求、差别较大时，不能仅依靠调整计算参数解决，而应当首先调整结构方案。下面就变电站主厂房结构计算进行探讨。

（1）结构方案调整。调整结构方案，减少结构平面布置的不规则性和构件刚度的不均匀性，避免过大偏心导致结构较大的扭转效应。加强结构抗扭刚度是控制结构扭转效应的重要途径，应尽量加强结构周边的抗扭刚度。如开大洞位置，结构刚度小，此时应加大该侧柱截面，以增加结构抗扭刚度。

（2）振型数量设置。为保证抗震计算结果准确，必须选取足够的振型数量，使有效质量系数大于 0.9，对于不规则的建筑结构，特别是具有弹性楼板、楼板大空洞、错层等结构，由于有质量贡献的自由节点数增加，选择的振型数也必须增加。

（3）分析方法。楼板开洞面积大于该层楼面面积的 30%，根据 GB 50011—2010《建筑抗震设计规范》第 3.4.3 条规定，楼板局部不连续，属于平面不规则，应根据 3.4.4 条要求进行地震作用计算和内力调整，并应对薄弱部位采取有效的抗震构造措施。楼板开大洞，不符合刚性楼板假定时，结构计算时应取消水平楼板刚性假定，改为相一致的弹性楼板假定进行计算。

（4）错层结构。错层结构层高不一致，使有关楼层间的控制参数，如层间位移比、层间刚度比计算失真，因此不能直接采用这些数据，应加以判断和手工校核，确定其是否合理，并进行必要的调整处理。另外，SATWE 软件无自动识别短柱功能，需要设计人员自行判断。

四、结构梁、板、柱设计

变电站的建筑物采用混凝土结构时，建筑物的梁、柱宜采用现浇结构，对预留孔洞较多的楼面或防水要求较高的屋面，应采用现浇结构。

（1）楼板设计：

1）楼板的厚度取值应考虑结构安全及舒适度（刚度）的要求，现浇板的合理厚度应在符合承载力极限状态和正常使用极限状态要求的前提下，按经济合理的原则确定，并需要考虑防火、防爆的要求。变电站内的设备荷载较大并伴有振动，因此变电站主厂房的钢筋混凝土楼板的设计厚度一般不小于 120mm。

2）现浇混凝土板强度等级不宜小于 C20，也不宜大于 C35。

3）建筑物长度大 55m 时，宜在楼板中部设置后浇带或加强控制带。后浇带应设在结构受力影响较小的部位，宽度为 800～1000mm，钢筋宜贯通不切断，后浇带两边应设置加强钢筋。

4）屋面及建筑物两端单元的现浇板应设置双层双向钢筋，钢筋间距不应大于 100mm，直径不宜小于 8mm。外墙阳角处应设置放射形钢筋，钢筋的数量不应少于 7ϕ10，长度应大于板跨的 1/3，且不得小于 2m。

5）当阳台挑出长度 $L \geqslant 1.5\text{m}$ 时，应采用梁式结构；当楼板挑出长度 $L < 1.5\text{m}$ 且需采用悬挑板时，其根部板厚不小于 $L/10$，且不小于 120mm，受力钢筋直径不应小于 10mm。

6）在现浇板角急剧变化处、开洞削弱处等易引起收缩应力集中处，钢筋间距不应大于 100mm，直径不应小于 8mm，并应在板的上部纵横两个方向布置温度钢筋。

（2）框架梁设计：

1）框架结构的主梁截面高度 h_b 按 $(1/8\sim1/12)l_b$ 确定，l_b 为主梁的计算跨度。主梁的截面宽度 b_b 不宜小于 200mm，梁截面的高宽比不宜大于 4。

2）在框架结构内力与位移计算中梁的刚度可考虑翼缘情况取 $1.3\sim2.0$。

3）在结构整体计算中，宜考虑框架或壁式框架梁、柱节点区的刚域影响，梁端截面弯矩可取刚域端截面的弯矩计算值。

4）在竖向荷载作用下，可考虑框架梁端负弯矩乘以调幅系数进行调幅，并应符合下列规定：

a. 装配整体式框架梁端负弯矩调幅系数可取 $0.7\sim0.8$；现浇框架梁端负弯矩调幅系数可取 $0.8\sim0.9$；当有实际工程经验时，调幅系数还可适当降低。

b. 框架梁端负弯矩调幅后，梁跨中弯矩应按平衡条件相应增大。

c. 应先对竖向荷载作用下框架梁的弯矩进行调幅，再与水平作用产生的框架梁弯矩进行组合。

d. 截面设计时，框架梁跨中截面正弯矩设计值不应小于竖向荷载作用下按简支梁计算的跨中弯矩设计值的 50%。

5）框架梁上可以因功能需要可洞，开洞位置宜尽量设置在剪力较小的梁跨中 1/3 区域内，开洞时应仔细验算承载力，确保安全。

当矩形洞口高度小于 100mm 及 $h/6$（h 为梁高），且洞口长度小于 200mm 及 $h/3$（h 为梁高）时，洞口周边配筋可按构造设置，洞口尺寸大于上述时，应按计算配筋，同时不应小于构造要求设置的钢筋。

6）梁宜采用箍筋作为承受剪力的钢筋，承担集中荷载的附加钢筋也宜采用箍筋。

（3）框架柱设计：

1）抗震设计时，框架柱的最小截面尺寸不应小于 350mm，一、二、三级且层数超过 2 层时不宜小于 400mm，并注意满足强柱弱梁的要求。非抗震设计时，柱的最小截面尺寸不应小于 300mm。

2）抗震设计时，框架柱在竖向荷载与地震作用组合下的轴压比应满足规范要求，在加强柱身的约束，且纵筋较多、具有一定数量的抗震墙的条件下，可适当放松轴压比。

3）结构设计时应尽量避免形成短柱，当确实无法避免时，可按下列各条进行设计：

a. 当不能避免短柱时，应适当设置较强的剪力墙，不应做成纯框架结构。

b. 采用高强混凝土，可减少柱截面，从而加大剪跨比。

c. 应注意加强柱的约束，采用螺旋箍效果更好。

d. 应限制短柱的轴压比，当剪跨比不大于 2 的柱，轴压比限值应降低 0.05，当剪跨比小于 1.5 的柱，轴压比限值应专门研究并采取构造措施。

e. 应限制短柱的剪压比，剪压比限值为：

$$V \leqslant \frac{1}{\gamma_{\text{RE}}}(0.15\beta_c f_c b h_0) \tag{5-1}$$

(5-1)

式中 γ_{RE}——承载力抗震调整系数；

β_c——混凝土强度影响系数；

f_c——混凝土轴心抗压强度设计值。

f. 柱纵筋间距宜不大于200mm，柱应沿全高箍筋加密。

g. 应尽量减少柱端的梁对柱的约束，必要时可将梁做成铰接或半铰接，也可减小梁的高度。

五、抗震设计

变电站的建筑物抗震设计应遵守现行国家标准 GB 50011《建筑抗震设计规范》、GB 50260《电力设施抗震设计规范》的有关规定。抗震设防烈度为6度及以上地区的建筑，必须进行抗震设计。

1. 变电站建筑物的抗震设防分类

建筑物抗震设防分类标准应符合 GB 50223—2008《建筑工程抗震设防分类标准》的要求。建筑工程抗震设防分类标准是根据建筑物遭遇地震后，可能造成的人员伤亡、直接和间接经济损失、社会影响的程度及其在抗震救灾中的作用等因素，对各类建筑作出设防类别划分。GB 50223—2008《建筑工程抗震设防分类标准》的 5.2 突出提高了电力调度建筑和变电站建筑的标准。

根据国标 GB 50223—2008《建筑工程抗震设防分类标准》的规定，330kV 及以上的变电所和220kV 及以下枢纽变电所的主控通信楼、配电装置楼、就地继电器室为重点设防类建筑物，其余生产及辅助生产、生活建筑物为标准设防类建筑物。

重点设防类建筑物，地震作用应按本地区抗震设防烈度确定；抗震措施，一般情况下，当抗震设防烈度为6~8度时，应符合本地区提高一度的要求，当为9度时，应符合比9度抗震设防更高的要求；地基基础的抗震措施，应符合国家现行有关标准的规定。

标准设防类建筑物，应按本地区抗震设防烈度确定其抗震措施和地震作用。

适度设防类建筑物，一般情况下，地震作用仍应按本地区抗震设防烈度确定；抗震措施应允许比本地区抗震设防烈度的要求适度降低，但抗震设防烈度为6度时不应降低。变电站建筑物抗震措施设防烈度调整可参见表5-4。

表 5-4　　　　　　　　变电站建筑物抗震措施设防烈度调整表

750、500、330kV 变电站 220kV 及以下重要枢纽变电站				建筑物	220、110、35kV 一般变电站			
本地区设防烈度					本地区设防烈度			
9	8	7	6		6	7	8	9
9	9	8	7	主控通信楼	6	7	8	9
9	9	8	7	屋内配电装置楼	6	7	8	9
9	9	8	7	继电器室、站用变压器室	6	7	8	9
9	8	7		其他建筑物	6	7	8	9

建筑物场地为Ⅰ类时，重点设防类建筑物应允许仍按本地区抗震设防烈度的要求采取抗震构造措施；标准设防类建筑物应允许按本地区抗震设防烈度降低一度的要求采取抗震构造

措施；但抗震设防烈度为 6 度时仍应按本地区抗震设防烈度的要求采取抗震构造措施。

2. 变电站建筑物的地震作用

变电站抗震设计时，建筑物的地震作用应符合下列规定：

（1）一般情况下，建筑物应分别验算两个主轴方向的水平地震作用，并进行抗震验算，各方向的水平地震作用应由该方向抗侧力构件承担。

（2）质量和刚度分布明显不对称的结构，应计入水平地震作用下的扭转影响。因变电站结构布置受电气房间的布置影响很大，经常出现建筑物同一平面内质量和刚度不均匀或沿高度方向不对称，其不规则程度十分明显，因此需要从结构布置和抗震构造方面采取措施，尽量减轻其不利影响。

（3）计算地震作用时，建筑的重力荷载代表值应取结构自重标准值及设备自重标准值和各可变荷载组合值之和，各可变荷载的组合值系数，应按表 5-5 采用。

表 5-5　　　　　　　　　　　　　　可变荷载组合值系数

项　数	可变荷载种类	组合值系数
1	雪荷载	0.5
2	楼面均布活荷载	0.5
3	屋面活荷载	不计入

（4）对于突出建筑物顶面的屋顶小间、女儿墙，按基底剪力法计算其水平地震作用效应，并乘以增大系数 3.0，此增大部分不应往下传递，但与该突出部分相连的构件应予计入。

3. 结构构件的截面抗震验算

结构构件的截面抗震验算，应采用下列设计表达式：

$$S \leqslant R/\gamma_{RE} \tag{5-2}$$

式中　γ_{RE}——承载力抗震调整系数，除另有规定外，应按表 5-6 采用；

　　　R——结构构件承载力设计值。

表 5-6　　　　　　　　　　　　　　承载力抗震调整系数 γ_{RE}

项次	材料	构　　件	γ_{RE}
1	钢 钢管混凝土	柱、梁	0.75
		柱间支撑	0.80
		节点板件，连接螺栓	0.85
		连接焊缝	0.90
2	砌体	两端均有构造柱、芯柱的抗震墙（受剪）	0.90
		其他抗震墙	1.00
3	钢筋混凝土	钢筋混凝土梁（受弯）	0.75
		各类构件（受剪、偏拉）	0.85
		轴压比小于 0.15 的柱（偏压）	0.75
		轴压比不小于 0.15 的柱（偏压）	0.80
		抗震墙（偏压）	0.85

4. 变电站结构抗震设计注意事项

（1）变电站设计应重视结构的规则性。变电站建筑设计应符合抗震概念设计的要求，不应采用严重不规则的设计方案。建筑及其抗侧力结构的平面布置宜规则对称，并应具有良好的整体性；建筑立面和竖向剖面宜规则，结构的侧向刚度宜均匀变化，竖向抗侧力构件的截面尺寸和材料强度宜自下而上逐渐减小，避免竖向抗侧力结构的侧向刚度和承载力突变。

平面不规则的类型包括扭转不规则、凹凸不规则、楼板局部不连续。扭转不规则分为一般扭转不规则、特别扭转不规则。凹凸不规则包括平面太修长（$H/B > 5$）、凹进太多、凸出太细。楼板局部不连续包括楼板有效宽度小于该层楼板典型宽度的 50%、洞口面积大于该层楼板面积的 30%、较大的楼板错层。

对楼面凹凸不规则、楼板局部不连续的结构可用下列方法进行调整：

1）合法：增设楼板。增加拉板、拉梁、阳台板、空调设备平台板等。拉板的板厚宜 200～300mm，拉板、拉梁的纵向配筋率大于 1%，纵向受拉钢筋不得搭接在支座内。设不上人外挑板，板厚不宜小于 180mm，双层双向配筋，每层每向配筋不小于 0.25%，按受拉钢筋锚固在支座内。

2）分法：设置防震缝。但防震缝的设置宽度应符合 GB 50223—2008 的 6.1.4 条的规定，且在条件允许时尽量加大缝宽。对 8、9 度框架结构房屋防震缝两侧结构层高相差较大时，防震缝两侧框架柱的箍筋应沿房屋全高加密，并根据需要在缝两侧沿房屋全高各设置不小于两道垂直于防震缝的抗震墙。

（2）变电站设计应选用合理的抗震结构体系。考虑地震作用的不确定性和抗震能力的规律性选取合理的建筑抗震结构方案、选择细部构造具有较好抗震能力的建筑，减小大震时建筑物的倒塌可能。建筑结构应具有多道抗震防线，应具有明确的计算简图和简捷合理的地震作用传递路线；传递路线中的构件及其节点不应发生脆性破坏；应具备必要的强度、良好的变形能力和耗能能力；部分结构和构件的破坏，不应导致整个体系丧失承载能力。

（3）结构设计中应充分重视填充墙。目前结构设计中对于填充墙刚度的考虑主要体现在周期折减系数上，在 PKPM 程序中规定，应考虑填充墙的刚度，计算地震作用时周期折减系数 0.7～1.0。但实际上填充墙所起的作用比较复杂，与其在结构中所处的位置有关，在设计中应认真考虑它在结构中所处的部位和发挥的作用。在汶川地震中，框架结构填充墙面出现裂缝，水平裂缝多出现在填充墙体与框架梁、框架柱结合部位，竖向及倾斜裂缝多出现在填充墙有门窗、套管孔洞及管线埋设部位。因此对于结构中的填充墙需要采取合理的抗震措施，加强与主体结构的连接，对局部填充墙对主体结构构件形成约束的地方则需要加强结构构件。另外填充墙墙体材料最好采用轻质隔墙，一方面结构自重轻，减小了地震响应，同时也避免了倒塌下来造成人员伤亡。

（4）梁墙相交时剪力墙的加强措施。当框架梁与地下室外墙垂直相交时（或支撑主变压器的梁与地下室外墙相交），至少应采取以下的措施（见图 5-20），以减小梁端弯矩对墙平面外的不利影响：

1）沿梁轴线方向设置于梁相连的混凝土墙，抵抗该墙平面外的弯矩；

2）当不能设置时，宜在墙与梁相交处设置扶壁柱，扶壁柱配筋及尺寸应通过计算确定；

3）当不能设置扶壁柱时，应在墙与梁相交处设置暗柱，暗柱配筋应通过计算确定；

4）必要时，剪力墙内可设型钢。

当在剪力墙与楼面梁相交处设置暗柱时，暗柱在 $B + 2B_w$（B—梁宽，B_w—墙厚）范围内的纵向钢筋应按梁端负弯矩配筋的受弯承载力确定，其配筋构造见图 5-21 所示。

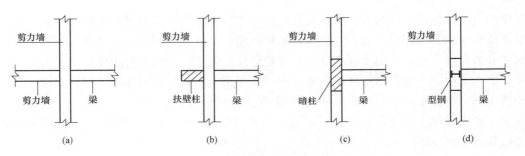

图 5-20　梁墙相交时的加强措施

（a）沿梁轴线方向设置于梁相连的混凝土墙；（b）在墙与梁相交处设置扶壁柱；

（c）在墙与梁相交处设置暗柱；（d）剪力墙内可设型钢

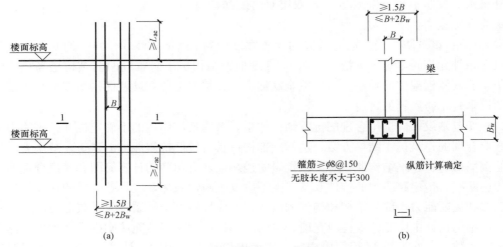

图 5-21　墙梁相交时的加强措施

（a）剖面图；（b）平面图

（5）结构设计中应重视楼梯间。楼梯是地震时重要的逃生通道，楼梯的破坏不仅会使逃生人员无法逃离，也使营救人员无法进入，因此楼梯间的设计应给予足够重视。汶川大地震被破坏建筑的一个特点是楼梯构件的破坏，影响了逃生通道安全，造成人员伤亡。如图 5-22～图 5-24 所示。

图 5-22　地震后梯板的破坏

图 5-23　地震后梯梁的破坏

GB 50011—2010《建筑抗震设计规范》第3.6.6条第1款：计算模型的建立、必要的简化计算与处理，应符合结构的实际工作状况，计算中应考虑楼梯构件的影响。GB 50011—2010 第 6.1.15 条第 2 款规定：对于框架结构，楼梯间的布置不应导致结构平面特别不规则；楼梯构件与主体结构整浇时，应计入楼梯构件对地震作用及其效应的影响，应进行楼梯构件的抗震承载力验算；宜采取构造措施，减少楼梯构件对主体结构

图 5-24　地震后楼梯的破坏

刚度的影响。条文说明中进一步指出：对于框架结构，楼梯构件与主体结构整浇时，梯板起到斜支撑的作用，对结构刚度、承载力、规则性的影响比较大，应参与抗震计算；当采取措施，如梯板滑动支承于平台板，楼梯构件对结构刚度等的影响较小，是否参与整体抗震计算差别不大。对于楼梯间设置刚度足够大的抗震墙的结构，楼梯构件对结构刚度的影响较小，也可不参与整体抗震计算。

（6）非结构构件抗震设计。非结构构件，包括建筑非结构构件和建筑机电设备，自身及其与结构主体的连接，应进行抗震设计。附着于楼、屋面结构上的非结构构件应与主体结构有可靠连接或锚固，在人员出入口、通道及重要设备附近的非结构构件，应采取加强措施，避免地震时倒塌伤人或砸坏重要设备。变电站装修应尽量简单，避免不必要的装饰。如必须设置，幕墙、装饰贴面应与主体结构有可靠连接，避免脱落时伤人。

六、耐久性设计

变电站主厂房的混凝土结构应根据设计使用年限和环境类别进行耐久性设计。混凝土结构暴露的环境类别及混凝土材料的耐久性基本要求应按 GB 50010《混凝土结构设计规范》的规定执行。

结构的耐久性是指在设计确定的环境作用和维修、使用条件下，结构构件在设计使用年限内保持其适用性和安全性的能力。结构耐久性与工程的设计使用年限相关，与环境作用、材料要求、与维修使用条件有关，还与施工质量密切相关。

在进行混凝土耐久性设计时，应首先明确该结构耐久性目标；其次是要清楚耐久性失效标准是什么。对于耐久性失效标准的定义，目前尚没有一致的看法，对于一般的钢筋混凝土结构，多数的观点认为有两种耐久性失效标志：一种是结构由于耐久性能退化导致结构的变形不能满足正常使用的要求，多数以钢筋锈蚀发展到出现混凝土沿顺筋开裂作为正常使用耐久性失效标准；另一种是以结构性能退化导致结构承载能力降低到承载能力极限状态，称为承载能力耐久性失效标准。

根据混凝土结构耐久性设计规范的规定，以及规定的设计使用年限对耐久性设计的要求，下面从结构材料要求及作用类别、结构构造设计、混凝土裂缝控制要求、施工质量要求等方面来论述混凝土的耐久性设计。

1. 环境作用等级

一般环境对配筋混凝土结构的环境作用等级应根据工程具体情况按表 5-7 确定。

表 5-7		一般环境对配筋混凝土结构的环境作用等级
环境作用等级	环境条件	结构构件示例
I-A	室内干燥环境	常年干燥、低湿度环境中的室内构件；所有表面均永久处于静水下的构件
	永久的静水浸没环境	
I-B	非干湿交替的室内潮湿环境	中、高湿度环境中的室内构件； 不接触或偶尔接触雨水的室外构件； 长期与水或湿润土体接触的室外构件
	非干湿交替的露天环境	
	长期湿润环境	
I-C	干湿交替环境	与冷凝水、露水或蒸汽频繁接触的室内构件； 地下室顶板构件； 表面频繁淋雨或频繁与水接触的室外构件； 处于水位变动区的构件

冻融环境对混凝土结构的环境作用等级应根据工程具体情况按表 5-8 确定。

表 5-8		冻融环境对混凝土结构的环境作用等级
环境作用等级	环境条件	结构构件示例
II-C	微冻地区的无盐环境 混凝土高度饱水	微冻地区的水位变动区构件和频繁受雨淋的构件水平表面
	严寒和寒冷地区的无盐环境 混凝土中度饱水	严寒和寒冷地区受雨淋的构件竖向表面
II-D	严寒和寒冷地区的无盐环境 混凝土高度饱水	严寒和寒冷地区的水位变动区构件和频繁受雨淋的构件水平表面
	微冻地区的有盐环境 混凝土高度饱水	有氯盐微冻地区的水位变动区构件和频繁受雨淋的构件水平表面
	严寒和寒冷地区的有盐环境 混凝土中度饱水	有氯盐严寒和寒冷地区受雨淋的构件竖向表面
II-E	严寒和寒冷地区的有盐环境 混凝土高度饱水	有氯盐严寒和寒冷地区的水位变动区构件和频繁受雨淋的构件水平表面

2. 材料要求

根据变电站工程使用环境条件、设计使用年限和耐久性等级的要求，选择混凝土原材料和配合比，并选用不同强度等级的混凝土、水胶比和水泥用量，表 5-9 为设计使用年限 50 年的一般环境中混凝土材料与钢筋的保护层最小厚度 c。

3. 结构设计构造

变电站结构设计中耐久性构造应考虑以下几个方面：

（1）建筑物混凝土结构材料与钢筋保护层最小厚度应按表 5-9 要求取值。

表 5-9　　　　　　　　一般环境中混凝土材料与钢筋的保护层最小厚度 c　　　　　　　　mm

构件位置	环境作用等级	设计使用年限 50 年		
		混凝土强度等级	最大水胶比	保护层厚度 c(mm)
板、墙等面形结构	I-A	≥C25	0.6	20
	I-B	C30	0.55	25
		≥C35	0.50	20

构件位置	环境作用等级		设计使用年限 50 年		
			混凝土强度等级	最大水胶比	保护层厚度 c(mm)
板、墙等面形结构	I -C		C35	0.50	35
			C40	0.45	30
			≥C45	0.40	25
梁、柱等条形结构	I -A		C25	0.60	25
			≥C30	0.55	20
	I -B		C30	0.55	30
			≥C35	0.50	25
	I -C		C35	0.50	40
			C40	0.45	35
			≥C45	0.40	30
板、墙等面形结构	II -C 无盐		C45	0.40	30
			≥C50	0.36	25
			Ca30	0.55	30
	II -D	无盐	Ca35	0.50	35
		有盐			
	II -E 有盐		Ca40	0.45	35
梁、柱等条形结构	II -C 无盐		C45	0.40	35
			≥C50	0.36	30
			Ca30	0.55	35
	II -D	无盐	Ca35	0.50	40
		有盐			
	II -E 有盐		Ca40	0.45	40

（2）素混凝土结构不存在钢筋锈蚀问题，所以在一般环境中可按较低环境作用等级确定混凝土的最低强度等级。建议主体结构最低混凝土等级不小于 C25，垫层不小于 C15。

（3）合理地选择结构构件截面的几何形状，使其不能形成侵蚀性物质的停留区，构件的截面积与表面积应具有适当的比例。

（4）室外构件宜设滴水沟，防止雨水从构件侧面流向底面。

（5）变电站生产综合楼地下夹层及附属建筑物，应注意通风，避免过高的局部潮湿和水汽聚积。

（6）混凝土构件的配筋布置要保证足够钢筋间距，避免保护层不足引起钢筋过早锈蚀或混凝土保护层剥落。

（7）构件中的应力状态和大小，在很大程度上会影响混凝土的渗透性及其与活性介质相互作用的速度，在弹性应变范围内，材料的受压和受拉都会引起结构的孔隙、毛细管和裂缝发生可逆变化，在弹塑性区也影响材料的显微结构和多孔结构，所以要加强混凝土的密实性。在任何情况下，张拉都会加大混凝土的渗透性，降低其抗腐蚀性。

（8）室内外的钢结构支架防腐宜采用热浸镀锌防腐。

4. 施工质量要求

混凝土结构耐久性与施工工艺和施工质量有密切关系，对工程施工质量提出具体要求如下：

（1）混凝土结构及构件宜整体浇筑，不宜留施工缝。当必须有施工缝时，其位置及构造不得有损于结构的耐久性。

（2）拌和的混凝土应尽快入模，应以适当的速度浇筑混凝土，混凝土自由下落的高度不宜大于1.5m。

（3）混凝土应充分振捣；分层浇筑时，连接部位的混凝土应重点振捣。

（4）在冬季施工等寒冷条件下浇筑混凝土时，混凝土材料、钢筋、模板及与混凝土接触的堆料地面都不得温度过低。混凝土材料可适当加温后搅拌，使混凝土保持适当的硬化温度。

（5）设备套管等穿墙、板等混凝土构件，必须考虑其与钢筋起电磁和电解效应的情况，必要时采取钢筋绝缘或涂防护膜等有效措施，避免钢筋混凝土构件耐久性受到影响。

（6）钢筋应在模板内正确定位，绑扎牢固，浇筑和振捣混凝土时不得移位，宜采用抗锈的钢丝绑扎钢筋，钢丝头不得伸进混凝土保护层内。

（7）垫块的厚度应在保证钢筋混凝土保护层正确，宜采用水灰比小于0.4的水泥浆或细石混凝土制作。水平钢筋的垫块每平方米不得少于少不4块；竖向钢筋的垫块每平方米不得少于少不2块。

（8）模板应有足够的强度和致密性，浇筑和振捣混凝土时模板不得移位、变形和漏浆。不得将模板的金属连接件残留在混凝土保护层内。

（9）为了增强钢筋混凝土耐久性，可以通过掺加高效减水剂，在保证混凝土拌和物所需流动性的同时，降低用水量，减小水灰比，使混凝土的总孔隙率大幅度降低。

七、正常使用极限状态的设计

1. 结构裂缝产生的原因

钢筋混凝土结构出现裂缝是不可避免的，在保证结构安全和耐久性的前提下，裂缝是人们可接受的材料特征。结构裂缝产生的原因很复杂，引起裂缝有两大类原因，一种由外荷载（如静、动荷载）的直接应力和结构次应力引起的裂缝，其概率约20%；一种是结构因温度、膨胀、收缩、徐变和不均匀沉降等因素由变形变化引起的裂缝，其概率约80%。裂缝发生与材料质量，建筑和构造不良、结构设计失误、地基变形、施工工艺不当或质量差有关。

2. 建筑结构变形裂缝的控制

（1）结构设计措施：

1）由于墙体受施工和环境温湿度等因素影响较大，容易出现纵向收缩裂缝，混凝土强度等级越高，开裂概率越多。工程实践表明，墙体的水平构造（温度）钢筋的配筋率宜为0.4%～0.6%，水平筋的间距应小于150mm，采取细而密的配筋原则。由于墙体受底板或楼板的约束较大，混凝土胀缩不一致，宜在墙体中部或端部设一道间距水平暗梁，水平构造筋宜放在竖向受力筋的外侧，这样有利于控制墙体有害裂缝的出现。

2）对于墙体与柱子相连的结构，由于墙与柱的配筋率相差较大，混凝土胀缩变形与限制条件有关，由于应力集中原因，在离柱子1～2m的墙体上易出现纵向收缩裂缝。工程实践表明，应在墙柱连接处设水平附加筋，附加筋的长度为1500～2000mm，插入柱子中200～300mm，插入墙体中1200～1600mm，该处配筋率提高10％～15％。这样，有利于分散墙柱间的应力集中，避免纵向裂缝的出现。

3）结构开口部和突出部位因收缩应力集中易于开裂，与室外相连的出入口受温差影响大也易开裂，这些部位应适当增加附加筋，以增强其抗裂能力。

4）对于超长结构楼板，鉴于泵送混凝土的收缩值比现浇混凝土大20％～30％，为减少有害裂缝（规范规定裂缝宽度小于0.3mm），可采用补偿收缩混凝土浇筑，但设计上要求采用细而密的双向配筋，构造筋间距小于150mm，配筋率在0.6％左右，对于现浇混凝土防水屋面，应配双层钢筋网，钢筋间距小于150mm，配筋率在0.5％左右。楼面和屋面受大气温差影响较大，其后浇缝最大间距不宜超过50m。

5）由于地下室和水工构筑物长期处于潮湿状态，温差变化不大，最宜用补偿收缩混凝土作结构自防水。大量工程实践表明，与桩基结合的底板和大体积混凝土底板，用补偿收缩混凝土可不作外防水。但边墙宜作附加防水层。底板和边墙后浇缝最大间距可延长至60m，后浇缝回填时间可缩短至28d。当采用无缝设计方法时，以膨胀加强带替代后浇缝，可连续（或间歇）连续浇筑底板或楼板120m不留缝，但边墙仍需以加强带间距留后浇缝，28d后以大膨胀混凝土回填。

（2）施工措施：

1）现浇板混凝土应采用中粗砂。严把原材料质量关，优化配合比设计，适当减小水灰比。

2）当需要采用减水剂来提高混凝土性能时，应采用减水率高、分散性能好、对混凝土收缩影响较小的外加剂，其减水率不应低于8％。

3）预拌混凝土的含砂率应控制在40％以内，每立方米混凝土粗骨料的用量不少于1000kg，粉煤灰的掺量不宜大于水泥用量的15％。

4）严格控制现浇板的厚度和现浇板中钢筋保护层的厚度，特别是板面负筋保护层厚度，不使负筋保护层过厚而产生裂缝。

5）现浇板浇筑后，应在终凝后进行覆盖和浇水养护，养护时间不得少于7d；对掺用缓凝型外加剂或有抗渗性能要求的混凝土，不得少于14d。夏季应适当延长养护时间，以提高抗裂性能。冬季应适当延长保温和脱模时间，使其缓慢降温，以防温度骤变、温差过大引起裂缝。

6）埋入屋面现浇板的穿线管及接线盒等物件应固定在模板上，以保证现浇板内预埋物保持在现浇板的下部，使板内线盒、线管上有足够高度的混凝土层，并在接线盒上面配置钢筋网片，确保盒、管上面的混凝土不开裂。

7）混凝土结构浇筑完后，地下室应尽早作柔性防水层和保护层，然后用三七灰土回填。对于地上结构，尤其在北方进入冬季前，应作好外墙维护结构。对于层面工程，应及时做好防水层和保温层。出入口和通风廊道在台风或气温骤降之前要临时关闭或挂帘，这些都是防止环境温差和风速对结构产生变形裂缝的有效措施，应引起施工单位和业主的重视。

3. 受弯构件的挠度

1）钢筋混凝土受弯构件的最大挠度应按荷载的准永久组合，预应力混凝土受弯构件的最大挠度应按荷载的标准组合，并均应按荷载长期作用的影响进行计算，其计算值按 GB 50010《混凝土结构设计规范》的要求执行。

2）钢结构受弯构件的挠度允许值应按照现行国家标准 GB 50017《钢结构设计规范》的规定确定，必有时应预起拱。

3）主体结构为钢筋混凝土结构时，钢筋混凝土构件裂缝控制等级为三级。裂缝控制宽度按荷载的准永久组合并按荷载长期作用影响进行计算，构件的最大裂缝宽度限值按 GB 50010《混凝土结构设计规范》的要求执行。主体结构为预应力混凝土结构时，混凝土构件裂缝控制等级为三级。按荷载标准组合并考虑长期作用的影响计算时，构件的最大裂缝宽度限值按 GB 50010《混凝土结构设计规范》的要求执行。

八、地基与基础

1. 地基基础设计等级

根据地基复杂程度、建筑物规模和功能特征以及由于地基问题可能造成的建筑物破坏或影响正常使用的程度，将地基基础设计分为三个设计等级，设计时应根据具体情况，按表 5-10 选用。

表 5-10 地基基础设计等级

设计等级	建筑和地基类型
甲级	500kV 配电装置楼，场地及地质条件复杂的建（构）筑物
乙级	除甲、丙级以外的其他生产建筑、辅助及附属建筑物
丙级	警传室、围墙及临时建筑

2. 变电站建筑物场地选择

变电站选址时在满足系统落点要求的前提下，应按照 GB 50011—2010《建筑抗震设计规范》的规定选择站址，掌握地震地质的有关资料，对抗震有利、不利地段做出综合评价。

对地震时有可能发生滑坡、崩塌、地陷、地裂、泥石流及发震断裂带上可能发生地表错位的地段在变电站选址时应避让，否则一旦地震发生损伤是极为惨重的。变电站宜建造在密实、均匀、稳定的地基上。当处于软弱土、液化土或断层破碎带等不利地段时，应采取相应措施。

变电站的地基抗震设计应符合下列要求：当地基主要持力层范围内有液化土或软弱粘性土层时，应采取措施防止地基失效、土层软化、不均匀沉降和震陷对结构的不利影响；同一结构单元不宜设置在性质截然不同的地基土上，当不可避免时，宜设置防震缝。基础抗震设计应符合下列要求：对不均匀沉降敏感的建构筑物，应采取减小不均匀沉降或提高结构对不均匀沉降适用能力的措施；同一结构单元宜采用同一类型基础；同一结构单元的基础宜设置在同一标高上。

3. 变电站建筑物基础设计

变电站建筑物基础形式的选择，应根据工程地质和水文地质条件、建筑物特点及其作用在地基上的荷载大小和性质、施工条件等因素，按照因地制宜、就地取材、保护环境和节约资源的原则确定。

基础抗震设计中对不均匀沉降要求高的建构筑物，应采取减小不均匀沉降或提高结构对不均匀沉降适应能力的措施。如 GIS 设备基础采用筏板基础，筏板基础不仅易于满足软弱地基承载力的要求，减小地基的附加应力和不均匀沉降，还能增强建构筑物的整体抗震性能。

变电站基础设计应注意以下几点：

（1）在柱下扩展基础宽度较宽（大于4m）或地基不均匀及地基较软时宜采用柱下条基，并应考虑节点处基础底面积双向重复使用的不利因素，适当加宽基础。

（2）混凝土基础下应做垫层，当有防水层时，应考虑防水层厚度。

（3）当变电站处于城市中心地段，基础埋深大于3m时，建议甲方做地下室。地下室底板，当地基承载力满足设计要求时，可减少外伸长度以利于防水施工。地下部分每隔30～40m设一后浇带，两个月后用微膨胀混凝土浇筑。

（4）不宜设局部地下室，地下室尽量采用相同的埋深。

（5）抗震缝、伸缩缝在地面以下可不设缝，连接处应加强，但沉降缝两侧墙体基础一定要分开。

（6）新建建筑物基础不宜深于周围已有基础。如深于原有基础，其基础间的净距应不小于基础间高差的1.5～2倍，否则应设置抗滑移桩，防止原有建筑的破坏。

九、工业建筑防腐蚀设计

工业建筑防的防腐蚀设计应遵循预防为主和防护结合的原则，根据生产过程中产生介质的腐蚀性、环境条件、生产操作管理水平和施工维修条件等，因地制宜，区别对待，综合选择防腐蚀措施。对危及人身安全和维修困难的部位，以及重要的承重结构和构件应加强防护。变电站主体结构及构件的防腐蚀设计应符合 GB 50046《工业建筑防腐蚀设计规范》的有关规定。

变电站在运行过程中不会产生腐蚀性介质，但变电站所处的周围环境有可能具有腐蚀性，因此，当变电站在腐蚀环境下，结构设计应根据结构耐久性设计的基本原则，从结构的布置、选型、构造及构件更换等方面提出要求，这种"概念性"设计对提高变电站结构的防腐蚀能力是十分重要的。

下面按照不同的结构形式分述在腐蚀环境下结构需要采取的措施。

1. 混凝土结构

（1）框架宜采用现浇结构。现浇钢筋混凝土框架结构具有整体性好和便于防护的优点，没有钢埋件和装配节点可能形成的薄弱环节，因此其耐久性相对较好。

（2）腐蚀性等级为中、强时，柱截面宜采用实腹式，不应采用腹板开洞的工型截面。柱截面采用实腹式截面的目的是为了减少受腐蚀的外露面积，同时规整的截面也便于防护。腹板开洞的工型截面表面积大，容易遭受腐蚀，所以在环境腐蚀性等级为中、强时不应采用。

在腐蚀环境下，结构混凝土的基本要求应符合表 5-11 的规定。

表 5-11 结构混凝土的要求

项 目	腐蚀性等级		
	强	中	弱
最低混凝土强度等级	C40	C35	C30
最小水泥用量（kg/m³）	340	320	300
最大水灰比	0.40	0.45	0.50
最大氯离子含量（水泥用量的百分比）	0.08	0.10	0.10

（3）钢筋混凝土和预应力混凝土结构钢筋的裂缝控制等级和最大裂缝宽度允许值，应符合表 5-12 的规定。

　　　　　　　　　　　　　钢筋混凝土和预应力混凝土的允许值

结构种类	强腐蚀性	中腐蚀性	弱腐蚀性
钢筋混凝土结构	三级 0.15mm	三级 0.20mm	三级 0.20mm
预应力混凝土结构	一级	一级	二级

（4）钢筋混凝土保护层最小厚度，应符合表 5-13 的规定。

表 5-13　　　　　　　　　　　　　　　钢筋混凝土保护层最小厚度

构件类别	强腐蚀性（mm）	中、弱腐蚀性（mm）
板、墙等面形构件	35	30
梁、柱等条形构件	40	35
基础	50	50
地下室外墙及底板	50	50

2. 钢结构

腐蚀性等级为强、中时，桁架、柱、主梁等重要受力构件不应采用格构式和冷弯薄壁型钢。

（1）钢结构杆件截面的选择。钢结构杆件截面的选择应符合下列规定：

1）杆件应采用实腹式或闭口截面，闭口截面端部应进行封闭；对封闭截面进行热镀侵锌时，应采取开孔防爆措施。

2）腐蚀性等级为强、中时，不应采用由双角钢组成的 T 形截面或双槽钢组成的工形截面；腐蚀性等级为弱时，不宜采用由双角钢组成的 T 形截面或双槽钢组成的工形截面。

3）当采用型钢组合的杆件时，型钢间的空隙宽度应满足防护层和维修的要求。

（2）钢结构杆件截面的厚度。钢结构杆件截面的厚度应符合下列规定：

1）钢板组合的杆件，不小于 6mm；

2）闭口截面构件，不小于 4mm；

3）角钢截面的厚度不小于 5mm。

门式刚架宜采用热轧 H 型钢，当采用 T 形型钢或钢板组合时，应采用双面连续焊缝。钢柱柱脚应置于混凝土基础上，基础顶面宜高出地面不小于 300mm。

3. 基础设计

基础材料的选择应符合下列规定：①基础应采用素混凝土、钢筋混凝土或毛石混凝土；②素混凝土和毛石混凝土的强度等级不应低于 C25；③钢筋混凝土应符合表 5-14 的规定。

基础应设垫层。基础与垫层的防护要求应符合表 5-14 的规定，基础梁的防护要求应符合表 5-15 的规定。

表 5-14　　　　　　　　　　　　　　　基础与垫层的防护要求

腐蚀性等级	垫层材料	基础的表面防护
强	耐腐蚀材料	1. 环氧沥青或聚氨酯沥青涂层，厚度不小于 500um； 2. 聚合物水泥砂浆，厚度不小于 10mm； 3. 树脂玻璃鳞片涂层，厚度不小于 300um； 4. 环氧沥青、聚氨酯沥青贴玻璃布，厚度不小于 1mm

腐蚀性等级	垫层材料	基础的表面防护
中	耐腐蚀材料	1. 沥青冷底子油两遍，沥青胶泥涂层，厚度不小于 500um； 2. 聚合物水泥砂浆，厚度不小于 5mm； 3. 环氧沥青或聚氨酯沥青涂层，厚度不小于 300um
弱	混凝土 C20，厚度 100mm	1. 表面不做防护； 2. 沥青冷底子油两遍，沥青胶泥涂层，厚度不小于 300um； 3. 聚合物水泥砂浆两遍

注　1. 当表中有多种防护措施时，可根据腐蚀性介质的性质和作用程度、基础的重要性等因素选用其中的一种。

　　2. 埋入土中的混凝土结构或砌体结构，其表面应按本表进行防护。砌体结构表面应先用 1∶2 水泥砂浆抹面。

　　3. 垫层的耐腐蚀材料可用沥青混凝土（厚 100mm）、碎石灌沥青（厚 150mm）、聚合物水泥混凝土（厚 100mm）等。

表 5-15　　　　　　　　　　　　基础梁的防护要求

腐蚀性等级	基础梁的表面防护
强	1. 环氧沥青、聚氨酯沥青贴玻璃布，厚度不小于 1mm； 2. 树脂玻璃鳞片涂层，厚度不小于 500um； 3. 聚合物水泥砂浆，厚度不小于 15mm
中	1. 环氧沥青或聚氨酯沥青涂层，厚度不小于 500um； 2. 聚合物水泥砂浆，厚度不小于 10mm； 3. 树脂玻璃鳞片涂层，厚度不小于 300um
弱	1. 环氧沥青或聚氨酯沥青涂层，厚度不小于 300um； 2. 聚合物水泥砂浆，厚度不小于 5mm； 3. 聚合物水泥砂浆两遍

注　当表中有多种防护措施时，可根据腐蚀性介质的性质和作用程度、基础的重要性等因素选用其中的一种。

　　桩基础在腐蚀环境下宜选用预制钢筋混凝土桩；腐蚀等级为中、弱时，可采用预应力混凝土管桩混凝土灌注桩。

建 筑 设 备

建筑设备包括采暖通风、给水排水和建筑电气的相关内容，是城市建设中一项十分重要的工作内容，它直接关系着居民的基本生活和城市的经济发展，是城市建设水平的重要表征。

在城市建设步伐日益加快的今天，为城市配置一套科学的建筑设备系统，是实现空气环境调节和水资源可持续利用的保障，从而促进城市经济的可持续发展。因此，必须做好城市变电站的采暖通风、给水排水和建筑电气设计工作，全方面促进可持续发展，进而促进社会的可持续发展。

第一节 采 暖

GB 50176—1993《民用建筑热工设计规范》将我国划分为严寒、寒冷、夏热冬冷、夏热冬暖和温和五个热工设计气候区域，分别规定了不同的热工设计要求。变电站采暖做法参照民用建筑，并具有其特殊性。位于严寒地区或寒冷地区的变电站，有工艺要求的房间及人员经常活动场所应设置采暖设施；其他地区可根据工艺与设备需要设置采暖设施。

一、各地区采暖方式介绍

合理利用能源、提高能源利用率、节约能源是我国的基本国策。采暖设计应根据我国气候区分布特点进行设计，我国严寒及寒冷地区冬季应设置采暖以满足变电站运行的要求。其他地区如夏热冬冷地区可采用热泵型空调，进行冬季供暖。如工艺无特殊要求，变电站内以下房间冬季有采暖需求：二次设备室、人员值班室、泵房、厨房及卫生间。变电站采暖有以下几点注意事项：①电气设备房间不允许布置有压水管或蒸汽采暖管道，防止水管爆裂或漏水损害电气设备；②泵房、厨房及卫生间因使用功能原因，存在漏水的可能，采用电采暖设备时为防止漏电或触电等危险，应采用防水型设备。

1. 严寒及寒冷地区采暖设备

用高品位的电能直接用于转换为低品位的热能进行采暖，在能源的合理利用上存在问题，一般的情况下是不适宜的。国家强制性标准中有"不得采用直接电加热"的规定。采暖热源的选择，应符合国家的长远能源政策。由于变电站的采暖特殊性（电气房间不允许有压水管进入），及热泵型空调在北方地区冬季使用制热效果较差等原因，近年来电采暖在我国东北、北京等地区有了较快的推广。

常见的电暖器主要有 5 种类型：反射式远红外线电暖器、暖风机、电热油汀式电暖器、欧式快热炉和欧式电热汀。随着智能化的理念深入人心，智能温控自然对流式电采暖器在变电站中拥有广阔的应用前景，如图 6-1 所示。该采暖器有以下特点：

（1）健康舒适性好：壁挂式智能电暖器是空气自然对流和辐射相结合的传热方式，其原理与传统的热水采暖散热器的传热一样没有电磁辐射，长时间在房间内生活没有头痛、头晕、皮肤燥热等不适应症，没有任何有害物质产生。使用中不产生任何声音。室内温度均衡，可根据需要自动控制。

（2）安全性好：智能电暖器安装在明处，便于保护；智能电暖器属于二级电暖器，具有双重绝缘和过热保护；耐潮湿，厨房、卫生间均可以安装使用，维修也很方便。

（3）行为节能更方便：可以根据各室温度要求不同随意设置温控档，电子温控器灵敏度极高，升温速度快。

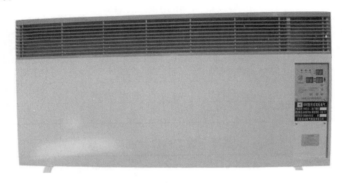

图 6-1　智能温控自然对流式电采暖器

2. 夏热冬冷地区采暖设备

我国夏热冬冷地区涉及 15 个省市自治区，该地区夏季闷热、冬季湿冷，是世界上同纬度冬季最寒冷的地区。该地区没有集中供暖系统，冬季室内舒适性非常差。为保证变电站冬季正常运行，该地区冬季一般通过设置热泵型空调制热来保证采暖房间室内温度。热泵装置的工作原理与压缩式制冷机是一致的，在小型空调器中，为了充分发挥其效能，夏季空调降温或冬季取暖，都是使用同一套设备来完成。冬季取暖时，将空调器中的蒸发器与冷凝器通过一个换向阀来调换工作。热泵型空调在夏热冬冷地区应用广泛，其制热效率远高于电热及热水采暖。这主要得益于热泵型空调冬季可以以较高的效率从室外环境中吸收热量用于室内制热。如图 6-2 所示。

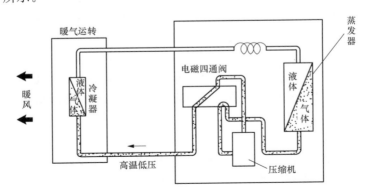

图 6-2　空调冬季制热原理图

二、热负荷计算

在可行性研究阶段、初步设计阶段，变电站各房间热负荷可按式（6-1）计算：

$$Q = \sum Aq(t_{in} - t_o) \tag{6-1}$$

式中　Q——房间热负荷，W；

$\quad\quad A$——建筑物面积，m^2；

$\quad\quad q$——建筑物供暖热指标，$W/(m^2 \cdot ℃)$；

t_{in}、t_o——建筑物室内外供暖计算温度，℃。

供暖热指标可按表 6-1 查得，采暖系统室内设计计算温度可按表 6-2 查得。

表 6-1　　　　　　　　　　　　各功能房间的供暖热指标

建筑物	热指标 $[W/(m^2 \cdot ℃)]$	建筑物	热指标 $[W/(m^2 \cdot ℃)]$	建筑物	热指标 $[W/(m^2 \cdot ℃)]$
主控制室	3.0	汽车库	7.5	卫生间	5.0
检修间	6.5	材料库	5.0	厨房	3.0
泵房	6.5	办公建筑	2.5		

表 6-2　　　　　　　　　　　　采暖系统室内设计温度

建筑物	室内温度（℃）	建筑物	室内温度（℃）
主控制室	20	材料库	14
检修间	14	办公建筑	20
泵房	10	卫生间	18
汽车库	12	厨房	15

第二节　通　　风

变电站通风主要用于排除电气设备房间的余热及有害气体。排除余热的房间主要有主电气设备室、电容器室、电抗器室、配电装置室、电缆夹层等。排除有害气体的房间主要有：蓄电池室、含有 SF_6 气体的电气设备房间如 GIS 室。

变电站除需要正常通风外，还存在需考虑事故通风要求的房间以及按《建筑设计防火规范》的要求需要设置防排烟装置的房间。

一、通风系统的气流组织

根据空气流动的驱动力，变电站电气通风可分为热压驱动的自然通风方式和风机驱动的机械通风方式，后者根据风机在通风系统布置的位置，分为机械送风的正压通风系统和机械排风的负压通风系统。

1. 热压驱动的自然通风气流组织

热压驱动的自然通风是指利用电气设备散发的热量产生的室内外空气温度差所形成的热压来排出室内热空气和引进室外低温空气达到通风散热作用的一种通风方式。

通过对某 220kV 城市变电站自然通风进行的计算流体动力学（CFD）模型计算结果进行分析，可以比较清晰地得到自然通风条件下的电气设备室和片散室速度分布和温度分布状况。

图 6-3、图 6-4 为电气设备室 $X=6$m 截面的速度分布图、温度分布图。

从速度分布图可以看出，气流从底部进风，经过转弯和缩小的孔口，流速急剧增加。这是由于局部阻力损失较大，压力降低引起流速增大，最大风速达 2.33m/s；气流分成两股后，因为地下通风的进口过窄，使得进入地下的空气流量较少，大部分空气进入地面以上的室内空间。进入地面室内的室外空气大部分并未参与对电气设备本体的冷却就上升至电气设备的上方。此外，建在电气设备室内的空中平台阻碍气流的流动，在其周围形成了一个小漩涡，排风口流速 0.7～0.8m/s。

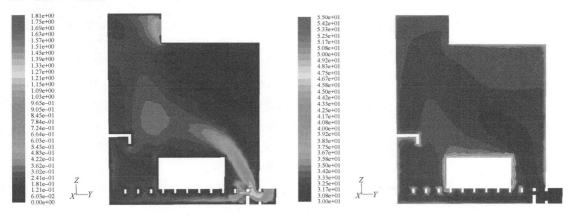

图 6-3　$X=6$m 截面的速度分布图　　　　图 6-4　$X=6$m 截面的温度分布图

由温度分布图可以看出电气设备的周围空气温度较高，达到 55℃。这是因为电气设备壁面发出恒定热流，与空气的对流传热较剧烈，形成了热边界层。

空气受热后密度降低，不断上浮，热量被带走，远离电气设备壁面的区域受冷空气不断冲刷，温度逐渐降低，排风温度 34～35℃，在允许范围以内。空气流动较缓慢的区域，比如 $X=6$m 截面的右上角处气温较高。

从图中温度场分布我们也可发现，我们关注的应该是电气设备周围所处的温度，严格来说，这是电气设备运行的环境温度，在电气设备上方 1.0 以上至屋面的区域，尤其是靠近排风口处温度越高，其形成的热压越大，通风量也越大。但由于自然进风中有一部分未直接冷却电气设备的发热体，相反与冷却发热体的热空气混合后，使排风温度降低，降低了热压差。

图 6-5、图 6-6 为片散室 $X=3.75$m 截面的速度分布图及温度分布图。

由 $X=3.75$m 截面速度分布可知，进口处的气流从底部进风，经过转弯和缩小的孔口，局部阻力损失较大，流速急剧增加，最大风速达 5.12m/s。气流分成两股后，大部分空气进入地面以上的室内空间，可以看出气流几乎沿墙壁笔直向上流动；少部分空气进入地下，同样也贴近地面流动。气流对散热器壁面的直接冲刷较弱，在室内上部空间形成了明显的漩涡，这是由于两股不同气流相遇造成。由于排风口结构尺寸不一，空气出口流速也不相同，最高可达 1.4m/s 左右。

由 $X=3.75$m 截面温度分布可以看出散热器的周围空气温度较高，达到 60℃，这是因为散热器壁面发出恒热流，与空气的对流传热较剧烈，空气吸收热量大，从而温度也最高。

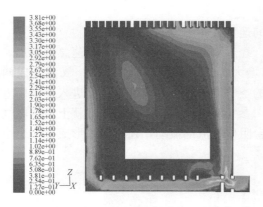
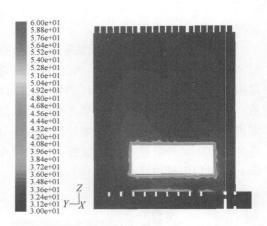

图 6-5　X＝3.75m 截面的速度分布图　　　　图 6-6　X＝3.75m 截面的温度分布图

沿壁面向外，空气温度降低，这是因为热空气与外部进入的冷空气混合所致。冷空气冲刷墙壁和地面，使得这些部位热量较易被带走，温度也不高。排风温度 33～35℃，在允许范围内。

　　自然进风、自然排风的最大优势在于通风系统的能耗最低。由于完全依靠电气设备自身的散热量产生的热压差，驱动空气的流动，不需要额外提供动力，能耗为零，因此在可能的条件下，因尽量采用自然通风系统。

　　采用自然通风的气流组织有许多前提条件，这些条件在工程中往往难以满足：

　　(1) 需保证足够的高度和进排风面积。根据上述计算方法，进排风面积与建筑高度的平方根成反比，增加建筑高度，可以有效地减小进排风面积；但建筑高度增加，将造成土建工程投资费用增加，有时还受工艺、城市规划条件的限制。如果建筑高度受限，就必须扩大进、排风面积；一方面造成投资增加，另一方面室内电气设备的噪音由进排风口传出的可能性也增加，使变电站的厂界噪音难以达到相关的国家标准。

　　(2) 进风口的布置位置。即使建筑高度和进排风面积能够按计算要求设计，进排风口特别是进风口的布置位置也难以保证。理想的自然进风应该是围绕着电气设备的周边，但实际工程中，电气设备室是一狭长形的建筑，其最有可能布置进风口的位置只有一侧短边（中间侧）或再增加一侧长边（边墙侧）；此外，短边侧还需要设置电气设备检修用的大门；进风口的中心高度宜控制在 2.0m 以下，才能有效利用进风面积。

　　(3) 室内空气与发热设备之间充分地热交换。为了有效地控制室内温度，室内空气必须与电气设备表面进行有效的热交换，从室外进入室内的空气，应充分与设备进行热交换，达到排风温度后从排风口处排出。但由于进风口位置的限制，一般室外进风，难以全部进入到发热设备的周围，可能造成部分室外进风，没有参与热交换就随着上升的热气流从排风口排出室外，一方面导致排风温度降低，减小了热压效应，另一方面室外空气未流经的区域会导致该区域的环境温度升高。

　　自然进风、自然排风系统还存在其他一些问题，难以解决。进风过滤、保持室内空气的洁净度就是其中之一。由于是依靠热压进风，要保持一定的进风流速，就难以安装滤尘设备，使得城市空气中的粉尘进入室内，经过电气设备产生的电磁影响，有些灰尘经电离荷电后，黏附在电气元器件表面，给其安全稳定运行带来隐患。

2. 自然进风机械排风的气流组织

实现完全的自然通风方式在实际工程中存在很大的困难。为了有效地控制室内温度，同时又要求尽量利用自然通风系统能耗低的优势，采用自然进风、通过排风机机械排风的气流组织方式。该气流组织与自然进风、自然排风的气流组织有很大的相似性：它在电气设备发热产生的热压作用的基础上，附加了通风设备产生的静压。与前者相比，有以下的一些优点：

（1）可以有效地保证通风系统所需的风量。根据计算确定的风量，选择排风设备，实际运行中，只要保持进排风通道的通畅，通风系统的通风量就能满足计算的要求。

（2）可以缩小进风的面积。通过排风设备的运行，进风口处的室内外压差将会在原有热压的基础上，附加了风机产生的负压，可以提高进风速度，在同样通风量的前提下，减小进风口的面积。

与自然通风相似，机械排风的气流组织也存在一些缺点：

（1）机械排风系统的能耗显著增加。由于增加了机械通风设备，其消耗的电能随着通风量的增加而增大。

（2）机械排风对室内气流组织的影响有限。假设安装排风设备为安装在墙面的壁式轴流风机或安装在屋面的屋顶式通风机，在排风口附近的空气将呈半球面汇流的形态。根据连续性方程，通过各等距离的半球面空气的流量是相同的，因此不同距离点 x_1，x_2 处的流速为见式（6-2）：

$$\frac{v_1}{v_2} = \frac{x_2^2}{x_1^2} \tag{6-2}$$

式中　　v_1、v_2——距离吸风口 x 处的速度，m/s；

x_1、x_2——任意两个点至排风口的距离，m。

由式（6-2）可见，吸入口外某点的空气流速度与该点其到风机吸入口室距离的平方呈反比，也就是说，随着至吸入口的距离的增加，空气流速衰减得非常快。实际上当离吸风口的距离 $S \approx 0.8d_0$ 时，速度便降为吸入口速度的 $0.1v_0$。因此，对室内气流组织的影响有限。自然通风系统存在的缺陷，机械排风型的机械通风系统依然存在。而且由于风机向外的抽吸作用，排出的空气中还有大量尚未参与室内热交换就被排出的室外空气（俗称空气短路），存在降低通风效率的可能性。

（3）通风设备产生的附加噪声，可能使变电站的厂界噪声超标。空气与风机叶轮及罩壳的摩擦形成了通风设备的噪声，随着转速的增加，噪声显著增加，为减少风机噪声对外界的影响，必须在风机的出口侧设置消声降噪设备，但消声装置的阻力较大，为保证设计风量，又要相应的提高风机的静压，带来更高的能耗。

事实上，在实际工程中，有些场合的机械通风系统，由于破坏了自然通风的气流组织，往往使室内局部地区涡流和混流加剧，造成局部区域的温度异常升高。

3. 机械送风自然排风系统的气流组织

为了克服自然进风、机械排风系统中室外进风在室内分布不均，造成局部地点形成通风死角的缺点，采用机械送风自然排风的气流组织。

与前两种气流组织的通风系统相比，具有如下的优点：

（1）保证室外新风送至需要的地点。采用机械送风形式，通过风管和送风口的布置，可以将室外新风送至发热体周围，形成有效散热。

根据等温自由紊流射流状态下，射流轴心速度的计算公式：

$$\frac{v_x}{v_0}=\frac{0.48}{\frac{x}{d_0}+0.147}\qquad(6\text{-}3)$$

式中　v_x——射程 x 处射流的轴心速度，m/s；

　　　v_0——射流出口速度，m/s；

　　　d_0——送风口直径或当量直径，m；

　　　x——射流断面至送风口的距离，m。

由式（6-3）可见，送风气流的速度衰减与射程呈反比的关系，从另一个方面也说明了机械送风对室内气流组织的影响要远大于机械排风对室内气流组织的影响。因此，机械送风、自然排风系统可以有效地提高通风系统的效率。

（2）机械送风自然排风系统，可以有效的对进风进行处理。变电站室内的空气品质主要取决于室外环境的空气品质。采用自然进风时，室外空气依靠室内外的压差作用，由室外进入到室内，为了有尽可能多的室外新风进入，实现对室内发热设备的冷却，需要降低进风装置的阻力，通常采用进风百页或建筑门窗作为进风装置，无法有效地对进风进行处理，导致室外大气中的灰尘、水气等有害物进入电气设备室内，在室内电气设备表面滞留，形成污垢，影响电气设备的安全稳定运行。采用机械送风方式，可通过送风装置设置过滤、除湿的装置，对室外新风进行处理，有效地保证进入室内空气的品质。

（3）机械送风自然排风的通风系统，可以充分利用热压作用，减少通风系统的能耗。在该通风气流组织中，送风系统主要是将室外进风有效地分布到电气设备（发热体）的周围，克服进风装置和进风口的阻力，使室内下部区域形成正压，在顶部排风口，室内外的压差由送风装置形成的机械正压和室内电气设备发热形成的热压共同作用，在提高排风速度的同时，可以减少排风面积。

（4）有效地控制通风系统的噪声。通过对进风设备进行消声处理，可以有效地控制通风系统产生的附加噪声，从而减少进风口室外的噪声。自然排风口则可以根据周边环境的要求，选择合适的位置和型式，避免室内噪声通过排风口传至室外，对周边环境产生影响。

与自然进风自然排风相比，机械进风自然排风也存在一些缺点：

1）通风系统的运行能耗增加。由于使用了机械进风设备，就存在电力消耗；同时由于是运转设备，相应地也会产生维护费用。

2）需要占据一定的空间。风机箱不管是布置在室内还是室外，都需要占据一定的空间，这给紧凑型布置的户内变电站设计，带来了布置上的困难。

3）设备投资费用增加。相对于自然进风的通风百叶而言，机械进风设备的初投资较高。

通过对上述，我们可以发现，与自然通风系统、自然进风机械排风系统相比，机械进风、自然排风系统可以有效地调整和改变室内气流组织，提高通风效率。

4. 机械进风机械排风系统的气流组织

该系统为全面机械通风。与其他三种方案相比，能提高进排风能力，更有效地排除室内的热湿空气，改善通风气流组织。可以根据室内卫生、环保和工艺条件的要求进行设计，是一种理想的通风方式。但建议投资和运行费用也最高，对运行管理人员的要求也高。

二、通风设计

1. 气流组织

(1) 全面通风的进、排风应使室内气流从有害物浓度较低的地区流向较高的地区，特别是应使气流将有害物从人员停留区带走。送风系统的送风方式，应符合如下要求：①放散热或同时放散热、湿和有害气体的房间，当采用上部或下部同时全面排风时，宜送至作业地带；② 放散粉尘或密度比空气大的蒸汽和气体，而不同时放热的房间，当从下部排风时，宜送至上部地带；③当固定工作地点靠近有害物放散源，且不可能安装有效的局部排风装置时，应直接向工作地点送风。

(2) 当采用全面通风消除余热、余湿或其他有害物时，应分别从室内温度最高、含湿量或有害物浓度最大的区域排出，且其风量分配应符合下列要求：①当有害气体和蒸汽的密度比空气小，或在相反情况下但会形成稳定的升气流时，宜从房间上部地带排出所需风量的，从下部地带排出；②当有害气体和蒸汽的密度比空气大，且不会形成稳定的上升气流时，宜从房间上部地带排出，从下部排出。从房间下部排出的风量，包括距地面 2m 以内的局部排风量。从房间上部排出的风量，不应小于每小时一次。当排出有爆炸危险的气体或蒸汽时，其风口上缘距顶棚应小于 0.4m。

(3) 机械送风系统室外进风口的位置，应符合下列要求：①应设在室外空气比较洁净的地方；② 应尽量设在排风口的上风侧（指进、排风口同时使用季节的主导风向的上风侧），且应低于排风口；③进风口与排风口设于同一高度时的水平距离不应小于 20m。当水平距离小于 20m 时，进风口应比排风口至少低 6m；④进风口的底部距室外地坪不宜低于 2m。当布置在绿化带时，不宜低于 1m；⑤降温用的进风口，宜设在建筑物的背阴处。

2. 换气量计算

(1) 消除余热所需要的换气量 G_1（kg/h）：

$$G_1 = 3600 \frac{Q}{(t_p - t_j)C} \tag{6-4}$$

(2) 消除余湿所需要的换气量 G_2（kg/h）：

$$G_2 = \frac{G_{sh}}{d_p - d_j} \tag{6-5}$$

(3) 稀释有害物所需要的换气量 G_3（kg/h）：

$$G_3 = \frac{\rho M}{c_y - c_j} \tag{6-6}$$

式中　Q——余热量，kW；

t_p——排出空气的温度，℃；

t_j——进入空气的温度，℃；

C——空气的比热，1.0kJ/(kg·K)；

G_{sh}——余湿量，g/h；

d_p——排出空气的含湿量，g/kg；

d_j——进入空气的含湿量，g/kg；

M——室内有害物的散发量，mg/h；

c_y——室内空气中有害物质的最高允许浓度，mg/m³；

c_j——进入空气中有害物质的浓度，mg/m³；

ρ——空气密度，kg/m³。

（4）房间内同时放散余热、余湿和有害物质时，换气量按其中最大值取。

（5）如室内同时散发几种有害物质时，换气量按其中最大值取。但当数种溶剂（苯及其同系物、醇类或醋酸酶类）的蒸汽，或数种刺激性气体（三氧化硫及二氧化硫或氟化氢及其盐类等）同时在室内放散时，换气量按稀释各有害物所需换气量的总和计算。

（6）当散发有害物数量不能确定时，全面通风的换气量可按换气次数确定。

三、变电站主要房间的通风方式

1. 变压器室通风

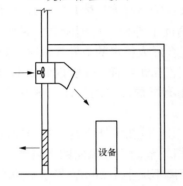

图6-7　机械进风自然排风

按变压器按结构形式分为油浸式和干式两种。油浸式变压器室排风温度不超过45℃，干式变压器室排风温度不高于40℃。变压器室对相对湿度无严格要求，但要求室内空气洁净，因此，变压器室进出风口应有防止灰尘、雨水、汽、小动物进入室内的设施。变压器室推荐采用机械进风、自然排风系统，送风口宜直接吹向变压器的散热盘管，布置方案示意见图6-7。也可以采用自然进风、机械排风系统，布置方案示意见图6-8。主变压器室通风系统应单独设置，不能合并使用，风口应设在空气洁净区，布置在灰尘较多或风沙较大地区的变压器室，应采用正压通风方式，且进风口尽量设在空气较洁净地点，应考虑当变压器发生火灾时，能自动切断通风机电源的措施。

2. 配电装置室通风

配电装置室室内一般布置有高低压开关柜、配电屏、变压器等。配电装置室对环境有如下要求：①对于室内有油开关的配电装置室，要求设置事故排风机，事故排风机兼作通风降温之用；②室内空气应较洁净，对相对湿度无严格要求；③采用可开启的外窗时，内侧应加纱窗；④对于布置有变压器的配电装置室，设备厂家要求室温不高于40℃，如果考虑安全及其他不可预计因素，室温宜控制在35℃以下。

配电装置室通风系统的选型原则：①对于周围空气干净且夏季室外通风计算温度低于或等于28℃的地区，可以采

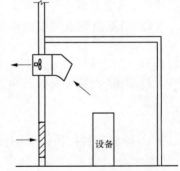

图6-8　自然进风机械排风

用自然进风、机械排风系统；②对于周围空气不干净的，或夏季室外通风计算温度高于28℃低于33℃的地区，推荐采用正压通风系统，即机械送风、机械排风。送风应经过过滤，送风量应比排风量大10%；③对于高温地区（夏季通风室外计算温度大于等于33℃）和高湿地区（夏季通风室外计算温度不小于30℃，且最热月室外相对湿度不小于75%），由于利用室外空气降温所需风量太大，很不经济，推荐采用正压通风系统，且机械送风系统应设置降温装置（即降温机组，空调章节阐述）降低送风温度。

3. 电缆夹层及电缆隧道通风

电缆夹层及电缆隧道都是布置电缆的场所，房间内有各种电压等级的动力、照明、控制电缆、在运行中会散发出一定的热量，如果房间内温度过高，将导致电缆外表面绝缘老化，

电缆载流量下降。在电气专业的设计手册上，对电缆损耗大于 150W/m 的有通风要求。电气专业一般以 40℃ 作为电缆夹层及电缆隧道的环境控制温度，因此，40℃ 也是电缆房间排风量计算时常用的排风温度。电缆房间通风量计算，一是根据电气所提发热量计算所需通风量，二是根据 6 次/h 确定所需通风量，两者取大值。当发生火灾时，能自动切断通风机电源。当火灾确认扑灭后，可开启风机排除室内烟气。

4. 六氟化硫电气设备室通风

六氟化硫是一种性能优良的气体绝缘与灭弧介质，已日益广泛地应用于电气设备中。纯的六氟化硫是一种无色、无味、无毒的气体。但在生产六氟化硫的过程中会伴随有多种有毒气体产生，并会混入产品气中。六氟化硫电气设备室发生事故时，有害物泄露室内，有害气体外溢，其成分很复杂，但大多数比空气重，集于房间的下部。其中有一种有害的氟化氢气体比空气轻，会升到房间的上部，因此，必须进行上、下部的事故排风。六氟化硫电气设备室通风设计有以下注意点：①应采用机械通风、室内空气不允许再循环；②通风系统正常运行时的换气次数按不少于 2 次/h 计算，吸风口在房间的下部（一般距地面 100～200mm）；③应设置事故排风装置，事故排风宜由经常使用的下部排风系统和上部排风系统共同担负。事故排风量按不少于 4 次/h 换气计算；④与六氟化硫电气设备室相同的地下电缆隧道应设机械排风系统，排风量按不少于 2 次/h 换气计算，吸风口设在电缆隧道下部；⑤通风设备、风管及其附件应考虑防腐措施；⑥风机的电器开关应安装在门口便于操作的地点；当发生火灾时，应能自动切断通风机的电源。

5. 蓄电池室通风

蓄电池室一般存放有一定数量的蓄电池组。蓄电池一般有开口式、防酸隔爆式、免维护式三种。免维护式蓄电池在电力系统中应用最为广泛。免维护式蓄电池室通风设计有如下要点：①有良好自然进风条件的蓄电池室，蓄电池运行时可以开窗进行自然通风；②没有良好自然进风条件的蓄电池室，应设自然进风、机械排风系统。排风量按换气次数 2 次/h 计算。风机和电动机应采用防爆型，并应直接联接，风机安装在外墙上，排风直接排到室外。进风口宜设置在洁净的地方，否则应考虑进风过滤。

第三节 空 气 调 节

在变电站的生产运行过程中，工艺上对某些房间的室内空气参数有限制要求，以保证设备的安全运行和工作人员的身体健康。对这些特殊区域，当通风系统不能满足室内参数要求时，应设计空调系统。

一般情况下在变电站范围内，以下房间宜设置空调设施：控制室、计算机室、继电保护室、远动通信室、值班室等（参见 GB 50059—2011《35kV～110kV 变电站设计规范》）。

城市户内变电站主要电气屏柜及电气控制、测量、监视和保护装置均布置在二次设备室内。该房间既是电气设备的安装地点，也是运行人员的工作场所，对室内环境的要求既要满足设备的安全运行，又要考虑人员的舒适性。

一、空调系统的设计

随着空调技术的发展，人们对空调系统的要求由舒适性向健康型、节能型和环保型发展。特别是对空调房间室内品质的定义，已越来越多地引入空调设计中，引起了空调设计者的广泛注意。

1. 室内空气参数

（1）确定空调房间室内设计参数的目的。在空调系统设计中，确定空调房间室内设计参数的目的是在满足室内工艺设备安全运行和室内工作人员健康要求的基础上，尽可能降低空调系统的初投资及运行费用，达到节能的目的。

（2）主厂房空调房间室内设计参数的确定原则：

1）二次设备室和蓄电池室，确定室内设计参数时，主要考虑工艺要求，兼顾人员舒适性。

2）值班室和会议室等空调房间，确定室内设计参数时，要考虑人员密度和驻留时间等因素。

2. 空调系统的确定

按空气处理设备的设置情况可分为集中式和非集中式空调系统；按担负空调负荷的介质可分为全空气系统、空气—水系统、全水系统和冷剂系统；按集中系统处理的空气来源可分为封闭式、直流式和混合式系统。在空调设计中，确定空调系统形式的主要原则是满足空调房间的功能要求，同时还要考虑所选系统的初投资、运行费、运行操作维护条件等因素。在此基础上应尽量选择形式简单、布置紧凑、维护方便的空调系统。

二、空调负荷计算

1. 空调负荷计算的基本构成

按照暖通专业有关设计规范、规范和规定的要求，结合变电站空调房间的特点，空调负荷应按冬、夏季两种工况分别计算，一般应包括，空调房间的热（冷）负荷、空调房间的湿负荷、新风负荷和系统的附加负荷。

（1）空调房间的热（冷）负荷。空调房间的热（冷）负荷计算，是空调系统负荷计算中最主要的一项内容。根据变电站空调系统的特点，计算空调房间的热（冷）负荷时，应包括以下内容：通过围护结构的得（失）热量；透过外窗进入室内的太阳辐射热量；人体散热量；照明散热量；电气设备及电子仪表散热量。

（2）空调房间的湿负荷。一般情况下，变电站空调房间的湿负荷仅计算人体散湿量。

（3）新风负荷。所谓新风负荷，即由补充新风而带入空调系统的热（冷）负荷、湿负荷。冬季应计算加热新风的热负荷，室外空气相对湿度较低时，还需考虑新风的加湿负荷；夏季则应计算冷却风的冷负荷，高温地区海英考虑新风的降湿负荷。在计算过程中，各项新风负荷可不具体计算，可按照新回风混合后的状态参数一同计算。

（4）系统的附加负荷。空调系统附加负荷一般只考虑夏季工况，包括一下几项：空气通过送、回风机的温升；空气通过风管的温升；补充风管漏风引起的负荷（风管漏风量可按系统风量的 10% 考虑）；制冷装置和冷水系统的冷量损失；电缆孔洞渗透冷量损失。

2. 空调系统的负荷计算方法与计算过程

（1）空调系统冬季热湿负荷计算：

1）冬季热负荷。冬季空调系统的热负荷一般只计算空调房间围护结构的耗热量和加热新风所需的热负荷。空调系统冬季热负荷可按稳定传热方法进行计算，计算过程与冬季供暖热负荷的计算相同。但计算空调系统冬季热负荷时，室外计算温度应采用冬季空调室外计算温度。

2）冬季空调系统湿负荷。对变电站的空调房间而言，冬季室内的余湿量可以不计算。当室外新风的相对湿度较低时，要计算空调系统的加湿量。

（2）空调系统夏季冷、湿负荷的计算。空调房间的冷负荷是由通过围护结构的得热量和室内各项得热量转化而来的。按照实际情况确定空调房间的冷负荷时，应按不稳定传热方法进行详细计算，但计算过程非常复杂，所以在工程设计中，除非利用专门编制的计算机程序进行计算，可应用这些复杂的计算理论和方法，否则，用手工计算很难完成这项工作。在现行的各类空调设计手册中，对空调房间的冷负荷计算，都提出了简化计算方法。实践证明，这些计算方法在工程设计中的应用，其内容深度完全能够满足要求。

1）计算原则。在可研和初步设计阶段，空调房间的室内冷负荷可按指标估算；在施工图设计阶段，对空调房间的室内冷、湿负荷应进行详细复核技术。

2）空调房间室内冷、湿负荷的计算方法：

a. 通过围护结构形成的冷负荷，通过围护结构的总余热量为屋面、外窗、内墙、楼板、地面等传热量的总和。得热量转化为冷负荷过程中存在着衰减和延迟现象。不同的围护结构由于蓄热能力不同，其传热量的衰减和延迟时间也不同，因此应分别进行计算。

b. 空调房间内电子设备及电子仪表散热形成的冷负荷，由工艺专业提供。

c. 室内照明散热引起的冷负荷，变电站可不考虑。

d. 人体散热引起的空调冷负荷。变电站可不考虑。

e. 人体散湿量，变电站可不考虑。

各项计算完成以后进行逐项逐时累加，既得除空调房间各个时刻的室内空调冷负荷值，然后从中选出最大值即为该空调房间的室内冷负荷。

3）空调系统的冷负荷计算。按照上述计算方法逐个计算出各空调房间的冷负荷。将某个空调系统所担负的所有空调房间的室内冷负荷相加，即可计算出该空调房间冷负荷值。当计算选择该空调系统的空调或制冷设备时，空调系统的冷负荷还要按照本节第一部分的内容进行各项附加。

三、变电站空调的常用型式

变电站一般以下房间应设计空调系统：二次设备室、蓄电池室、值班室。另外对于高温地区（夏季通风室外计算温度不小于 33℃）和高湿地区（夏季通风室外计算温度不小于 30℃，且最热月室外相对湿度不小于 75％），由于利用室外空气降温所需风量太大，很不经济，配电装置室推荐采用正压通风系统，且机械送风系统应设置降温装置。降温机组在上海地区及我国南部夏季多发高温高湿天气地区使用较为广泛。

由于变电站内空调负荷较小等诸多因素影响，直接蒸发式空调机组及多联式空调机组在变电站内使用最为广泛。

1. 直接蒸发式空调机组

直接蒸发式空调机组实际上是一个中、小型空调系统，机组内不仅有制冷压缩机、直接蒸发表冷器、冷凝器和节流机构组成的制冷系统，而且有通风机、空气过滤器，甚至有的机组还带有空气加湿器等设备。机组在工厂中将上述设备组装在一个箱体内，充灌好制冷剂出厂，也可以在工厂组装成多个组件，在安装现场连接成一体。其特点有：

（1）作为空调工程中的冷源，结构紧凑，尺寸较小，机房空间占用小。

（2）使用灵活方便，安装容易，机组只需通电即可使用，并且控制简单，可不需操作人员值守。

（3）制冷剂直接蒸发冷却空气，能效比高，且省去了复杂庞大的间接冷却冷水系统，冷损失小，投资省。

2. 多联式空调机组

多联式空调机组是由一台或多台室外机与多台室内机组成，用制冷剂管道将制冷压缩机、室内外换热器、节流机构和其他辅助设备连接而成的闭式管网系统。该机组室外机由制冷压缩机、室外热交换器和其他辅助设备组成，类似于分体空调机的室外机；室内机由直接蒸发式空气冷却器和风机组成，与分体空调机的室内机相似。按机组压缩机的调节方式有定频、变频调速、变容调节方式等。由于变频调速、变容调节方式会使机组制冷系统内的制冷剂循环量变化，故一般也称其为"变制冷剂流量（VRV）制冷系统"。其特点有：

（1）节能、舒适、运行平稳等优点、制冷剂液管和气管的管路占用空间小，且各房间可以独立调节，可满足不同房间的要求。

（2）系统需要有良好的控制功能，而且制作工艺和施工要求严格，故初投资较高。

第四节　给　水　工　程

一、给水系统的分类与组成

建筑的给水系统是将城镇给水管网或自备水源给水管网的水引入室内，经配水管送至生活、生产和消防用水设备，并满足各用水点对水量、水压和水质要求的冷水供应系统。当市政供水满足变电站用水量需求时，户内变电站给水水源应采用市政供水；当市政供水不满足变电站用水量需求时，可采用其他水源，但供水水质应满足《生活饮用水卫生标准》GB 5749 的要求。当市政给水压力不满足变电站用水压力需求时，应采用二次加压供水方式，二次加压设备宜采用无负压管道叠压设备。

1. 给水系统的分类

给水系统按用途可分为三类：

（1）生活给水系统。供给人们饮用、盥洗、洗涤、沐浴、烹饪等生活用水。其水质必须符合国家规定的饮用水质标准。

（2）生产给水系统。供给生产设备冷却、原料和产品的洗涤，以及各类产品制造过程中需要的生产用水。生产用水应根据工艺要求，提供所需的水质、水量和水压。

（3）消防给水系统。供给各类消防设备灭火用水。消防用水对水质要求不高，但必须按照建筑防火规范保证供给足够的水量和水压（见第七章）。

2. 给水系统的组成

建筑内部的给水系统，由下列部分组成：

（1）引入管。自室外给水管将水引入室内的管段，也称进户管。

（2）水表节点。水表节点是安装在引水管上的水表及其前后设置的阀门和泄水装置的总称。水表用于计量建筑用水量。水表前后的阀门用以水表检修、拆换时关闭管路，泄水口主要用于系统检修时防控管网的余水，也可用来检测水表精度和测定管道进户时的水压值。

（3）给水管道。给水管道包括干管、立管和支管。钢管连接方法有螺纹连接、焊接和法兰连接。

（4）配水装置和用水设备。如各类卫生器具和用水设备的配水龙头和生产、消防等用水设备。

（5）给水附件。管道系统中调节水量、水压，控制水流方向，以及关断水流，便于管道、仪表和设备检修的各类阀门。

（6）增压和贮水设备。当室外给水管网的水压、水量不能满足建筑用水要求，或要求供水压力稳定、确保供水安全可靠时，应根据需要，在给水系统中设置水泵、气压给水设备和水池、水箱等增压、贮水设备。

二、生活给水系统

1. 用水量标准及用水量计算

建筑物内生活用水量由建筑内部卫生设备的完善程度、气候、使用者的生活习惯、水价等因素决定。一般来说，卫生器具越多，设备越完善，用水的不均匀性越小。

（1）给水定额及时变化系数。根据建筑性质及卫生器具的具体情况选择最高日生活用水定额和小时变化系数 K_h，具体参数选择参见 GB 50015—2003《建筑给水排水设计规范》（2009 版）。

（2）最高日用水量：

$$Q_d = m q_d \qquad (6\text{-}7)$$

Q_d——最高日生活用水量，m^3/d；

m——设计单位数（人，床，病床，m^2 等）；

q_d——单位用水定额，参见规范，$L/(人 \cdot d)$。

（3）最大时用水量：

$$Q_h = Q_d k_h / T \qquad (6\text{-}8)$$

Q_d——最高日生活用水量，m^3/h；

k_h——小时变化系数，参见规范；

Q_h——最高日最大时用水量，m^3/h；

T——用水时间，参见规范。

（4）流量的计算：

1）工企业的生活间、公共浴室、职工食堂或营业餐馆的厨房、体育场运动员休息室、剧院的化妆间、普通理化实验室等建筑的生活给水管道的设计秒流量，就按下式计算：

$$q_g = \sum q_o \cdot n_o \cdot b \qquad (6\text{-}9)$$

式中　q_g——计算管段的给水设计秒流量，L/s；

　　　q_o——同类型的一个卫生器具给水额定流量，L/s；

　　　n_o——同类型卫生器具数；

　　　b——卫生器具的同时给水百分数，应规范采用。

2）住宅、集体宿舍、旅馆、宾馆、医院、疗养院、幼儿园、养老院、办公楼、商场、客运站、会展中心、中小学教学楼、公共厕所等建筑的生活给水设计秒流量，应按下式计算：

$$q_g = 0.2a \sqrt{N_g} \qquad (6\text{-}10)$$

式中　q_g——计算管段的给水设计秒流量，L/s；

N_g——计算管段的卫生器具给水当量总数；

a——根据建筑物用途而定的系数，应按规范采用。

注：1. 如计算值小于该管段上一个最大卫生器具给水额定流量时，应采用一个最大的卫生器具给水额定流量作为设计秒流量。

2. 如计算值大于该管段上按卫生器具给水额定流量累加所得流量值时，应按卫生器具给水额定流量累加所得流量值采用。

3. 大便器延时自闭冲洗阀的给水管段，大便器延时自闭冲洗阀的给水当量均以 0.5 计，计算得到的附加 1.10L/s 的流量后，为该管段的给水设计秒流量。

4. 综合楼建筑的值应按加权平均法计算。

2. 给水系统的压力计算

室内水系统的压力，必须能将需要的流量输送到建筑物内最不利点（通常为最高、最远点）的配水龙头或用水设备处，并保证有足够的流出水头。最不利配水点通常是在选择若干个较不利配水点，进行比较后确定的。

室内给水系统所需水压，按式（7-5）计算：

$$H = H_1 + H_2 + H_3 + H_B \qquad (6\text{-}11)$$

式中　H——室内给水系统所需的总水压，自室外引入管起点轴线算起，mH_2O；

H_1——最高最远配水点与室外引入管起点的标高差，m；

H_2——计算管路的水头损失，mH_2O；

H_3——计算管路最高最远配水点的流出水头，mH_2O；

H_B——水流通过水表的水头损失，mH_2O。

3. 生活加压水泵的选择

（1）水泵出水量按最大时用水量的 1.2 倍计

$$Q_b = 1.2 Q_h \qquad (6\text{-}12)$$

水泵吸水管的最大流速不应超过 1.2m/s，其他给水管道的选择参照

（2）水泵扬程：

$$H_b = H_y + H_s + 2mH_2O \text{ 水泵压水管进入水箱入口处所需出水头} \qquad (6\text{-}13)$$

式中　H_b——水泵扬程，mH_2O；

H_y——扬水高度，即贮水池最低水位至高位水箱入口处的几何高差，mH_2O；

H_s——水泵吸水管和出水管（至高位水箱入口）的总水头损失，mH_2O。

第五节　排　水　工　程

一、排水系统的分类与组成

建筑的排水系统是将建筑内人们在日常生活和工业生产中使用的水收集起来，及时排到室外。

1. 排水系统的分类

按系统接纳的污废水类型不同，建筑内部排水系统可分为三类：

（1）生活排水系统。生活排水系统排出居住建筑、公共建筑及工厂生活间的污废水。有时，由于污废水处理、卫生条件或杂用水水源的需要，把生活排水系统又进一步分为排除冲洗便器的生活污水排水系统和排除盥洗、洗涤废水的生活废水排水系统。生活废水经过处理

后，可作为杂用水，用来冲洗厕所、浇洒绿地和道路、冲洗汽车等。

（2）工业废水排水系统。工业废水排水系统排除工艺生产过程产生的污废水。为便于污废水的处理和综合利用，按污染程度可分为生产污水排水系统和生产废水排水系统。生产污水污染较重，需要经过处理，达到排放标准后排放；生产废水污染较轻，如机械设备冷却水，生产废水可作为杂用水水源，也可经过简单处理后（如降温）回用或排入水体。

（3）雨水排水系统。屋面雨水排除系统收集排除降落到多跨工业厂房、大屋面建筑和高层建筑屋面上的雨雪水。

（4）变电站排水系统注意事项。户内变电站生活排水、生产废水及雨水的排放宜采用分流制，生活排水、生产废水应处理达标后排放或站内回用。户内变电站排水系统主要包括雨水、生活污水及变压器含油废水排水系统，而城市均建设有完善的市政雨水及污水排水系统，因此户内变电站各排水应采用分流制排水，分别排入对应的市政排水管道。同时站内生活污水应经过化粪池处理后排入市政污水管道，含油废水经过隔油处理后排入市政污水管道。

变电站给排水设计应注意以下事项：①给排水管道不应布置在除电缆夹层外的电气设备房间；②事故排水系统应能在发生事故时，及时将事故油、水排入事故油池内。事故油池应具备将油、水及时分离，并将事故水排出的功能。

2. 排水系统的组成

（1）卫生器具和生产设备受水器。卫生器具是建筑内部排水系统的起点，用来满足如常生活和生产过程中各种卫生要求，收集和排除污废水的设备。卫生器具的结构、形式和材料各不相同，应根据其用途、设置地点、维护条件和安装条件选用。

1）便溺器具。便溺用器具设置在卫生间和公共厕所，用来收集生活污水。便溺器具包括便器和冲洗设备。

2）大便器。大便器是排除粪便的卫生器具，其作用是把粪便和便纸快速排入下水道，同时要防臭。

3）小便器。小便器设于公共建筑男厕所内。

4）冲洗设备。冲洗设备时便溺器具的配套设备，有冲洗水箱和冲洗阀两种。冲洗水箱分为高位水箱和低位水箱，多采用虹吸式。

5）盥洗、沐浴器具。

6）洗脸盆。洗脸盆一般用于洗脸、洗手和洗头，设置在盥洗室、浴室及卫生间。

7）淋浴器。沐浴器多用于变电站值班人员集体使用。

8）洗涤器具。洗涤盆：装设在厨房，用来洗涤碗碟、蔬菜等。

污水盆：污水盆设置于厕所、盥洗室内，供洗涤拖把、打扫厕所或倾倒污水用。

9）地漏。地漏是排水的一种特殊装置。装在地面须经常清洗或地面有水须排泄处。

（2）排水管道。排水管道包括器具排水管（含存水弯），排水横支管、立管、埋地干管和排出管。按管道设置地点、条件及污水的性质和成分，建筑内部排水管材主要有塑料管、铸铁管、钢管和带釉陶土管。工业废水还可用陶瓷管、玻璃钢管、玻璃管等。

1）塑料管。目前在建筑内使用的排水塑料管是硬聚氯乙烯塑料管（简称 UPVC 管）具有质量轻、不结垢、不腐蚀、外壁光滑、容易切割、便于安装、可制成各种颜色、投资省和节能的优点。

2）铸铁管。铸铁管是目前使用最多的管材，管径在 50～200mm 之间。

3）钢管。钢管主要用于洗脸盆、小便器、浴盆等卫生器具与横支管间的连接短管，管径一般为 32、40、50mm。

4）带釉陶土管。带釉陶土管耐酸碱腐蚀，主要用于排放腐蚀性工业废水。室内生活污水埋地管也可用陶土管。

5）清通设备。为疏通建筑内部排水管道，保障排水通畅，需设清通设备。

二、排水系统计算

1．排水支管的计算

（1）住宅、集体宿舍、旅馆、医院、办公楼和学校等建筑用水设备不集中，用水时间长，同时排水百分数随数量增加而减少。

$$q_u = 0.12a \sqrt{N_p} + q_{max} \tag{6-14}$$

式中　q_u——计算管段上的设计流量，L/s；

　　N_p——计算管段上卫生器具排水当量总数；

　　q_{max}——计算管段上排水量最大的一个卫生器具的排水量，L/s；

　　a——根据建筑用途而定的系数。

（2）工业企业生活间、公共浴室、洗衣房、公共食堂、影剧院、体育场等建筑的卫生设备使用集中。

$$q_u = \sum qn \cdot b \tag{6-15}$$

式中　q_u——计算管段上的设计流量，L/s；

　　q——同类型的一个卫生器具排水流量，L/s；

　　n_0——同类卫生器具数；

　　b——卫生器具同时排水百分数，冲洗水箱大便器按 12%，其他同给水。

根据当量和设计流量结合卫生器具所接最管径确定支管管径

说明：以上公式适用于生活污水和生活废水。

2．排水立管的计算

（1）住宅、集体宿舍、旅馆、医院、办公楼和学校等建筑用水设备不集中，用水时间长。

$$q_u = 0.12a \sqrt{N_p} + q_{max} \tag{6-16}$$

式中　q_u——计算管段上的设计流量，L/s；

　　N_p——计算管段上卫生器具排水当量总数；

　　q_{max}——计算管段上排水量最大的一个卫生器具的排水量，L/s；

　　a——根据建筑用途而定的系数。

（2）工业企业生活间、公共浴室、洗衣房、公共食堂、影剧院、体育场等建筑的卫生设备使用集中。

$$q_u = \sum qn_0 b \tag{6-17}$$

式中　q_u——计算管段上的设计流量，L/s；

　　q——同类型的一个卫生器具排水流量，L/s；

　　n_0——同类卫生器具数；

　　b——卫生器具同时排水百分数，冲洗水箱大便器按 12% 其他同给水。

根据立管设计流量选取排水方式与管径。

（3）通气管的计算。单立管排水系统的伸顶通气管可与污水管相同，但在最冷月平均气温低于－13℃的地区，为防止结霜，应在室内吊顶0.3m下放大一级。

（4）汇合通气管的计算：

$$D_N = d_{max} + 0.25d_j \tag{6-18}$$

式中　D_N——通气干管和总伸顶通气管管径，mm；

　　　d_{max}——最大一根通气管管径，mm；

　　　d_j——其余通气管管径，mm。

3．排水横干管及排出管的计算

设计流量的计算Q同立管设计流量的计算（L/s）。

4．集水坑的设计

消防电梯下集水坑不宜小于2m³ 消防泵流量不得小于10L/s 吸水管流速1.0～1.2m/s 出水管在1.2～1.5m/s之间。

地下室污水集水坑的设计：

$$V = 1.2Q/6 \tag{6-19}$$

式中　Q——立管最大时设计流量（注水泵启动次数为6次时）。

集水坑上应设一根直接通向室外的通气管。

注：1．如与集水坑同房间内有敞开水池，则集水坑要强制排风。集水池一般有效水深为1～1.5m，保护高度为0.3～0.5m，在集水坑上一般要设一DN25的给水管。用于冲洗集水坑内的沉淀物。

2．集水坑底应有0.05°坡度，坡向水泵，集水坑的深度与平面尺寸应按水泵类型来确定。

3．集水坑设计最低水位，应满足水泵吸水要求。

4．集水坑应设置水位指示器，必要时应设置超警戒水位报警装置，将信号到物业管理中心。

5．污水泵的选择

（1）建筑物内污水水泵的流量应按生活排水设计秒流量来选定，当有集水坑时，可按最大时流量选定。

（2）扬程满足出水附加2m的出水水头即可。

注：水泵每小时不得启动数超过6次（自动启动）。

水泵运行时间不得大于5min。

6．化粪池的计算与选择

$$V = \frac{Nqt}{24 \times 1000} + \frac{aNt}{1000} \tag{6-20}$$

式中　V——化粪池有效容积，m³；

　　　N——设计总人数（或床位数、座位数）；

　　　c——使用卫生器具人数占总人数的百分比，与建筑性质有关，医院、疗养院、有住宅的幼儿园取100%，住宅、集体宿舍、旅馆取70%，办公室、教学楼、工业企业活动间取40%，公共食堂、影剧院、体育馆和其他类似公共建筑场所取10%；

　　　q——每人每天排出量L/（人·d），当生活污水与废水合流时，与生活用水量相同，分开时取20～30L/（人·d），L/（人·d）；

　　　a——每人每日污泥量，当生活污水与废水合流时，取0.7L/（人·d），分流时0.4/

（人・d）；

　　t——污泥在化粪池中停留时间，取 $12\sim24h$；

　　T——污泥清掏周期，取 $3\sim12$ 日。

化粪池的保护容积一般由保护高度来提供．保护高度一般为 $250\sim450mm$。

7. 隔油池的设计

$$V=60T \cdot Q \qquad (6-21)$$
$$A=Q/v$$
$$L=V/A$$
$$B=A/H$$

V——隔油井有效容积，m^3；

Q——含油污水设计流量，m^3/s；

T—— 污水在隔油井中停留时间，min；

v——污水隔油井中水平流速，m/s；

A——隔油井中过水断面积，m^2；

B——隔油井的宽度，m，

H——隔油井有效水深，取大于 $0.6m$。

三、未来发展的方向

变电站的优化设计是电力工程高效环保、安全可靠、节能经济、可持续稳定建设发展的关键性环境。在变电站方案设计过程中，通过设计方案优化改进、管理措施的优化改革创新，在新建或改建智能变电站选址、平面布置等优化设计过程中，降低对变电站周围自然景观和环境的影响，最大限度地减少水土流失，减小生态植被的破坏，减少能源资源损耗及对环境的污染破坏，实现变电站施工建设和运行维护的节地、节材和节能降耗等高校经济功能特性，将效率最大化、资源节约化、环境友好化以及管理智能化等先进理念全面融入到变电站的规划设计全过程。

1. 装配式设计——排水明沟应用

为贯彻执行国家电网公司"两型一化"的电网工程优化建设理念，目前很多新建和改建变电站工程在排水优化设计过程中，普遍采取站区基土表面铺设碎石，站区道路两面修筑道牙，道牙与站区标高保持平齐，雨水汇流自动汇至道路排水口，以确保站区排水具有高效通畅性能。站区雨水按照直埋式管道沿道路两侧布置方式，并经地下排水泵汇流统一收集后，由水泵加压强排到站内排水管道。

与成品明沟排水方式相比，传统的管网排水方式由于要保证雨水管道的埋深，因此需要加大土方量，同时增加了管网的安装难度以及施工过程的材料费，机械费用，且管线埋在地下，导致人工清理的难度加大，运行成本偏高。而成品排水明沟，是工厂预制模块化产品，可以搭配不同的盖板，只需简易组合，安装方便。由于埋深较浅，土方量及清理难度相对较小，且铺装地面仅留下一条窄窄的排水细缝，装配式效果比较隐蔽美观，对于有较高设计要求的变电站站区来说更具创造性的效果。成品排水沟系统具有良好的排水能力，且有良好的承重性能。树脂混凝土成品排水沟的强度大大高于普通混凝土排水沟，使得树脂混凝土排水沟重量较轻，运输和安装方便，另外树脂混凝土排水沟的表面光滑，抗腐蚀性能强，不根据立管设计流量选取排水方式与管径。

（3）通气管的计算。单立管排水系统的伸顶通气管可与污水管相同，但在最冷月平均气温低于-13℃的地区，为防止结霜，应在室内吊顶 0.3m 下放大一级。

（4）汇合通气管的计算：

$$D_N = d_{max} + 0.25d_j \qquad (6\text{-}18)$$

式中　D_N——通气干管和总伸顶通气管管径，mm；

　　　d_{max}——最大一根通气管管径，mm；

　　　d_j——其余通气管管径，mm。

3. 排水横干管及排出管的计算

设计流量的计算 Q 同立管设计流量的计算（L/s）。

4. 集水坑的设计

消防电梯下集水坑不宜小于 2m³ 消防泵流量不得小于 10L/s 吸水管流速 1.0～1.2m/s 出水管在 1.2～1.5m/s 之间。

地下室污水集水坑的设计：

$$V = 1.2Q/6 \qquad (6\text{-}19)$$

式中　Q——立管最大时设计流量（注水泵启动次数为 6 次时）。

集水坑上应设一根直接通向室外的通气管。

注：1. 如与集水坑同房间内有敞开水池，则集水坑要强制排风。集水池一般有效水深为 1～1.5m，保护高度为 0.3～0.5m，在集水坑上一般要设一 DN25 的给水管。用于冲洗集水坑内的沉淀物。

2. 集水坑底应有 0.05°坡度，坡向水泵，集水坑的深度与平面尺才应按水泵类型来确定。

3. 集水坑设计最低水位，应满足水泵吸水要求。

4. 集水坑应设置水位指示器，必要时应设置超警戒水位报警装置，将信号到物业管理中心。

5. 污水泵的选择

（1）建筑物内污水水泵的流量应按生活排水设计秒流量来选定，当有集水坑时，可按最大时流量选定。

（2）扬程满足出水附加 2m 的出水水头即可。

注：水泵每小时不得启动数超过 6 次（自动启动）。

水泵运行时间不得大于 5min。

6. 化粪池的计算与选择

$$V = \frac{Nqt}{24 \times 1000} + \frac{aNt}{1000} \qquad (6\text{-}20)$$

式中　V——化粪池有效容积，m³；

　　　N——设计总人数（或床位数、座位数）；

　　　c——使用卫生器具人数占总人数的百分比，与建筑性质有关，医院、疗养院、有住宅的幼儿园取 100%，住宅、集体宿舍、旅馆取 70%，办公室、教学楼、工业企业活动间取 40%，公共食堂、影剧院、体育馆和其他类似公共建筑场所取 10%；

　　　q——每人每天排出量 L/（人·d），当生活污水与废水合流时，与生活用水量相同，分开时取 20～30L/（人·d），L/（人·d）；

　　　a——每人每日污泥量，当生活污水与废水合流时，取 0.7L/（人·d），分流时 0.4/

（人·d）；

  t——污泥在化粪池中停留时间，取 12～24h；

  T——污泥清掏周期，取 3～12 日。

化粪池的保护容积一般由保护高度来提供．保护高度一般为 250～450mm。

  7. 隔油池的设计

$$V=60T \cdot Q \qquad (6-21)$$
$$A=Q/v$$
$$L=V/A$$
$$B=A/H$$

  V——隔油井有效容积，m^3；

  Q——含油污水设计流量，m^3/s；

  T—— 污水在隔油井中停留时间，min；

  v——污水隔油井中水平流速，m/s；

  A——隔油井中过水断面积，m^2；

  B——隔油井的宽度，m，

  H——隔油井有效水深，取大于 0.6m。

三、未来发展的方向

变电站的优化设计是电力工程高效环保、安全可靠、节能经济、可持续稳定建设发展的关键性环境。在变电站方案设计过程中，通过设计方案优化改进、管理措施的优化改革创新，在新建或改建智能变电站选址、平面布置等优化设计过程中，降低对变电站周围自然景观和环境的影响，最大限度地减少水土流失，减小生态植被的破坏，减少能源资源损耗及对环境的污染破坏，实现变电站施工建设和运行维护的节地、节材和节能降耗等高校经济功能特性，将效率最大化、资源节约化、环境友好化以及管理智能化等先进理念全面融入到变电站的规划设计全过程。

  1. 装配式设计——排水明沟应用

为贯彻执行国家电网公司"两型一化"的电网工程优化建设理念，目前很多新建和改建变电站工程在排水优化设计过程中，普遍采取站区基土表面铺设碎石，站区道路两面修筑道牙，道牙与站区标高保持平齐，雨水汇流自动汇至道路排水口，以确保站区排水具有高效通畅性能。站区雨水按照直埋式管道沿道路两侧布置方式，并经地下排水泵汇流统一收集后，由水泵加压强排到站内排水管道。

与成品明沟排水方式相比，传统的管网排水方式由于要保证雨水管道的埋深，因此需要加大土方量，同时增加了管网的安装难度以及施工过程的材料费，机械费用，且管线埋在地下，导致人工清理的难度加大，运行成本偏高。而成品排水明沟，是工厂预制模块化产品，可以搭配不同的盖板，只需简易组合，安装方便。由于埋深较浅，土方量及清理难度相对较小，且铺装地面仅留下一条窄窄的排水细缝，装配式效果比较隐蔽美观，对于有较高设计要求的变电站站区来说更具创造性的效果。成品排水沟系统具有良好的排水能力，且有良好的承重性能。树脂混凝土成品排水沟的强度大大高于普通混凝土排水沟，使得树脂混凝土排水沟重量较轻，运输和安装方便，另外树脂混凝土排水沟的表面光滑，抗腐蚀性能强，不渗水。

2. 节能经济——生态厕所应用

选择适合变电站使用的循环水型生态环保厕所，符合电网公司整体装配式方案要求，摆脱了生活污水经一体化处理设施处理再排入管网的常规方式，在节约用水的同时，实现变电站生活污水"零排放"。

免水生物降解型生态厕所由于不需要新鲜水源、处理效果好、无污染、运行费用低、可就地处理等优点，在各类型生态厕所中占有较大优势，且具有较强的应用前景，符合电网公司安装方便、占地面积小，可以实现标准化生产、施工周期短、环保等整体装配式方案要求，且摆脱了生活污水经一体化处理设施处理再排入管网的常规方式，在节约用水的同时，实现变电站生活污水"零排放"，满足电网变电站建设的实际使用要求。由于我国电网公司推行智能化变电站，因此变电站常驻人口较少，在一定程度上控制了免水生物降解型生态厕所使用次数，保证其使用率在 100 人次/天以下的使用要求，可以在变电站中推广使用。

第六节　建　筑　电　气

通常，城市户内变电站作为独立的建筑物，建筑配电系统担负着直接向变电站内各用电设备配电的任务，其配电方式直接影响着各个设备的供电可靠性和用电质量，从而影响整个变电站的可靠运行。

城市户内变电站建筑电气包括建筑配电系统、负荷分类及计算、照明系统及综合布线等。

一、变电站建筑配电系统

1. 变电站建筑配电方式

变电站建筑配电方式有放射式、树干式和二者兼用的混合式及链式等。

放射式低压配电系统如图 6-9 所示。干线 1 由站用变压器低压侧引出，接至用电设备或者主配电箱 2，再以支干线 3 引至分配电箱 4 后接到用电设备上，由 4 接至用电设备的线路称为支线。

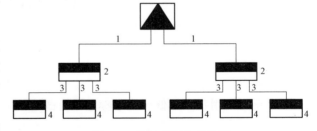

图 6-9　放射式配电系统图

建筑电气配电系统利用放射式线路的范围一般如下：

（1）每个设备的负荷不大，但位于变电站的不同方向。

（2）站内负荷配置较稳定。

（3）单台用电设备的容量虽大，但数量不多。

（4）站内各区域负荷排列不均匀。

（5）站内有爆炸危险区域，必须与变电站其他区域隔离的馈出线路。

树干式配电方式如图 6-10，树干式配电不需要在变电站站用变压器低压侧设置配电盘，从站

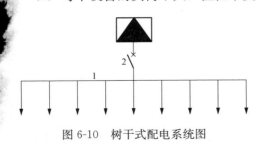

图 6-10　树干式配电系统图

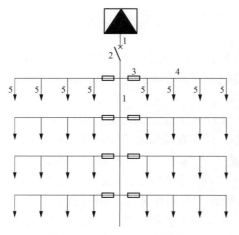

图 6-11　混合式配电系统图

用变压器二次侧的引出线经过空气开关或者隔离开关直接引至用电设备区域，这种配电方式使站用变低压侧结构简单，减少电气设备需要量。

在变电站中纯树干式极少使用，往往采用的是树干式与放射式的混合。变压器-干线式便是一种常用的配电方式，图 6-11 表示由站用变压器二次侧经低压断路器 2 将干线 1 代入用电区域，3 为熔断器，4 为支干线，然后由支线 5 引至用电设备。

图 6-12 为链式线路，只用于变电站内相互距离近、容量又很小的用电设备。链式线路只设置一组总的开关，可靠性低，可用于站内短时工作制的检修插座等。但链式配电每一回路环链设备不宜超过 5 台，其总容量不宜超过 10kW。容量较小用电设备的插座，采用链式配电时，每一条环链回路的设备数量可适当增加。

2. 建筑配电系统设计的基本原则

变电站建筑配电系统设计中应遵循以下基本原则：

（1）建筑配电系统在满足站内用电设备对供电可靠性和电能质量要求的同时，应注

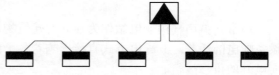

图 6-12　链式配电系统图

意与站内高压装置的协调布置，优化接线，以满足操作安全方便并能适应生产和使用上的变化及设备检修的需要。

（2）合理选择配电方式。在正常环境的设备间，当部分用电设备容量较小又无特殊要求时，可采用树干式配电；对容量较大、负荷性质重要或者有特殊要求，例如有潮湿、腐蚀性环境或者有爆炸和火灾危险场所等的设备间的用电设备，宜采用放射式配电；对某些距供电点较远、彼此相距较近、容量较小的次要用电设备，可采用链式配电。

（3）在 TN 系统接地形式的变电站低压电网中，宜选用 Dyn11 结线组别的三相变压器作为站内配电变压器。

（4）对于单相用电设备，应尽量平衡地分配于三相中。由三相负荷不平衡引起的中性线电流不得超过站用变压器低压绕组额定电流的 25%。

（5）为减小干扰，对冲击性负荷宜采用放射式单独配电。

（6）由建筑物外引入的配电线路，应在室内靠近进线点便于操作维护的地方装设隔电器。

二、负荷分级及负荷计算

1. 负荷分级

根据 GB 50052—2009《供配电系统设计规范》，电力负荷应根据对供电可靠性的要求及中断供电对人身安全、经济损失上造成的影响程度进行分级，并应符合下列规定：

（1）符合下列情况之一时，应为一级负荷：

1）中断供电将造成人身伤亡时。

2）中断供电将在经济上造成重大损失时。例如重大设备损坏、重大产品报废、用重要

原料生产的产品大量报废、有害物质溢出严重污染环境、国民经济中重点企业的连续生产过程被打乱需要长时间才能恢复等。

3）中断供电将影响重要用电单位的正常工作。例如重要交通枢纽、重要通信枢纽、重要宾馆、大型体育场馆、经常用于国际活动的大量人员集中的公共场所等用电单位中的重要电力负荷。

（2）在一级负荷中，当中断供电将造成人员伤亡或重大设备损坏或发生中毒、爆炸和火灾等情况的负荷，以及特别重要场所的不允许中断供电的负荷，应视为一级负荷中特别重要的负荷。

（3）符合下列情况之一时，应为二级负荷：

1）中断供电将在经济上造成较大损失时。例如主要设备损坏、大量产品报废、连续生产过程被打乱需较长时间才能恢复、重点企业大量减产等。

2）中断供电将影响重要用电单位的正常工作。如交通枢纽、通信枢纽等用电单位中的重要电力负荷，以及中断供电将造成大型影剧院、大型商场等较多人员集中的重要的公共场所秩序混乱的负荷。

（4）不属于一级和二级负荷者应为三级负荷。

变电站内的站用电负荷主要包括主变压器通风冷却负荷、配电装置操作负荷、照明负荷、暖通负荷、配电装置加热负荷、通信电源负荷、检修电源负荷、水泵类负荷等。城市户内变电站建筑供配电系统的设计应符合 GB 50052《供配电系统设计规范》和 GB 50054《低压配电设计规范》的有关规定。35～500kV 户内变电站建筑供配电定为二级负荷。

2. 供电要求

根据 GB 50052—2009《供配电系统设计规范》"3.0.7 二级负荷的供电系统，宜由两回线路供电，在负荷较小或地区供电条件困难时，二级负荷可由 6kV 及以上专用的架空线路供电。"对二级负荷的供电方式，因其停电影响还是比较大的，故应由两回线路供电，两回线路与双重电源略有不同，二者都要求线路有两个独立部分，而后者还强调电源的相对对立。只有当负荷较小，或地区供电条件困难时，才允许由一回 6kV 及以上的专用架空线供电；当采用电缆线路时，应采用两根电缆组成的线路供电，其每根电缆应能承受 100％的二级负荷。

目前 220kV 户内变电站一般装设两台互为备用的站用工作变压器，220～500kV 户内变电站装设两台站用工作变压器和一台站用备用变压器，站用备用变压器由外来的可靠电源供电。每台站用变压器容量均按全站计算负荷选择。

3. 负荷计算

电气负荷是供配电设计所依据的基础资料。负荷计算的目的是确定设计各阶段中选择和校验供配电系统及其各个元件所需的各项负荷数据，即计算负荷。目前常用的负荷计算方法需要系数法、利用系数法和单位指标法。其他方法，有的计算误差较大，有的使用数据不全，有的是上述方法的变种，均不再通用。其中需要系数法计算过程较简便，适用于各类项目，尤其是变电站负荷计算。下面介绍用需要系数法求变电站建筑配电的计算负荷。

变电站建筑配电的总设备功率应取所供电的各用电设备组设备功率之和，但应提出不同时使用的负荷，例如消防设备和季节性用电设备。

（1）用电设备组的计算负荷：

有功功率 $\qquad P_C = K_x P_e \quad (kW) \qquad$ (6-22)

无功功率 $\qquad Q_C = P_C \tan\varphi \quad (kvar) \qquad$ (6-23)

视在功率 $\qquad S_C = \sqrt{P_C^2 + Q_C^2} \quad (kVA) \qquad$ (6-24)

计算电流 $\qquad I_C = \dfrac{S_C}{\sqrt{3}U_r} \quad (A) \qquad$ (6-25)

（2）建筑配电干线或站用变的计算负荷：

有功功率 $\qquad P_C = K_{\sum P} \sum (K_x P_e) \quad (kW) \qquad$ (6-26)

无功功率 $\qquad Q_C = K_{\sum q} \sum (K_x P_e \tan\varphi) \quad (kvar) \qquad$ (6-27)

视在功率 $\qquad S_C = \sqrt{P_C^2 + Q_C^2} \quad (kVA) \qquad$ (6-28)

式中　　P_e——用电设备组的设备功率，kW；

$\qquad K_x$——需要系数，见表6-3、表6-4；

$\qquad \tan\varphi$——用电设备组功率因数角相对应的正切值，见表6-3、表6-5；

$K_{\sum P}$、$K_{\sum q}$——有功功率、无功功率的同时系数，分别去0.8～1.0和0.93～1.0；

$\qquad U_r$——用电设备额定电压（线电压），kV。

表 6-3　　　　　　　　　　　　变电站用电设备 K_x、$\cos\varphi$、$\tan\varphi$

用 电 设 备 组 名 称	K_x	$\cos\varphi$	$\tan\varphi$
通风和采暖用电：			
各种风机、空调器	0.70～0.80	0.80	0.75
恒温空调箱	0.60～0.70	0.95	0.33
集中式电热器	1.00	1.00	0
分散式电热器	0.75～0.95	1.00	0
小型电热设备	0.30～0.50	0.95	0.33
泵房设备：			
各种水泵	0.60～0.80	0.80	0.75
锅炉设备	0.75～0.80	0.80	0.75
冷冻机	0.85～0.90	0.80～0.90	0.75～0.48
起重运输设备：			
电梯（交流）	0.18～0.50	0.50～0.60	1.73～1.33
输送带	0.60～0.65	0.75	0.88
起重机械	0.10～0.20	0.50	1.73
检修及辅助用电：			
检修间机械设备	0.15～0.20	0.50	1.73
电焊机	0.35	0.35	2.68
移动式电动工具	0.20	0.50	1.73
天窗开闭机	0.10	0.50	1.73
通信及信号设备：			
载波机	0.85～0.95	0.80	0.75
收信机	0.80～0.90	0.80	0.75
发信机	0.70～0.80	0.80	0.75
电话交换台	0.75～0.85	0.80	0.75

用电设备组名称	K_x	$\cos\varphi$	$\tan\varphi$
厨房及卫生用电:			
食品加工机械	0.50~0.70	0.80	0.75
电饭锅、电烤箱	0.85	1.00	0
电炒锅	0.70	1.00	0
电冰箱	0.60~0.70	0.70	1.02
热水器（淋浴用）	0.65	1.00	0
除尘器	0.30	0.85	0.62

表 6-4 照明负荷的需要系数 K_x

工作场所	K_x	工作场所	K_x
主厂房	0.9	办公室、实验室、材料库	0.8
主控制楼	0.85	泵房、检修间	0.85
屋内配电装置	0.85	屋外配电装置	1.0

表 6-5 照明负荷的 $\cos\varphi$ 及 $\tan\varphi$

光源类别	$\cos\varphi$	$\tan\varphi$	光源类别	$\cos\varphi$	$\tan\varphi$
白炽灯	1.00	0	高压汞灯	0.40~0.55	2.29~1.52
卤钨灯	1.00	0	高压钠灯	0.40~0.50	2.29~1.73
荧光灯（电感镇流器，无补偿）	0.50	1.73	金属卤化物灯	0.40~0.55	2.29~1.52
荧光灯（电感镇流器，有补偿）	0.90	0.48	氙灯	0.90	0.48
荧光灯（电子镇流器）	0.95~0.98	0.33~0.20	霓虹灯	0.40~0.50	2.29~1.73

（3）当所计算的配电点仅有一组 4 台及以下用电设备时，需要系数取各设备实际负荷率的加权平均值；当设备负荷率很高或未知时，3 台及以下设备取 1，4 台连续运行的设备取 0.9，4 台短时或周期工作的设备取 0.75。

（4）按供电可靠性划分的一级负荷和二级负荷，宜按上述方法分别计算；在设计初期，二者之和可按全部负荷的 60%~70%估算。

应急负荷应单独计算，需要系数取同时工作各用电设备实际负荷率的加权平均值，简化计算时可取 1。

三、变电站照明系统

良好的照明是保证安全生产、提高运维检修人员工作效率、创造舒适环境的必要条件，为了获得良好的照明就必须有合理的照明设计。

1. 照明的基本概念

（1）光通量 ϕ，根据辐射对标准光度观察者的作用导出的光度量，该量的单位为流明（lm）。

（2）发光强度 I，发光体在给定方向上的发光强度是该发光体在该方向的单位立体角的光通量，该量的单位坎德拉（cd）。

（3）亮度 L，表面上给定一点方向上的亮度，是包含该点的面元在该方向上的单位投影面积上的发光强度，单位为坎德拉每平方米（cd/m^2）。

$$L = \frac{\mathrm{d}\phi}{\mathrm{d}A\cos\theta\mathrm{d}\Omega} \tag{6-29}$$

式中　A——面积，m^2。

　　　θ——射束截面法线与射束方向间的夹角，°；

　　　Ω——立体角，sr。

（4）照度 E，表面上一点的照度是入射在包含该点的面元上的光通量 $\mathrm{d}\phi$ 除以该面元面积所得之商，单位为勒克斯（lx），即

$$E = \frac{\mathrm{d}\phi}{\mathrm{d}A} \tag{6-30}$$

该量是照明设计的基础物理量，必须满足国家标准规定的最低照度值，是衡量照明设计是否合理的重要指标。

（5）室型指数 RI，照度计算中表示房间几何形状的数值，其计算式为

$$RI = \frac{L \cdot W}{h(L+W)} \tag{6-31}$$

式中　L——房间长度，m；

　　　W——房间宽度，m；

　　　h——灯具在工作面以上的高度，m。

2. 变电站照明方式和照明种类

（1）照明方式。照明方式是根据使用场所特点和建筑条件，在满足使用要求条件下降低电能消耗而采取的基本制式，变电站的照明可分为下列方式：

1）一般照明：为照亮整个场所而设置的照明。当受生产技术条件限制、不适合装设局部照明或采用混合照明不合理时，宜采用一般照明。

2）分区一般照明：同一场所内的不同区域有不同照度要求时，为节约能源，贯彻照度该高则高、该低则低的原则，应采用分区一般照明。

3）局部照明：为某些特定的作业部位较高视觉条件需要而设置的照明。在一个工作场所内，如果只用局部照明会形成亮度分布不均匀，从而影响视觉作业，故不应只装设局部照明。

4）混合照明：由一般照明和局部照明组成的照明。对于照度要求高、工作位置密度不大，单靠一般照明来达到其照度要求在经济和节能方面不合理时，应采用混合照明。混合照明的优点是可以在工作平面、垂直和倾斜表面上，甚至设备的内部里获得高的照度；易于改善光色、减少眩光、减少照明装置功率和节约运行费用，比较适合变电站各电气设备间特点。

变电站电气照明应根据不同的设备布置形式，采用配照合理、检修方便、经济适用的照明方式。变电站装设局部照明和一般照明的工作地点可参阅 DL/T5390—2007《火力发电厂和变电站照明设计技术规定》的相关规定。

（2）照明种类。变电站应按需要设置以下种类的照明。

1）正常照明：正常情况下使用的照明，工作场所均应设置。

2）应急照明：正常照明失效而启用的照明。应急照明包括备用照明、安全照明和疏散

照明，其定义和设置要求如下：

a. 备用照明：正常照明失效后用于确保正常工作、活动继续进行，或在发生火灾时为了保证消防作用能正常进行而设置的照明。当正常照明因故障熄灭后，可能造成爆炸、火灾或人身伤亡等严重后果的场所，或停止工作将造成很大影响或经济损失的场所，应设继续工作用的备用照明。

b. 安全照明：当正常照明因故障熄灭后，需要确保处于潜在危险之中的人员安全的场所，需要设置安全照明。

c. 疏散照明：用于确保疏散通道被有效地辨认和使用的照明。当正常照明因故障熄灭后，必须保证人员能迅速疏散到安全地带，在主要出入口和疏散通道需要设置疏散标志灯和疏散通道照明灯。

变电站正常照明因事故熄灭后，运行监视及故障处理均需有照明，故明确凡有可能需要处理事故的场所均要求装设应急照明。变电站内部运行人员很少，对安全及疏散照明要求不高，但变电站正常照明失电一般伴随供电事故，因而可能造成站外人员及财产安全问题，所以变电站应急照明按正常照明的备用照明方式考虑较合理。目前变电站多采用荧光灯或节能灯照明，应急备用照明选同类灯，平时兼做正常照明且布灯也较方便。当交流电源断电时应急备用照明应由蓄电池供电。

变电站宜装设应急照明的工作场所如表 6-6 所示。

表 6-6　　　　　　　　　　变电站工作场所工作面上的照度标准值

工 作 场 所		备用照明	疏散照明
供水系统	循环水泵房	√	
	消防水泵房	√	
电气车间	主控制室	√	
	网络控制室	√	
	集中控制室	√	
	单元控制室	√	
	继电器屏室及电子设备间	√	
	屋内配电装置	√	
	站用配电装置	√	
	蓄电池室	√	
	计算机主机室	√	
	通信转接台室、交换机室、载波机室、微波机室、特高频室、电源室、保安电源、不停电电源、柴油发电机房及其配电室	√	
	直流配电室	√	
通道楼梯及其他	控制楼至主厂房天桥	√	√
	生产办公楼至主厂房天桥	√	√
	主要通道、主要出入口	√	√
	主要楼梯间	√	√

无人值班变电站原则上可不设应急照明，个别可根据用户要求设带蓄电池的应急灯照明。无人值班变电站宜在变电站的入口处内侧或警卫值班室内装设备用照明手动和自动转换开关，并应设有明显标志。

3）警卫照明：用于警戒而安装的照明。在重要的厂区、货区及其他场所，根据警戒范围的要求来设置。

4）障碍照明：有危及航行安全的建筑物、构造物上，根据航行要求而安装的标志灯。

3. 变电站照明设计的基本要求

变电站照明设计应贯彻安全、先进、经济、美观的原则，并应满足下列基本要求。

（1）照度合适。要建立良好的视觉条件，首先必须要选择合适的照度。为特定的用途选择适当的照度时，要考虑的主要因素包括视觉功效、视觉满意度以及经济水平和能源的有效利用。我国的照度标准是按间接法制定的，即除根据视觉功能的实验资料外，还进行了大量的实测、调查和咨询，并结合我国电力工业的生产水平和消费水平选定最低照度值。

变电站照明的照度标准值应按以下系列分级：0.5、1、3、5、10、15、20、30、50、75、100、150、200、300、500lx。根据 DL/T 5390—2007《火力发电厂和变电站照明设计技术规定》规定变电站生产场所的平均照度值，不应低于表 6-7 所规定的数值。

表 6-7　　　　　　　　　　　　变电站工作场所工作面上的照度标准值

生产车间和工作场所		参考平面及其高度	照度标准值（lx）	统一眩光值 UGR	显色指数 Ra	备注
屋内电气	控制盘	0.75m 水平面	300	19	80	
	继电器室、电子设备间	0.75m 水平面	300	22	80	
	高、低压站用配电装置间	地面	200	—	60	
	6～220kV 屋内配电装置、电容器室	地面	100	—	60	
	变压器室	地面	100	—	60	
	蓄电池室、通风配电室	地面	100	—	60	
	充电机室、端电池调接器室	地面	100	—	60	
	电缆夹层	地面	30	—	60	
	电缆隧道	地面	15	—	60	
	不停电电源室（UPS）、柴油发电机室	地面	200	25	60	
通信	自动电话交换机室、转换台	0.75m 水平面	300	19	80	
	通信蓄电池室	0.75m 水平面	100	—	60	
水工	循环水泵房、补给水泵房、消防水泵房	地面	100	—	60	
辅助生产场所	仪表、继电器间	0.75m 水平面	300	19	60	
	办公室、会议室	0.75m 水平面	300	19	60	
	宿舍	0.75m 水平面	200	22	80	
	浴室、厕所	地面	75	—	60	
	楼梯间	地面	30	—	60	
	门厅	地面	100	—	60	
	有屏幕显示的办公室	0.75m 水平面	300	19	80	防光幕反射
	主干道	地面	3	—	—	
	次干道	地面	3	—	—	
	站前区	地面	10	—	—	

另外当采用高强气体放电灯作为一般照明时，在经常有人工作区域，其照度不宜低于50lx。

应急照明的照度值按表6-7中一般照明照度值的10%～15%选取。主要通道的疏散照明照度不应低于0.5lx。主控制室、单元控制室、集中控制室、网络控制室主环内的应急照明照度，按正常照明照度值的30%选取，而直流应急和其他控制室照明照度分别按10%和15%选取。

(2) 限制眩光。建立良好的视觉条件，除了需要有足够的照度外，还必须注意限制眩光。所谓眩光是指在视野内由于亮度的分布或者范围不适宜，或者在空间上或时间上存在着极端的亮度对比，以致引起不舒服和降低目标可见度的视觉状况。严重的眩光甚至会使人眩晕、恶心和造成事故，必须加以限制。眩光效应的严重程度取决于光源的亮度和大小、光源在视野内的位置、观察者的视线方向、照度水平和房间表面的反射比等诸多因素。限制的方法有采用保护角较大的灯具；采用带乳白玻璃或磨砂玻璃散光罩灯具；采用小功率低亮度光源；合理安排灯具和作业面的布置；适当提高房间内顶棚和强表面的亮度，以降低亮度对比。室内照明的不舒服眩光应采用统一眩光值（UGR）评价，UGR是指度量室内视觉环境中的照明装置发出的光对人眼造成不舒适感主观反应的心理参量，表6-7给出了其在变电站各区域的最低标准值。

(3) 供电安全可靠。为了保证照明质量，必须按照不同场合选择允许的照明电源与电压。正常照明网络电压应为380V/220V；在特殊场所，例如沟道、隧道或者安装高度低于2.2m的有触电危险的房间的照明电压采用24V；一般检修用携带式作业灯也采用24V。照明装置应在允许的工作电压下工作，在采用金属卤化物灯和高压钠灯的场所应采用补偿电容器，以提高其功率因数。做好照明系统电路设计需校验具有不同运行工况下的电压偏差，其限制值应按照我国颁布的规程和行业标准确定，一般照明灯具端电压的偏移不应高于额定电压的105%，对视觉要求较高的主控制室、单元控制室、集中控制室、计算机室、主厂房、生产办公楼等室内照明不宜低于其额定电压的97.5%；对于其他辅助厂房等一般工作场所或者露天工作场所的照明不宜低于其额定电压的95%；应急照明、道路照明、警卫照明及12～24V的照明不宜低于其额定电压的90%。另外需根据变电站实际负荷特性，采取措施减小电压波动、电压闪变对照明的影响和防止频闪效应，并应使照明负荷在三相中尽量均匀分布。

(4) 维护检修安全方便。变电站内布置有大量高压带电装置，照明灯具布置时应考虑与带电体的安全净距。高压配电装置上方、母线上方、水池处不应装设照明装置。装有行车的场所，灯具不得低于屋架或梁的下沿。空间高大设备室，灯具应采用壁式安装以方便日后维护检修。正确选择良好的接地系统，变电站宜采用TN-C-S接地系统，各照明配电箱、灯具、厂区道路照明灯杆以及各相关附件的金属外壳均需可靠接地。当应急照明直接由蓄电池供电或经切换装置后由蓄电池直流供电时，其照明配电箱中性线、母线不应接地，箱子外壳应接于专用接地线。

(5) 积极地采用先进技术和节能设备。合理的照明设计还须充分注意初始投资、年运行费用以及一定的环境和社会效益，因此在保证照明设计的基本要求下积极采用先进技术和节能设备提高照明质量、减少照明费用以及降低能源消耗十分有必要。目前5W的LED，其光效达30～40lm/W，具有广阔的应用前景，是照明光源的革命性飞跃，变电站内可以在控制室等合适区域推广应用。变电站照明还应积极推广高光效、长寿命的金属卤化物灯和高压钠灯；选用高效率及控光合理的灯具；使用节能型镇流器；选择适宜自身特点的节能型照明控制方式；积极利用太阳能作为能源或者与建筑设计结合将天然光引入室内进行照明。另外"绿色照明"作为照明领域一种新的正被积极推广应用的照明设计理念，是变电站照明工程的发展趋势。

4. 变电站照明光源的选择

（1）光源分类。电光源按照其发光物质分类，可分为固体发光光源和气体放电发光光源两大类，详细分类见表 6-8。

表 6-8   光 源 分 类 表

电光源	固体发光光源	热辐射光源	白炽灯
			卤钨灯
		电致发光光源	场致发光灯（EL）
			半导体发光二极管（LED）
	气体放电发光光源	辉光放电灯	氖灯
			霓虹灯
		低气压灯	荧光灯
			低压钠灯
	弧光放电灯	高气压灯	高压汞灯
			高压钠灯
			金属卤化物灯
			氙灯

（2）光源的性能。表征电光源优劣的主要性能指标有：发光效率、寿命、色温、显色性、热启动性能等。其他如电源电压波动对光特性的影响、功率因数、耐震性、频闪现象等也是值得注意的性能。

表 6-9   常用照明电光源的主要特性比较

光源特性 \ 光源名称	高压钠灯	金属卤化灯	LED 灯	直管荧光灯 T8	直管荧光灯 T5	紧凑型荧光灯 CFL	高压汞灯	白炽灯
光效（lm/W）	70～100	60～100	60～80	50～70	70～100	50～70	30～50	0～15
光源寿命（h）	3000～7000	3000～7000	50000～100 000	3000～10 000	3000～10 000	3000～10 000	2500～5000	1000～2000
色温分布	2050K	4000K	2700K～6000K	2700K～6000K	2700K～6000K	2700K～6000K	3000K	2500K
显色指数 CRI	20～25	65～85	60～80	70～85	70～85	70～85	30～40	95～99
热启动时间	3～10min	5～15min	瞬时	1～2s	1～2s	1～2s	5～15min	瞬时
功率因数 cosφ	0.5	0.6～0.9	0.95	0.95	0.95	0.9	0.5	1
光通受电压波动的影响	大	较大	较小	较小	较小	大	较大	大

光源特性＼光源名称	高压钠灯	金属卤化灯	LED灯	直管荧光灯T8	直管荧光灯T5	紧凑型荧光灯CFL	高压汞灯	白炽灯
耐震性	较好	好	好	较好	较好	较好	好	较差
频闪现象	明显	明显	不明显	明显	明显	明显	明显	不明显
配套电器	镇流器触发器	镇流器触发器	低压恒流电源	电子镇流器	电子镇流器	电子镇流器	镇流器触发器	无
配套电器效率	80%～85%	80%～85%	85%～90%	90%	95%	85%～90%	80%～85%	

荧光灯光效高，显色性好，启点较快，使用寿命长，性价比高。稀土三基色荧光灯的显色性、光效、寿命更优于卤粉荧光灯，是主要推广应用的优质、高效光源。直管荧光灯的光效高于紧凑型荧光灯（CFL）。

金属卤化物灯包括美标的钪钠灯和欧标的钠铊铟灯，其光效高，显色性较好，使用寿命较长，但启点慢。陶瓷金卤灯显色性更好。

高压钠灯光效很高，寿命很长，但显色性差，启点慢。有中显色钠灯和高显色钠灯，但光效比高压钠灯低。

LED光源寿命特长，耐震、耐气候性后，有多种颜色（红、黄、绿、蓝、白）供选用，单色性好，是一种发挥在那十分迅速的新型光源，其光效提高很快。

上述荧光灯、金属卤化物灯和高压钠灯是变电站中常用的高效光源。LED光源正在变电站照明工程中逐步推广应用。

（3）光源的合理选择。当选择光源时，应满足显色性启动时间等要求，并应根据光源、灯具及镇流器等的效率或效能、寿命等在进行综合技术经济分析比较后确定。

变电站照明光源应采用光效高、寿命长的光源，如细管径直管荧光灯、紧凑型荧光灯和金属卤化物灯、高压钠灯。采用荧光灯时，宜采用一般显色指数（Ra）大于80的三基色荧光灯。高效、长寿命光源，虽价格较高，但使用数量减少，运行维护费用降低，经济上和技术上可能是合理的。变电站不同场所应根据其对照明的要求，使用场所的环境条件和光源的特点合理选用。

1）在高度较低的房间、识别颜色要求较高的场所或经常有人工作的场所，如控制室、办公室、会议室、走廊、楼梯间等，宜采用细管径直管荧光灯（T5、T8）、紧凑型荧光灯（CFL）和小功率金属卤化物灯。

2）高度较高的厂房，并需大面积照明的场所或震动较大的场所，宜按照生产使用要求，采用金属卤化物灯或高压钠灯，亦可采用大功率细管径荧光灯。

3）应急照明在直流供电时，一般采用能瞬时可靠启动的白炽灯；当交流供电时，宜采用荧光灯。

4）环境温度较低的场所，一般不选用荧光灯或启动困难的气体放电灯；在灰尘较多的场所，宜采用透雾能力强的高压钠灯。

5）厂区道路及屋外配电装置宜采用高压钠灯，也可采用金属卤化物灯。

一般情况下，变电站照明不应选用普通白炽灯，在特殊情况下采用时，其额定功率不宜超过100W。

镇流器作为一个高耗能的光源附件，镇流器的选择对提高照明系统能效和质量十分重要。变电站中常用的 T8 直管形荧光灯应配电子镇流器或节能型镇流器，不应配用功耗大的传统电感镇流器，以提高功效；T5 直管形荧光灯（大于 14W）应采用电子镇流器，因为电感镇流器不能可靠启动灯管。当采用高压钠灯和金属卤化物灯时，宜配用节能型电感镇流器，它比普通电感镇流器节能；这类光源的电子镇流器尚不够稳定，暂不宜普遍推广应用，对于功率较小的高压钠灯和金属卤化物灯，可配用电子镇流器，目前市场上有这种产品。在电压偏差大的场所，采用高压钠灯和金属卤化物灯时，为了节能和保持光输出稳定，延长光源使用寿命，宜配用恒功率镇流器。

5. 变电站灯具的选择和布置

（1）灯具的选择。变电站照明灯具应按环境条件、满足工作和生产条件来选择，并适当注意外形美观，安装方便与建筑物的协调，以做到经济技术合理。

根据工作场所的使用环境条件，应分别采取以下各种灯具：

1）在正常环境温度中，一般选用开启式照明灯具。

2）在潮湿或特别潮湿的场所，例如电缆夹层或者泵房等场所，应采用密闭式防水防尘灯具或带防水灯头的开启式灯具。

3）在有爆炸和火灾危险的场所，应按照国家标准根据危险场所的等级选择相应的灯具。采用非密封蓄电池的蓄电池室应采用防爆型灯具。

4）在有尘埃但无爆炸和火灾危险的场所，应按防尘的相应防护等级选择合适的防尘型灯具。

5）在有可能受到机械撞伤的场所或灯具的安装高度较低时，灯具应有安全保护措施。

6）室外照明灯具及控制开关应为防水型，防护等级不低于 IP65，一般采用保护角大于 10°的配照型灯具，或者上方布灯困难的场所可以采用投光灯。

灯具选择尚需注意各种不同形式灯具的光强分布特性和灯具效率，变电站选用灯具的配光应符合表 6-10 所示。

表 6-10   灯具配光的选择

室型指数（RI）	灯具最大允许距高比（L/H）	配光种类
1.7≤RI<5	1.5～2.5	宽配光
0.8<RI<1.7	0.8～1.5	中配光
0.5<RI≤0.8	0.5～1.0	窄配光

在满足眩光限制和配光要求条件下，变电站照明系统英选用效率高的灯具。灯具输出的光通量与光源发出的光通量的比值，称为灯具的效率。灯具的效率说明灯具对光源光通的利用程度。灯具的效率在满足使用要求的前提下，越高越好。由于灯罩配光时总会引起光通量损失，所以灯具效率一般在 0.5～0.9 之间，其大小与灯罩所用材料、灯罩形式及光学中心位置有光。荧光灯灯具的效率不应低于表 6-11 的规定。

表 6-11   荧光灯灯具的效率

灯具出光口形式	开敞式	保护罩（玻璃或塑料）		格栅
		透明	磨砂、棱镜	
灯具效率	75%	65%	55%	60%

高强度气体放电灯灯具的效率不应低于表 6-12 中所示。

表 6-12　　　　　　　　　　　高强度气体放电灯灯具的效率

灯具出口形式	开敞式	格栅或透光罩
灯具效率	75%	60%

控制室是变电站的神经中枢，因此控制室对照明的要求很高，最低照度值不应小于 300lx。选择灯具是应适当注意美观，但不应装设花式吊灯。小型控制室及无人值班的控制室，宜采用嵌入式或吸顶式荧光灯；对于大中型控制室，宜采用嵌入式阻燃格栅荧光灯光带，间接照明。计算机室及具有 CRT 的控制室宜采用便面亮度低的灯具。

（2）灯具的布置。变电站照明系统对灯具布置的要求除需保证最低照度条件外，还应使整个房间或房间的部分工作区域照度均匀；光线的投射方向应能满足生产工艺的要求，光线不应被设备遮挡；限制眩光到最低限度，没有阴影昏暗感觉；维护检修应安全方便，与高压电气设备保持安全净距，高大带电设备及母线上方不应布置灯具；布置整齐美观并能与建筑相互协调。

灯具布置方式分为均匀布置和选择布置两种方式：

1）均匀布置。灯具间距离及行间距离均保持一定的布置称为均匀布置，适用于整个区域要求均匀照度的场合。混合照明中的一般照明宜采用均匀布置，照度均匀不仅符合工作人员的视觉要求，而且符合经济原则。

2）选择布置。对于变电站中需要加强照度或消除阴影的场所，可装设局部照明，以实现在工作面上有最有利的光通方向及最大限度地减少在工作面上的阴影。选择布置适用于设备分布很不均匀、设备高大而复杂，采用均匀布置不能得到所要求的照度分布的房间。为提高垂直照度，可采用顶灯和壁灯相结合的布置，但一般不采用只设壁灯而不设顶灯的布置。

照度的均匀性决定于灯具的光学分布和灯具之间的相对距离，即距高比。所谓距高比是指灯具间的距离 L 与灯具高度 H 之比。为使照度均匀，均匀布置照明灯具的 L/H 的值参见表 6-10。

屋外配电装置照明可采用集中布置、分散布置、集中与分散相结合的布置方式。当采用集中布置时，宜采用双面或多面照射，投光灯或高强气体放电灯，宜装在灯塔上，有条件时可利用附近的建筑物；当采用分散布置时，宜采用灯柱方式或安装于地面的泛光照明方式，可利用配电装置架构装设灯具，但必须要有足够的安全净距，并应便于灯具的安全更换和检修；站区道路照明灯具布置应与总布置相协调，宜采用单列布置，交叉口或岔道口应有照明。

6. 照度计算

在灯具形式、所配光源种类及功率、灯具布置方案确定后，需要计算各房间或场所的照度，以检验设计是否符合规程标准。按照国家标准要求设计照度与照度标准值的偏差不应超过 ±10%。

照度的计算点可能选择在水平面、垂直面、倾斜面上，不管在何种表面，照度总是由其直射分量和反射分量叠加而成。直射分量取决于灯具的光强分布及其对所需计算表面的相对位置，反射分量取决于灯具投射于反射表面的光通比例、反射表面的反射性能、被照射空间的几何尺寸等。

照度计算的方法主要有利用系数法、比功率法、逐点计算法以及照度曲线法。变电站中室内采用一般照明或者分区一般照明的场所，当灯具均匀布置时可采用利用系数法计算照度；站区道路以及生产过程中需要监视维护的重要场所，例如主控制室、网络控制室、水泵房等，宜采用逐点计算法校验其照度值；屋外配电装置等室外工作场所宜采用照度曲线法计算照度。

现代变电站的照度计算，随着无人值班变电站的推广应用，目前大部分采用利用系数法，经过多年实际使用，证明该计算方法是正确可行的，在涉外工程中采用也得到国外相关部门的认可。该方法考虑了由光源直接投射到工作面上的光通量和经过室内表面相互反射后再投射到工作面上的光通量。

应用利用系数法计算平均照度的基本公式为

$$E_{av} = \frac{N\phi UK}{A} \tag{6-32}$$

式中　E_{av}——工作面上的平均照度，lx；

　　　ϕ——光源光通量，lm；

　　　N——光源数量；

　　　U——利用系数，是投射到工作面上的光通量与自光源发射出的光通量之比，决定于实行指数 RI 和房间的反射情况，包括屋顶反射率（E_c）、墙面反射率（E_w）、地面反射率（E_f），各种灯具有自己的利用系数，使用时可通过灯具厂家资料或者《照明设计手册》的利用系数表查表求得；

　　　A——工作面面积，m²；

　　　K——灯具的维护系数，其值见表 6-13。

表 6-13　　　　　　　　　　照度维护系数 K 值

环境污染特征	工作场所	灯具擦洗次数（次/年）	维护系数
清洁	主控制室、网络控制室、单元控制室、办公室、屋内配电装置室、设计室等	1	0.7
一般	水泵房、工具间、检修间等	1	0.65
污染严重	通风机房等	2	0.55
室外	站区主干道、屋外配电装置等	1	0.625

7. 照明开关、插座的选择和安装

户内变电站照明开关的设置应该结合变电站各设备间的布置、灯具的布置以及变电站日常巡检路线综合考虑，宜安装在便于操作的出入口或者经常有人工作的地方。变电站各设备间的插座不宜布置太分散，一般成组装设在需要的地方，或者在重要设备间单独装设动力检修箱。办公室、控制室和一般室内按照房间功能布局以及空调、电暖气等用电设备的位置布置。

户内变电站中采用非密封蓄电池的蓄电池室，不宜装设开关及插座。为保证操作的方便安全，蓄电池室相关的开关、熔断器和插座等可能产生电火花的电器，应装设在蓄电池外。另外变电站中潮湿、多灰尘场所及屋外装设的开关和插座，应选用防水防尘型。

8. 应急照明供电电源

户内变电站因其供电的重要性，站内应急照明一般采用蓄电池直流供电或通过逆变器交流供电，蓄电池容量应能保证应急照明用电。应急照明站内实行分区控制。在变电站的主入口内侧或警卫值班室内装设应急照明手动和自动转换开关，并设置有明显的标志。当变电站无人时手动拉开电源分开关，防止全站停电应急照明自动投入，电源总开关处于合闸状态，应待工作人员到达时手动投入应急照明；当有人工作室按要求分区域手动投入应急照明电源分开关，在工作期间如发生全站停电事故，则直流电源自动接通，应急照明自动投入。在应急照明网络中，一般不能装设插座。

四、变电站综合布线系统

1. 综合布线系统的定义

综合布线是建筑物内或建筑物群之间的一个模块化、灵活性极高的信息传输通道，是智能建筑的"信息高速公路"。它既能使语音、数据、图像设备和交换设备与其他信息管理系统彼此相连，也能使这些设备与外部通信网相连接。它包括建筑物外部网络和电信线路的连接点与应用系统设备之间的所有线缆以及相关的连接部件。它是智能化建筑系统的重要底层硬件，也是整个智能化系统的神经部分。它是一种以建筑物与建筑物中所有通信设备现在和将来配线要求为主要目标而发展的整体式开放配线系统，可以满足建筑物内所有计算机、楼宇自动化系统（BAS）设备及其他设备的通信要求，主要包括：①模拟与数字语音系统；②高速与低速数据系统；③传真机、图形终端、绘图仪等需要传输的图形资料；④电视会议与保安监视系统的视频信号；⑤传输有线电视等宽带视频信号；⑥BAS 的各种监控器信号和传感器信号。

综合布线系统同传统的布线比较，有许多优越性。其特点主要表现为它的兼容性、开放性、灵活性、可靠性、先进性和经济性，而且在设计、施上和维护方面也给人们带来了许多方便。

由于各种各样的原因，目前的综合布线系统并没有实现最初完全"综合"的目的。例如，按照国家消防法规的规定，消防系统必须进行单独布线；按照国家安全防范系统的要求，闭路电视监控系统一般也要求独立布线；有线电视系统常常未纳入综合布线系统中。因此，变电站目前真正实现综合布线的只有通信网络和数据网络。

2. 变电站综合布线系统的构成

综合布线系统由 6 个子系统组成，包括工作区子系统、水平区子系统、管理间子系统、垂直干线子系统、设备间子系统及建筑群子系统。由于采用星型结构，任何一个子系统都可独立地接入综合布线中。因此，系统易于扩充，布线易重新组合，也便于查找和排除故障。综合布线系统结构组成如图 6-13 所示。

（1）工作区子系统：工作区子系统是一个可以独立设置终端设备的区域，该子系统包括水平配线系统的信息插座、连接信息插座和终端设备的跳线以及适配器。

（2）水平区子系统：水平区子系统应由工作区用的信息插座，楼层分配线设备至信息插座的水平电缆、楼层配线设备和跳线等组成。水平区子系统的电缆长度应小于 90m，信息插座应在内部做固定线连接。

（3）管理间子系统：管理间子系统设置在楼层分配线设备的房间内。管理间子系统应由交接间的配线设备，输入/输出设备等组成，也可应用于设备间子系统中。

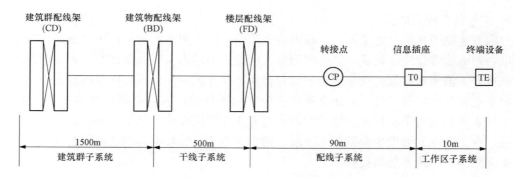

图 6-13 综合布线系统结构组成

（4）垂直干线子系统：垂直干线子系统应由设备间的配线设备和跳线以及设备间至各楼层分配线间的连接电缆组成。

（5）设备间子系统：设备间是在每一幢大楼的适当地点设置进线设备，进行网络管理以及管理人员值班的场所。设备间子系统应由综合布线系统的建筑物进线设备、电话、数据、计算机等各种主机设备及其保安配线设备等组成。

（6）建筑群子系统：建筑群子系统由两个以上建筑物的电话、数据、监视系统组成一个建筑群综合布线系统，其连接各建筑物之间的缆线和配线设备，组成建筑群子系统。

3. 变电站综合布线系统设计要求

户内变电站宜设置综合布线系统，以满足语音、数据、图像及多媒体业务的需要。综合布线系统的设计应符合 GB 50311《综合布线系统工程设计规范》的要求。

（1）站内不设单独的设备间，综合布线设备机柜统一安装于站内二次设备室。

（2）站内综合数据网络，在各办公室、生活房间、警卫室内应设置信息点；在配电装置室、主变压器室、无功补偿室内，不宜设置信息点。

（3）站内综合布线系统应留有与站外网络互连的接口。

（4）综合布线电缆在电缆层及电缆竖井内走线时，宜与电力电缆间保持必要的间距。其具体间距见表 6-14。

表 6-14   综合布线电缆与电力电缆的间距

类　别	与综合布线接近状况	最小间距（mm）
380V 电力电缆 <2kVA	与缆线平行敷设	130
	有一方在接地的线槽或钢管中	70
	双方都在接地的线槽或钢管中	10
380V 电力电缆 2~5kVA	与缆线平行敷设	300
	有一方在接地的线槽或钢管中	150
	双方都在接地的线槽或钢管中	80
380V 电力电缆 >5kVA	与缆线平行敷设	600
	有一方在接地的线槽或钢管中	300
	双方都在接地的线槽或钢管中	150

第七章

消　防

变电站是具有较高潜在火灾发生可能的特殊类型的工业厂房。变电站火灾多数伴随着电气事故发生，由可燃物升温、电火花、电弧等原因造成。其特点是火灾早期不易发现，突发性强。一旦火灾爆发，火灾迅速蔓延不易扑救。由于变电站是电网的基本环节，发生火灾后影响范围广。例如：一座 110kV 城市变电站供电半径一般为 2～3km，一旦发生火灾，必然导致所供负荷范围内的大面积停电，给国民经济带来巨大损失。另外，变电站内电气设备造价昂贵，火灾直接损失巨大。所以，户内变电站的消防问题必须得到高度重视。

第一节　建筑消防设计

城市户内变电站建筑的消防设计，必须遵循"预防为主、防消结合"的消防工作方针，针对变电站发生火灾的特点，采用可靠的防火措施，做到安全适用、技术先进、经济合理。

一、厂房的火灾危险性分类及其耐火等级

常规变电站厂房内房间按油量多少一般分为三类：多油的油浸变压器室及油浸电抗器室、无油或少油的配电装置室及附属生产、生活用房。

常规变压器油是以石油经分馏加工而成的油制品，大量用于变压器和其他充油电气设备中，作为绝缘和冷却用介质。变压器油的闪点为 135～150℃，变压器油的燃点为 165～180℃，变压器油的自燃点为 332℃。变压器油在高温和电弧作用下，会分解出大量轻质的碳氢化合物，如氢气（H_2）、乙炔（C_2H_2）等易燃性气体。这些易燃气体与空气混合，达到一定浓度时形成爆炸性气体，遇高温就会发生爆炸燃烧。常规 220kV 变电站一台变压器充油量即可达到 60～70t，一台电抗器充油量可达 12t，由此可见，变电站发生潜在的火灾危险性是比较大的。

变电站建筑属于工业建筑，消防设计一般执行国标 GB 50016《建筑设计防火规范》中有关厂房的防火规定。由于变电站工艺的特殊性和专业性，同时执行 GB 50229《火力发电厂与变电站设计防火规范》的相关规定，两本规范互为补充和参考。具体设计中，在规范条文取舍的优先级选用上，GB 50016《建筑设计防火规范》在总则明确规定，"火力发电厂与变电站的建筑防火设计，当有专门的国家标准时，宜从其规定。"因此，当涉及变电站专业性和特殊性的条文，应以 GB 50229《火力发电厂与变电站设计防火规范》的相关规定为主。

进行变电站的消防设计，首先应确定其建筑火灾危险类别和耐火等级。

根据 GB 50229《火力发电厂与变电站设计防火规范》，户内变电站建筑物的火灾危险性分类及其耐火等级应符合表 7-1 的规定。当户内变电站将不同使用用途的变配电部分布置在

一幢建筑物或联合建筑物内时，则其建筑物的火灾危险性分类及其耐火等级除另有防火隔离措施外，应按火灾危险性类别高者选用。

表 7-1 户内变电站建筑物的火灾危险性分类及其耐火等级

建 筑 物 名 称		火灾危险性分类	耐火等级
配电装置楼（室）	单台设备油量 60kg 以上	丙	二级
	单台设备油量 60kg 及以下	丁	二级
	无含油电气设备	戊	二级
油浸变压器室		丙	一级
气体或干式变压器室		丁	二级
电容器室（有可燃介质）		丙	二级
干式电容器室		丁	二级
油浸电抗器室		丙	二级
铁芯电抗器室		丁	二级
事故贮油池		丙	一级
生活、消防水泵房		戊	二级
雨淋阀室、泡沫设备室		戊	二级

从表 7-1 可知，常规变电站中油浸变压器室、可燃介质电容器室、油浸电抗器室、多油配电装置室以及事故油池定义为丙类，其他均为丁、戊类。目前，国内绝大部分城市户内变电站采用油浸变压器及具有可燃介质的电容器等设备。当油浸变压器或多油设备布置于户内时，变电站厂房通常按房间火灾危险性类别高者即丙类确定，耐火等级为一级。变电站建筑构件的选用必须满足《建筑设计防火规范》中相应等级建筑构件的燃烧性能和耐火极限要求。

二、户内变电站消防允许层数和每个防火分区的最大允许建筑面积

根据 GB 50016《建筑设计防火规范》，不同火灾危险类别的厂房以及不同耐火等级的要求对建筑的允许层数和防火分区有不同的规定。城市户内变电站建筑的火灾危险类别一般属于丙、丁、戊类，丙类居多。变电站建筑的耐火等级一般也是一级或二级。根据规范规定，对变电站厂房的允许层数可以不限。

对于变电站建筑的防火分区，由于目前城市户内变电站厂房多为一级或二级耐火等级的多层建筑，根据《建筑设计防火规范》规定，当城市户内变电站为地上变电站时，其各层防火分区可控制在 4000m²。而作为电缆层的地下层或半地下层，其防火分区的最大允许建筑面积则为 500m²。因此，地下电缆层往往需要设置多个 500m² 以内的防火分区，并通过防火墙和防火门进行有效防火分隔。每个防火分区必须至少有一个直通室外的楼梯间，同时，每个防火分区可利用防火墙上通向相邻防火分区的甲级防火门作为第二安全出口。

目前，GB 50229《火力发电厂与变电站设计防火规范》已经将地下变电站厂房防火分区最大允许建筑面积确定为 1000m²，考虑到城市户内变电站无人、少人值班的趋势和变电站电气布置特点，今后规范修编可能在地下电缆层防火分区最大允许建筑面积的限制上放宽要求至 1000m²。但是，在规范尚未修编完成时，仍需执行现行规范要求。各专业应积极配合，使得消防布置最为合理，在满足防火规范的前提下，尽量减少地下层的有效平面面积，以达到减少防火分区数量和设置楼梯间的目的。

三、户内变电站防火间距要求

城市户内变电站内的建（构）筑物与变电站外的建（构）筑物之间的防火间距应符合现行国家标准 GB 50016《建筑设计防火规范》的有关规定，建、构筑物防火间距应按相邻两建（构）筑物外墙的最近距离计算。

一般情况下，变电站建筑（一、二耐火等级）与其他一、二等级建筑间距不小于 10m，与其他三级建筑间距不小于 12m，与其他四级建筑间距不小于 14m。变电站建筑（一、二耐火等级）与一类高层建筑的防火间距不小于 20m，与裙房间距不小于 15m；与二类高层建筑的防火间距不小于 15m，与裙房间距不小于 13m。

根据规范，当相邻两座建筑较高一面的外墙如为防火墙时，其防火间距不限；两座一、二级耐火等级的建筑，当相邻较低一面外墙为防火墙且较低一座厂房屋顶耐火极限不低于 1h，或较高一面外墙的门窗等开口部位设置甲级防火门窗，其防火间距不应小于 4m。根据这条规定，设计师进行变电站总体布局时，可以将相邻的厂房外墙设计为防火墙或设置甲级防火门，可以适当压缩厂房之间的距离，达到节约用地的目的。

四、户内变电站特殊房间消防要求

由于户内变电站是一类特殊的工业建筑，其部分设备房间消防设计也有它的特殊要求。

1. 主变压器室

目前，我国绝大多数城市户内变电站主变压器采用油浸变压器，火灾危险性较大，故一般规定，每间变压器室的疏散出口不宜少于 2 个，且必须有一个疏散出口直通室外，同时，变压器室四周所有隔墙均应为耐火等级不低于 3.0h 的防火墙。另外，根据户内变电站实际运行情况来看，户内布置的变压器由于与其他房间仅有一墙之隔，发生火灾所引起的后果较为严重，而门窗就是防火薄弱部位，因此要求变压室的疏散门不得开向相邻的变压器室或其他室内房间、走廊。当散热器与主变压器本体分开布置时，考虑到运行维护需要以及影响范围不大，变压器室第二个疏散门可开向本主变对应的散热器室，但不得开向其他主变的散热器室，且该门应采用甲级防火门。

当城市户内变电站主变压器户内布置时，会将主变压器布置于相对封闭的变压器室内。一般情况下，在相对封闭的空间内，爆炸破坏力将大很多。由于变压器存在一定的爆炸危险性，故主变压器间需要考虑设置必要的泄压设施。为了在变压器发生爆炸后快速泄压和避免爆炸产生二次危害，泄压设施宜采用轻质防爆泄压墙体或和易于泄压的门窗，主变压器室的泄压方向应尽量避开人员密集的场所和道路。

2. 消防控制室

城市户内变电站内的消防控制室是火灾自动报警系统的控制和信息中心，是灭火作战的指挥中心。正常状态时，消防控制室内的设备连续监测各种消防设备的工作状态，保证消防设备正常运行；当发生火灾时，它又是紧急信息汇集、显示、处理的中心，通过站内长期值守的警卫人员，及时、准确的反馈火情的发展过程，正确、迅速地控制各种相关设备，达到疏导和保护人员、控制和扑救火灾的目的。消防控制室对于防止火灾，减少人员伤亡和财产损失具有十分重要的现实意义。特别是当前，随着城市户内变电站的智能化水平越来越高，无人值班的变电站类型成为主流，消防控制室作为消防设施控制中心枢纽的重要性日趋凸显。

由于警卫消防控制室的重要性，设计中应将附设在厂房内的消防控制室优先布置于首层，并宜布置在靠外墙和邻近站区大门的位置。同时，不应布置在电磁场干扰较强及其他可能影响消防控制设备正常工作的房间附近。另外，消防控制室的耐火等级不应低于二级，其疏散门应采用乙级防火门，并应直通室外或安全出口，门口应采取防水淹的措施。

3. 户内变电站的电缆井、管道井、通风井

由于户内变电站的特殊性，厂房内穿墙孔洞以及穿越楼板和防火分区的电缆竖井、管道井、通风井较多。这些孔洞和竖井使得各层在竖向方向连通，成为火灾发生时烟火竖向蔓延的通道，故规范规定这些竖向管井应分别独立布置，其井壁应为耐火极限不低于 1.00h 的不燃烧体，井壁上的检查门应采用丙级防火门。电缆井、管道井还必须在每层楼板处采取防火封堵或分隔措施，以免火势蔓延。

第二节　消防水系统

一、建筑消防水系统

1. 消火栓系统

消火栓系统设计参数计算：

（1）通过查阅规范分别确定室内和室外消火栓系统设计流量。

（2）计算消火栓的保护半径

$$R = L_d \cdot L_s \qquad (7-1)$$

式中　R——消火栓保护半径，m；

　　L_d——水带敷设长度，考虑到水带的转弯曲折，应乘以折减系数 0.8，m；

　　L_s——水枪充实水柱在平面上的投影长度，一般取 0.7kS，m；

（3）计算消火栓口所需压力，并确定是否需设置增压设备（最不利点消火栓的静水压力小于 10m 则需设置增压设备）。

2. 消火栓口处所需的水压

消火栓口处所需的水压（消火栓直径为 65mm，水枪喷口直径为 19mm）。

$$H_{xh} = H \cdot h_{qd} \qquad (7-2)$$

水枪喷嘴的出流量

$$q_{xh} = qBH \qquad (7-3)$$

式中　q_{xh}——水枪的射流量，L/s；

　　B——水枪水流特性系数，与水枪喷嘴口径有关。

图 7-1　室外消火栓

图 7-2　室内消火栓

二、电气设备消防水系统

依据《火力发电厂与变电站设计防火规范》GB 50229—2006 第 11.5.4 条："单台容量为 125MVA 及以上的主变压器应设置水喷雾灭火系统、合成型泡沫喷雾系统或其他固定式灭火系统"。

电力设备、线路及变压器内部故障时，都将引起运行中变压器绝缘油的击穿，挥发出低分子烃类或易燃气体，这些气体溶解在变压器油中，就会降低变压器油的燃点及闪点。但此时变压器油的温度远远低于 GB261 规定的变压器油的闭杯燃点和闪点无论是电力变压器铁芯产生的持续高温，还是高能放电引起的突发性暂短高温，只要能使变压器油的温度大于400℃，就会在密闭的变压器器身内部，产生数量可观的可燃气体。产生的可燃气体数量及成分与变压器油的温度高低有直接的关系（如前述）。变压器在高温作用下所生成的可燃气体，有的直接进入变压器油枕上部的空间；有的直接被变压器油溶解（使变压器油的绝缘强度降低）后再部分的释放出来，这样在变压器油枕上部空间内就积聚了大量的可燃气体，使变压器油的闪点降低。变压器内部故障时，如果变压器的继电保护（各类保护后述）拒绝动作或动作不及时，将使变压器油的温度在极短的时间内以极快的速度上升，产生的过量可燃气体已经来不及被变压器油所溶解，而迅速增加的被气化的变压器油体积急剧膨胀，一旦变压器的器身有薄弱部位（如变压器瓷套管、器身焊缝、防爆口等处）将破成裂口，使变压器油及产生的可燃气体一起从裂口中喷出，喷出的变压器油及可燃气体的温合物在与空气摩擦接触后，就产生火焰或爆炸。

1. 灭火方式

（1）水喷雾灭火系统。水喷雾灭火系统的灭火机理主要是通过高压产生细小的水雾滴直接喷射到正在燃烧的物质表面产生表面冷却、窒息、乳化、稀释等作用，从水雾喷头喷出的雾状水滴，粒径细小，表面积很大，遇火后迅速汽化，带走大量的热量，使燃烧表面温度迅速降到燃点以下，使燃烧体达到冷却目的；当雾状水喷射到燃烧区遇热汽化后，形成比原体积大 1700 倍的水蒸气，包围和覆盖在火焰周围，因燃烧体周围的氧浓度降低，使燃烧因缺氧而熄灭；对于不溶于水的可燃液体，雾状水冲击到液体表面并与其混合，形成不燃性的乳状液体层，从而使燃烧中断；对于水溶性液体火灾，由于雾状水能与水溶性液体很好融合，使可燃烧性浓度降低，降低燃烧速度而熄灭。

水喷雾灭火系统的组成与开式自动喷水灭火系统相似，主要由水源、加压设备、配水管道、雨淋阀组、过滤器和高速离心水喷雾喷头组成。水喷雾灭火系统则应具有自动控制、手动控制和应急控制三种启动方式。水喷雾灭火系统技术较为成熟，灭火效率高，在国内外均有较为广泛的应用；但其系统复杂，不仅包括雨淋阀组、管道及支架、水雾喷头、探测器

图 7-3　主变压器固定式灭火喷头布置图

以及联动控制盘等全套装置，还需要设置水池、水泵、管网等配套消防给水系统，占地较大，造价高，日常维护管理也较麻烦。如图 7-3 所示。

（2）细水雾灭火系统。细水雾灭火系统的组成与水喷雾灭火系统相似，主要由水源、加压设备（泵或高压氮气）、配水管道、控制阀门、过滤器和水喷雾喷头组成。水喷雾灭火系统则应具有自动控制、手动（气动）控制和应急控制三种启动方式。其系统复杂程度与水喷雾灭火系统大体相当，尽在配水管道管径、用水量等指标上有大幅减小，系统占地适中，造价较水喷雾灭火系统略低，日常维护管理也较麻烦。

（3）泡沫喷雾灭火系统。由于系统所用泡沫液的灭火效果较高，故不需像水喷雾灭火系统一样设置庞大的消防水池，同时由于灭火剂的驱动是以高压氮气作为动力，也不需设消防水泵等装置。整个系统结构相对简单，系统占地较少，日常维护比较简单，只需要在定期检查氮气瓶压力及定期更换泡沫液即可，但是由于泡沫液有一定有效期，故虽然建设时一次性投资较低，但是全寿命周期内需要考虑设备更换费用。

SP合成型泡沫喷雾灭火系统是泡沫灭火系统中的一种，具有稳定性好，使用寿命长，灭火效果好等优点。合成型泡沫喷雾灭火系统主要有储液罐、合成泡沫灭火剂、电磁控制阀、氮气启动源、氮气动力源、减压阀、安全阀、水雾喷头和管网等部件组成。其主要原理如图所示，合成型泡沫喷雾灭火系统是采用合成型灭火剂和水按一定比例混合储存于储液罐中。火灾时，通过火灾自动报警联动控制或手动控制，启动高压氮气动力源，氮气推动储液罐内的合成型灭火剂，经管道和喷头雾化后，将其喷射到灭火对象上，借助水雾和泡沫的冷却、窒息、乳化、隔离等综合作用实现迅速灭火的目的。如图7-4所示。

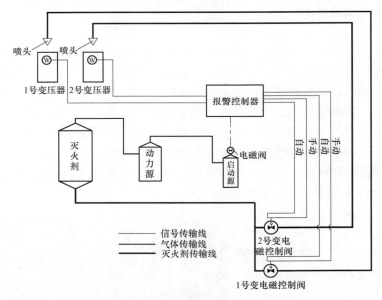

图7-4　合成型泡沫喷雾灭火系统原理图

2. 灭火方式的比较

（1）水喷雾系统和细水雾系统的比较。水喷雾系统和细水雾系统灭火机理类似，灭火介质也相同，但他们也存在不同之处：细水雾的水雾滴径比水喷雾小，尽管其水雾喷头压力较高，喷头出口水速也较高，但细水雾滴喷头出口动能与水喷雾相比要小很多，因而穿越火场的能量也较小；细水雾喷雾强度为1～3L/（min·m²），水喷雾喷雾强度对变压器本体为20L/（min·m²），对集油坑为6L/（min·m²），持续喷雾时间两者差不多，因此细水雾的灭火水量比水喷雾小很多；细水雾系统消防水泵功率小，灭火剂储罐比水喷雾系统压力储水罐体积小，不需要专用消防水池或使用较小容积的消防水池，因此细水雾系统比水喷雾系统初始投资低。

（2）泡沫灭火系统和水喷雾系统的比较。泡沫灭火方式需安装的喷头数量比水喷雾系统少。灭火剂需要量也比较少。灭火剂依靠气体增压。不需要消防水泵和消防水池，因此，消防建筑占地面积少，初始投资也比较小；合成型灭火剂比较昂贵，因此灭火成本较高. 而且灭火剂一定年限需要更换. 日常维护费用比较高。

水喷雾、细水雾和合成泡沫三种灭火方式的主要技术经济性能综合比较如表 7-2 所示。水喷雾和合成泡沫灭火方式的细化比较如表 7-3 所示。

表 7-2　　　　　　　　　　几种灭火方式的比较

灭火方式类型	水喷雾	细水雾	合成泡沫
灭火机理	冷却、窒息、乳化	冷却、窒息、乳化	冷却、窒息、乳化、隔离
灭火剂价格	较低	较低	略高
系统初始投资	最高	仅为水喷雾的 2/3	仅为水喷雾的 1/2
系统设计安装	复杂	较复杂	简单
日常维护费用	最高	一般	一般
灭火效果	一般	好	好

表 7-3　　　　　水喷雾和合成泡沫灭火方式的主要技术经济性能比较

	水喷雾灭火系统	泡沫灭火系统
作用原理	冷却、窒息、乳化、稀释	冷却、窒息、乳化、隔离
灭火时机	火灾发生后	火灾发生后
系统构成	消防水源、水泵、过滤器、雨淋阀、水雾喷头、信号闸阀、感温电缆、报警控制器、管网、排水设施等	储液罐、合成泡沫灭火剂、电磁控制阀、氮气启动源、氮气动力源、减压阀、安全阀、水雾喷头和管网等
设备占地面积	消防水池体积 108m³，泵房面积约 50m²	泡沫消防间面积约 50m²
一次性投资	消防水泵，雨淋阀等主件约 120 万；35 个喷头约 2 万元；消防泵房造价约 10 万；水池造价约 5 万；总造价 137 万	储液罐等主件约 60 万；12 个喷头约 1 万元；泡沫消防间造价约 10 万；总造价 71 万
全寿命周期内投资	约 80 万（合资水泵一般 10—15 年进行更换，消防管道每 20 年更换一次）	约 80 万（泡沫灭火剂每 5—10 年进行更换）
维护工作量	每年需定期检查消防水泵、稳压压力罐进行年检	对氮气瓶压力进行检测
误动作危害	无	无

第三节　建　筑　防　排　烟

防烟、排烟设计是将火灾产生的大量烟气及时予以排除，并阻止烟气向排烟分区以外扩散，以确保建筑物内人员的顺利疏散，安全避难和为消防队员创造有利扑救条件。建筑防排烟是进行安全疏散的必要手段。

一、火灾烟气的危害

火灾烟气的危害主要有三个方面：

（1）毒害性：烟气包含高浓度的一氧化碳（CO）及其他各类有毒气体如氢氰酸（HCN），氯化氢（HCl），对人体产生的直接危害。

（2）减光性：烟气极大降低可见度，使人易于失去正确的疏散方向，降低了人们在疏散过程中的行进速度。

（3）恐怖性：火灾现场往往使人感到惊慌失措，秩序混乱，形成巨大的心理恐惧，使人失去正常的行为能力，严重影响人们的迅速疏散，重则导致死亡，轻则影响人们身心健康。

二、防火分区、防烟分区

防火分区的目的是：防止火灾的扩大，设置防火墙、防火门、防火卷帘等设备。防火分区按方向可分为：垂直防火分区及水平防火分区。

防烟分区是烟气控制的基础手段，防烟分区内不能防止火灾的扩大，只能有效地控制火灾产生的烟气流动，是为有利于建筑物内人员安全疏散和有组织排烟而采取的技术措施，主要依靠采用挡烟垂壁（帘），挡烟梁（墙）等形式来实现。规范规定：每个防烟分区建筑面积不应超过 $500m^2$，且防烟分区不得跨越防火分区。分隔区内的排烟量，在人员疏散的短时间内，必须大于或等于该区内产生烟的数量。

三、防排烟系统分类及设计

1. 防排烟系统分类

防、排烟系统一般分为四种方式：

（1）自然排烟。利用火灾产生的烟气流的浮力和外部风力作用，通过建筑物的对外开口，把烟气排至室外的排烟方式，实质是热烟气和冷空气的对流运动。在自然排烟中，必须有冷空气的进口和热烟气的排出口。烟气排出口可以是建筑物的外窗，也可以是专门设置在侧墙上部的排烟口。

（2）机械排烟。分为局部排烟和集中排烟两种方式，也叫负压机械排烟方式。利用排烟机把着火房间中产生的烟气通过排烟口排到室外的排烟方式。

局部排烟方式是：在每个需要排烟的部位设置独立的排烟风机直接进行排烟；其初投资高，而且日常维护管理麻烦，管理费用也高。

集中排烟方式是：将建筑划分为若干个区，在每个区内设置排烟风机，通过排烟口和排烟竖井或风道利用设置在建筑物屋顶的排烟风机，排至室外。排烟稳定，投资较大，操作管理比较复杂，需要有防排烟设备，要有事故备用电源。

（3）防烟加压送风。对疏散通路的楼梯间进行机械送风，使其压力高于防烟楼梯间前室或消防电梯前室，而这些部位的压力又比走道和火灾区高些。从而可阻止烟气进入楼梯间。

（4）密闭防烟方式。对于面积较小，楼板耐火性能较好、密闭性好并采用防火门的房间，可以采用关闭防火门使火灾区与周围隔绝缺氧而熄灭。当发生火灾时将着火房间密封起来，这种方式多用于小面积房间。

2. 防排烟系统设计

防排烟系统设计步骤如下：

（1）了解工程概况。包括了解建筑类别、建筑高度和建筑功能。

（2）确定防烟部位及方式：

1）部位：①防烟楼梯间；②防烟楼梯间前室；③消防电梯间前室；④合用前室；⑤封闭避难空间。

2）方式：选择加压送风或者自然排烟。

（3）确定排烟部位及方式：

1）部位：①地下室及走道；②地上房间及走道；③中庭；④判断依据包括房间的面积、可燃物或人员以及走道的长度。

2）方式：选择机械排烟或自然排烟。

（4）自然排烟设计：

1）校核可开启外窗；

2）校核外窗高度；

3）校核最远点距可开启外窗的水平距离。

（5）机械排烟设计：

1）确定排烟系统；

2）划分防烟分区；

3）布置系统；

4）计算排烟量、补风量；

5）确定管径；

6）确定风口；

7）水力计算、选择风机；

8）明确控制要求。

（6）机械防烟（加压送风）设计：

1）设计系统；

2）计算补风量；

3）确定风道面积；

4）确定风口面积；

5）水力计算、选择风机；

6）明确控制要求。

（7）设计注意事项：

1）排烟漏风量取 7％～10％；

2）压力损失取 10％～15％；

3）多叶风口有效面积取 70％。

第四节　火灾探测及消防报警

为了贯彻"预防为主、防消结合"的方针，根据《220kV～500kV 户内变电站设计规程》"9.4.1 城市户内变电站应设置火灾自动报警系统，且宜具有火灾信号远传功能。"目前新建户内变电站均配置了火灾自动报警系统。

火灾自动报警系统能在发生火灾后第一时间识别到火灾，并迅速将火灾报警信号发送到消防控制室，使人员及早知晓火情，引导人员尽快逃生，同时，联动控制与之相联接的其他灭火系统、防排烟系统、防火分割设施等消防设施，及时调动各类消防设施发挥应有作用，最大限度预防和减少建筑物或场所的火灾危害。

一、变电站火灾自动报警系统的组成及工作原理

1. 变电站火灾自动报警系统组成

变电站火灾自动报警系统一般由火灾探测报警系统、消防联动控制系统、电气火灾监控系统组成，如图7-5所示。

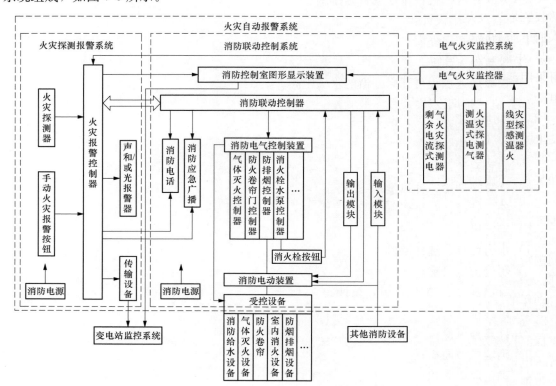

图 7-5　火灾自动报警系统组成示意图

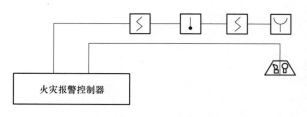

图 7-6　火灾探测报警系统组成示意图

（1）火灾探测报警系统。火灾探测报警系统是实现火灾早期探测并发出火灾报警信号的系统，一般由火灾触发器件（火灾探测器、手动火灾报警按钮）、声和/或光警报器、火灾报警控制器等组成，如图7-6所示。

1）触发器件。在火灾自动报警系统中，自动或手动产生火灾报警信号的器件称为触发器件，火灾探测器、水流指示器、压力开关等式自动触发器件，手动报警按钮、气泵按钮等式手动发送信号、通报火警的触发器件。在变电站火灾自动报警系统设计时，自动和手动两种触发装置应同时按照规范要求设置，尤

其是手动报警可靠易行，是系统必设功能。

2）火灾报警装置。在火灾自动报警系统中，用以接收、显示和传递火灾报警信号，并能发出控制信号和具有其他辅助功能的控制指示设备称为火灾报警装置。火灾报警控制器为火灾报警装置最基本的一种。火灾报警控制器为火灾探测器提供稳定的工作电源；监视探测器及系统自身的工作状态；接收、转换、处理火灾探测器输出的报警信号；进行声光报警；指示报警的具体部位及时间；同时执行相应辅助控制等诸多任务，是火灾报警系统中的核心组成部分和评价火灾自动报警系统先进性的一项重要指标。

3）火灾警报装置。在火灾自动报警系统中，用以发出区别于环境声、光的火灾警报信号的装置称为火灾警报装置。它以声、光和音响等方式向报警区域发出火灾警报信号，以警示人们迅速采取安全疏散、灭火救灾等措施。

4）电源。火灾自动报警系统属于消防用电设备，其主电源应当采用消防电源，备用电源可采用蓄电池。系统电源除为火灾报警控制器供电外，还为与系统相关的消防控制设备等供电。

（2）消防联动控制系统。消防联动控制系统是火灾自动报警系统中，接收火灾报警控制器发出的火灾报警信号，按预设逻辑完成各项消防功能的控制系统。由消防联动控制器、消防控制室图形显示装置、消防电气控制装置（防火卷帘控制器、气体灭火控制器等）、消防电动装置、消防联动模块、消火栓按钮、消防应急广播设备、消防电话等设备和组件组成。

1）消防联动控制器。消防联动控制器是消防联动控制系统的核心组件。它通过接收火灾报警控制器发出的火灾报警信息，按预设逻辑对建筑中设置的自动消防系统（设施）进行联动控制。消防联动控制器可直接发出控制信号，通过驱动装置控制现场的受控设备；对于控制逻辑复杂且在消防联动控制器上不便实现直接控制的情况，可通过消防电气控制装置（如防火卷帘控制器、气体灭火控制器等）间接控制受控设备，同时接收自动消防系统（设施）动作的反馈信号。

2）消防控制室图形显示装置。消防控制室图形显示装置用于接收并显示保护区域内的火灾探测报警及联动控制系统、消火栓系统、自动灭火系统、防烟排烟系统、防火门及卷帘系统、电梯、消防电源、消防应急照明和疏散指示系统、消防通信等各类消防系统及系统中的各类消防设备（设施）运行的动态信息和消防管理信息，同时还具有信息传输和记录功能。

3）消防电气控制装置。消防电气控制装置的功能是用于控制各类消防电气设备，它一般通过手动或自动的工作方式来控制各类消防泵、防烟排烟风机、电动防火门、电动防火窗、防火卷帘、电动阀等各类电动消防设施的控制装置及双电源互换装置，并将相应设备的工作状态反馈给消防联动控制器进行显示。

4）消防电动装置。消防电动装置的功能是电动消防设施的电气驱动或释放，它是包括电动防火门窗、电动防火阀、电动防烟排烟阀、气体驱动器等电动消防设施的电气驱动或释放装置。

5）消防联动模块。消防联动模块是用于消防联动控制器和其所连接的受控设备或部件之间信号传输的设备，包括输入模块、输出模块和输入输出模块。输入模块的功能是接收受控设备或部件的信号反馈并将信号输入到消防联动控制器中进行显示，输出模块的功能是接收消防联动控制器的输出信号并发送到受控设备或部件，输入输出模块则同时具备输入模块和输出模块的功能。

6）消火栓按钮。消火栓按钮是手动启动消火栓系统或提供使用消火栓位置报警信息的控制按钮。

7）消防应急广播设备。消防应急广播设备由控制和指示装置、声频功率放大器、传声器、扬声器、广播分配装置、电源装置等部分组成，是在火灾或意外事故发生时通过控制功率放大器和扬声器进行应急广播的设备，其主要功能是向现场人员通报火灾发生，指挥并引导现场人员疏散。

8）消防电话。消防电话是用于消防控制室与建筑物中各部位之间通话的电话系统。由消防电话总机、消防电话分机、消防电话插孔构成。消防电话是与普通电话分开的专用独立系统，一般采用集中式对讲电话。消防电话的总机设在消防控制室，能够与消防电话分机进行全双工语音通信。消防电话分机及电话插孔分设在建筑物各关键部位。

（3）电气火灾监控系统系统。电气火灾监控系统是火灾自动报警系统的独立子系统，属于火灾预警系统，由电气火灾监控器、电气火灾监控探测器和火灾声光警报器组成，其组成如图 7-7 所示。

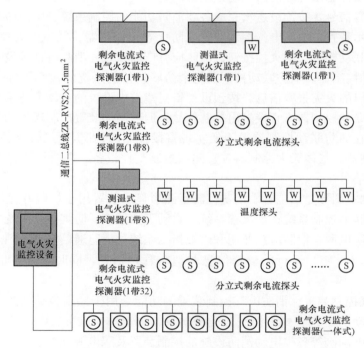

图 7-7　电气火灾监控系统组成示意图

2. 变电站火灾自动报警系统工作原理

（1）火灾探测报警系统。火灾发生时，安装在保护区域现场的火灾探测器，将火灾产生的烟雾、热量和光辐射等火灾特征参数转变为电信号，经数据处理后，将火灾特征参数信息传输至火灾报警控制器；或直接由火灾探测器做出火灾报警判断，将报警信息传输到火灾报警控制器。火灾报警控制器在接收到探测器的火灾特征参数信息或报警信息后，经报警确认判断，显示报警探测器的部位，记录探测器火灾报警的时间。处于火灾现场的人员，在发现火灾后可立即触动安装在现场的手动火灾报警按钮，手动报警按钮便将报警信息传输到火灾报警控制器，火灾报警控制器在接收到手动火灾报警按钮的报警信息后，经报警确认判断，显示动作的手动报警按钮的部位，记录手动火灾报警按钮报警的时间。火灾报警控制器在确认火灾探测器和手动火灾报警按钮的报警信息后，驱动安装在被保护区域现场的火灾警报装置，发出火灾警报，向处于被保护区域内的人员警示火灾的发生。

火灾探测报警系统的工作原理如图 7-8 所示。

（2）消防联动控制系统。火灾发生时，火灾探测器和手动火灾报警按钮的报警信号等联动触发信号传输至消防联动控制器，消防联动控制器按照预设的逻辑关系对接收到的触发信号进行识别判断，在满足逻辑关系条件时，消防联动控制器按照预设的控制时序启动相应自动消防系统（设施），实现预设的消防功能；消防控制室的消防管理人员也可以通过操作消防联动控制器的手动控制盘直接启动相应的消防系统（设施），从而实现相应消防系统（设施）预设的消防功能。消防联动控制接收并显示消防系统（设施）动作的反馈信息。

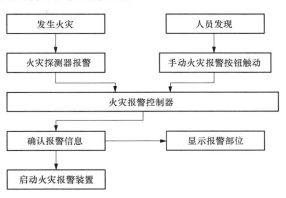

图 7-8　火灾探测报警系统工作原理示意图

消防联动控制系统的工作原理如图 7-9 所示。

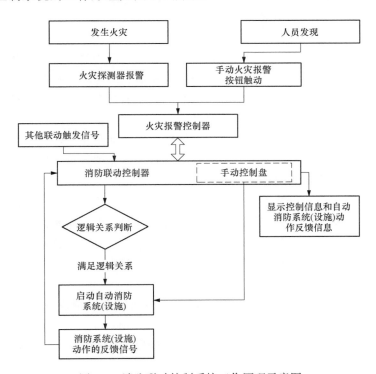

图 7-9　消防联动控制系统工作原理示意图

二、变电站火灾自动报警系统形式的选择

火灾自动报警系统根据保护对象及设立的消防安全目标不同，分为区域报警系统、集中报警系统、控制中心报警系统三种形式。

根据 GB 50116—2013《火灾自动报警系统设计规范》的要求，火灾自动报警系统形式的选择应符合下列规定：

（1）仅需要报警，不需要联动自动消防设备的保护对象宜采用区域报警系统。

（2）不仅需要报警，同时需要联动自动消防设备，且只设置一台具有集中控制功能的火灾报警控制器和消防联动控制器的保护对象，应采用集中报警系统，并应设置一个消防控制室。

（3）设置两个及以上消防控制室的保护对象，或已设置两个及以上集中报警系统的保护对象，应采用控制中心报警系统。

控制中心报警系统一般适用于建筑群或体量很大的保护对象，这些保护对象中可能设置几个消防控制室，可能由于分期建设而采用不同企业的产品或同一企业不同系列的产品，或由于系统容量限制而设置了多个起集中作用的火灾报警控制器等情况，这些情况下均应选择控制中心报警系统。

根据消防相关规范要求以及变电站电气设备特点，目前户内变电站一般配置水喷雾（或细水雾、泡沫）灭火系统、消火栓系统、防烟排烟系统、防火门及防火卷帘门系统、消防电梯、火灾警报和消防应急广播系统、消防应急照明和疏散指示系统等多种消防相关系统，火灾自动报警系统均需要联动上述各系统中的自动消防设备。所以 35～500kV 户内变电站火灾自动报警系统形式应选择集中报警系统。

变电站集中报警系统在设计时，应符合下列几点：

（1）系统应由火灾探测器、手动火灾报警按钮、火灾声光警报器、消防应急广播、消防专用电话、消防控制室图形显示装置、火灾报警控制器、消防联动控制器等组成，这是系统的最小组成，可以选用火灾报警控制器和消防联动控制器组合或火灾报警控制器（联动型）。

（2）系统中的火灾报警控制器、消防联动控制器和消防控制室图形显示装置、消防应急广播的控制装置、消防专用电话总机等起集中控制作用的消防设备，应设置在消防控制室。

（3）系统设置的消防控制室图形显示装置应具有传输相关规范规定的有关信息的功能。

三、变电站火灾探测器的选择及设置

火灾探测器是火灾自动报警系统的"感觉器官"，其类型的选择对于能否及时准确的发现火情至关重要。根据火灾探测器的结构造型和防护范围，火灾探测器可分为线型火灾探测器、点型火灾探测器、空间型探测器；根据火灾参数分类，可分为感温式火灾探测器、感烟式火灾探测器、感光式火灾探测器、气体和复合式火灾探测器。

火灾探测器的选择应符合下列规定：

（1）对火灾初期有阴燃阶段，产生大量的烟和少量的热，很少或没有火焰敷辐射的场所，应选择感烟火灾探测器。

（2）对火灾发展迅速，可产生大量热、烟和火焰辐射的场所，可选择感温火灾探测器、感烟火灾探测器、火焰探测器或其组合。

（3）对火灾发展迅速，有强烈的火焰辐射和少量烟、热的场所，宜选择火焰探测器。

（4）对火灾初期有阴燃阶段，且需要早起探测的场所，宜增设一氧化碳火灾探测器。

（5）对使用、生产可燃气体或可燃蒸汽的场所，应选择可燃气体探测器。

（6）应根据保护场所可能发生火灾的部位和燃烧材料的分析，以及火灾探测器的类型、灵敏度和相应时间等选择相应的火灾探测器，对火灾形成特征不可预料的场所，可根据模拟实验的结果选择火灾探测器。

（7）同一探测区域内设置多个火灾探测器时，可选择具有复合判断火灾功能的火灾探测器和火灾报警控制器。

城市户内变电站发生火灾后果严重且扑救困难，为有效控制火灾蔓延及尽快灭火，所以必须根据安装部位的特点选用合适的火灾探测器。基于变电站的火灾特点，以及目前各种火灾探测器在变电站中的实际应用情况，变电站相关防火设计规范对其主要设备用房和设备火灾探测器的选择做了具体规定，见表 7-4。

表 7-4   主要建（构）筑物和设备火灾探测器的选择

建筑物和设备	火灾探测器类型	备 注
主控通信室	感烟或吸气式感烟	
电缆层和电缆竖井	线型感温、感烟或吸气式感烟	
继电器室	感烟或吸气式感烟	
电抗器室	感烟或吸气式感烟	如选用含油设备时，采用感温
可燃介质电容器室	感烟或吸气式感烟	
配电装置室	感烟、线型感烟或吸气式感烟	
主变压器	线型感温或吸气式感烟（室内变压器）	

变电站中各类火灾探测器的设置，按照《火灾自动报警系统设计规范》相应条文进行。

第八章

节 能 与 环 境 保 护

能源是国民经济重要的物质基础，也是人类赖以生存的基本条件。我国是能源大国，总地质储藏量居世界第三。但从人均占有量看，又是能源贫国，只有世界人均占有量的 1/2。能源生产增长的速度相对落后于能源消费的增长，能源已成为制约我国国民经济发展的"瓶颈"问题。为此，我国制定的能源技术政策总方针是：开发与节约并重，开发能源居于主导地位，节约能源放在优先地位。近期解决能源紧张最现实的出路是节能。据测算，节能与开发新能源相比，可节省投资 1/3。从建设周期看，节能比开发可缩短周期 1/3 ～2/3。因此，不仅见效快，而且可带来增加产量、提高产品质量、改善环境等多方面的效益 。

能源的利用使人类的物质生活不断得到改善，但却逐渐恶化了自己的生存环境。人类在谋求持续发展的过程中必须解决好这一矛盾。保护环境也就是保护人类生存的基础和条件，如不注意保护环境，等污染以后再去治理，那就要增加成倍的资金投入。节能与环保"利在当代，功荫后世"。

1979 年 9 月第五届全国人民代表大会常务委员会通过了《中华人民共和国环境保护法（试行）》，之后又发布了一系列与之相关的法规；1997 年 11 月第八届全国人民代表大会常务委员会通过了《中华人民共和国节约能源法》。这两部法律的实施，使我国的环保和节能工作开始走向法制的轨道。2005 年党的十六届五中全会明确提出，要加快建设资源节约型、环境友好型社会，促进经济发展与人口、资源、环境相协调。

实践表明，最重要的节能途径是从生产生活的基础环节包括城市规划、建筑和产品设计等开始采取节能措施。从节能和环保相统一的角度出发，应全面推行强制的节能标准以及建筑材料、器具的能耗和技术效率标准。节约能源的投入是从源头减少污染产生的举措，是最为有效的环境保护。

第一节 节 能

在城市变电站设计、建设和改造中，应贯彻国家节能政策。落实在电气专业上，就是要一方面使用节能设备和装置，合理配置无功补偿设备，选用节能材料，采取降损措施，另一方面是提高电网运行质量，有效降低电网损耗。

一、变压器节能

在城市变电站中，变压器节能具有很大的潜力，应积极推广采用新型节能变压器。变压器的节电技术主要分为设计制造方面和生产运行方面两部分。设计制造方面的节电技术是利用新型电磁材料和新型的生产工艺开发研制出高效节能变压器，以更新改造高耗能变压器。

在生产运行方面，节电技术是利用新的技术手段和加强运行管理，实现变压器经济运行。

1. 变压器损耗[23]

变压器损耗是变压器的质量指标之一，变压器损耗包括有功功率损耗和无功功率损耗两部分。变压器有功功率损耗由铁损和铜损组成，铁损又称空载损耗，铜损又称负载损耗。铁损与铁芯材料的电阻率和铁芯厚度有关，与负荷大小无关，是基本不变的。而铜损与负荷电流平方成正比，负荷电流为额定值时的铜损又称短路损失。变压器有功损耗可用式（8-1）计算

$$\Delta P = P_0 + \beta^2 P_k \tag{8-1}$$

式中　ΔP——变压器有功功率损耗，kW；

P_0——变压器空载损耗，kW；

P_k——变压器短路损耗，kW；

β——变压器负载率，%。

变压器无功功率损耗由两部分组成。一部分由空载电流形成的损耗 Q_0，它与铁芯材料、铁芯的结构、加工工艺及加工质量等因素有关，与负荷大小无关，是基本不变的。可用式（8-2）计算

$$Q_0 = I_0 S_N \times 10^{-2} \tag{8-2}$$

式中　I_0——空载电流百分率，%；

S_N——变压器额定容量，kVA。

另一部分无功损耗指一次、二次绕组的漏磁电抗损耗，其大小与负荷电流平方成正比，此损耗又称变压器无功漏磁损耗 Q_k，可用式（8-3）计算

$$Q_k = U_k S_N \times 10^{-2} \tag{8-3}$$

式中　U_k——变压器阻抗电压，%。

变压器总的无功损耗按式（8-4）计算

$$\Delta Q = Q_0 + \beta^2 Q_k \tag{8-4}$$

式中　ΔQ——变压器无功功率损耗，kvar。

变压器综合功率损耗 ΔP_z 可按式（8-5）计算

$$\Delta P_z = \Delta P + K_Q \Delta Q \tag{8-5}$$

式中　K_Q——无功经济当量，指变压器每减少 1kvar 无功功率损耗，引起连接系统有功损耗的千瓦值，其值见表 8-1。

表 8-1　　　　　　　　　　　　　　　　　无功经济当量值

序　号	变压器在连接系统的位置	K_Q值（kW/kvar）	
		系统负载最大时	系统负载最小时
1	直接由发电厂母线以发电厂电压供电的变压器	0.02	0.02
2	由区域线路供电的 35kV 及以上降压变压器	0.1	0.06
3	由区域线路供电的 6～10kV 降压变压器	0.15	0.1

2. 变压器节能措施

变压器节能的实质就是降低其损耗、提高其运行效率，具体有如下几项措施：

（1）合理选择变压器容量和台数。选择变压器容量和台数时，应根据负荷情况，综合考

虑投资和年运行费用,对负荷进行合理分配,选取容量与电力负荷相适应的变压器,使其工作在高效区内。当负荷率低于30%时,应予以调整和更换。当负荷率超过80%并通过计算不利于经济运行时,可放大一级容量选择变压器。

(2)选用节能型变压器,更换或改造高耗能变压器。选用节能型变压器就是选用高导磁的优质冷轧晶粒取向硅钢片和先进工艺制造的新系列变压器,又称低损耗电力变压器,具有损耗低、质量轻、效率高、抗冲击等优点。近年来,各种系列低损耗电力变压器已得到广泛应用,在节省电能和运行费用方面,已取得显著的经济效果。因此,新建城市变电站应采用节能型变压器,逐步更换或改造原有高耗能变压器,以节省电能。

目前我国生产的 S9 系列及以上的配电变压器相对于 S3～S7 标准系列而言,属于节能型变压器。新型节能变压器还有非晶合金变压器、卷铁芯变压器、全密封变压器等。一般地,非晶合金铁芯变压器的铁损比传统的硅钢片变压器低 65%～75%。

(3)提高功率因数,减少变压器铜损。如果提高变压器二次侧的功率因数,可使总的负荷电流减少,从而减少变压器铜损。

$$\Delta P = \left(\frac{P_2}{S_N}\right)^2 \left(\frac{1}{\cos^2\varphi_1} - \frac{1}{\cos^2\varphi_2}\right) P_k \tag{8-6}$$

$$\Delta Q = \left(\frac{P_2}{S_N}\right)^2 \left(\frac{1}{\cos^2\varphi_1} - \frac{1}{\cos^2\varphi_2}\right) Q_k \tag{8-7}$$

式中　ΔP、ΔQ——变压器的有功功率损耗节约值和无功功率损耗节约值,kW、kvar;

P_2——变压器负载侧输出功率,kW;

S_N——变压器额定容量,kVA;

$\cos\varphi_1$——变压器原有负载功率因数;

$\cos\varphi_2$——提高后的变压器负载功率因数;

P_k——变压器短路损耗,kW;

Q_k——变压器无功漏磁损耗,kvar。

(4)加强运行管理,实现变压器经济运行。在满足供电对象用电需求和安全稳定条件下,采取技术和管理措施,使变压器处在电能损耗最低状态下运行,称为变压器经济运行。变压器电能损耗除与变压器性能、容量和台数有关外,还随着负荷的变化而变动。当变压器的空载损耗等于负载损耗时,变压器效率最高。因此,合理选择变压器运行方式,按变压器经济运行条件调整用电负荷,可以降低变压器损耗,实现节约用电。

供电负荷是变化的,如投运变压器台数和容量不变,其负荷率和运行效率都将发生变化,使其运行范围发生变化。当变压器轻载或过载,都将超出经济运行范围。因此,要及时投入或切除变压器,防止变压器重载或轻载运行。对长期轻载变压器(负荷率30%以下),必要时按实际负荷更换小容量变压器。对两台及以上并列运行的变压器,要按并列运行变压器的技术性能参数,来选择变压器的最佳运行方式,以总损耗为最小的原则,合理分配变压器负荷。

二、照明节能

1991 年 1 月美国环保局(EPA)首先提出实施绿色照明(Green Lights)和推进绿色照明工程(Green Lights Program)的概念,很快得到联合国的支持和许多发达国家和发展中国家的重视,积极采取相应的政策和技术措施,推进绿色照明工程的实施和发展。

1993 年 11 月我国国家经贸委开始启动中国绿色照明工程，并于 1996 年正式列入国家计划。对于照明节能的概念，在《中华人民共和国节约能源法》（1998 年 1 月 1 日实施）等法律、法规文件中都有提及。GB50034—2004《建筑照明设计标准》对多种建筑的大多数功能区域提出了"照明能效"标准要求，用每平方米内的耗电量（即功率密度）作为衡量标准，所有在实施日期后新设计的项目均强制执行此设计标准，符合其中照明能效标准的要求。

照明耗电在各个国家的总发电量中占有很大的比例。目前，我国照明耗电大体占全国总发电量的 10%～12%，采用高效照明产品替代传统的低效照明产品可节电 60%～80%，照明节电潜力巨大。2001 年我国总发电量为 14332.5 亿 kWh（度），年照明耗电达 1433.25～1719.9 亿 kWh，为在建三峡水力发电工程投产后年发电能力（840 亿 kWh）的两倍左右。为此，照明节电具有重要意义。

1. 绿色照明

绿色照明是指通过科学的照明设计，采用效率高、寿命长、安全和性能稳定的照明电器产品（电光源、灯用电器附件、灯具、配线器材，以及调光控制调和控光器件），充分利用天然光，改善提高人们工作、学习、生活条件和质量，从而创造一个高效、舒适、安全、经济、有益的环境并充分体现现代文明的照明。它是国际上通用的对采用节约能源、保护环境照明系统的形象说法。

照明节能只是绿色照明工程中的一个重要组成部分，一般情况下可以通过选用电光转换效率高的光源产品、高效率的灯具配合恰当的光源、低电能损耗的照明电器、合理的照明供电系统、合理的照明控制系统等多个方面的多种手段来达到照明节能的目的。

2. 绿色照明设计

变电站绿色照明设计时应遵循的基本原则为：

——根据工作场所照度要求、工作需求以及照明种类的不同，选用高光效、长寿命的光源。

——在满足作业区域、岗位照明需求的前提下，选用防眩光、无光污染的照明器具。

——选择结构安全可靠、配光高效合理的灯具，注重配套电器的节能高效。

——提高照明灯具的免维护性能，降低后期维护和更换灯具的人力与物力成本。

——开展精细化照明设计，增加灯具使用灵活性，减少灯具数量。

（1）光源的选择。高效光源是照明节能的首要因素，必须重视各种光源的特点和优点，区分适用场合。选择光源时主要考虑光效、色温、显色性、光源寿命和价格等因素。根据不同的光源，将普通照明和绿色照明做比较，如表 8-2 所示。

表 8-2　　　　　　　　　　　　　　　　　光源照明比较

光 源 种 类	普 通 照 明	绿 色 照 明
白炽灯	正常照明、应急照明均采用	正常照明淘汰白炽灯，仅在应急照明中采用
荧光灯	过去的荧光灯多是 T12（管径约 38mm），耗材多，且选用卤磷酸钙荧光粉，显色性差，寿命短	节能灯：即紧凑型荧光灯，其管径变细，为 T8（管径约 26mm）或 T5（管径约 16mm），其光效提高 10%～30%，耗材更少。选用稀土三基色荧光粉，显色性好，寿命长

光 源 种 类		普 通 照 明	绿 色 照 明
高强度气 体放电灯	钠灯金属 卤化物灯	选用低效钠灯采用普通传统型电 感镇流器	选用高效钠灯或金卤灯；采用新型节能 电感镇流器，提高效率，大大节省电能
LED灯		—	LED是一种新兴的光源，寿命长，颜色 丰富单色性好，起点快捷，可调光，耐震 动，耐气候性能好，使用安全。光效年年 提高，实用光效已达 6～80lm/W，电能消 耗仅为白炽灯的 1/10，节能灯的 1/4，寿 命是白炽灯的 100 倍

另外，随着制作太阳能电池板技术的成熟，LED 灯与太阳能电池板相结合，在电路控制下，通过白天太阳能电池板的光电转化，将光能转化为电能存储于电池中，在夜间控制电路电池给 LED 灯供电，为道路照明提供了一种更为清洁低耗的选择。

（2）灯具及其附属装置的配合。高效照明器材是照明节能的重要物质基础，灯具和电器附件的效率对于照明节能的影响不容忽视。灯具的选择需注意以下几个方面：

1）注意使用安全：防触电，防火，特殊场合还要求防爆以及其他环境条件引发的危险。

2）限制眩光。

3）提高能效：选用效率高、配光和场所条件相适宜，以及光通维持率高的灯具。

4）合理考虑功能性装饰性以及经济性。

5）镇流器是耗能器件之一，同时对照明质量和电能质量有很大影响，因此宜选用运行可靠，使用寿命长，自身功能低，频闪小，噪声低，谐波含量小，电磁兼容性符合标准要求以及性价比高的镇流器。

（3）绿色照明精细化设计。精细化设计的前提是明确各工作区域的照明质量要求，包括照度值和显色性。变电站内照明一般分为正常照明和事故照明两类。各类照明的照度必须符合《火力发电厂和变电站照明设计规范》的要求。此外《建筑照明设计标准》规定了 7 类建筑最常用的、量大面广的房间和场所的 LPD（照明功率密度）最大限值。对于变电站，LPD 限值见表 8-3。

表 8-3 变电站照明功率密度限制

房间或场所	LPD 目标值（$W \cdot m^2$）	对应照度值（lx）
配电装置室或场地	7	200
变压器室或场地	4	100
一般控制室	9	300
主要控制室	15	500

注 当房间或场所的照度值高于或低于规定的对应照度值时，其照明功率密度值应按比例提高或折减。

精细化照明设计，应逐个房间或场所按使用条件确定照度标准，初选光源、灯具、镇流器的类型与规格，然后计算平均照度，并使计算照度偏差不超过±10%；然后，校验 LPD 值是否满足目标值，若超过规定值，应调整设计方案，直至达到规定值为止。

设计过程中，还要充分关注细节的处理，例如自然光的充分利用与照明灯具布置之间的配合、灯具照明角度的灵活调整性、照明控制方式和布置等。

对于重点照明或特殊照明应遵循：

1）大型设备多、死角较多的地方，宜用小功率 150 W 以下的泛光灯具，采用多布点的方式；

2）对于竖直操作面或观察面，可用小功率投光灯照，但要注意操作者或观察者本人阴影不能投在操作面或观察面上；

3）重点或特殊照明灯具不能对其他工位或行走者产生眩光；

4）重点或特殊照明无需考虑照度的均匀性。

3. 照明节电措施

城市变电站应推进绿色照明，合理选择照明方案，选择高效节能的电光源，宜采用节能型照明灯具，在有人职守的变配电站内宜采用 LED 节能照明灯具。变电站采取分区控制方式。

（1）利用自然采光。城市变电站设计尽量利用自然采光，特别是楼梯间和走廊应尽可能采用自然采光。

（2）采用高效节能的电光源。光源的节能主要取决于它的发光效率。照明光源的选择除根据使用场所的需求外，还应根据电光源的显色证书、使用寿命、调光性能、点燃特性等综合考虑。根据不同需求情况积极选用新一代的节能光源。用卤钨灯取代普通照明白炽灯（节电 50%～60%），用自镇流单端荧光灯取代白炽灯（节电 70%～80%），用直管型荧光灯取代白炽灯和直管型荧光灯的升级换代（节电 70%～90%），大力推广高压钠灯和金属卤化物灯的应用，推广发光二极管-LED 的应用。

（3）采用高效节能照明灯具。灯具是对光源发出的光进行再分配的装置。衡量灯具的节能指标是光输出比（灯光效率）。城市变电站应选用配光合理、反射效率高、耐久性好的反射式灯具，选用与光源、电器附件协调配套的灯具。

（4）采用高效节能的灯用电器附件。用节能电感镇流器和电子镇流器取代传统的高能耗电感镇流器。电子镇流器的优点是：通过高频化提高灯效率；可以瞬间点灯；无频闪；无噪声；自身功耗小；体积小、质量轻；可以实现调光等。

（5）采用各种照明节能的控制设备或器件。常用的方法有：光传感器；热辐射传感器；超声传感器；时间程序控制直接或遥控调光。

城市变电站采用分区控制方式。这样可照明分支回路控制的灵活性，使不需要照明的地方不亮灯，有利于节电。

三、建筑节能

为贯彻国家有关节约能源、环境保护的法规和政策，落实科学发展观，对建、构筑物采取合适的节能措施是必要的。户内变电站设计应满足国家建筑节能要求，开展相应的环境影响评价，经相关部门批准，并在工程中实施。

目前，国家尚未颁布工业建筑的节能标准，电网中建、构筑物的节能措施除本规定外，可参照《民用建筑节能设计标准》、《公共建筑节能设计标准》，采取适宜的节能方案和措施。

依据 GB 50188—2005《公共建筑节能设计标准》第 4.1.1 条，户内变电站的总平面布置和设计宜利用冬季日照并避开冬季主导风向，利用夏季自然通风。建筑的主朝向宜选择本地区最佳朝向或接近最佳朝向。户内变电站建筑的总平面布置、建筑平、立、剖面形式以及太阳辐射、自然通风等气候参数对建筑能耗存在影响，在冬季宜最大限度地利用自然能来取暖，多获得热量和减少热损失；在夏季宜最大限度地减少得热并利用自然能来降温冷却，以达到节能的目的。

依据 GB 50188—2005《公共建筑节能设计标准》第 4.1.2 条，严寒、寒冷地区变电站建筑的体形系数宜不大于 0.40。当不能满足此要求时，应按现行国家标准 GB 50189《公共建筑节能设计标准》的有关规定进行权衡判断。严寒和寒冷地区建筑体形的变化直接影响建筑采暖能耗的大小。建筑体形系数越大，单位建筑面积对应的外表面面积越大，传热损失就越大。因此合理地确定建筑形状，必须考虑本地区气候条件，冬、夏季太阳辐射强度、风环境、围护结构构造形式等各方面的因素。应权衡利弊，兼顾不同类型的建筑造型，尽可能地减少房间的外围护面积，使体形不要太复杂，凹凸面不要过多，以达到节能的目的。

建筑物的围护墙体和屋顶应采用新型环保节能材料，外墙、屋顶的保温、隔热性能应符合现行国家标准 GB 50189《公共建筑节能设计标准》及 GB 50176《民用建筑热工设计规范》对于建筑物保温、隔热的规定。建筑外表面采用浅色饰面材料有利于降低外墙表面的太阳辐射吸收系数。目前，北方地区所用最多的外围护墙体材料是 250mm 厚加气混凝土砌块，原因是加气混凝土砌块优良的保温节能性能及其材料的轻质。其他材料中，页岩煤矸石多孔砖、陶粒混凝土砌块砖等也是使用较为普遍的外围护墙体材料，但保温及容重均无法达到加气混凝土砌块的标准。如图 8-1 所示的外墙材料选用工业废渣加工合成的粉煤灰加气混凝土砌块，是一种可使墙体能耗进一步降低的新型材料，能够满足节能标准 65% 的要求。它可广泛用于内外墙体和平坡屋面保温层，可以广泛地用于工业建筑。如图 8-2 所示的屋面保温隔热采用 A 级阻燃憎水性硬质岩棉板，除具有保温层的特性外，还具有优良的防火性。

图 8-1 粉煤灰加气混凝土砌块

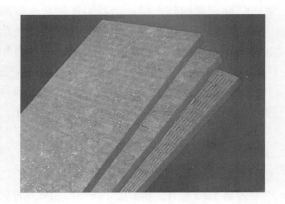

图 8-2 硬质岩棉板

依据 GB 50188—2005《公共建筑节能设计标准》第 4.2.3 条，建筑物外墙与屋面的热桥部位的内表面温度不应低于室内空气露点温度。由于围护结构中窗过梁、圈梁、钢筋混凝土构造柱、钢筋混凝土剪力墙、梁、柱等部位的传热系数远大于主体部位的传热系数，形成热流密集通道，即为热桥。本条文规定的目的主要是防止冬季采暖期间热桥内外表面温差小，内表面温度容易低于室内空气露点温度，造成围护结构热桥部位内表面产生结露；同时也避免夏季空调期间这些部位传热过大增加空调能耗。内表面结露，会造成围护结构内表面材料受潮，影响室内环境。因此，应采取保温措施，减少围护结构热桥部位的传热损失。

参考 GB 50188—2005《公共建筑节能设计标准》第 4.2.4 条，除必要的通风面积外，变电站建筑应控制窗墙面积比，每个朝向的窗墙面积比均不应大于 0.7，外门窗应采取密封措施，面积不宜过大，并选用节能型外门窗。每个朝向窗墙面积比是指每个朝向外墙面上的窗、阳台门及幕墙的透明部分的总面积与所在朝向建筑的外墙面的总面积（包括该朝向上的窗、阳台门及幕墙的透明部分的总面积）之比。窗墙面积比的确定要综合考虑多方面的因素，其中最主要的是不同地区冬、夏季日照情况（日照时间长短、太阳总辐射强度、阳光入射角大小）、季风影响、室外空气温度、室内采光设计标准以及外窗开窗面积与建筑能耗等因素。一般普通窗户（包括阳台门的透明部分）的保温隔热性能比外墙差很多，窗墙面积比越大，采暖和空调能耗也越大。因此，从降低建筑能耗的角度出发，必须限制窗墙面积比。

对有空调、采暖装置及寒冷地区的房间，其外门窗玻璃宜采用节能性门窗。譬如，断桥铝合金中空玻璃窗、塑钢门窗能有效降低热量传导，防止冷凝，节能效益好。根据测验结果，单玻钢、铝窗的传热系数为 64W/(m²·K)，单玻塑钢窗的传热系数为 47W/(m²·K)；双玻塑钢窗的传热系数为 2.5W/(m²·K)；采用中空玻璃结构的隔热断桥铝合金窗的热传导系数为 1.8~3.5W/(m²·K)。可见，采用隔热断桥铝合金窗和塑钢节能窗可以有效降低通过窗户传导的热量，有利于节能。在严寒和寒冷地区的冬季，外门的开启会造成室外冷空气大量进入室内，导致采暖能耗增加。设置门斗可以避免冷风直接进入室内，在节能的同时，也提高门厅的热舒适性。

夏热冬暖和夏热冬冷地区建筑的平面布置宜结合外门窗洞口位置、房门、通道、走廊、楼梯间等优先采用自然通风。夏热冬暖和夏热冬冷地区的变电站，夏季室内温度较高，但走廊、门厅、楼梯间、卫生间等公共空间一般不设空调降温，主要还是依靠室内空气的流动来达到降温效果。通过合理的布置，组织好室内穿堂风，促进室内空气流动，也是节能和提高室内热舒适性的重要手段。

建筑物内设置采暖、空调设备的房间，宜采用节能措施。严寒地区的变电站寒冷地区，由于采暖期长，无论从节省能耗或节省运行费用来看，不宜采用空气调节系统进行冬季采暖，宜设热水集中采暖系统或电采暖。

为推动我国绿色工业建筑的发展，规范绿色工业建筑评价标识，住房与城乡建设部建科 [2010] 131 号"关于印发《绿色工业建筑评价导则》的通知"，指导我国绿色工业建筑的规划设计、施工验收和运行管理。《绿色工业建筑评价导则》中指出：绿色建筑是指在全寿命周期（规划、设计、施工、运行、拆除、再利用）内，最大限度地节约资源（节能、节地、节材）保护环境和减少污染，为人们提供健康、适用和高效的适用空间，与自然和谐共生的建筑。

绿色变电站也是从可持续发展和生态文明的角度解析，在实现基本功能的基础上，以项目全寿命周期管理理念为核心，在变电站建设前期、建设期、日常管理中纳入可持续发展思想。在绿色变电站的建设中，规划设计阶段加入节能环保的理念，建设绿色建筑，推广绿色可再生资源的利用；在建设中，引入绿色施工的理念，加强施工现场的监管力度；在设备选型阶段，选用低噪声、低辐射、低耗能、易维护绿色设备；在运营阶段，做好运行维护的风险评估，充分考虑管理方式变革中出现的各类风险，加强基层安全监督和风险管控，制定切实、有效地保障措施。

依据国家《绿色工业建筑评价导则》中对绿色工业建筑等级项数的要求，绿色工业建筑应满足本导则中所有控制项的要求，并按满足一般项数和优选项数的程度划分为三个星级，在《绿色工业建筑评价导则》一般项中，包括"可持续发展的建设场地""节能与能源利用""节水与水资源利用""节材与材料资源利用""室外环境与污染物控制""室内环境与职业健康""运营管理"共七类指标。一、二、三星级的划分具体详见表 8-4。

表 8-4　　　　　　　　　　划分绿色建筑等级的项数要求（工业建筑）

等级	控制项（共39项）	一般项数（共45项）							优选项（共19项）	合计
		可持续发展的建设场地（共12项）	节能与能源利用（共9项）	节水与水资源利用（共6项）	节材与材料资源利用（共6项）	室外环境与污染物控制（共5项）	室内环境与职业健康（共2项）	运行管理（共5项）		
★	39	5	4	3	3	2	0	2	7	65
★★		6	5	4	4	3	1	3	9	74
★★★		7	6	5	5	4	2	4	11	83

因此，在设计阶段，要开展设计技术优化，采取的创新技术或管理方法，最大限度地节约资源（节能、节地、节水、节材），保护环境和减少污染，建设绿色建筑，推广绿色可再生资源的利用，采用低噪声、低耗能、少维护或免维护的绿色设备和新技术。

第二节　环　境　保　护

在电网规划、设计、建设和改造中，电力企业严格执行《中华人民共和国环境保护法》《中华人民共和国环境影响评价法》《中华人民共和国电力法》《建设项目环境保护管理条例》等法律法规，所有建设项目均执行了环境影响评价制度，并通过环保宣传、征求公众意见等方式进行公众参与，科学合理地采纳公众参与的意见；为降低工程对电场、磁场环境的影响，电力企业遵循预防为主的指导思想，依据相关的环境保护法律法规及设计技术规程，从规划选线、选站开始，便采取了一系列的措施，从源头上避免、预防输变电工程建设对环境的影响，减缓工程对电场、磁场环境的影响。我国电力企业长期以来推广的各项措施起到了确保变电站围墙或边界外的工频电场、工频磁场均能满足、并在大部分情况下远低于标准限值要求的效果，确保了在输变电设施附近生活和工作的公众所处的工频电场和工频磁场环境满足国家规定的要求。

在设计优化和终勘定位过程中，对于敏感区域可采用全数字化摄影测量、全球卫星定位系统（GPS）等高新技术，通过选线、选址尽量避让居民集中区并尽量避让居民房屋，从源头上减缓工程建设对环境的影响。几年来，电力企业已基本完成了对 500kV 及以下电压等级的各类变电站的典型设计。这些变电站在设计中，均针对不同环境选用了低电场、磁场的先进设备。在变电站站址设计中，变电站的进出线方向尽量避开居民密集区。此外，电力企业对环境影响较突出的噪声问题进行了大量研究，从选用低噪声设备到安装防噪、隔噪措施等方面全面努力，尽最大可能降低变电站对环境的影响。加强施工管理，国家出台了相关的标准，如（GB 50233—2005）《110kV～500kV 架空送电线路施工及验收规范》，将选线选址及设计中的各项环保措施落实到工程实际。加强工程项目的竣工环境保护验收，通过查漏补缺，完善环境保护措施。

一、噪声控制

变电站对环境的影响之一是噪声。而输变电设备产生的可听噪声给人造成的烦恼程度，和每个人不同的生理条件有关，很难给出一个严格和准确的客观标准，在美国曾做过试验，对交流线路产生的不同噪声值，邀请一些人员进行噪声烦恼程度的主观评定，引起抱怨的概率如图 8-3 所示。

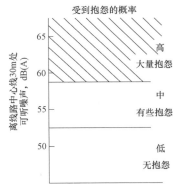

图 8-3　交流输电线路可听噪声引起抱怨的概率

1. 噪声源

变电站的主要噪声源来自变压器及电抗器等电气设备的低频噪声和附属设备（风机、水泵、空调等）的中、高频噪声。根据近年来主变压器等电气设备的订货技术条件要求，110～220kV 电压等级的变电站主变压器的噪声水平一般为 60～70dBA，而用于散热通风的风机噪声水平一般为 60～85dBA，如果不进行合理布置和降噪处理，很难满足环保标准的要求。

$$变电站噪声\begin{cases}变压器噪声\begin{cases}变压器本体噪声 —— 低频\\散热器及风扇噪声\end{cases}\\风机噪声 —— 中、高频\begin{cases}旋转噪声\\涡流噪声\end{cases}\end{cases}$$

变压器的噪声来自变压器本体和散热器两部分，本体噪声是变压器运行时由铁芯硅钢片磁致伸缩变形和绕组、油箱及磁屏蔽内的电磁力引起的震动，通过铁芯垫脚和变压器油传递给箱体和附件而产生的；散热器的噪声主要由风扇和油泵振动引起的（自冷变压器无风扇）。变压器本体铁芯噪声的频谱范围主要分布在 100～500Hz，最大频率以 250Hz 和 500Hz 为主，属低频噪声。对于散热器油泵及风扇的机械性噪声，可以选用大流量低扬程油泵和大风量低风压低转速风扇，同时应该及时检修风扇，避免因偏轴和振动引起的噪声。

风机的噪声频谱多为宽带连续谱，其上分布着几个由旋转噪声和涡流噪声混杂的较为突出的分布。叶片产生的噪声是风机噪声的主要成分，另外导风板、弯头、变径以及局部障碍、风机涡壳等均能产生一定的涡流噪声，风机及风管的震动也能产生噪声。轴流风机常用于高效率大流量通风换气，在高效点产生的涡流噪声比较少，噪声随转速的增加而增加，高频多分布在 3000～8000Hz，目前轴流风机多为低转速产品，压头小因而涡流噪声占优势，旋转噪声较少。

2. 噪声控制

变电站要综合控制噪声，首先应从变电站的选址及设计入手，其次应选用低频噪声设备。

变电站噪声对周围环境的影响必须符合 GB 12348《工业企业厂界环境噪声排放标准》、GB 3096—1993《声环境质量标准》的规定。其取值不应高于表 8-5 规定的数值。

声环境功能区类别		时 段	
		昼夜	夜间
0 类		50	40
1 类		55	45
2 类		60	50
3 类		65	55
4 类	4a 类	70	55
	4b 类	70	60

表 8-5 环境噪声限值 dB（A）

注：0 类声环境功能区：指康复疗养区等特别需要安静的区域。

1 类声环境功能区：指以居民住宅、医疗卫生、文化教育、科研设计、行政办公为主要功能，需要保持安静的区域。

2 类声环境功能区：指以商业金融、集市贸易为主要功能，或者居住、商业、工业混杂，需要维护住宅安静的区域。

3 类声环境功能区：指以工业生产、仓储物流为主要功能，需要防止工业噪声对周围环境产生严重影响的区域。

4 类声环境功能区：指交通干线两侧一定距离之内，需要防止交通噪声对周围环境产生严重影响的区域，包括 4a 类和 4b 类两种类型。4a 类为高速公路、一级公路、二级公路、城市快速路、城市主干路、城市次干路、城市轨道交通（地面段）、内河航道两侧区域；4b 类为铁路干线两侧区域。

一般地，城市白天的环境背景噪声较大，特别是邻近主要道路和商业区，白天的噪声控制标准比同地区夜间高约 10dB，因此，一般情况城市白天噪声控制容易满足标准，同时，人的感觉由于背景噪声高而不明显。但是，夜间背景噪声小，且夜间噪声标准比白天低 10dB，需要采取十分有效和周密的降噪措施才能达到标准。

控制变电站噪声的措施有以下几方面：

（1）变电站噪声应从声源上进行控制，宜优先选用低噪声设备。主要在选择设备时确定，对设备的噪声指标进行控制，如某 110kV 变压器选择不大于 65dB，但如果再降低设备的声源噪声标准，将大大增加设备制造成本，需要进行技术经济比较来确定。

（2）变配电站在总平面布置中应合理规划，充分利用建（构）筑物、绿化等减弱噪声的影响。如将变压器室布置在背向敏感建筑、朝向市政道路、广场空地侧，则可利用距离达到噪声衰减。也可采取消声、隔声、吸声等噪声控制措施，如在变压器周围设隔声围墙。

（3）对变电站运行时产生振动的电气设备、大型通风设备等，在选用低噪声设备的基础上，宜采取减振措施。如在振动的设备上安装有源消音器；在风道上设置消声器，减少噪声沿风管向外传播。设备安装必须平衡，必要时，还可在这些设备支座上增加隔振弹簧支座的措施。

（4）选用分体式变压器及电抗器，将本体置于户内隔声。本体与散热器分开布置的主变压器，其本体的噪声水平，35～110kV 主变压器本体宜控制在 65dB（A）以下，散热器宜控制 55dB（A）以下，整个变电站的噪声水平应满足表 8-5 的要求。

（5）户内变电站主变压器的外形结构和冷却方式，应充分考虑自然通风散热措施，根据需要确定散热器的安装位置。

3. 噪声影响预测

根据变电站噪声特点和降噪措施，预测模式采用 2001 年 3 月通过国家环境保护总局（现国家环境保护部）环境工程评估中心鉴定的德国 Cadna/A 环境噪声模拟软件 3.7.123 版。

经计算机建模预测，对变电站工程在采用符合标准的低噪声设备及必要的噪声控制措施后，厂界噪声值满足几类标准的要求进行预测。

二、电磁环境影响

变电站的电磁环境影响应符合 GB 8702《电磁辐射防护规定》、GB 9175《环境电磁波卫生标准》和 GB 15707《高压交流架空送电线无线电干扰限制》等相关国家标准规定。

标准 GB 8702《电磁辐射防护规定》规定，凡伴有辐射照射的一切实践和设施的选址、设计、运行和退役，都必须符合表 8-6 的限值要求。

表 8-6　　　　　　　　　　照　射　限　制　　　　　　　　　　V/m

频率范围（MHz）	职业照射限值	公众照射限值
0.1～3	87	40
3～30	27.4	12.2
30～3000	28	12

注　1. 职业照射限值为每天 8h 工作期间内，电磁辐射场的场量参数在任意连续 6 分钟内的平均值应满足的限值。

　　2. 公众照射限值为一天 24h 工作期间内，电磁辐射场的场量参数在任意连续 6min 内的平均值应满足的限值。

标准 GB 9175《环境电磁波卫生标准》规定，一切人群经常居住和活动场所的环境电磁辐射不得超过表 8-7 的允许场强。

表 8-7　　　　　　　　　　允　许　场　强　　　　　　　　　　V/m

波　段	频　率（MHz）	允许场强一级（安全区）	允许场强二级（中间区）
长、中、短	0.1～30	＜10	＜25
超短	30～300	＜5	＜12

注　1. 一级（安全区），指在该环境电磁波强度下，长期居住、工作、生活的一切人群，包括婴儿、孕妇和老弱病残者，均不会受到任何有影响的区域。

　　2. 二级（中间区），指在该环境电磁波强度下，长期居住、工作、生活的一切人群，可能引起潜在性不良反应的区域。在此中间区域内可建工厂和机关，但不许建造居民住宅、学校、医院和疗养院等。

在变电站设计中宜优先选用电磁场水平低的电气设备和采用带金属罩壳等屏蔽措施的电气设备。

电磁场应执行如下标准：高频电磁场（0.1～500MHz）场强限值，小于 5V/m；工频电磁场（50Hz）场强限值，小于 4kV/m；工频磁场感应强度，小于 0.1mT（100μT）。

标准《高压交流架空送电线无线电干扰限值》GB 15707 规定，最高电压等级配电装置区外侧，避开进出线，距最近带电构架投影 20m 处，晴天（无雨、无雪、无雾）的条件下：110kV 变电所的无线电干扰允许值不大于 46dB（μV/m）。

110kV 及以上电压变电站的建设对邻近设施的电磁干扰影响及无线电干扰影响，如军事设施、通讯电台、电信局、飞机场和导航台等。在变电站的规划选址阶段，电力部门应与有关部门共同研究，按照有关标准规范，共同采取措施。

变电站施工期对周围现有居民区会造成一定污染影响，但施工期对周围环境的污染影响是短暂的。要求建设单位对施工期产生的各类环境污染物加以有效的控制，尽量减少施工期对周边环境的污染影响程度。

变电站营运期环境影响通过设备选型、进行屏蔽设计等措施，可降低对周围电磁环境的影响。且均能控制在允许值之内。

1998 年，北京电力设计院与清华大学合作，通过对北京市区北土城 110kV 变电站、阜成门 110kV 变电站、知春里 220kV 变电站等地上室内、室外变压器及配电装置电磁场强度的测量与分析，得出如下结论：上述变电站所测设备 10m 以外的高频电磁辐射远低于环境电磁辐射安全标准，并符合国家规定的无线电干扰控制指标，工频场强的测试值在美、日、俄等发达国家的限制指标内，不会对人体健康和居民正常生活产生任何短期或长期有害的影响。

三、油水分离

主变事故油池是变电站内重要构筑物之一，其作用是当变压器发生事故并且泄油时，高温事故油可以被集中到远离火灾地点的地方，便于对火势的控制，也便于在事故后对事故油进行回收并处理。

目前的国内规范对事故油池的贮油量进行了要求，GB 50229—2006《火力发电厂与变电站设计防火规范》第 6.6.7 条中规定，当不设置水喷雾灭火系统时，事故油池的贮油量应为最大单台主变压器的全部油量。

具有油水分离功能的事故油池参照了国标图集中隔油池的设计要点，采用如图 8-4 所示的构造，油水分离池的设计由两个室组成，两个室下部用开孔的隔墙分开，形成一个连通器，在大气压作用下，两室原有水面相平。当主变压器发生事故时，通过排油管道进入油水分离池内的油水混合液先进入 A 室，利用油密度比水轻、油会浮在水面上层的特性，将油留在 A 室，下层的水在大气压力的作用下会通过两室下部开孔流向 B 室，B 室的原有水面也会升高，当其高度超过排水管标高时，就会将水排出。

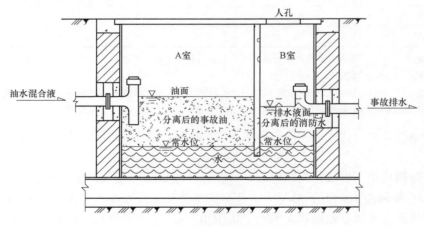

图 8-4　油水分离池构造

四、废气排放

在高压、中压电气设备中，广泛采用 SF_6 气体，其安全性已受到人们的普遍关注。纯净的 SF_6 气体无色、无味、不燃，在常温下化学性能特别稳定，是空气比重的 5 倍多，是不易与空气混合的惰性气体，对人体没有毒性。在 101 325Pa、20℃时的密度为 6.16g/L，具有优异的绝缘灭弧电气性能。但在电弧及局部放电、高温等因素影响下，SF_6 气体会进行分解，而其分解产物遇到水分后会产生一些剧毒物质，如氟化亚硫酰（SOF_2）、四氟化硫（SF_4）、二氟化硫（SF_2）等。所以，对 SF_6 气体应采取安全可靠的密封措施，严防运行中和储存期间 SF_6 气体泄漏。正常运行时，设备内 SF_6 气体的年泄漏率不得大于国家标准规定限值。

针对 SF_6 比空气重，泄漏易聚集，易造成低层空间缺氧，空气含毒环境对人员的威胁等问题，有关部门已制订了一系列相应的行业安全法规，法规中明确规定了人员在进入 SF_6 配电装置室时必须先通风 15min，对空气中的 SF_6 气体浓度及氧气含量进行监测，在 SF_6 配电装置的低位区应安装能报警的氧量仪和 SF_6 气体报警仪。在工作人员入口处装置显示器。设备内的 SF_6 气体不得向大气排放。

一些变电站针对室内 SF_6 组合电器设备 SF_6 绝缘气体泄漏安装了在线式监测报警系统。SF_6 气体泄漏检测报警系统主要应用在变电站内 35kV SF_6 开关室，500、220、110kV GIS 室，SF_6 实验室储存室以及其他安装 SF_6 设备的室内环境的综合监测。对环境中 SF_6 气体泄漏情况和空气中含氧量进行实时监测。SF_6 气体泄漏检测报警系统主要由以下几部分组成：SF_6 气体检测装置、氧气、温度、湿度变送器、系统主机、外围设备。各类检测装置负责 GIS 开关室现场环境数据采集，并进行 A/D 转换，通过串口传送给系统主机，系统主机对采集数据分析、比较、判断，并运行相应的处理程序。外围设备包括报警设备、通风设备、外设检测系统等，受系统主机控制。当环境中 SF_6 气体浓度或氧气含量发生变化时，SF_6 气体变送器能在设定的时间间隔内捕捉到这一变化，并将检测到变化量数据转换成数字信号，传送到系统主机，系统主机一方面将变送器传来的采集数据在显示屏上显示出来，另一方面，通过运算分析，与储存在主机内的存储器上的各种固有参数进行比较，作出判断——各项数据是否超标。当 SF_6 浓度高于报警设定值（一般为 1×10^{-3}）或氧气含量低于报警设定值 18% 时，系统主机将自动进行声光、语音报警，同时启动风机进行通风，并向远动上传报警信号。

对欲回收利用的 SF_6 气体中的毒性分解物可以进行净化处理，如采用吸附剂吸收去掉，或与酸溶液或碱溶液进行化学反应去掉，达到表 8-8 新气质量标准后方可使用。严禁直接对外排放废气。回收时作业人员应站在上风侧。

表 8-8　　　　　　　　　　　　　　　　SF_6 气体新气质量标准

项 目 名 称	GB 12022《工业六氟化硫》指标
六氟化硫（SF_6）纯度（质量分数）（$\times 10^{-2}$）	≥99.9%
空气含量（质量分数）（$\times 10^{-6}$）	≤300
四氟化碳（CF_4）含量（质量分数）（$\times 10^{-6}$）	≤100
六氟乙烷（C_2F_6）含量（质量分数）（$\times 10^{-6}$）	≤200
八氟丙烷（C_3F_8）含量（质量分数）（$\times 10^{-6}$）	≤50
水（H_2O）含量（质量分数）（$\times 10^{-6}$）	≤5
酸度（以 HF 计）（质量分数）（$\times 10^{-6}$）	≤0.2
可水解氟化物（以 HF 计）含量（质量分数）（$\times 10^{-6}$）	≤1
矿物油含量（质量分数）/10^{-6}	≤4
毒性	生物试验无毒

第九章

工 程 实 例

前述章节论述了城市户内变电站站址选择、站区布置、电气设计、建筑结构、暖通空调、给水排水、消防、节能与环境保护等各个方面的知识，本章给出了 220、110kV 户内变电站应用上述知识的设计实例。

第一节　220kV 户内变电站设计实例

一、工程概况

北京某 220kV 变电站为 220/110/10kV 三级电压地区全户内枢纽变电站。该站终期安装 4 台 220/115/10.5kV 180MVA 有载调压变压器，一期期安装 2 台 220/115/10.5kV 180MVA 有载调压变压器（1♯、2♯主变压器）。

该变电站站址北、东、南侧均为现状或规划市政道路，交通和市政情况良好。站区场地地势总体上平坦，地面标高 35.00～35.70m，场地原为单层房屋。

变电站总建设用地面积 7327m²（包含站外道路用地面积 190m²）。变电站场区为矩形，东西宽 61m，南北长 117m，占地面积 7137m²，其中，围墙内占地面积 6960m²。

该变电站工程应按百年一遇防洪标准设防。根据水文报告，建设场地 100 年一遇洪水位标高为 35.70m，内涝水位按 35.60m 考虑。

二、工程规模

该变电站终期安装 4 台 220/115/10.5kV 180MVA 有载调压变压器，220kV 电缆出线 10 回，110kV 电缆出线 12 回，1♯、2♯主变压器出 10kV 馈线 20 回，3♯、4♯主变 10kV 仅带无功补偿装置；每台主变补偿 2 组 8016kvar 的 10kV 并联电容器组和 3 组 10000kvar 的并联电抗器。

该变电站一期安装 2 台 220/115/10.5kV 180MVA 有载调压变压器（1♯、2♯主变压器）。220kV 电缆出线 6 回；110kV 电缆出线 6 回；10kV 出线 20 回。一期 220kVGIS 仅上 4♯、5♯甲母线及 2244、2255 分段间隔设备；110kVGIS 仅上一半母线间隔设备；每台主变压器补偿 2 组 8016kvar 的 10kV 并联电容器组和 3 组 10 000kvar 的并联电抗器。

三、变电站主要技术方案

（一）电气主接线

本站 220kV 远景 10 出 4 进，共 14 个进出线元件，采用双母线双分段接线；本期 6 出 2 进，共 8 个进出线元件，采用双母线接线，预留分段间隔。

本站 110kV 远景 12 出 4 进，共 16 个进出线元件，采用双母线接线；本期 6 出 2 进，共

8个进出线元件，采用双母线接线。

本站主变压器 10kV 侧采用单元式单母线接线。1♯、2♯ 主变压器 10kV 侧接有电缆馈线，在两段母线间设置分段开关。

本站 220、110kV 系统为直接接地系统。1♯、2♯ 主变压器 10kV 侧采用小电阻接地方式；3♯、4♯ 主变压器 10kV 侧采用不接地方式。

380/220V 站用电接线为单母线分段方式。正常运行为两段母线分列运行，两台站变各带一段，当其中任意一段失去电源时，分段开关手动投入。380/220V 站用电接线按终期接线方式实现。

（二）站区总体规划和总平面布置

变电站规划设计为全户内型无人值班有人值守变电站。主要建（构）筑物有主厂房（包括 10kV 开关室、主变间、散热器间、GIS 间等设备房间）、事故储油池和电缆隧道等，总建筑面积约 8900m²。站区围墙中心线退用地红线 0.5m，采用灰砂砖砌筑实体围墙，围墙高度 2.3m。主厂房外围地面铺装采用渗水砖，道路与围墙间地面铺碎石。

综合考虑环境、进出线，主厂房布置于站区中部，主变压器间西侧布置，厂房周边设 4～4.5m 宽消防运输道路，道路内转弯半径 9～12m，满足消防车通行要求。并在站区东南侧设一处大门，并通过 30m 长混凝土站外道路与东侧市政道路相连。

竖向布置上，综合考虑站区地形、周边高程、周边道路和洪水位情况，采用平坡式布置方式，将站区高程定为 36.00m。

（三）电气设备布置

本变电站所有电气设备布置在一栋主厂房内。

主变压器本体布置在主厂房地上一层，散热器布置在户外，4 台变压器从南往北依次布置，主变压器间及散热器间占用两层空间，高 11m。变压器东侧一层布置有警卫及消防控制室、10kV 限流电抗器室、10kV 并联电抗器室、10kV 开关室、站用电变压器室、接地变压器室、工具室等；变压器南侧一层布置有 10kV 电抗器室。

主厂房二层主变压器间上空东侧布置有 220kV SF_6 组合电器以及二次设备室、蓄电池室、电容器室等，主变压器间南侧二层布置有 110kV SF_6 组合电器。

地下一层为电缆夹层，除电缆间外，还布置有消防水泵房、蓄水池及主变压器油池。在地下一层设有电缆隧道出口，东侧有 4 条电缆隧道出口、西侧有 1 条电缆隧道出口、北侧有 1 条电缆隧道出口。

主变压器与 220kV 配电装置之间采用 SF_6 气体绝缘管道接空气套管方式连接、与 110kV 配电装置之间采用电缆连接方式，与 10kV 配电装置之间经母线桥连接。110kV 电缆出线经东侧电抗器室与主变间的电缆竖井通至地下一层的电缆夹层，10kV 20 回出线及电容器组进线全部采用电缆方式。在限流电抗器室靠近主变间的位置设有 220kV 电缆竖井。

220kV GIS 通过北侧的室外平台实现运输，并预留扩建用设备运输通道。二层 110kV GIS 运输通道为东侧预留的吊装平台。

220、110kV GIS 室装设三根吊装能力分别为 5、3t 的钢轨，方便设备运输和检修，不设电动葫芦。

（四）系统二次

1. 系统继电保护及安全自动装置

（1）线路保护。每回 220kV 线路各配置两套完整的、独立的纵联分相电流差动保护作为线路全线速动主保护，以距离、零序方向保护作为后备保护，每套保护均具备过负荷、自动重合闸功能。一套保护采用光纤专用通道，一套保护采用光纤复用通道（2M）。线路间隔内，智能终端、合并单元与保护装置之间采用直采直跳方式。

每回 110kV 线路各配置一套微机型光纤纵差保护测控集成装置，以纵联分相电流差动保护作为线路全线速动主保护，距离、零序方向保护作为后备保护，每套保护均具备过负荷、自动重合闸功能。保护采用光纤专用通道。

线路间隔内，智能终端、合并单元与保护装置之间采用直采直跳方式。跨间隔信息（如启动母差失灵功能、给线路保护重合闸放电等）采用 GOOSE 网络传输方式。

（2）母线保护。220kV 本期为双母线接线，母线配置两套集中式微机型母线保护，每套保护独立组屏。每套母线保护均含失灵保护功能，能够由软件实现分相及三相的失灵电流判别，并根据采集的相关保护（如线路保护、母线保护、变压器电量保护等）的分相或三相跳闸信息实现失灵保护功能。220kV 终期为双母线双分段接线，预留两套集中式微机型母线保护屏。

110kV 母线为双母线接线，配置 1 套集中式微机型母差保护装置，保护装置独立组屏。

母差保护采样值、跳闸采用直采直跳方式，开入量及闭锁信息（失灵启动、刀闸位置接点、分段开关过流保护启动失灵、主变压器保护动作解除电压闭锁、给线路保护重合闸放电等）采用 GOOSE 网络传输方式。

（3）母联（分段）保护及电源备自投装置。220kV 母联（分段）配置双套母联（分段）保护，含相间过流及零序电流保护，具备合环保护功能。

110kV 母联配置 1 套独立的母联充电保护，含相间过流及零序电流保护，具备合环保护功能。

220、110kV 母联（分段）间隔内，智能终端、合并单元与保护装置之间采用直采直跳方式。跨间隔信息（如启动母差失灵功能等）采用 GOOSE 网络传输方式。

10kV 分段配置 1 套备用电源自投装置，含后加速功能。

（4）故障录波装置及网络记录分析系统。本站按电压等级和网络配置故障录波装置，应记录用于保护判据的所有两路 A/D 数字采样数据和报文。本期配置 3 面故障录波器屏，含 5 台故障录波装置。其中 220kV 系统双网配置 2 台，主变压器双网配置 2 台，110kV 系统配置 1 台。录波装置模拟量容量（数字量采样）按经挑选的 SV 通道数量应不小于 128 路，开关量宜为 256 路。录波单元采用点对点方式进行采样值采样，开关量采样直接从网络上接受 GOOSE 报文。

全站设置一套网络记录分析系统，实时监视、记录 GOOSE 网络、MMS 网络通信报文。本站设 MMS 网络记录仪 2 台、GOOSE 网络记录仪 2 台、合并单元记录仪 6 台、主机及分析软件 1 套，共组 2 面屏。

（5）保护及故障信息管理系统子站。本站不设置独立的保护及故障信息管理系统子站，子站与变电站自动化系统共享信息采集，通过站控层网络信息共享的方式完成对保护和故障录波信息的采集、处理等工作，同时子站保护信息通过 II 区通信网关机向调度端主站传送站内各保护动作信息及故录信息。

2. 调度自动化

本站由省（市）、地（县）调两级调度。信息送至相应调度端。

本站远动功能与站内监控功能统一考虑。远动通信装置采用装置型，按双套冗余配置。远动与监控系统共享信息，信息传送满足"直采直送"要求。信息传送方式以电力调度数据网络为主。

本站配置 2 套调度数据网接入设备及相应的二次安全防护设备。

本站侧配置 1 套电能量采集终端装置。各电压等级线路、主变压器高中低压侧设置关口考核点，按智能电能表单表配置；10kV 出线采用保护、测控、计量多合一装置，装置具备独立的计量 RS485 上送端口。站内所有电能表接入电能量采集终端装置，通过电力调度专网采用专用通道传输至电能计量主站。

本站配置一套同步向量测量系统，包括主机和采集装置，采集 220kV 线路、主变 220kV 侧三相电流，220kV 母线三相电压，并通过调度数据网向主站端传送同步相量信息。

3. 通信

本站由北京市调和变电站所在供电公司区调两级调度。信息送至相应调度端。本站至各级调度主备调度电话和行政电话、自动化信息、电量信息、保护信息管理、工业电视、电缆测温、井盖监控以及视频监控，办公自动化 OA 等信息。

每回 220kV 线路配置 2 套光纤纵差保护装置，1 套采用光纤专用通道，另 1 套采用 2M 光纤复用通道。

本站建设 2 根光缆路由：1 根 56 芯（通信 48 芯，光纤专用保护 8 芯），光缆由非金属管道光缆和 OPGW 光缆组成，其中非金属管道光缆沿电力隧道敷设，光缆长度 6.5km；OPGW 光缆沿新建 220kV 架空线路架设，光缆长度 3.9km。另 1 根 48 芯，光缆沿电力隧道敷设，采用非金属管道光缆，光缆长度 3.6km。

本站配置 1 套 SDH 骨干网 A 平面光端机，传输容量 2.5G，采用 L16.2 光接口，光口 1+0 配置，破口接入现有骨干网 A 中，设备型号与现状 A 网一致。

本站配置 1 套 SDH 骨干网 B 平面光端机，传输容量 2.5G，采用 L16.2 光接口，光口 1+1 配置，新建电路分别接入骨干网 B 中的两个站点，设备型号与现状 B 网一致。对端两个站点各新增 2 块 2.5G 光接口板。

本站配置 1 套综合数据网设备，破口接入现有综合数据网中。

本站配置 PCM 设备 1 套，对应北京市调，型号应与市调一致。市调利用现有 PCM 复用设备。

本站配置 1 套 IAD 设备，通过综合数据网传输备调调度电话。

本站配置 1 部公网市话。配置 144 芯 ODF 光纤配线柜 1 个、100 回线/50 保安音频配线柜 1 个和 DDF 数字配线单元及网络配线单元。

所有通信设备的电源由变电二次专业一体化电源提供。所有通信设备安装在二次设备室内。

本工程 SDH 设备设勤务电话，采用标准 EOW 接口，实现群呼和选呼功能。接口应符合 ITU－T 建议 G.703 同向型接口规范的要求。SDH 设备采用主从同步方式，同步于所接入网络的基准时钟。新上光传输设备接入市调已有光端机网管系统。

衰减限制系统再生段距离计算色散计算结果如表 9-1 所示。

表 9-1			变电站通信光缆计算选择结果	
序号	项目名称	单位	光纤传输电路 1	光纤传输电路 2
1	光缆长度	km	11.4	9.6
2	光缆衰减	dB/km	0.22	0.22
3	光缆活动接头数量	个	2	4
4	光缆活动接头损耗	dB/个	0.5	0.5
5	光缆固定接头数量	个	5	4
6	光缆固定接头损耗	dB/个	0.05	0.05
7	光缆色散	ps/(nm·km)	18	18
8	光接口类型		L16.2	L16.2
9	最小平均发送功率	dBm	−2	−2
9.1	最小接收灵敏度	dBm	−28	−28
9.2	最大光通道代价	dB	2	2
9.3	最大色散	ps/nm	1200~1600	1200~1600
9.4	光缆富裕度	dB	3	3
10	系统裕度	dB	17.24	16.69

色散限制系统再生段距离计算：

$$L = D_{max} / |D| = 1200 / 18 = 66(km)$$

根据计算结果，本工程各段光纤电路，传输性能满足要求。

（五）电气二次设计

1. 计算机监控系统

本站采用计算机监控系统，按无人值班设计。变电站自动化系统采用开放式分层分布式系统，三层设备结构，统一组网，信息共享，采用 DL/T860 通信标准，传输速率不低于 100M/s。

站控层设备与间隔层设备之间采用双星型网络结构，传输 MMS 报文和 GOOSE 报文。间隔层与过程层设备之间采用星型网络结构，采样值报文采用点对点传输，GOOSE 网络按照电压等级单独组网，220kV 及主变压器各侧配置双套物理独立的单网，110kV 配置单网。10kV 采用点对点采样，不设置独立的 GOOSE 网络，GOOSE 报文通过站控层网络传输。

站控层设备按远景变电站规模配置，配置 2 套监控主机兼操作员站（兼工程师站）、1套数据服务器、1 套综合应用服务器、2 套 I 区数据通信网关机兼图形网关机、2 套 II 区通信网关机、1 套网络记录分析系统等。站控层设备应具备顺序控制、智能告警及分析决策、故障信息综合分析决策、站域控制等高级功能。站内五防功能由计算机监控系统完成。

间隔层设备按本期规模按电气间隔配置，220kV 和主变压器保护、测控独立配置，110kV 采用保护测控一体化装置，10kV 采用保护、测控计量多合一装置。

过程层设备按本期规模按电气单元配置。220kV 线路、220kV 分段/母联、主变压器220kV 侧间隔智能终端、合并单元双套冗余配置；主变压器 110kV 侧、10kV 侧间隔采用智能终端合并单元集成装置，双套冗余配置；110kV 出线及母联、分段间隔采用智能终端合并单元集成装置，单套配置；220、110kV 母线合并单元双套冗余配置、智能终端单套配置；主变压器中性点 TA、10kV 电抗器前 TA 合并单元双套配置；主变压器本体智能终端单套配置。

2. 元件保护

每组主变压器电量保护双重化配置，非电量保护单套配置（由本体智能终端集成）。每套保护均具有完整的后备保护功能。10kV 出线、电容器、电抗器、所用变压器、接地变压器多合一装置按单套配置。

3. 直流及 UPS 系统

本站采用交直流智能一体化电源设备，对操作及通信直流系统、站内不停电电源、站用电进行统一监控和管理，并以 DL/T860 规约上传接入自动化系统站控层，实现与监控系统的信息互传。

直流系统为 DC220V，采用两组蓄阀控式密封铅酸蓄电池和两套高频开关充电装置，采用两段单母线接线，两段母线之间设联络电器，主分屏两级供电方式。事故停电二次负荷按 2h 放电、通信电源按 4h 放电容量考虑。

直流系统配置 2 组 600 安时阀控式密封铅酸蓄电池，每组蓄电池 104 只。配置 2 套 6×30A 高频开关电源充电装置，模块"N+1"配置；2 套 DC/DC 通信直流电源设备，每套配置 48V 30A 通信模块 5 台；1 套容量为 2×15kVA 的交流不停电电源装置。

4. 时间同步系统

全站配置 1 套公用时间同步系统，主时钟双重化配置，支持北斗系统和 GPS 系统单向标准授时信号，优先采用北斗系统。本期配置 1 面主时钟柜，2 面扩展机柜。站控层采用 SNTP 对时方式，间隔层采用 IRIG—B（DC）对时方式，对时精度应满足同步相量测量装置的精度要求。

5. 状态监测系统

全站配置 1 套设备状态检测后台系统，实现对主变压器油中溶解气体监测信息的采集、测量及上传。设备状态监测系统以 DL/T860 规约接入在线监测及智能辅助控制系统后台主机，并预留与主站端的通信接口。主变压器、220kVGIS 预留供定期检测用局放接口。

6. 智能辅助控制系统

全站配置 1 套智能辅助控制系统，实现对站内图像监视、安全警卫、环境监测等各子系统的监视、联锁、控制及远传功能，智能辅助控制系统以 DL/T860 规约接入在线监测及智能辅助控制系统后台主机，并预留与监控中心主站端的通信接口。

7. 二次设备布置

二次设备按间隔统筹组柜。设置公用二次设备室，布置站控层设备及站内公用设备、主变压器保护及测控设备。其他间隔层保护、测控、计量设备及过程层智能终端、合并单元均分散布置于就地 GIS 汇控柜、主变压器智能组件柜、10kV 受电开关柜。10kV 二次设备于开关柜就地布置。

（六）建筑设计

本站规划建设为无人值班有人值守全户内型 220kV 变电站，站区主要建筑物为一栋主厂房，布置于站区中部，厂房周边设 4.5m 宽消防运输道路，道路内转弯半径 12m。主厂房地上两层，地下一层，火灾危险类别为丙类，耐火等级为一级。主厂房东西宽 39m、南北长 84m，建筑面积约为 8900㎡。其中地上建筑面积为 5400㎡，地下建筑面积约为 3500㎡，总建筑高度约 17.1m，室内外高差 1.20m。

根据电气布置，主厂房一层设警卫及消防控制室、10kV 开关室、并联电抗器室、卫生间等，层高 5.0m，主变压器及散热器间层高 11m；二层设二次设备室、蓄电池室、电容器室等房间，层高 6m；110kV 组合电气室、220kV 组合电气室，层高 15m；地下设层高 4m 的电缆夹层。

该变电站站址位于城市近郊区，周边为普通办公楼和工业用房，故建筑外立面设计根据周边环境特点适度进行外观优化设计，通过建筑体块对比体现工业建筑的现代简洁的美学价值，同时，外墙采用灰色和白色外墙涂料，既体现了地域特点，又在周围环境中保持沉稳低调的内涵，不突兀于总体环境，实现与周边建筑物的和谐共生。

该变电站建筑设计注重节能环保，场区围墙采用环保蒸压灰砂砖砌筑；硬化铺装采用环保渗水砖，有利于水土保持；建筑内外墙均采用 250mm 厚加气混凝土砌块砌筑；窗采用断桥铝合金中空玻璃窗；屋面保温层采用 60mm 厚 A 级阻燃复合保温板。

（七）结构设计

根据岩土工程勘察报告，该工程建设场地场地抗震设防烈度为 8 度，设计基本地震加速度值为 0.20g，设计地震分组为第一组；建筑场地类别为Ⅲ类；在地震烈度达到 8 度且地下水位按历年最高水位（自然地面）考虑时，拟建场地内天然沉积的地基土不会产生地震液化。

根据《建筑抗震设计规范》及《变电所建筑结构设计技术规定》的相关要求，本工程主厂房建筑物结构安全等级确定为二级，抗震设防类别为乙类，建筑物抗震等级为一级。地震作用按设防烈度 8 度计算，并按地震烈度 9 度采取抗震措施。

根据电气、建筑专业平面布置，主厂房结构形式采用框架结构，现浇钢筋混凝土楼、屋面板。地下部分外墙及楼梯间为现浇钢筋混凝土墙。建筑物最大柱网为 11m×12m，框架柱截面为 800mm×800mm、600mm×600mm，框架梁截面为 400mm×（600～1300）mm。现浇钢筋混凝土梁、板、柱、基础混凝土强度等级为 C30～C40，基础筏板及地下夹层外围护钢筋混凝土墙采用 P6 抗渗混凝土。钢筋采用 HPB300 级、HRB400 级；钢材为 Q235B。围护内墙采用 250mm 厚加气混凝土空心砌块墙（每立方米重力小于 8kN），地下部分外墙均为 350mm 厚钢筋混凝土墙体。

主厂房的直接持力层为第四纪沉积的粘质粉土、粉质黏土层及砂质粉土层，地基承载力标准值（fka）按 140kPa 考虑。基础采用筏板基础，基础埋深约为 5.5m。

（八）水工设计

1. 生活给水

（1）水源：根据本工程前期资料，站区周围没有市政给水管网。站区水源由站内自打深井泵提供。

（2）用水量：根据要求，所内工作人员生活用水量为 80L/（人·班）；最大时用水量为 0.25m³/h，最高日用水量为 0.8m³/d。

（3）给水系统：生活用水由站区气压给水系统提供。

（4）热水系统：本站区淋浴用热水由浴室内储水式电热水器提供。

2. 排水系统

（1）排水量：生活污水量为生活给水量的 90%（但不包括绿化用水），为 0.81L/s；雨水量根据北京市暴雨强度计算得出，为 280L/s；事故排水量根据水喷雾用水量确定，为 120L/s。

（2）排水系统：采用雨、污分离排水，污水经过污水处理设备处理后入渗；雨水由雨水口收集后，一期散排并预留与市政路方向接口；事故排水经过油水分离池分离后，事故油留在事故油池内，事故水通过提升设备提升后排出。

（九）暖通设计

1. 采暖

办公房间、厨房、厕所、泵房、电池室等冬季设陶瓷电阻电暖器制热。

2. 通风设计

采用自然进风、机械排风系统，排风采用低噪声通风设备，进风为百叶窗自然进风，百叶窗设可拆洗滤网。

电气设备间：根据电气一次所提工艺要求计算通风量，设低噪声风机机械排风，进风由侧墙上的防雨通风百叶自然进风，进风百叶设可拆洗滤尘网，排风选用低噪声通风设备。电容器室、电抗器室等发热量大的房间建议风机采取温控起停的控制方式。

GIS 室及其夹层有六氟化硫气体外溢的可能性，故设高低位风口排除六氟化硫气体。电池室设防爆风机机械排风。

厨卫等附房：根据场所需要设排气扇、油烟机。

3. 空调设计

二次设备室、通信室、值班室等采用直接蒸发热泵型空调，夏季制冷，警卫室设分体壁挂式冷暖空调。电池室空调室内设备为防爆型。

四、变电站消防

（一）总平面消防设计

本站内设环状消防道路，并设一座站区大门与市政道路连接，满足消防车的通行。站区内建筑为主厂房，站区周边无永久建筑物，满足防火间距要求。

（二）主厂房建筑防火设计

本站为全地上无人值班有人值守变电站，设备运行后仅有地面少量警卫人员值守。站内工艺设备除变压器为油浸变压器、电容器采用少油电容器外其他设备均采用干式设备，电缆全部采用阻燃电缆。故变电站火灾危险类别定为丙类，耐火等级为一级。

1. 建筑物使用建筑材料

厂房围护墙体均为非燃烧体，楼板为钢筋混凝土现浇楼板。顶棚、墙面及楼面面层均采用保证耐火时间的非燃烧体或难燃烧材料。窗采用塑钢窗或钢制通风百叶窗，设备间采用相应等级的钢制防火门，均满足耐火等级一级要求。

（1）墙体。主厂房为全现浇钢筋混凝土框架结构，地上围护墙体为 250mm 厚加气混凝土砌块，地下防火墙采用 250mm 厚加气混凝土砌块或钢筋混凝土墙体，均满足防火时限要求。

（2）门窗。所有窗为非燃烧塑钢窗，设备间大门均为钢制乙级防火门。防火分区之间采用钢制甲级防火门。

（3）洞口。防火分区间洞口、楼层间洞口和设备房间间洞口均应用发泡型有机防火堵料进行封堵。

2. 防火分区及安全疏散

(1) 防火分区。根据电气设备工艺要求及建筑物防火规范要求，主厂房地上各层各为一个防火分区，地下夹层分为五个防火分区，防火分区面积均小于 500m²，满足建筑防火分区要求。各防火分区之间的防火墙耐火极限不小于 3h，防火墙上的门均为钢制甲级防火门。

(2) 安全疏散。本建筑物共设有五个楼梯间。每个防火分区都有一个直通室外的安全出口；另利用防火墙上一个通向相邻分区的防火门作为第二安全出入口。

3. 建筑灭火器

建筑物各层设若干具 5kg 手提式磷酸铵盐干粉灭火器；主变压器旁各设 1 具 35kg 推车式磷酸铵盐干粉灭火器及其配套灭火设备。

(三) 消防给水设计

1. 消防给水

(1) 水源：消防水源由消防水池提供。

(2) 用水量：本工程建筑物体积大于 20 000m³，小于 50 000m³，室外消火栓用水量为 30L/s，室内消火栓为 20L/s 火灾延续时间为 3h；水喷雾用水量为 120L/s，火灾延续时间为 0.4h；消防水池有效容积为 713m³。

(3) 消防系统：室外消防管道布置成环状，通过两根 DN150 管道与消防泵出水口相连，室外消火栓环网管径为 DN150，环网上设置 3 套地下式消火栓，室内消火栓与室外消火栓通过 DN100 连接管连接。水喷雾灭火系统由消防泵、雨淋阀组、水雾喷头等组成，由雨淋阀组联动控制消防泵启动，保证末端最不利点水压为 0.35MPa。

2. 消防控制

消防控制为微机控制系统，具有三种控制方式，即自动、手动、应急操作。

(1) 自动操作：在主变水喷雾的消防系统中能接收主变压器侧温感探测器的火灾报警信息，通过对火灾报警信息的智能判断，经证实主变着火后，能自动连锁操作消防水泵、雨淋阀组等进行主变水喷雾消防灭火。

(2) 手动操作：主变着火后，经人工证实后，人为远距离操作消防水泵、雨淋阀组进行主变水喷雾消防灭火。

(3) 应急操作：消防泵房内与主变压器附近设有就地操作控制箱，即可人为现场操作消防水泵、雨淋阀组进行主变水喷雾消防灭火。

雨淋阀组与泵房内的电磁阀联动控制，当雨淋阀打开，消防水泵开启时，电磁阀自动关闭。

(四) 电气消防设计

1. 事故照明系统

站内设停电事故照明与火灾疏散应急照明两个系统，火灾疏散应急照明采用自带蓄电池应急灯，蓄电池放电时间不小于 90min。警卫消防控制室不小于 180min。

在楼梯间、走廊等主要通道处设疏散照明灯，并在主要出口处设安全出口灯。

在 10kV 开关室、110kVGIS 室、220kVGIS 室、主变压器间、10kV 开关室及站用电室、限抗器及接地变压器室、电容器室、警卫消防控制室、二次设备室、蓄电池室、地下电缆夹层、泵房设事故照明灯，并设有专用事故照明电源箱。事故照明电源为直流电源，引自二次设备室直流盘，电压为 DC220V。事故照明箱设在主厂房大门总入口内。当变电站无人时手动拉开电源分开关，防止全站停电时事故照明自动投入。当有人工作时手动投入电源分开关，在工作期间如发生全站停电事故，则直流电源自动接通，事故照明自动投入。

2. 火灾自动报警系统

本站采用集中报警系统，保护对象为二级，报警主机设在警卫消防控制室内。

除卫生间外，其他附属房间均设有光电式感烟探测器，厨房设光电式感温探测器，主变压器间、地下一层电缆夹层设缆式感温火灾探测器，10kV 开关室、110kV GIS 室、220kV GIS 室设远红外对射探测器，蓄电池室选用防爆探测器，各防火分区内设手动报警按钮及电话插孔，并在每层设声光报警器，发生火灾时要进行消防联动控制，切断非消防电源。由消防报警主机引至二次设备室智能辅助控制系统一个火灾报警动作装置异常报警信号，再由智能辅助控制系统上传至调度端。

（五）暖通消防

火灾发生时要求消防系统联动控制：关闭风机，切断非消防电源等，地上房间自然排烟，地下部分设置机械排烟，自然补风。

（六）防火封堵

控制盘，10kV 开关柜，站用配电盘，主变压器的控制箱，端子箱，开关的端子箱等有电缆进出的盘柜，在电缆进出盘柜的开孔处用有机堵料进行封堵，厚度为 150mm。

控制电缆竖井进出主控室电缆夹层的入口处利用无机堵料做成封堵墙，墙厚 200mm；利用有机堵料包在电缆周围，为电缆外径的 2 倍，并根据需要用有机堵料预留穿电缆位置。

电缆竖井穿越各层楼板处利用无机堵料封堵，厚度与楼板厚度相同；利用有机堵料包在电缆周围，为电缆外径的 1 倍，并根据需要用有机堵料预留穿电缆位置。

五、工程设计图纸

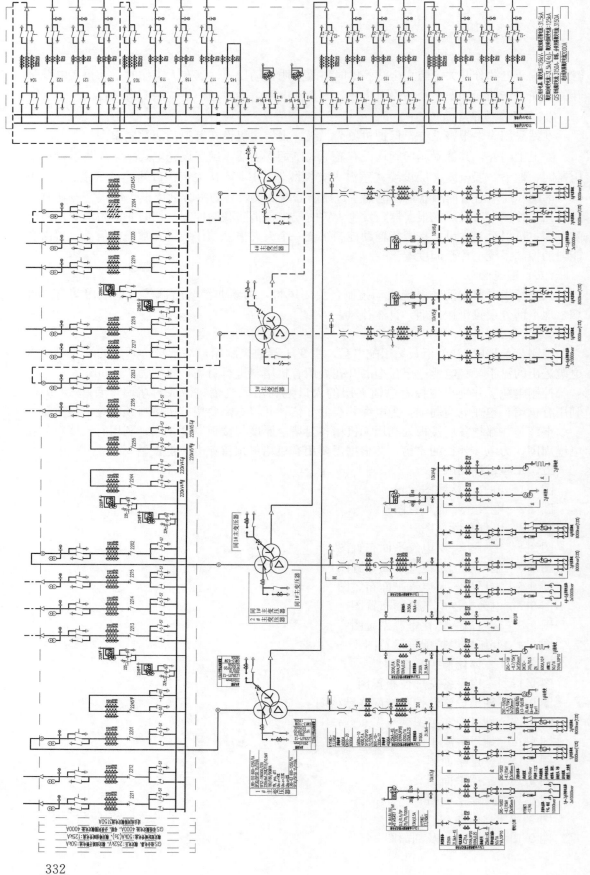

图 9-1 电气主接线图

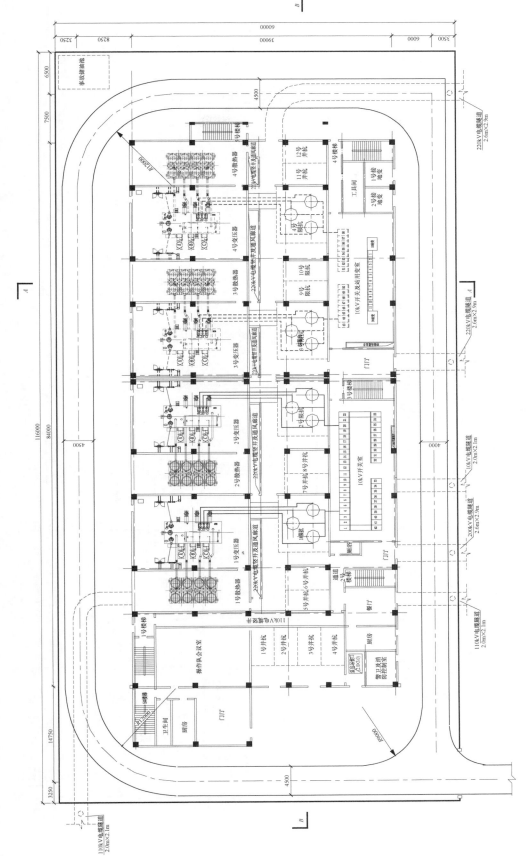

图 9-2　电气总平面布置图

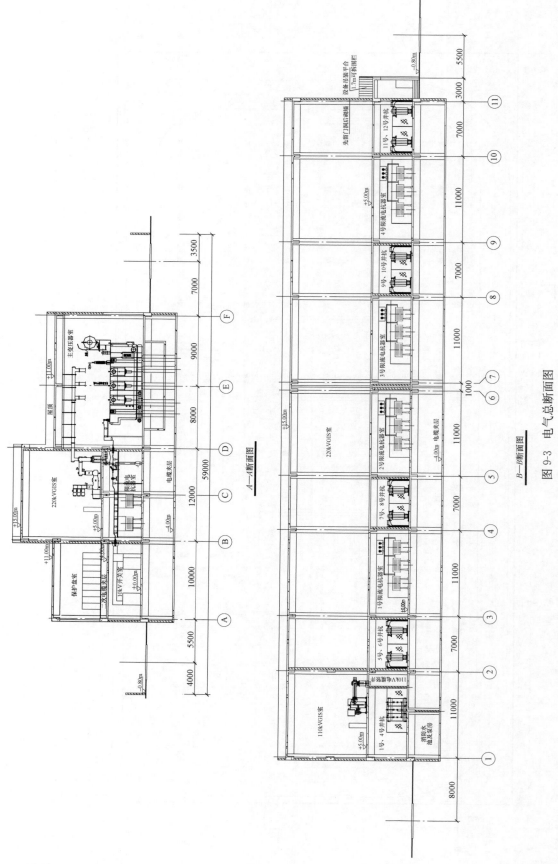

图 9-3 电气总断面图

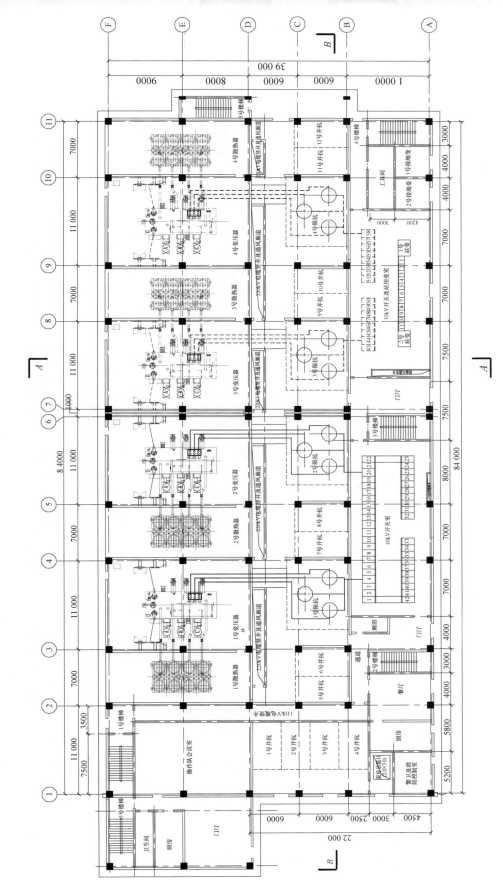

图 9-4　主厂房一层电气平面布置图

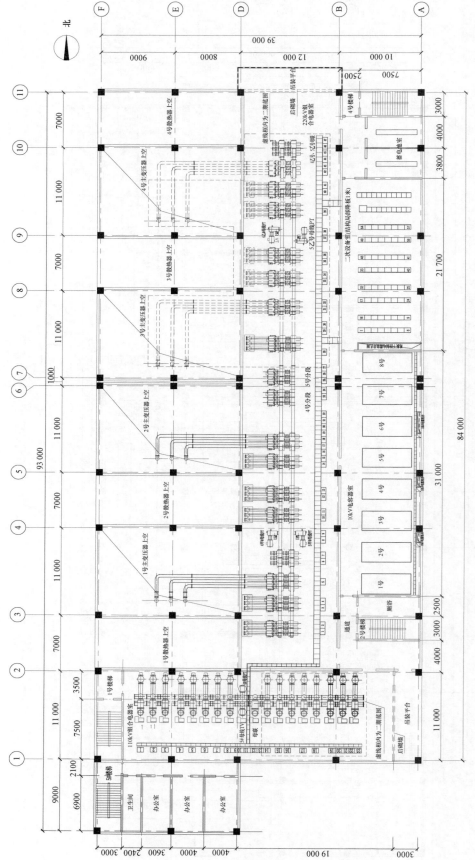

图 9-5 主厂房二层电气平面布置图

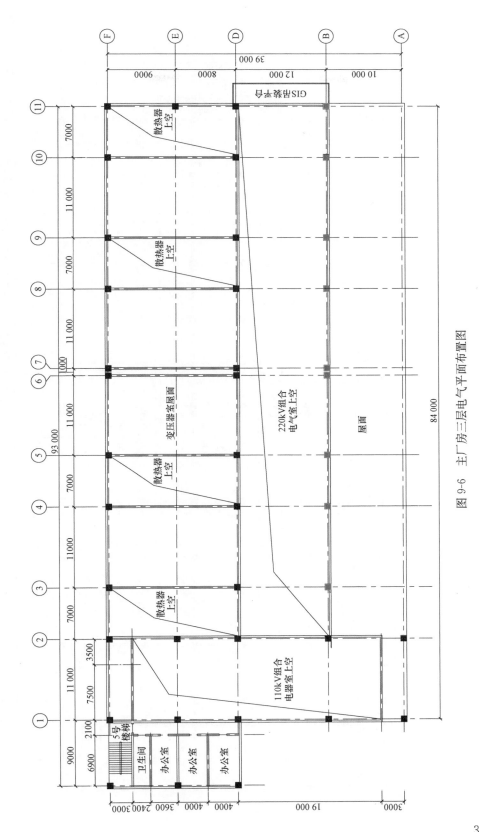

图 9-6　主厂房三层电气平面布置图

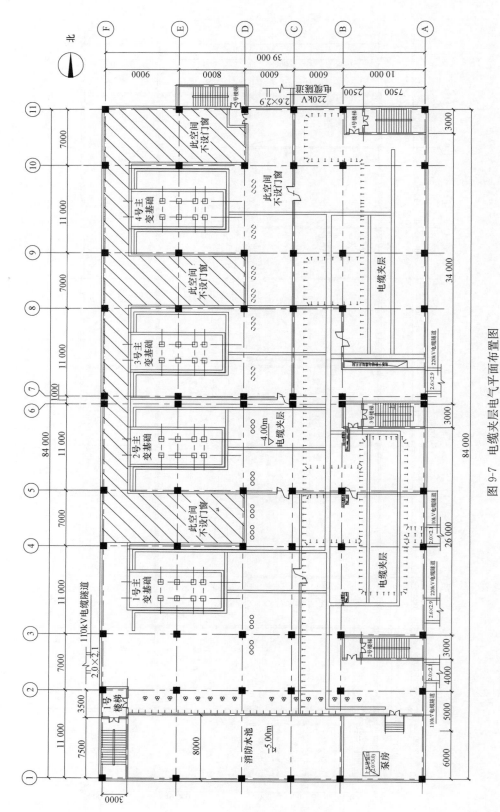

图 9-7 电缆夹层电气平面布置图

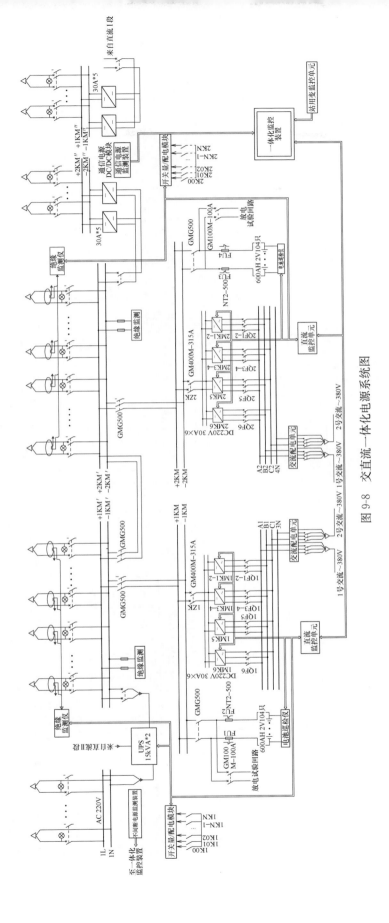

图 9-8　交直流一体化电源系统图

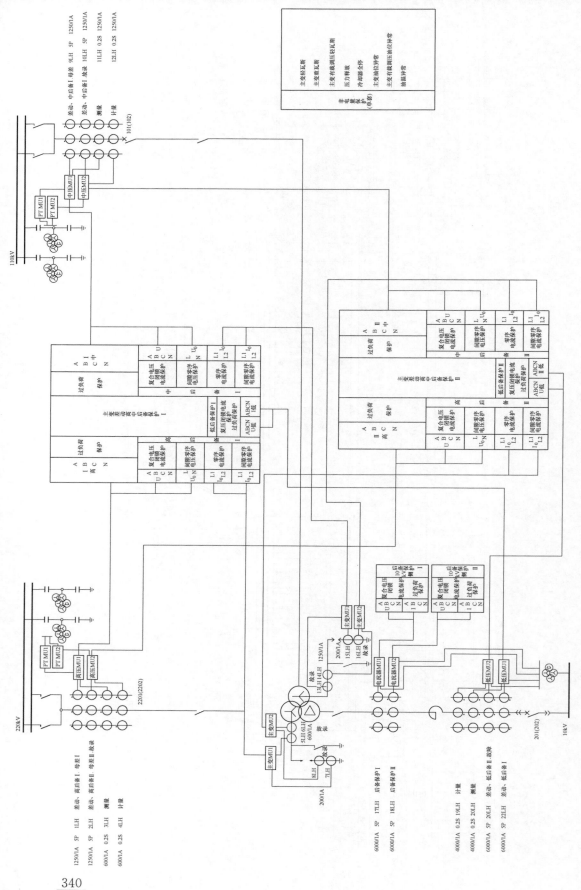

图 9-9 变压器保护配置示意图

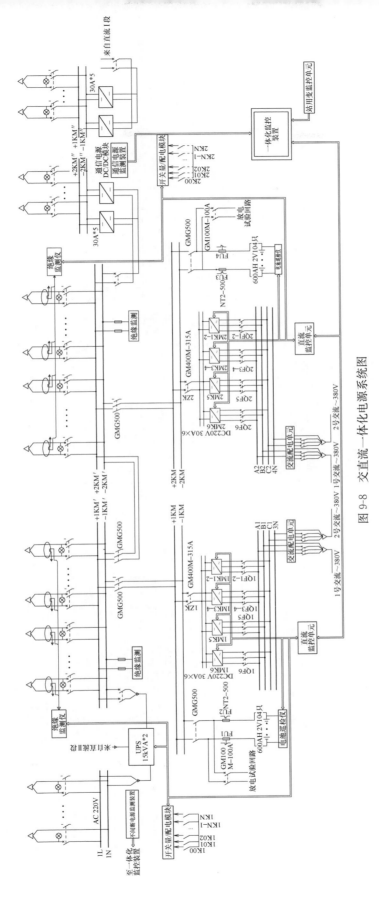

图 9-8 交直流一体化电源系统图

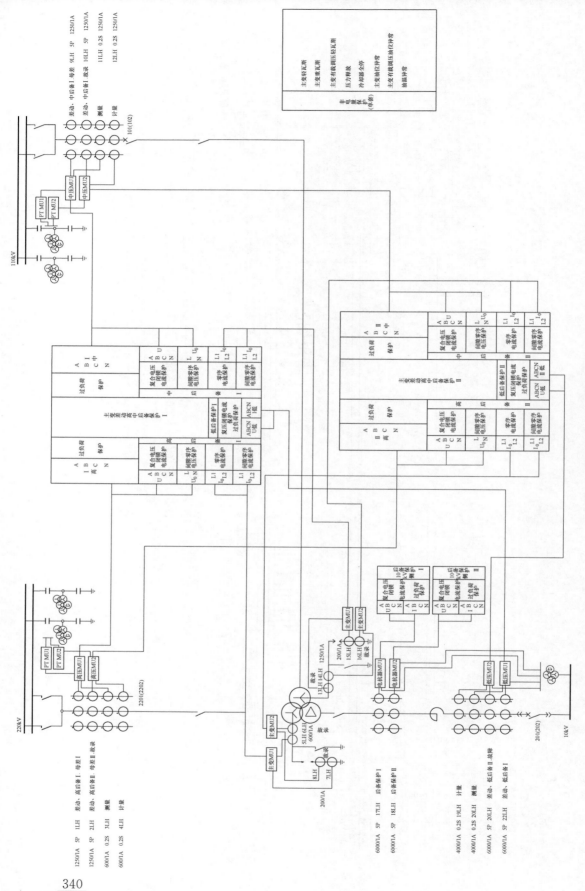

图 9-9　变压器保护配置示意图

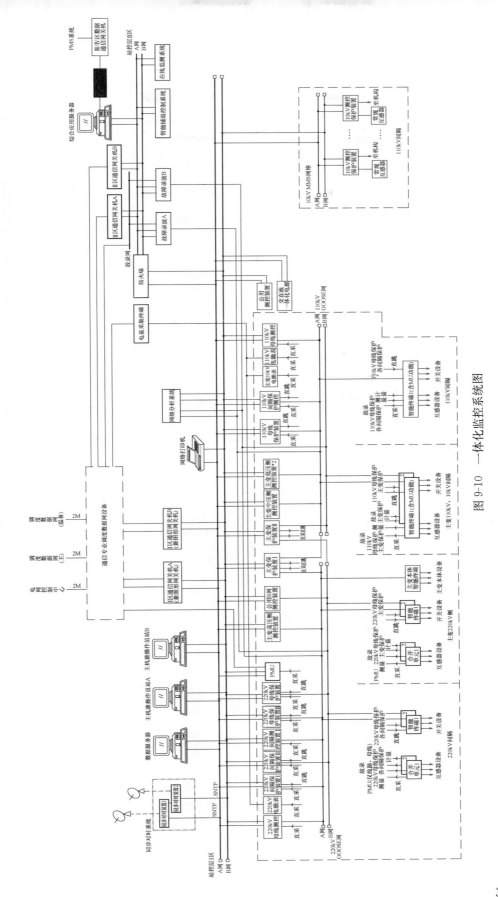

图 9-10 一体化监控系统图

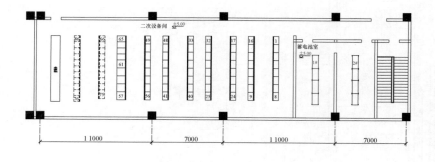

图 9-11　二次设备室屏位布置图

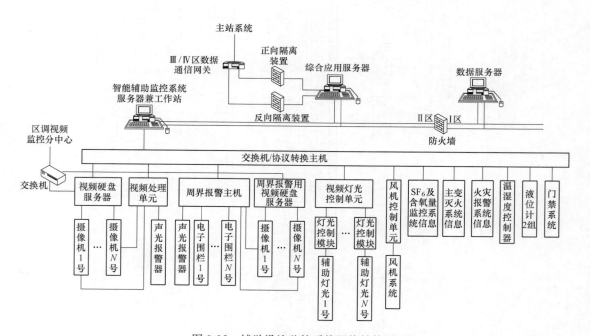

图 9-12　辅助设施监控系统网络结构图

342

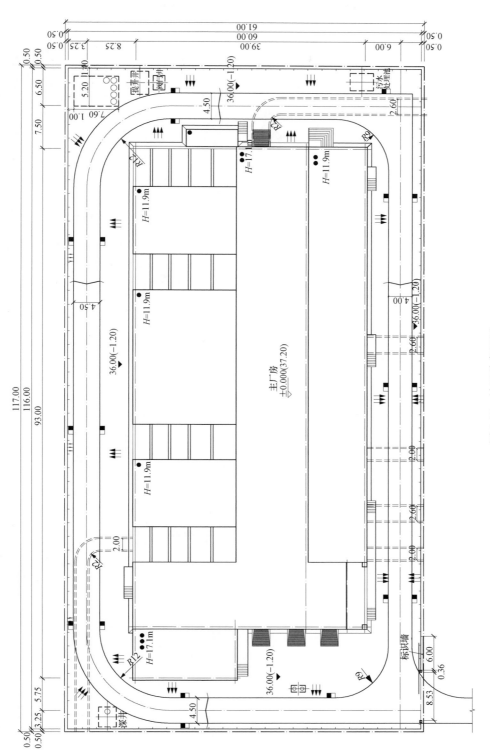

图 9-13 站区总布置图

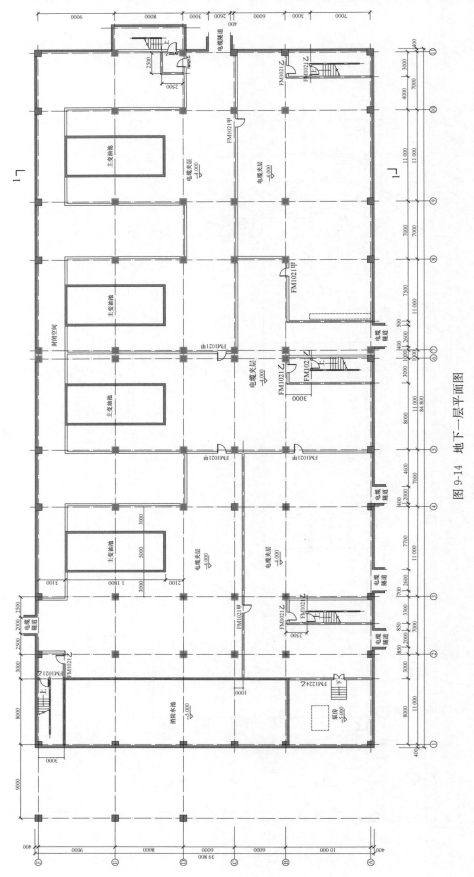

图 9-14　地下一层平面图

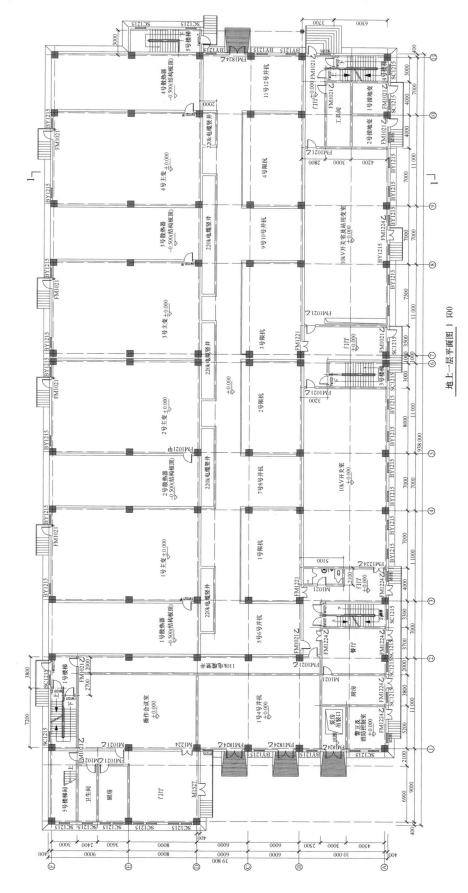

地上一层平面图 1:100

图 9-15　一层平面图

345

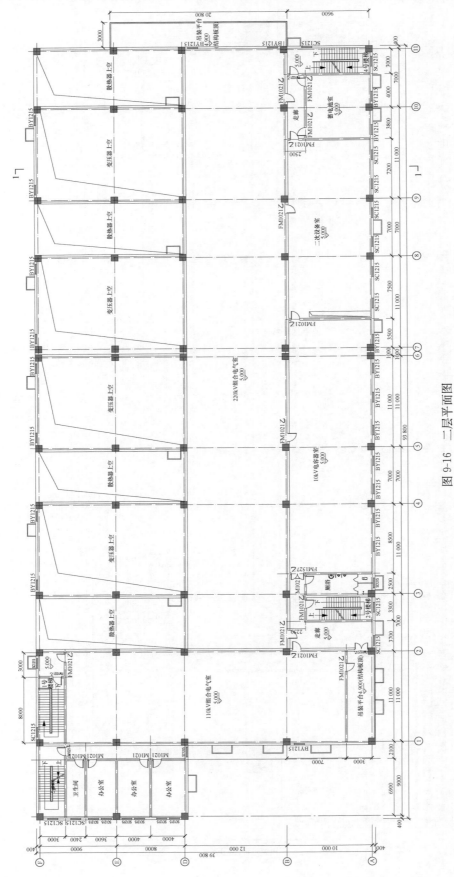

图 9-16　二层平面图

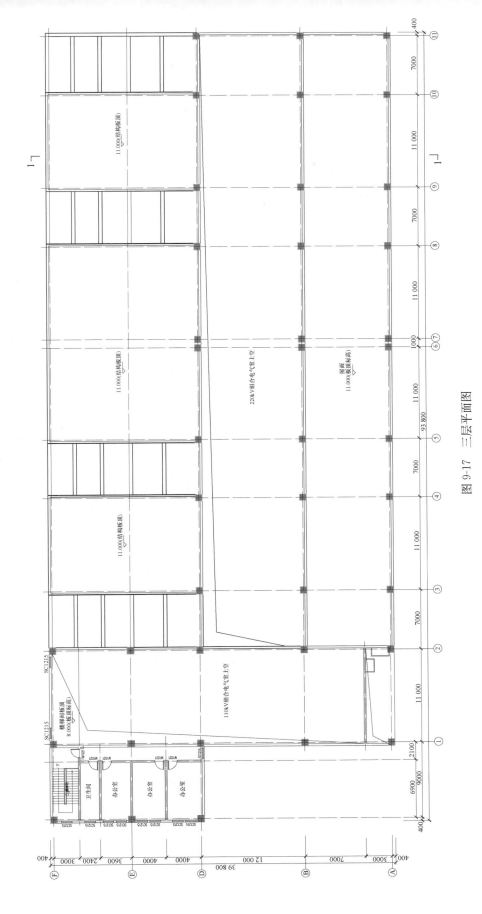

图 9-17 三层平面图

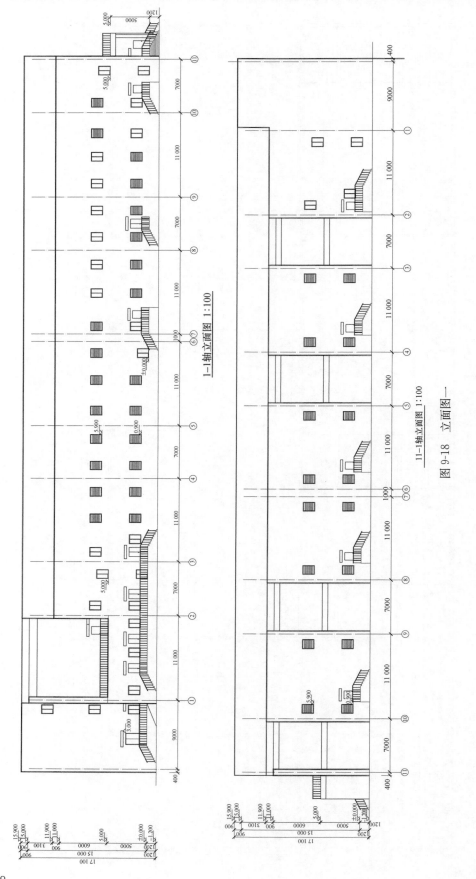

1—1轴立面图 1:100

11—1轴立面图 1:100

图 9-18 立面图一

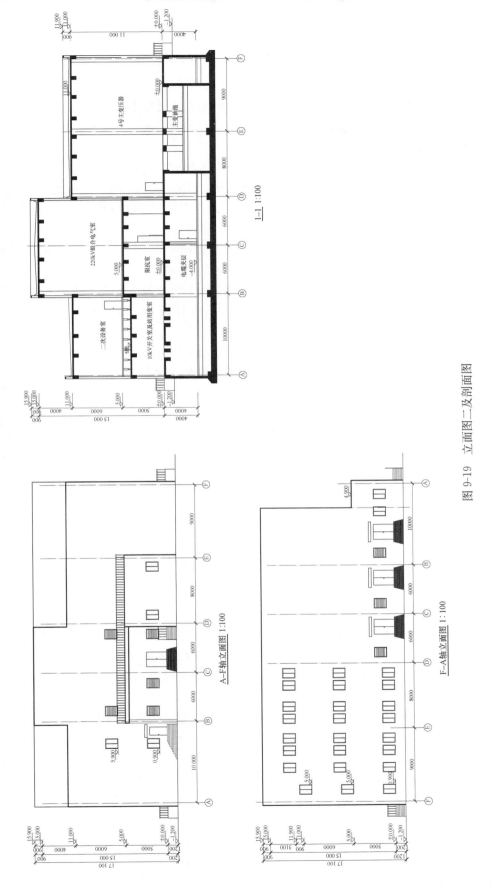

图 9-19 立面图二及剖面图

1-1 1:100

A-F轴立面图 1:100

F-A轴立面图 1:100

第二节 110kV 户内变电站设计实例

一、工程概况

北京某 110kV 变电站为 110/10kV 两级电压地区负荷变电站。该站终期安装 50MVA 110/10.5kV 有载调压变压器 4 台；一期安装 50MVA 110/10.5kV 有载调压变压器 2 台。

该变电站站址东侧、北侧为现状或规划市政道路，交通和市政情况良好。站区场地现状为杨树林，场地地面标高 42.80～43.10m。

该变电站用地南北长 98m，东西宽约 47m，占地面积 4406m²；围墙退用地红线 2m，围墙内占地面积 3851m²。站区东南角设出入口，直接开向现状路。

根据防洪标准，该变电站工程应按五十年一遇防洪标准设防。根据该工程水文报告，建设场地五十年一遇洪水位标高 44.70m，最大内涝水位按标高 44.70m 考虑。

二、工程规模

本站终期安装 110/10.5kV 50MVA 有载调压变压器 4 台。110kV 进线 4 回；10kV 出线 56 回；每台主变压器补偿 6012kvar、3006kvar 电容器成套装置各 1 组，均串 12% 电抗器，其中 1#、3#、5#、7# 电容器组容量为 6012kvar；2#、4#、6#、8# 电容器组容量为 3006kvar。

本站一期安装 110/10.5kV 50MVA 有载调压变压器 2 台（1#、2#）。110kV 进线 2 回；10kV 出线 28 回；每台主变压器补偿 6012kvar、3006kvar 电容器成套装置各 1 组，均串 12% 电抗器，其中 1#、3# 电容器组容量为 6012kvar；2#、4# 电容器组容量为 3006kvar。

三、变电站主要技术方案

（一）电气主接线

本站终期 110kV 侧采用单母线分段接线，进出线 4 回；10kV 采用单母线八分段环形接线，出线 56 回。

本站本期 110kV 侧采用单母线分段接线，进出线 4 回；10kV 采用单母线四分段环形接线，采用双受电开关，出线 28 回。

（二）站区总体规划和总平面布置

本站规划设计为全户内型无人值班有人值守地上变电站。主要建（构）筑物有主厂房（包括 10kV 开关室、主变压器间、散热器间、GIS 间等设备房间）、事故储油池、电缆隧道以及泵房和消防水池等，总建筑面积约 2955m²。站区围墙中心线退用地红线 2m，采用灰砂砖砌筑实体围墙，围墙高度 2.3m。主厂房外围地面铺装采用渗水砖，道路与围墙间地面铺碎石。

综合考虑环境、进出线，主厂房布置于站区中部，主变压器间西侧布置，厂房周边设 4mm 宽消防运输道路，道路内转弯半径 9m，满足消防车通行要求。并在站区东南侧设一处大门，并与东侧市政道路相连。

竖向布置上，综合考虑站区地形、周边高程、周边道路和洪水位情况，采用平坡式布置方式，将站区高程定为 44.80m。

（三）电气设备布置

本站除主变压器散热器布置在敞开式散热器间外，其他设备均布置在户内一座主厂房内。主厂房地上二层，并设层高为 3m 的地下电缆夹层。主厂房一层布置主变压器间、

110kV GIS室、10kV开关柜、10kV接地变压器、10kV站用变压器室等。其中，主变压器间、110kV GIS室层高9.5m；其他房间层高5.0m。二层布置二次设备室、蓄电池室及10kV电容器室等房间，层高4.5m。

二次设备室布置在主厂房二层，全站控制、保护盘，直流盘、站用电盘及通信盘均安装在二次设备室。

主变压器布置在主厂房一层主变压器间内，散热器在主变压器间外落地集中布置。主变压器高压侧为电缆出线，高压出线采用电缆仓方式经单芯400mm^2 110kV交联电缆与110kV GIS连接。主变压器低压出线采用空气套管经12kV复合屏蔽绝缘铜母管线引至穿墙套管，再经封闭母线筒与10kV进线柜连接。110kV中性点设备安装在主变压器间内。主变压器间下设事故油池，并通过管道与室外总事故储油池相连。

110kV GIS布置在主厂房一层GIS室内。厂房内设置吊重3t的单轨工字钢梁2根。4回进出线均采用电缆引入GIS电缆仓。

10kV开关柜布置在主厂房一层中部，双列布置。本期工程安装对应2、3#主变压器的7～52#10kV开关柜共46台，为使10kV侧构成环形接线，需采用封闭母线筒将7#与52#柜联络起来。

本期安装的3#、4#、5#、6#共4组电容器布置在主厂房二层。

主厂房下的电缆夹层在东侧和南侧共设有3个电缆隧道出口，向东和向南引出至站外电缆隧道。

（四）系统及电气二次

1. 系统继电保护及安全自动装置

（1）线路保护。每回110kV线路各配置一套微机型光纤纵差保护测控集成装置，以纵联分相电流差动保护作为线路全线速动主保护，距离、零序方向保护作为后备保护，每套保护均具备过负荷、自动重合闸功能。保护采用光纤专用通道。

线路间隔内，智能终端、合并单元与保护装置之间采用直采直跳方式，断路器位置及闭锁信息采用GOOSE网络传输方式。

（2）母线保护。110kV母线为单母线分段接线，配置1套集中式微机型母差保护装置，保护装置独立组屏。

母差保护采样值、跳闸采用直采直跳方式，分段断路器位置状态信息及闭锁重合闸采用GOOSE网络方式。

（3）分段保护及电源备自投。110kV分段配置一套完整、独立的充电保护功能，含相间过流及零序电流保护，具备合环保护功能。

110kV分段配置一套综合链式自投装置，实现110kV综合备自投及后加速功能。

110kV分段间隔内，智能终端、合并单元与保护装置之间采用直采直跳方式。

10kV分段配置1套备用电源自投装置，含后加速功能。

（4）故障录波装置及网络记录分析系统。本站按电压等级和网络配置故障录波装置，应记录用于保护判据的所有两路A/D数字采样数据和报文。本期配置2面故障录波器屏，含2台故障录波装置。录波装置模拟量容量（数字量采样）按经挑选的SV通道数量应不小于128路，开关量宜为256路。录波单元采用点对点方式进行采样值采样，开关量采样直接从网络上接受GOOSE报文。

全站设置一套网络记录分析系统，实时监视、记录 GOOSE 网络、MMS 网络通信报文。本站设 MMS 网络记录仪、GOOSE 网络记录仪、合并单元记录仪、主机及分析软件 1 套，共组 1 面屏。

（5）保护及故障信息管理系统子站。本站不设置独立的保护及故障信息管理系统子站，子站与变电站自动化系统共享信息采集，通过站控层网络信息共享的方式完成对保护和故障录波信息的采集、处理等工作，同时子站保护信息通过 Ⅱ 区通信网关机向调度端主站传送站内各保护动作信息及故录信息。

2. 调度自动化

本站由地（县）调一级调度。信息送至相应调度端。

本站远动功能与站内监控功能统一考虑。远动通信装置采用装置型，按双套冗余配置。远动与监控系统共享信息，信息传送满足"直采直送"要求。信息传送方式以电力调度数据网络为主。

本站配置 2 套调度数据网接入设备及相应的二次安全防护设备。

本站侧配置 1 套电能量采集终端装置。各电压等级线路、主变压器高低压侧设置关口考核点，按智能电能表单表配置；10kV 出线采用保护、测控、计量多合一装置，装置具备独立的计量 RS485 上送端口。站内所有电能表接入电能量采集终端装置，通过电力调度专网采用专用通道传输至电能计量主站。

3. 通信

本站由变电站所在供电公司区调一级调度。本站至调度主备调度电话和行政电话、自动化信息、电量信息、保护信息管理、工业电视、电缆测温、井盖监控以及视频监控，办公自动化 OA 等信息。

每回 110kV 线路配置 1 套光纤纵差保护装置，采用光纤专用通道。本站建设 2 根光缆路由：均采用非金属管道光缆，沿电缆隧道敷设，1 根芯数 36 芯（其中保护占用 8 芯），另 1 根芯数 24 芯，单根光缆路径长度 7.1km。

本站配置 1 套 SDH 光端机，传输容量 2.5G，采用 L16.2 光接口，光口 1＋0 配置，破口接入现有光传输网中，设备型号与现状网一致。

本站配置 1 套综合数据网设备，破口接入现有综合数据网中。

本站配置 PCM 设备 1 套，对应区调市调，型号应与区调一致。区调利用现有 PCM 复用设备。

本站配置 1 套 IAD 设备，通过综合数据网传输备调调度电话。

本站配置 1 部公网市话。配置 72 芯 ODF 光纤配线柜 1 个、100 回线/50 保安音频配线柜 1 个和 DDF 数字配线单元及网络配线单元。

所有通信设备的电源由变电二次专业一体化电源提供。所有通信设备安装在二次设备室内。

本工程 SDH 设备设勤务电话，采用标准 EOW 接口，实现群呼和选呼功能。接口应符合 ITU-T 建议 G.703 同向型接口规范的要求。

SDH 设备采用主从同步方式，同步于所接入网络的基准时钟。新上光传输设备接入市调已有光端机网管系统。

衰减限制系统再生段距离计算结果见表 9-2。

表 9-2			变电站通信光缆计算选择结果	
序号	项目名称	单 位	光纤传输电路 1	光纤传输电路 2
1	光缆长度	km	14.5	19.7
2	光缆衰减	dB/km	0.22	0.22
3	光缆活动接头数量	个	4	6
4	光缆活动接头损耗	dB/个	0.5	0.5
5	光缆固定接头数量	个	5	6
6	光缆固定接头损耗	dB/个	0.05	0.05
7	光缆色散	ps/(nm·km)	18	18
8	光接口类型		L16.2	L16.2
9	最小平均发送功率	dBm	−2	−2
9.1	最小接收灵敏度	dBm	−28	−28
9.2	最大光通道代价	dB	2	2
9.3	最大色散	ps/nm	1200~1600	1200~1600
9.4	光缆富裕度	dB	3	3
10	系统裕度	dB	15.5	13.4

色散限制系统再生段距离计算:

$$L = D_{\max} / \mid D \mid = 1200 / 18 = 66 (\text{km})$$

根据计算结果,本工程各段光纤电路,传输性能满足要求。

4. 电气二次设计

(1) 计算机监控系统。本站采用计算机监控系统,按无人值班设计。变电站自动化系统采用开放式分层分布式系统,三层设备结构,统一组网,信息共享,采用 DL/T860 通信标准,传输速率不低于 100M/s。

站控层设备与间隔层设备之间采用单星型网络结构,传输 MMS 报文和 GOOSE 报文。间隔层与过程层设备之间采用单星型网络结构,采样值报文采用点对点传输,GOOSE 网络按照电压等级单独组网。10kV 采用点对点采样,不设置独立的 GOOSE 网络,GOOSE 报文通过站控层网络传输。

站控层设备按远景变电站规模配置,配置 2 套监控主机兼操作员站(兼工程师工作站、数据服务器)、1 套综合应用服务器、2 套 I 区数据通信网关机兼图形网关机、1 套 II 区通信网关机、1 套网络记录分析系统等。站控层设备应具备顺序控制、智能告警及分析决策、故障信息综合分析决策、站域控制等高级功能。站内五防功能由计算机监控系统完成。

间隔层设备按本期规模按电气间隔配置,主变压器保护、测控独立配置,110kV 采用保护测控一体化装置,10kV 采用保护、测控计量多合一装置。

过程层设备按本期规模按电气单元配置。主变压器 110kV 侧、10kV 侧间隔采用智能终端合并单元集成装置,单套配置,另配 1 套合并单元用于主变压器保护;110kV 出线及分段间隔采用智能终端合并单元集成装置,单套配置;110kV 母线采用智能终端合并单元集成装置,单套配置;主变压器本体智能终端单套配置。

(2) 元件保护。每组主变压器电量保护采用主、后备一体装置,双套配置,非电量保护单套配置(由本体智能终端集成)。每套保护均具有完整的后备保护功能。10kV 出线、电容器、所用变压器多合一装置按单套配置。

（3）直流及 UPS 系统。本站采用交直流智能一体化电源设备，对操作及通信直流系统、站内不停电电源、站用电进行统一监控和管理，并以 DL/T860 规约上传接入自动化系统站控层，实现与监控系统的信息互传。

直流系统为 DC110V，采用两组蓄阀控式密封铅酸蓄电池和两套高频开关充电装置，采用两段单母线接线，两段母线之间设联络电器，主分屏两级供电方式。事故停电二次负荷按 2h 放电、通信电源按 4h 放电容量考虑。

直流系统配置 2 组 500A·h 阀控式密封铅酸蓄电池，每组蓄电池 52 只。配置 2 套 7×20A 高频开关电源充电装置，模块"$N+1$"配置；1 套 DC/DC 通信直流电源设备，每套配置 48V 30A 通信模块 4 台；1 套容量为 8kVA 的交流不停电电源装置。

（4）时间同步系统。全站配置 1 套公用时间同步系统，主时钟双重化配置，支持北斗系统和 GPS 系统单向标准授时信号，优先采用北斗系统。站控层采用 SNTP 对时方式，间隔层采用 IRIG-B（DC）对时方式，对时精度应满足同步相量测量装置的精度要求。

（5）智能辅助控制系统。全站配置 1 套智能辅助控制系统，实现对站内图像监视、安全警卫、环境监测等各子系统的监视、联锁、控制及远传功能，智能辅助控制系统以 DL/T860 规约接入在线监测及智能辅助控制系统后台主机，并预留与监控中心主站端的通信接口。

（6）二次设备布置。二次设备按间隔统筹组柜。设置公用二次设备室，布置站控层设备及站内公用设备、主变压器保护及测控设备。其他间隔层保护、测控、计量设备及过程层智能终端、合并单元均分散布置于就地 GIS 汇控柜、主变压器智能组件柜、10kV 受电开关柜。10kV 二次设备于开关柜就地布置。

（五）建筑设计

本站规划建设为无人值班有人值守全户内型 110kV 变电站，站区主要建筑物为一栋主厂房和一座泵房，主厂房布置于站区中部，厂房周边设 4m 宽消防运输道路，道路内转弯半径 9m。主厂房地上两层，地下一层，建筑面积约为 2877m²，其中地上建筑面积约为 1687m²，地下建筑面积约为 1190m²，总高约 11.05m，室内外高差 0.75m。

根据电气布置，主厂房一层设警卫控制室、10kV 开关室、厨房、厕所等，层高 5m，主变压器散热器露天布置，主变压器间和 110kV GIS 室层高 9.5m；二层设电容器室、二次设备室、蓄电池室等房间，层高 4.5m；地下设层高 3m 的电缆夹层。

泵房位于站区北侧，地上一层，建筑面积 78m²。建筑高度 5.2m，室内外高差 0.30m。泵房东侧附设消防水池。

本工程主厂房火灾危险类别为丙类，耐火等级为一级；泵房火灾危险类别为戊类，耐火等级为二级。

该变电站建筑设计注意与周边环境协调和节能环保。外墙采用灰色外墙漆，弹涂工艺；内外墙均采用 250 厚加气混凝土砌块砌筑；窗采用断桥铝合金中空玻璃窗；屋面保温层采用 60mm 厚 A 级阻燃复合保温板。二次设备室采用槽钢支架瓷砖面层全钢抗静电地板；地下夹层、主变压器间、电容器室采用混凝土楼面；配电装置室采用彩色水泥自流平楼面。

（六）结构设计

根据岩土工程勘察报告，该工程建设场地场地抗震设防烈度为 8 度，设计基本地震加速度值为 0.20g，设计地震分组为第一组；建筑场地类别为Ⅲ类；在地震烈度达到 8 度且地下水位按历年最高水位（自然地面）考虑时，拟建场地内天然沉积的地基土不会产生地震液化。

根据《建筑抗震设计规范》及《变电所建筑结构设计技术规定》的相关要求，本工程主厂房建筑物结构安全等级确定为二级，地震作用按设防烈度8度计算，并按地震烈度8度采取抗震措施。

根据电气、建筑专业平面布置，主厂房为地下一层、地上两层的建筑物。结构形式采用钢筋混凝土框架结构。地下外围护墙及主变压器油池墙体按钢筋混凝土墙设计，油池墙体为现浇钢筋混凝土墙，墙厚250mm。建筑物最大柱网为9.0m×9.6m，框架柱截面为600×600mm及500mm×500mm，框架梁截面为400mm×（600~1000）mm。地下夹层的钢筋混凝土楼板厚度为180mm外，其余标高的楼板均为120mm。

泵房地上为砌体结构，采用360厚MU10环保型实心砖、M7.5砌筑砂浆砌筑，地下采用钢筋混凝土剪力墙结构。

现浇钢筋混凝土梁、板、柱、基础混凝土强度等级为C30~C40，基础筏板及地下夹层外围护钢筋混凝土墙采用P6抗渗混凝土。钢筋采用HPB300级、HRB400级；钢材为Q235B。围护内墙采用250厚加气混凝土空心砌块墙（每立方米重量小于8kN），地下部分外墙均为350厚钢筋混凝土墙体。

主厂房的直接持力层主要为第四纪沉积的粘质粉土层，粉质黏土、重粉质黏土层，地基承载力标准值（fka）可按110kPa采用，能够满足设计要求。基础采用筏板基础，筏板厚约800mm，底标高约为－4.4m（±0.000以下）。

（七）水工设计

1. 生活给水

（1）水源：根据本工程站址位置周围的市政条件，站区水源由市政单路供水。市政水压约0.18MPa，作为本站水泵房的消防水池、水箱的水源。经水泵房加压后供给站内消防管网。

（2）用水量：值班人员用水标准80L/人·d，用水时间8h。每天约0.32m³。

（3）给水系统：生活给水接自站区泵房给水管网。

2. 排水系统

（1）站区雨、污水采用分流排水，生活污水经化粪池进入市政污水管网。

（2）事故油经事故油池分离后，事故油留在事故油池内，待事故后通过专用车辆统一运走，事故废水排入市政污水管网。

（八）暖通设计

1. 采暖

冬季使用PTC陶瓷电暖器采暖，厨卫间等采用防水型，电暖器均为挂壁安装，所选设备应满足连续工作的耐用要求和防火要求。

2. 通风设计

本工程需要通风的房间主要是：主变压器室、10kV开关室、GIS室、接地变室、电容器室、电缆夹层等设备间和厨房、卫生间等附属用房。

通风方式为自然进风、机械排风。进风由外墙防雨百叶自然进风，排风由设置有各设备间的低噪声风机机械排出。

设备间通风量以同时满足散热通风为准，但通风量不宜少于6次/h换气量。110kV开关室及其夹层有六氟化硫气体外溢的可能性，故单设低位风口排除六氟化硫气体，其排风量应满足低位不少于2次/h换气量，高位不少于4次/h换气量。

通风系统风管穿楼板及防火隔墙处设置防火阀，通风管道采用镀锌钢板。火灾时均由消防联动系统切断非消防电源，待确认无火灾危险后方可启动风机辅助排烟。

3. 空调设计

二次设备室、值班室、警卫控制室等房间设分体空调器，夏季制冷。空调保温采用难燃 B1 级发泡橡塑保温材料，空调管道穿墙处做防火防雨封堵。

四、变电站消防

（一）总平面消防设计

本站内设环状消防道路，并设一座站区大门与市政道路连接，满足消防车的通行。站区内建筑为主厂房，站区周边无永久建筑物，满足防火间距要求。

（二）主厂房建筑防火设计

本站属无人值班有人值守户内型地上变电站，平时厂房内无运行人员值班，少量警卫人员在警卫控制室工作。主厂房内工艺设备除了变压器为油浸变压器、电容器采用少油电容器外其他设备均采用干式设备，电缆全部采用低烟阻燃电缆。故主厂房火灾危险类别定为丙类，耐火等级为一级。

1. 建筑防火材料

厂房结构类型为钢筋混凝土框架结构，围护墙体均为非燃烧体，楼板现浇；顶棚、墙面及楼面面层均采用保证耐火时间的非燃烧体或难燃烧材料；窗采用塑钢窗或钢制通风百叶窗；设备间采用相应等级的钢制防火门，均满足耐火等级要求。

2. 防火分区及安全疏散

主厂房地上两层，按自然层设防火分区，南、北侧均设有疏散楼梯，满足疏散要求。GIS 室、室外散热器间、10kV 开关室和主变压器间之间用防火墙和甲级防火门分隔，保障主要设备间的防火安全要求。

地下电缆夹层通过防火墙和甲级防火门将夹层分为两个防火分区，每个防火分区面积小于 500m²，满足防火分区面积要求。地下部分设有两个封闭楼梯间通至地面以上。

各防火分区均有直达室外的安全出口，另利用防火墙上一个通向相邻分区的防火门作为第二安全出入口。

3. 灭火器

根据规范，建筑各层设推车式或手提式干粉灭火器。在主变区设置消防铲、消防沙箱及消防铅桶。

（三）消防给水设计

（1）水源：本站设室内外消火栓系统。水源来自水泵房（地下水池）。消防系统设一套压力罐自动补水设备。当有火情时，先用压力罐内水供给管道，当压力降到一定值时，消防泵自动启动，吸消防水池内水。

（2）用水量：室外消火栓用水量为 25L/s；室内消火栓用水量为 20L/s。火灾延续时间 3h。消防水池有效容积 490m³。

（3）消防系统：消防管道在站区内形成环网，并设阀门井，以利于检修。站区内设室外地下消火栓三座，并设阀门井，以利于检修。室内消火栓系统由站区消防管道环网上接入，管径为 DN100，室内每层设消火栓箱，保证走廊，前室等可以用水灭火的区域有两股消火栓水柱共同保护。

（四）防排烟设计

火灾发生时要求消防系统联动控制：关闭风机，切断非消防电源等，地上房间自然排烟，地下部分设置机械排烟，自然补风。

（五）电气消防设计

1. 事故照明系统

站内设停电事故照明与火灾疏散应急照明两个系统，火灾疏散应急照明采用自带蓄电池应急灯，蓄电池放电时间不小于 90min。

在楼梯间、走廊等主要通道处设疏散照明灯，并在主要出口处设安全出口灯。

在 10kV 开关室、110kVGIS 室、主变压器间、接地变压器室、站用变室、电容器室、警卫消防控制室、二次设备室、地下电缆夹层设事故照明灯，并设有专用事故照明电源箱。事故照明电源为直流电源，引自二次设备室直流盘，电压为 DC 110V。事故照明箱设在主厂房大门总入口内。当变电站无人时手动拉开电源分开关，防止全站停电时事故照明自动投入。当有人工作时手动投入电源分开关，在工作期间如发生全站停电事故，则直流电源自动接通，事故照明自动投入。

2. 火灾自动报警系统

本站采用集中报警系统，保护对象为二级，报警主机设在警卫消防控制室内。

除卫生间外，其他附属房间均设有光电式感烟探测器，厨房设光电式感温探测器，主变压器间、地下一层电缆夹层设缆式感温火灾探测器，10kV 开关室、110kVGIS 室设远红外对射探测器，各防火分区内设手动报警按钮及电话插孔，并在每层设声光报警器，发生火灾时要进行消防联动控制，切断非消防电源。由消防报警主机将火灾报警动作及故障信号引至二次设备间智能辅助控制系统。

五、工程设计图纸

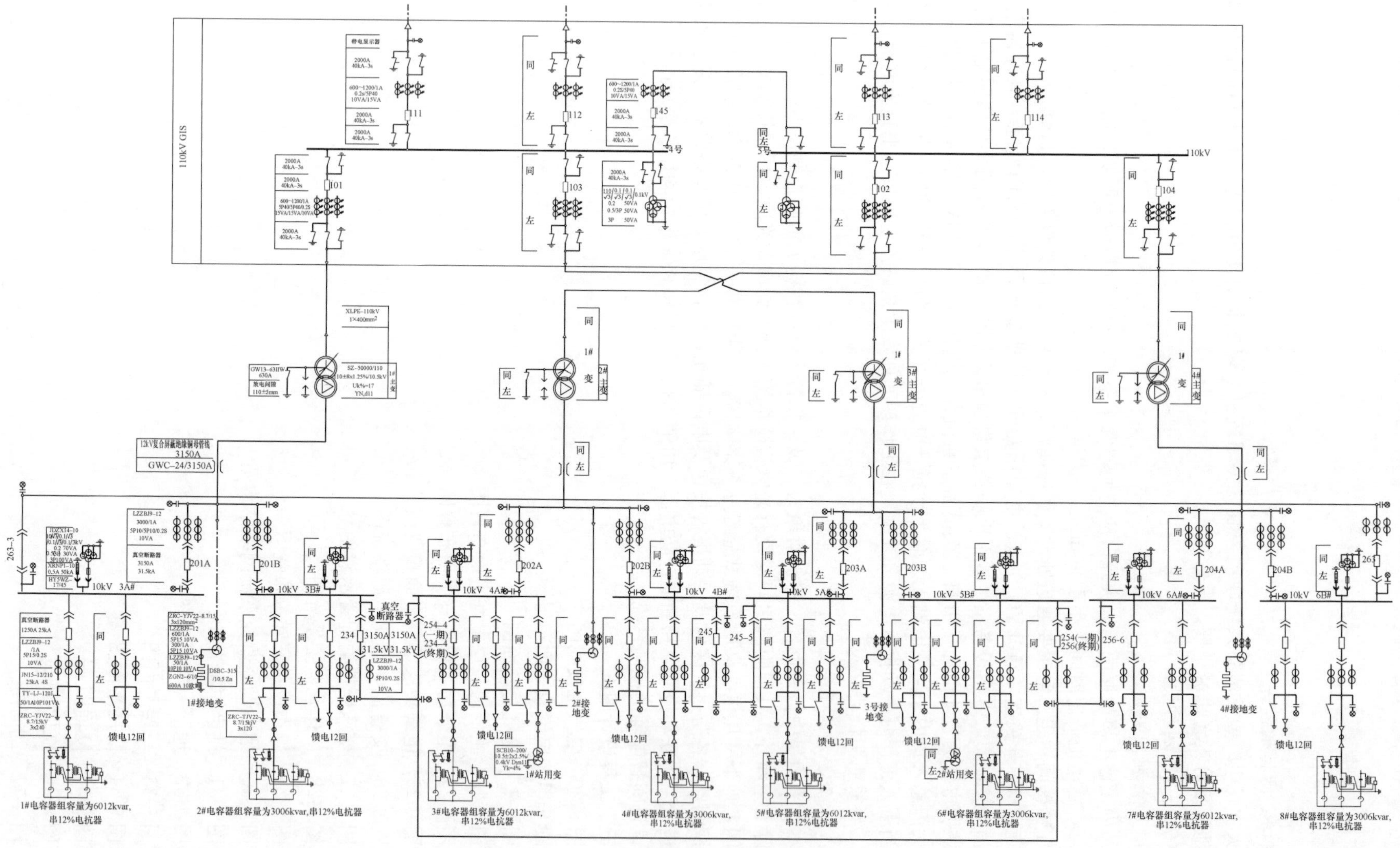

图 9-20 电气主接线图

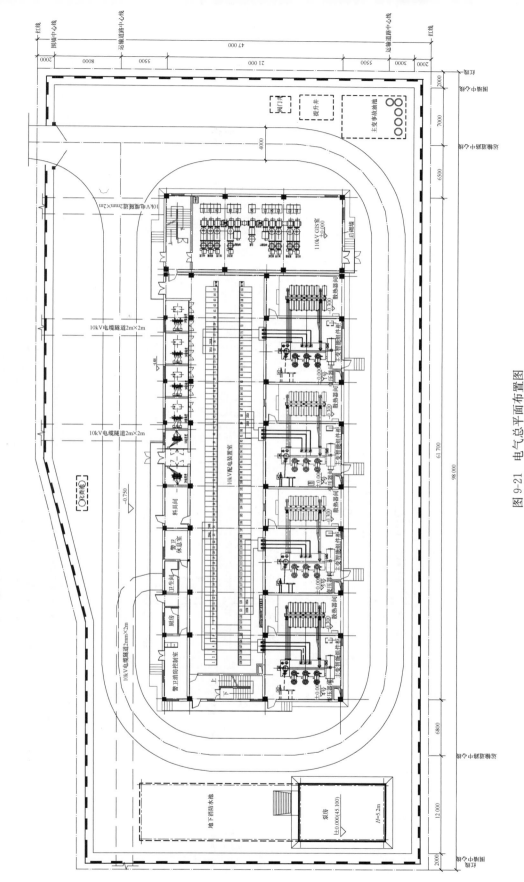

图 9-21　电气总平面布置图

359

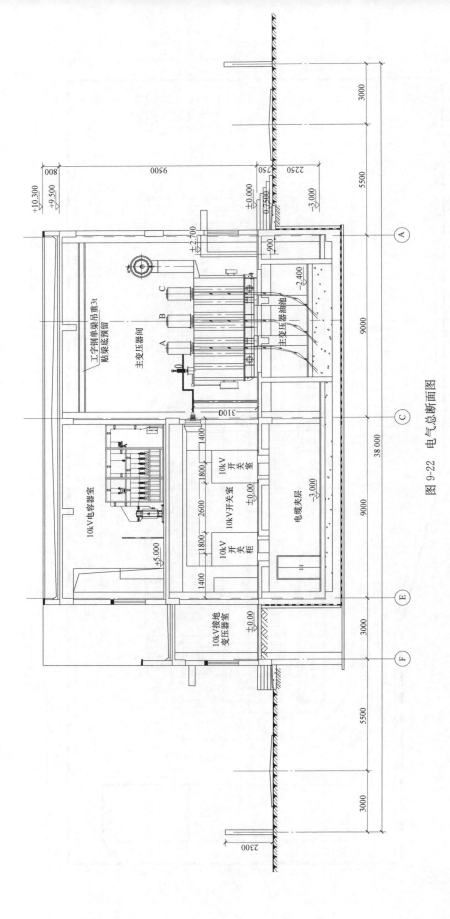

图 9-22 电气总断面图

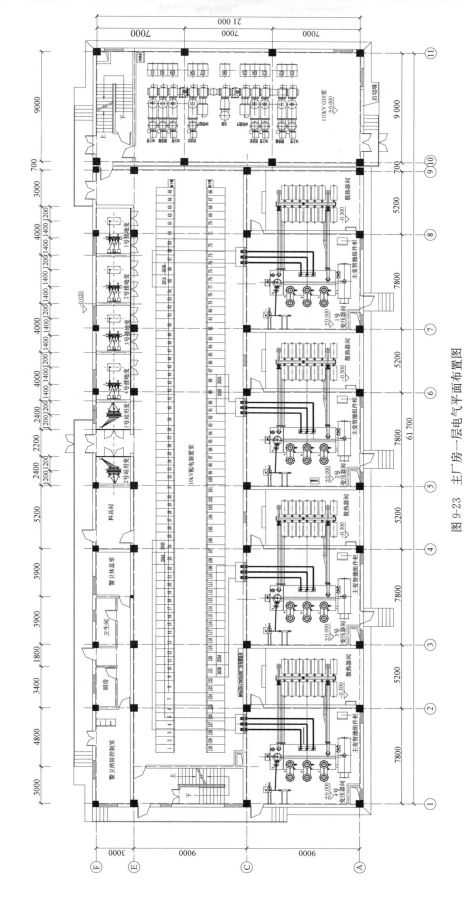

图 9-23 主厂房一层电气平面布置图

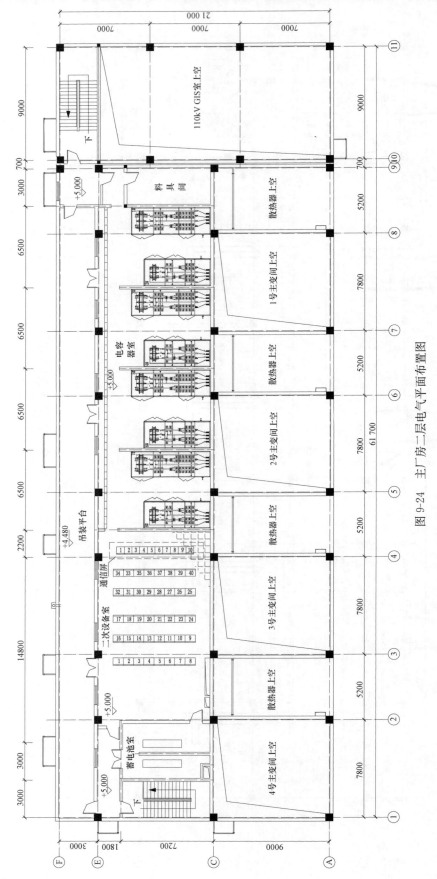

图 9-24 主厂房二层电气平面布置图

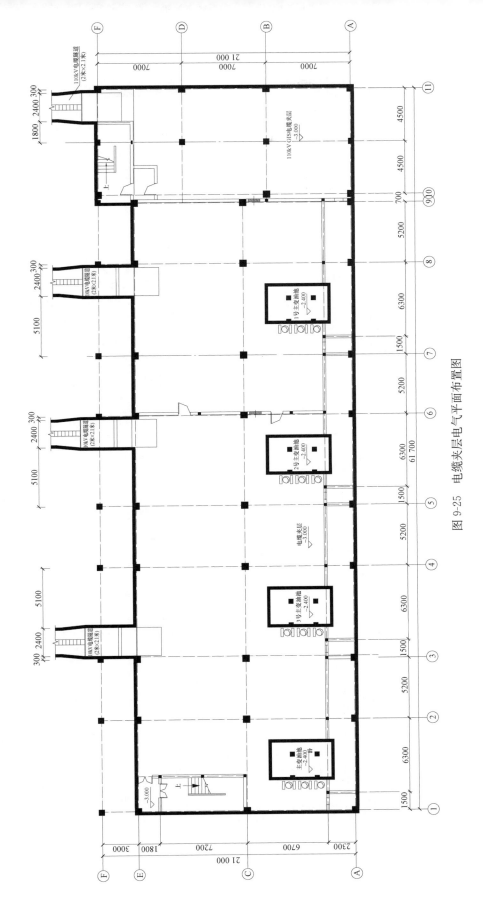

图 9-25　电缆夹层电气平面布置图

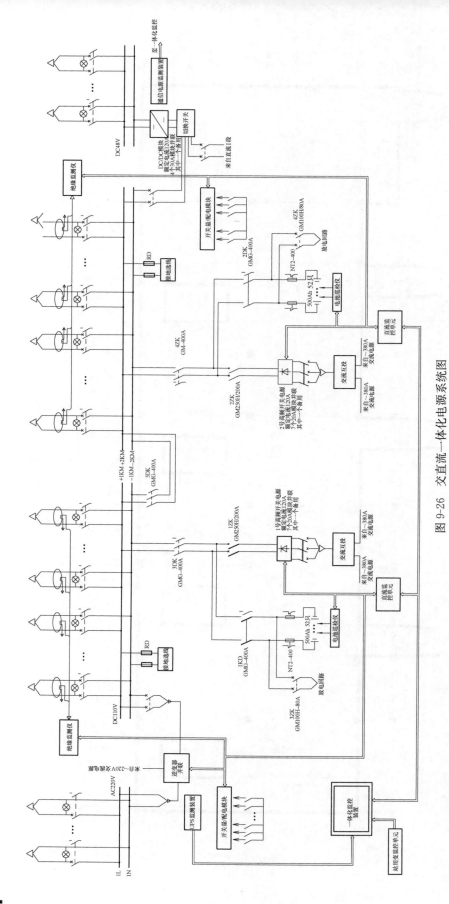

图 9-26 交直流一体化电源系统图

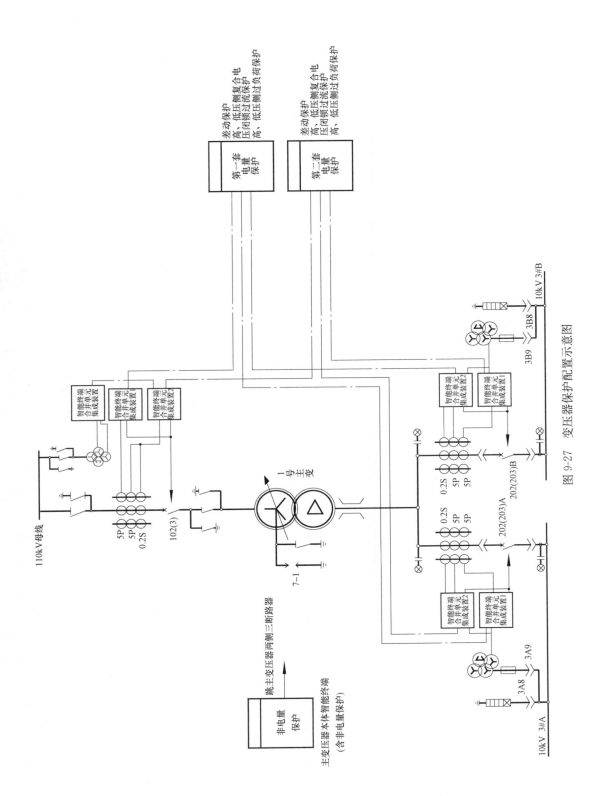

图 9-27　变压器保护配置示意图

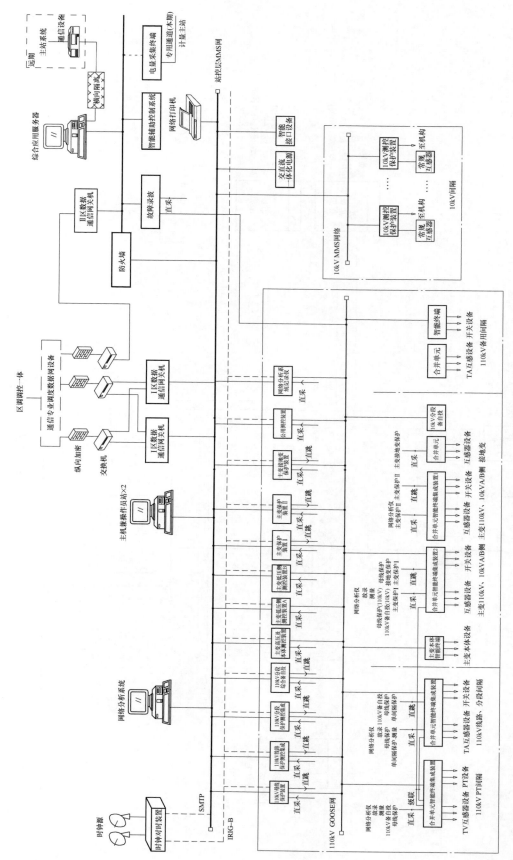

图 9-28 一体化监控系统图

屏号	名称	型号	数量	屏号	名称	型号	数量
1	不间断电源屏	2260×800×600	1	21	4号主变压器辅保护屏(预留)	2260×800×600	1
2	1号直流充电屏	2260×800×600	1	22	2号主变压器辅保护屏	2260×800×600	1
3	1号直流馈电屏	2260×800×600	1	23	3号主变压器辅保护屏	2260×800×600	1
4	2号直流充电屏	2260×800×600	1	24	110kV母差保护屏	2260×800×600	1
5	2号直流馈电屏	2260×800×600	1	25	110kV分段保护测控屏	2260×800×600	1
6	3号直流馈电屏	2260×800×600	1	26	1号主变压器测控屏(预留)	2260×800×600	1
7	4号直流馈电屏	2260×800×600	1	27	4号主变压器测控屏(预留)	2260×800×600	1
8	一体化电源监控屏	2260×800×600	1	28	2号主变压器测控屏	2260×800×600	1
9	1号站用电屏	2260×800×600	1	29	3号主变压器测控屏	2260×800×600	1
10	3号站用电屏	2260×800×600	1	30	公用测控屏	2260×800×600	1
11	网络记录分析系统屏	2260×800×600	1	31	I区数据通信网关机屏	2260×800×600	1
12	1号故障录波器屏	2260×800×600	1	32	II区数据通信网关机屏	2260×800×600	1
13	2号故障录波器屏	2260×800×600	1	33	监控主机屏	2260×800×1000	1
14	时间同步系统屏	2260×800×600	1	34	综合应用服务器屏	2260×800×1000	1
15	电能采集屏	2260×800×600	1	35	智能辅助控制系统主机屏	2260×800×600	1
16	1号电能表屏	2260×800×600	1	36	智能辅助控制系统监控屏	2260×800×600	1
17	2号电能表屏	2260×800×600	1	37-40	备用	2260×800×600	4
18	备用	2260×800×600	1	41-47	通信屏	2260×600×600	7
19	备用						
20	1号主变压器辅保护屏(预留)	2260×800×600	1				

二次设备室内设备

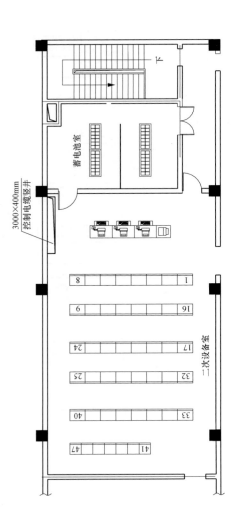

图 9-29 二次设备室屏位布置图

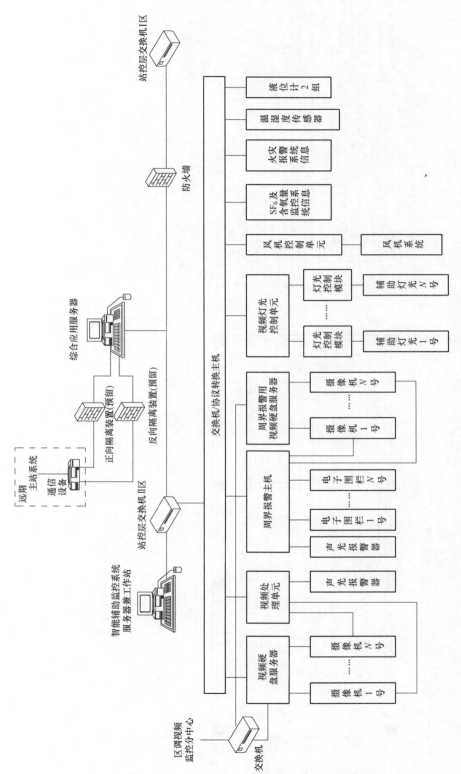

图 9-30 辅助设施监控系统网络结构图

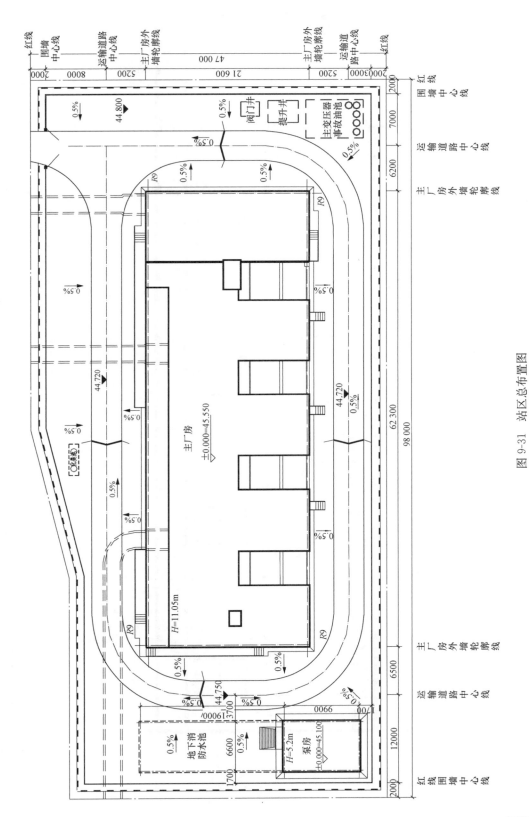

图 9-31 站区总布置图

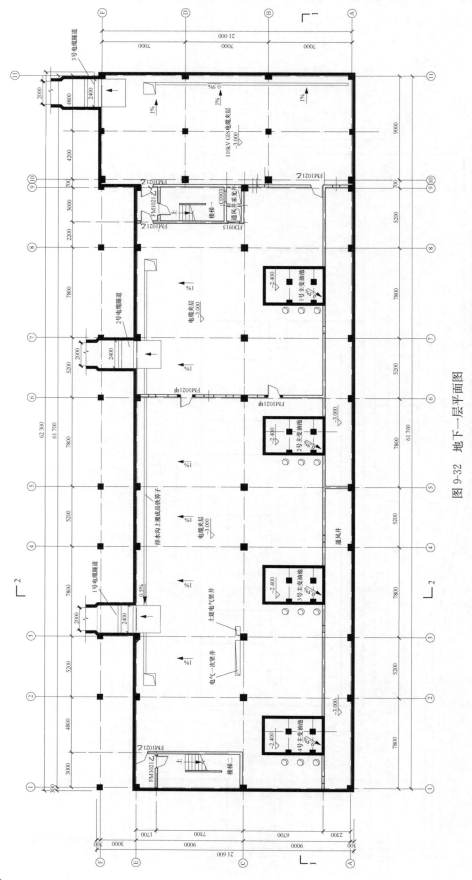

图 9-32 地下一层平面图

370

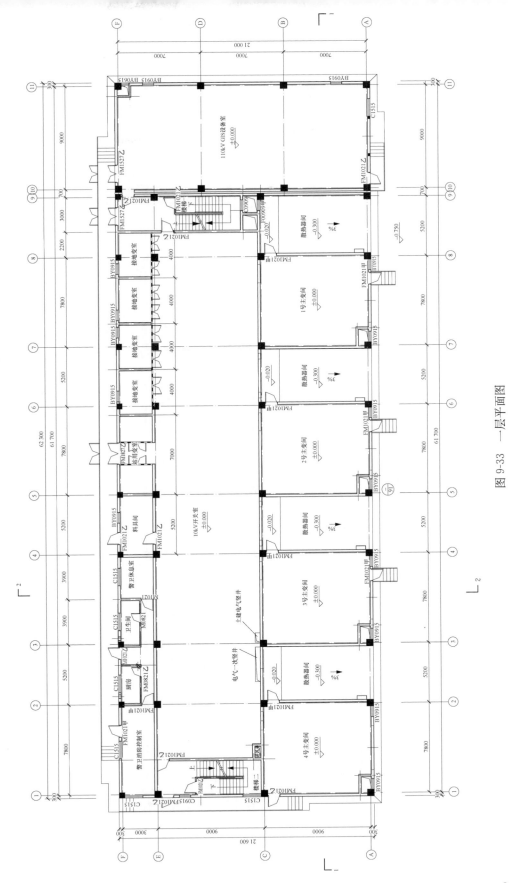

图 9-33 一层平面图

371

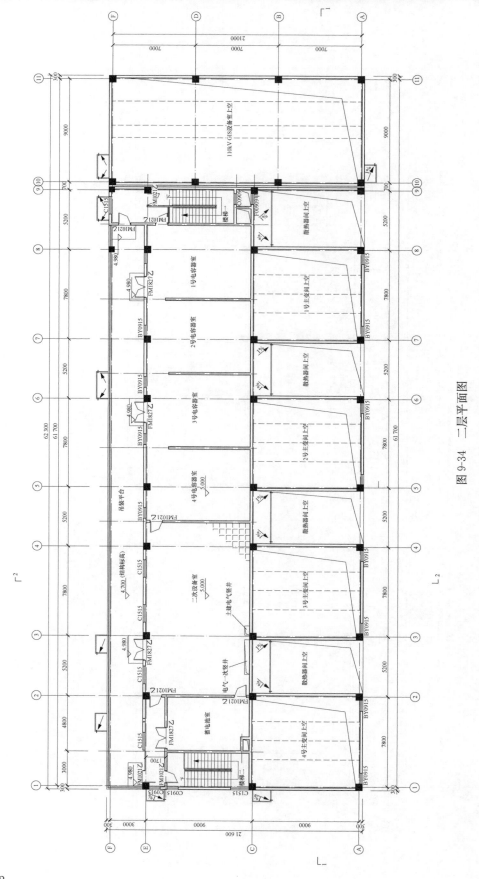

图 9-34 二层平面图

①—① 立面图1:100

①—① 立面图1:100

图 9-35 立面图—

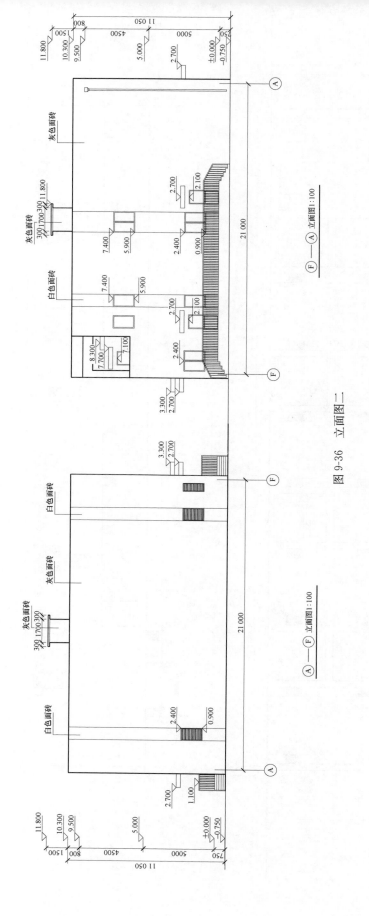

图 9-36　立面图二

374

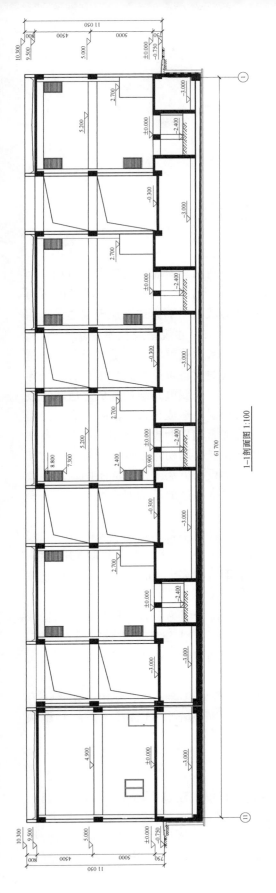

1—1剖面图 1:100

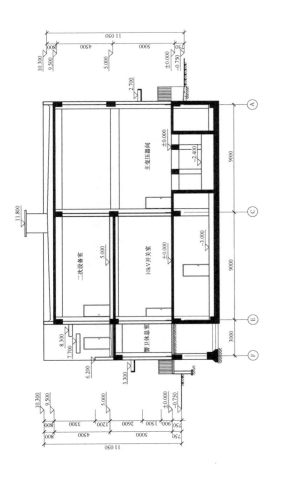

2—2剖面图 1:100

图 9-37 剖面图

第十章

土 建 先 期 建 设

随着城市中心区电力负荷的持续饱和，对相关配套变电站的建设需求也越来越迫切。为了加快基建工程建设速度，降低工程前期拆迁难度，减少前期投资，提高工程建设的可行性，变电站土建先期建设模式是我们解决上述问题的一种尝试，以下称"土建先期建设"。

一般情况下，变电站的土建设计，需要具备各设备厂家的尺寸规格及技术要求等资料。但开展变电站建设土建先期建设建设阶段，尚不具备这些资料，这就使主要电气设备的布置及安装基础形式具有较大的不确定性，结构设计计算所需要的设备重量等参数也具有不确定性。这些不确定性给变电站结构设计及建设带来很大的难题。若变电站结构建成之后与主要设备的需求条件不匹配，势必要求对已建结构进行拆改及加固，造成很大的浪费，有时还可能带来结构不安全因素，同时结构拆改及加固施工也有可能影响先期投入使用的电气设备正常运行，以往的改造工程曾经出现过类似的情况。如果能在变电站初始设计规划阶段通过相关研究，尽量消除或减少上述的不确定性，采取专门的结构设计方法，以适应不同厂家主要设备对变电站结构的要求，就可以避免其带来的影响，使得变电站的结构安全性和运行安全性得到提高，并取得较好的经济效益。

根据变电站的设计及建设特点，制约户内变电站土建设计的主要问题是主要电气一次设备的基础及开孔，这些主要电气一次设备包括主变压器、GIS 组合电器、10kV 开关柜、10kV 电容器、10kV 并联电抗器、10kV 限流电抗器、站用电设备、10kV 低电阻成套装置及 10kV 消弧线圈成套装置。

变电站土建先期建设的设计方案在技术上是可行的，但综合考虑工程建设难度、造价成本、工程创优等因素，不宜于大面积推广。户内变电站如需按"土建先期建设"模式实施，需要在项目立项时提前确定。设计之初需要明确设计输入、确定设计边界条件，在可研方案设计过程中对整体的工程量、造价等内容进行核算。

下面以户内 220kV 变电站为例，分别对不同的电气设备从电气一次、建筑、结构等专业角度进行分析，以"土建先期建设"为研究目标，得出实现本目标的具体措施和解决方案。

一、各专业可行性论述

1. 建筑专业

根据变电站的建设特点，建筑专业设计主要包括总图布置、建筑平面布置、消防设计、外立面及内装修设计等。

依据 2013 年版国网智能变电站通用设计[24] 220-A2-4（一栋楼模式）、220-A3-5（两栋楼模式）方案，站区总平面布置如图 10-1 和图 10-2 所示。站区内所有周边条件都是假定的，

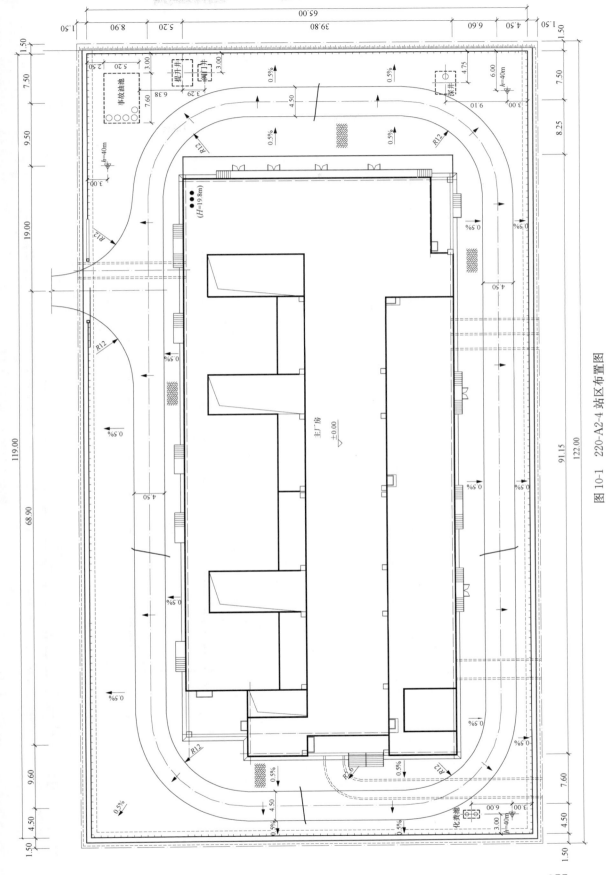

图 10-1 220-A2-4 站区布置图

377

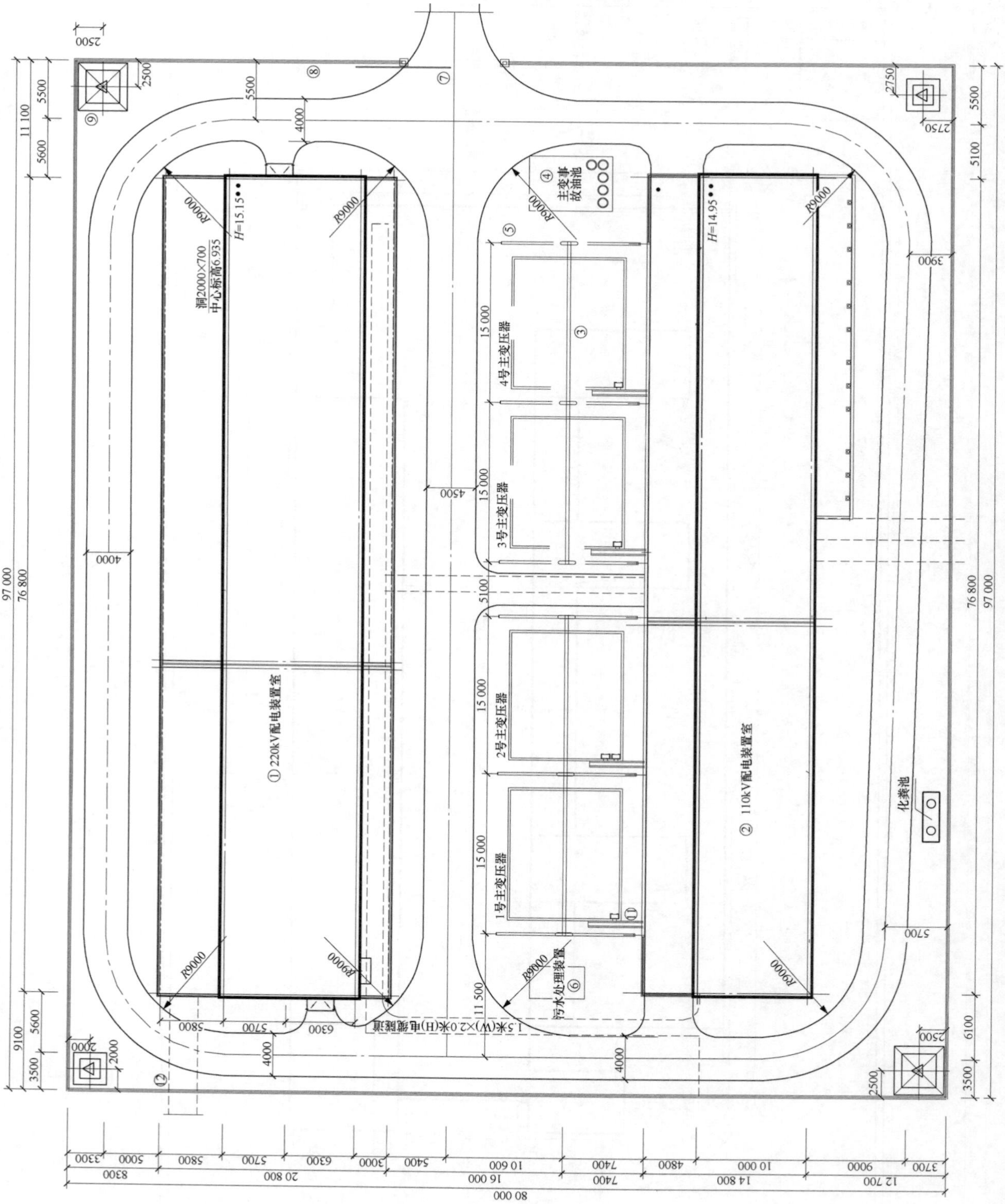

图 10-2　220-A3-5 站区布置图

用地面积、土石方量、深井等泵池的设置会根据实际有所变化。

在各层平面布置方面，由于变电站内的设备规模没有发生变化，故平面布置与通用设计基本保持一致。

220-A2-4方案一层平面内布置有主变压器室、10kV开关室及站内变压器室、接地变压器室压器、限流电抗器室、并联电抗器室等设备房间；二层平面内布置有220kV GIS室、110kV GIS室、二次设备室、蓄电池室、会议室等房间；三层平面布置有电容器室、220kV架空出线套管安装平台等。各层平面布置图详见图10-3、图10-4、图10-5。

220-A3-5方案中220kV配电装置楼一层平面内布置有电容器室、220kV电缆竖井间、雨淋阀间及会议室等房间；二层平面内布置有220kV GIS室、220kV架空出线套管安装平台。各层平面布置图详见图10-6、图10-7。

220-A3-5方案中110kV配电装置楼一层平面内布置有110kV电缆竖井间、10kV配电装置室及站用电室、限流电抗器室、并联电抗器室、接地变及消弧线圈室等房间；二层平面内布置有110kV GIS室、110kV架空出线套管安装平台、二次设备室、蓄电池室等房间。各层平面布置图详见图10-8、图10-9。

2. 结构专业

结构设计主要以电气一次提供的埋件及孔洞、建筑专业提供的建筑布置及建筑做法、土建其余专业对结构的荷载及孔洞要求、岩土工程勘察报告等为设计输入进行，设计内容主要包括主厂房的整体结构设计与计算、结构构件的设计、地基与基础设计、楼梯设计等。

结构专业在"土建先期建设"的方案中能够实现研究目标，但与正常变电站结构设计相比，土建先期建设对结构专业而言影响比较大。由于设备的不确定性，结构设计必须满足不同设备厂家对结构的不同要求。为确保结构整体安全，荷载输入时不得不考虑能够包络不同厂家的设备需求，为此需人为加大荷载输入，必然超过规范要求的荷载值，最终造成构件截面、配筋与正常设计相比都有不同程度增加。

由于设备未订货而土建先期施工，故设备订货后结构专业仍需对结构实体按实际设备订货情况进行承载力验算及正常使用情况验算，对承载力不满足的构件进行必要的加固处理。

3. 给排水专业

结合建筑、结构专业对一期工程的建设要求，给排水专业需要进行如下工序的设计以保证一期工程的安全性、可靠性及实用性：

预埋地下部分所有穿外墙的防水套管及管道。此部分包含给水、生活污水、废水、消防管道的出户管的刚性防水套管及管道。

安装室内消火栓系统。由于一期工程按照终期规模建设土建厂房，根据主厂房建筑物体积计算可得室内消火栓用水量为10L/s，根据规范应设置室内消火栓系统，系统按照终期规模一次上齐，并附带电伴热系统对处于严寒地区的室内消火栓进行防冻处理。

敷设全部室外埋地管道。此部分包括室外消火栓灭火系统、站区雨水排水系统、站区生活污水排水系统、事故排水系统和废水排水系统管道。此部分须在一期工程内完成，以保证二期工程或终期工程不会进行较大的土方作业。

完成室外各类井池。此部分包含化粪池、油水分离池、提升井、雨水算子和各类阀门井、检查井。

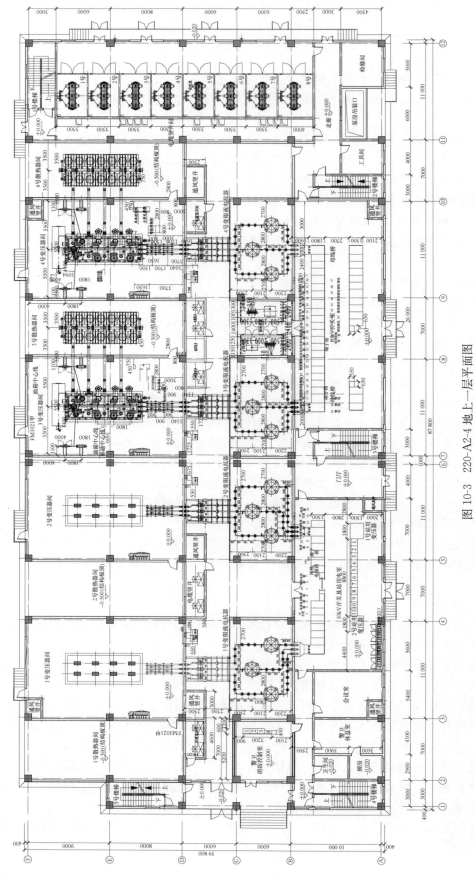

图 10-3 220-A2-4 地上一层平面图

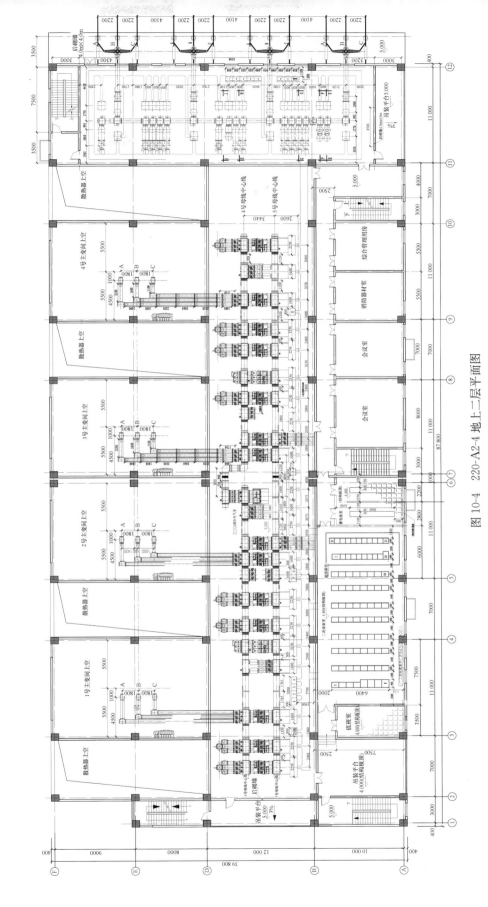

图 10-4　220-A2-4 地上二层平面图

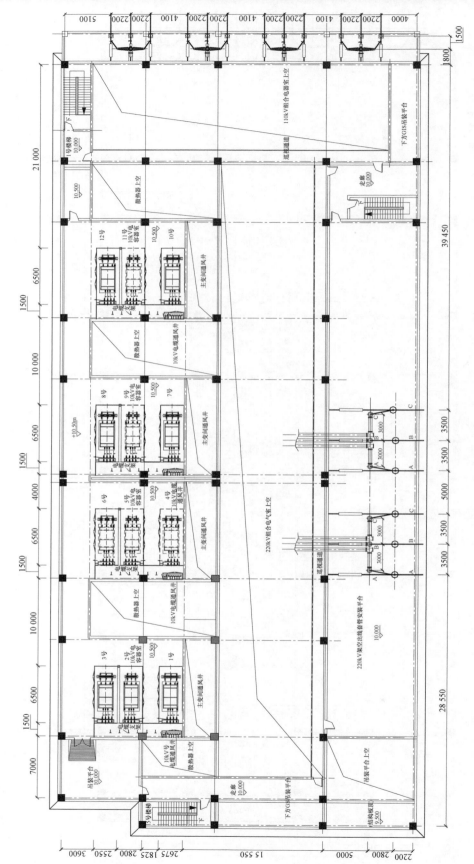

图 10-5　220-A2-4 地上三层平面图

382

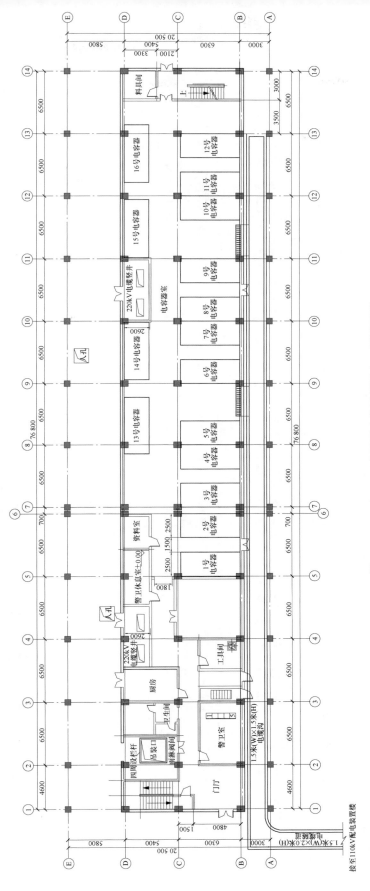

图 10-6 220-A3-5 220kV 配电装置楼地上一层平面图

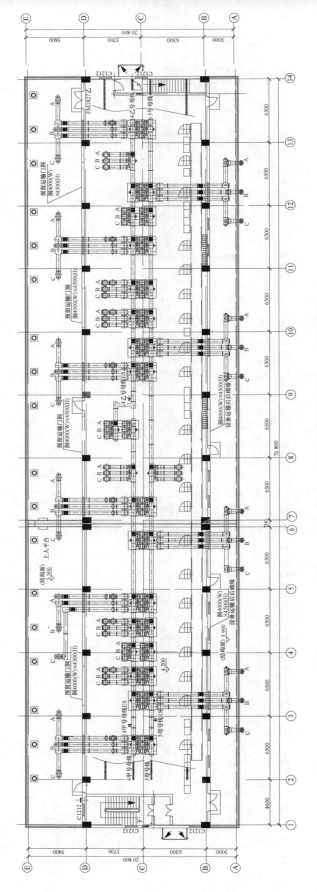

图 10-7 220-A3-5 220kV 配电装置楼地上二层平面图

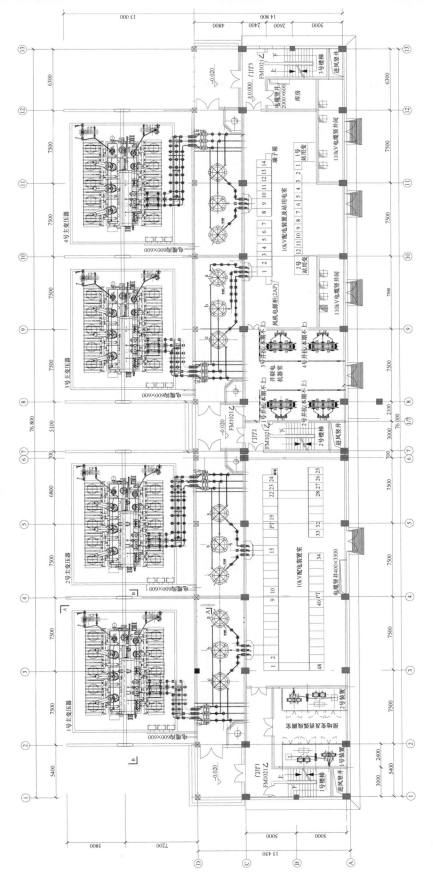

图 10-8 220-A3-5 110kV 配电装置楼地上一层平面图

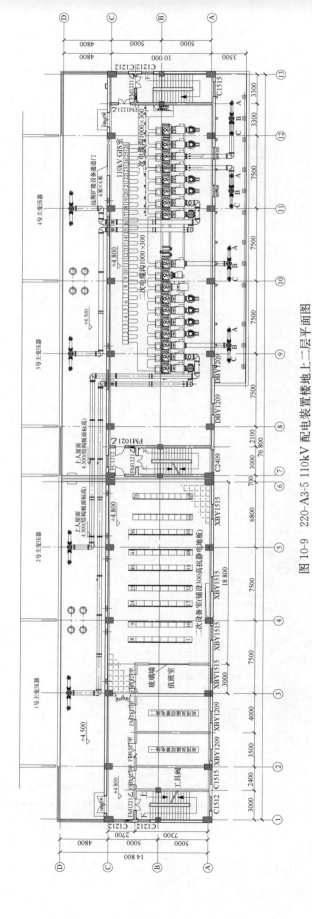

图 10-9　220-A3-5 110kV 配电装置楼地上二层平面图

完成消防泵房内各类设备的安装。为确保一期工程的安全运行，设置各类消防灭火系统，考虑到大部分变电站不具备独立的两路水源，因此建设消防泵房并通过消防泵提供消防所需水量及水压是十分必要的。

4. 暖通专业

暖通专业所用风机、空调、采暖等设备均根据房间或设备所需进行设置，在一期工程中，电气设备房间还没有安装电气设备，但考虑防虫、防雨和降噪等问题，一期工程应根据终期需求在外墙设置风机和进排风百叶窗。泵房、警卫室、二次设备室等房间设置采暖或空调系统可在后期变电站投入运行后再进行安装。

5. 建筑电气专业

（1）动力及照明系统：一期工程中，站区和室内正常照明、事故照明、各室动力检修箱、电源插座、电话插座等按照各室需要在一期工程中设计施工完成。

（2）火灾自动报警系统：站内设采用集中报警系统，保护对象为二级。该系统在一期工程中设计施工完成，预留主变间、电缆夹层的缆式感温火灾探测器及相应管线，待二期电气设备安装后敷设。

（3）SF$_6$气体探测报警系统：该系统于二期工程中设计完成，其中各探测器根据电气设备预留埋件及空洞进行预期设置。

（4）风机控制系统埋管、智能辅助监控系统埋管根据各系统相应要求于一期工程中完成预埋；周界技防报警系统、防雷及接地于一期中设计施工完成。

二、各专业解决方案

（一）主变压器室

1. 电气一次

电气一次专业根据各厂家特点布置设备基础通用性方案：

（1）主变压器本体及散热器均采用通用基础，厂家提供过渡底座；

（2）主变压器本体及散热器之间连接管路采用后期开孔的方式实现；

（3）主变压器间顶部工字钢梁按常规位置预留；

（4）中性点成套装置、智能控制柜及主变压器电源箱等设备均可按常规设备预留，设备厂家确定后，均可以适应已有基础。如图 10-10、图 10-11 所示。

2. 建筑专业

建筑专业根据电气一次提资，可在一期施工过程中完成埋件的敷设及地面面层的铺装。并在电缆预留孔洞的二次施工中，完成地面面层的设计工作。

3. 结构专业

结构专业根据电气一次提资，在确定主变埋件、主变压器轨距的条件下，结构专业可以按照正常设计考虑主变压器间结构的主次梁布置。考虑不同厂家对于 220kV、110kV 电缆洞的穿楼板位置及孔洞大小不同，结构可以对此局部部位进行留大洞后浇的措施，一期工程先楼板预留洞口，待二期工程时确定了电缆洞口后对此部位植筋浇筑混凝土楼板。

4. 暖通专业

暖通专业根据一期工程设备全部上齐的原则，完成预估的通风量计算及风机设置等工作。

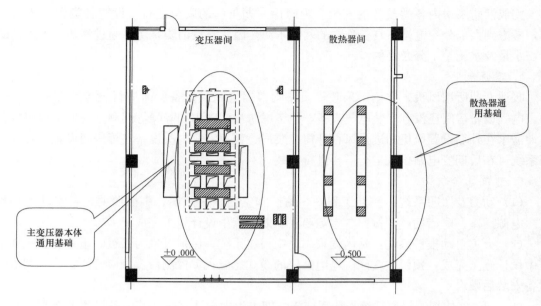

图 10-10 户内主变压器器室埋件示意图

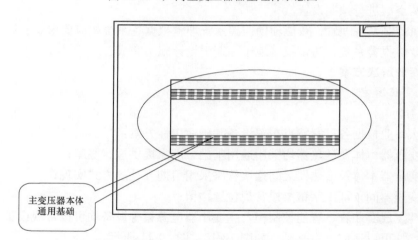

图 10-11 户外主变压器室埋件示意图

5. 给排水专业

给排水及建筑电气专业根据电气一次专业提供资料完成设计工作，无二次设计、施工内容。

（二）GIS 组合电器室

1. 主厂房的结构布置特点

通常 GIS 设备的平面尺寸，立面高度，自重均较大，需用起重机进行运输和安装检修，因此要求 GIS 房间的层高很高且中间不能设柱；主厂房的屋面有设备支架和出线构架，其他设备房间的荷载也很大。根据这些特点，主厂房多为横向单跨，纵向多跨的两层或三框架结构，且纵、横向跨度较大（10m 左右，甚至达到 13m），每层层高也较高（8～12m）。

GIS 设备一般采用预埋基础，通常 GIS 的载荷条件、留孔及预埋要求均由制造商提供，但基础的预埋方式是由设计方根据制造商提供的基本资料来确定的，目前较常用的基础预埋件有槽钢和螺栓两类。其中预埋螺栓的施工较简单，但调节性差，若螺栓遇到楼板钢筋，则需要调整螺栓位置，并在需要与之连接固定的设备支架上重新开孔，然后对开孔进行防锈处理。而预埋槽钢则不存在上述问题，因此应用较多。

一般情况结构设计在 GIS 设备基础下布置楼面次梁，GIS 设备区域范围内除对结构有承重要求外，一般还需要根据电气专业要求在楼板上开设竖向电缆孔洞，沿水平向局部楼板降板预留电缆沟，降板高度一般需为 300mm。

2. 二阶段设计方法

因 GIS 设备选型的滞后，主厂房需要分期建设，第一阶段完成除 GIS 设备区域范围内以外的所有工程，第二阶段完成 GIS 设备区域范围内相关工程。为适应这种应需求，结构设计相应也要划分为两个阶段。第一阶段能给结构专业的设计条件是：建筑平立面布置已经确定，除 GIS 设备未定型外，其他设计条件均已确定的条件下。要求在此条件下完成除 GIS 设备区域范围内梁板以外的所有结构设计，提交第一阶段结构设计施工图；第二阶段的设计是在 GIS 设备选型后，在第一阶段设计的基础之上，完成 GIS 设备区域内的梁板设计，并校核第一阶段设计的有效性。

二阶段设计方法的难点和关键是第一阶段的设计，第一阶段的设计既能保证第一阶段施工完成后第二阶段施工前的"等待阶段"结构的安全性，又能满足续建设的需求，不能出现第一阶段完成的结构无法满足 GIS 设备要求的情况。续建需求包括承载能力需要和续建工程连接构造需求，第一阶段的设计要选择合理的结构形式，做好续建连接点的构造处理，为续建做好准备。

第一阶段的设计需要进行以下两种工况的计算，取最不利内力完成第一阶段结构设计。

（1）工况一：GIS 设备区域范围内按等效均布面荷载取值，整体建模计算，即 GIS 设备区域范围内仅布置主梁，等效面荷载传导至主梁。本工况的计算可按 GIS 设备区域范围内楼板大开洞和不开洞分别计算，取其不利者。

（2）工况二：按第一阶段实施的结构构件情况进行建模分析，即计算分析模型仅包含第一阶段实施的结构构件和相关荷载，无第二阶段实施的 GIS 设备区域范围内相关结构构件，也无 GIS 设备区域范围内的相关荷载。

3. 两种设计方案

要确保组合电器 GIS 厂房分期建设的顺利实施，二阶段设计方法要解决好两个关键问题，第一，第一阶段计算分析时 GIS 设备区域等效均布面荷载取值问题；第二，第一阶段与第二阶段结构构件连接构造问题。考虑到目前行业设计习惯，主厂房的结构形式可采用钢筋混凝土结构、钢结构两种方案。

（1）钢结构方案。当主厂房采用钢框架结构时，考虑到 GIS 设备区域范围内梁板的整体性和连接方便，建议 GIS 设备区域的主梁、次梁均在第二阶段施工，第一阶段施工时在 GIS 设备区域周边的型钢柱上伸出一段长 1m 左右的型钢主梁用于第二阶段的主梁现场拼接。如图 10-12 所示。GIS 范围内的楼板可以根据需要采用普通混凝土楼板或楼板采用压型钢板—混凝土组合楼板。

主体结构为钢框架时，第一阶段设计应注意保证 GIS 设备区域范围周边的框架柱的稳定性问题，因第一阶段 GIS 设备区域内主梁未安装，导致框架柱在该方向无侧向支撑，若

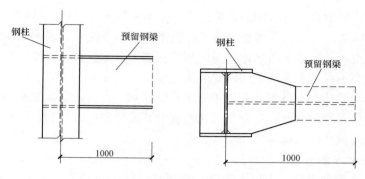

图 10-12　GIS 设备区域周边的型钢柱节点详图

适当增加柱截面不能解决此问题，需要在主梁位置连接一构造梁，在第二阶段施工时将该梁拆除回收再利用。

（2）混凝土结构方案。当主厂房结构采用钢筋混凝土框架结构时，电气专业需要将 GIS 设备布置在地上一层房间内，GIS 楼板下方设有电缆夹层，结构专业采用预留楼板后浇结构的方案。电气一次专业汇总近年来各厂家的设备资料，综合考虑并提出可应对厂家设备的预留楼板后浇结构方案，一期工程对应 220kV GIS 室楼板预留大孔（10.00m×43.40m），110kV GIS 室楼板预留大孔（8.20m×21.90m），结构整体计算时不考虑 GIS 楼板的作用，在基础预留二次结构柱的插筋，先施工房间周围不影响设备布置的区域及框架柱、屋面板等；待二期工程设备订货后，对 GIS 室楼板进行设计，此时再施工与设备相关的结构楼板、梁及埋件等。如图 10-13 和图 10-14 所示。

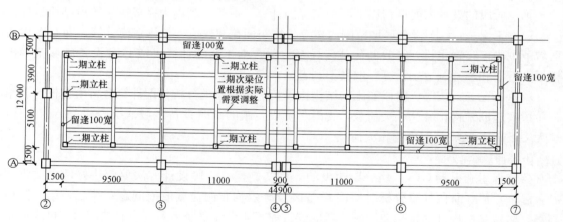

图 10-13　钢筋混凝土方案 220kV GIS 室二期结构布置示意

（三）10kV 开关室

1. 电气一次专业

电气一次专业根据各厂家特点布置设备基础通用性方案：

（1）开关柜规格及基础均按照通用设备预留（见图 10-15）；

（2）端子箱等其他辅助设施均按常规预留；

（3）站用变及站用盘均按通用设备预留。

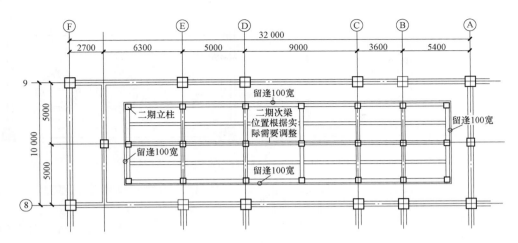

图 10-14　钢筋混凝土方案 110kV GIS 室二期结构布置示意

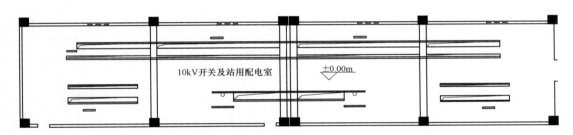

图 10-15　10kV 开关室埋件示意图

2. 建筑专业

建筑专业根据电气一次提资，可在一期施工过程中完成埋件的敷设及地面面层的铺装。需在 110kV 电缆预留孔洞的二次施工中，完成地面面层的设计工作。

3. 结构专业

结构专业依据电气一次提出埋件及孔洞，结构专业按正常流程进行结构计算，结构于固定设备的埋件位置布置通长次梁，在次梁间留置通长孔洞满足电缆辐射要求，设备订货情况对结构专业影响较小。

4. 暖通专业

暖通专业根据一期工程设备全部上齐的原则，完成预估的通风量计算及风机设置等工作。

5. 给排水及建筑电气专业

给排水及建筑电气专业根据电气一次专业提供资料完成设计工作，无二次设计、施工内容。

（四）其他电气设备房间

10kV 并联电抗器室一般先按照通用基础进行设计，具体方案如图 10-16 所示。

根据对近期厂家相关资料的收集，10kV 限流电抗器直径一般不超过 1900mm，因此，限流电抗器室一般先按照通用基础进行设计，具体方案如图 10-17 所示。

电容器及消弧线圈成套装置一般先按照通用基础进行设计，具体方案如图 10-18 所示。

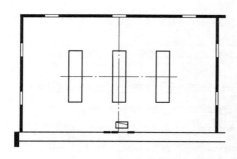

图 10-16　10kV 并联电抗器埋件示意图

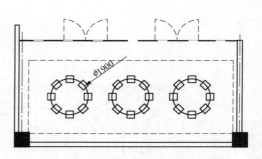

图 10-17　10kV 限流电抗器埋件示意图

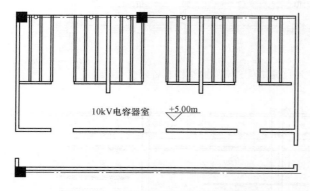

图 10-18　10kV 电容器室埋件示意图

（1）电容器预留通长基础，厂家提供过渡底座。

（2）低电阻成套装置各设备预留通用基础，厂家适应或通过安装过渡槽钢的型式实现，如图 10-19 所示。

（3）其他设备（施）按常规预留。

建筑专业根据电气一次提资，可在一期施工过程中完成埋件的敷设及地面面层的铺装。

结构专业仅需按正常变电站结构设计情况考虑次梁布置，对电气一次能够

提出埋件及孔洞进行预留，设备设备订货情况对结构专业影响较小。

暖通专业根据一期工程设备全部上齐的原则，完成预估的通风量计算及风机设置等工作。

给排水及建筑电气专业根据电气一次专业提供资料完成设计工作，无二次设计、施工内容。

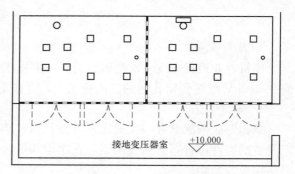

图 10-19　10kV 低电阻成套装置埋件示意图

（五）各专业解决方案

1. 电气一次专业

220、110kV 组合电器室采用的土建先期建设方案中组合电器室一期预留了后浇楼板的大洞，二期设备中标厂家需要适应先期的开孔。经过对各主要生产厂家的调研及咨询，由于目前绝大部分 220kV 组合电器厂家均有 2m 间隔的小型化设备，110kV 组合电器厂家均有 1m 间隔的小型化设备，国家电网公司技术规范书审查阶段采用小型化设备的要求均可以得到批准，从设备布置上来说，并没有限制厂家。

2. 建筑专业

建筑装饰中，根据以往的建设经验，后期施工的外墙装饰材料，无论是面砖还是涂料，都会出现色差及拆除洞口边缘破损的情况，会影响外立面的整体效果。

还有一种建设方式：一期工程时仅施做结构本体及需要预埋在楼板中的管线和埋件等，

其余二次结构、建筑装修装饰、土建设备专业的工程内容均在二期工程中进行。此方式的优点是变电站运行时装修材料、设备器材成品保护较好；缺点是二期工程量巨大，结构长期裸露在外，结构耐久性设计需要提高要求。

3. 结构专业

在GIS室设计方案中，方案一及方案二计算都需要按GIS设备区域范围内楼板大开洞和不开洞分别计算，取其不利者，与正常设计相比增加了框架柱的截面、楼面梁及楼板的配筋，造成一定的材料浪费；GIS楼板采用分期施工，二期的混凝土湿作业工程量较大，二期施工时还需要搭满堂红脚手架，施工难度较大。一期设计时主厂房外围护墙体的除考虑设备运输尺寸外，还需考虑二期施工的施工范围。

无论采用哪个方案从结构设计都需要进行两次，增加了设计工作量。

4. 给排水专业

地下埋地管道可能使用时间较长，建议采用防腐性能较好、使用寿命长的管材。谨慎选用纯金属管材。

水喷雾、细水雾系统，泵房内应预留分区控制阀安全甩口及安装位置，并向土建电气专业提出终期控制要求。泵房至各水喷雾区域预留管道应一期上齐，并在末端预留二期接口。

5. 暖通专业

土建先期建设方案虽然按照一期工程规模进行环评申报，并依据环评批复开展建设、验收，但二期或终期工程施工时，站区周围的声环境功能区仍有可能发生变化，导致工程的厂界噪声限值同步变化，因此，在一期工程设计中，可以为二期或终期工程预留降噪设施敷设空间。

6. 建筑电气专业

因一期工程中智能辅助系统厂家未定，该系统中视频、各类探测器等相关点位布置及其预埋管线可根据相应规程规范及运维经验设计完成，二期工程中，智能辅助控制系统厂家在设计施工时需与该部分预埋管相配合，管线有出入的地方需要在二期施工中穿楼板、破墙或者明敷进行调整。

因SF_6气体探测报警系统在二期工程中设计完成，其施工安装时部分管线会需要破墙或明敷。

参 考 文 献

［1］ XIA Quan. New practice of Beijing Transmission & Substation Design ［C］. The 6th International Conference on Power Transmission and Distribution Technology, Guangzhou, 2007.

［2］ 刘振亚. 国家电网公司输变电典型设计　220kV 变电站分册. 北京：中国电力出版社，2005.

［3］ 刘振亚. 国家电网公司输变电典型设计　110kV 变电站分册. 北京：中国电力出版社，2005.

［4］ 蓝毓俊. 现代城市电网规划设计与建设改造. 北京：中国电力出版社，2004.

［5］ 张玉珩，王永滋，潭魁悌. 变电站所址选择与总布置. 北京：水利电力出版社，1986.

［6］ 电力工业部电力规划设计总院. 电力系统设计手册. 北京：中国电力出版社，1998.

［7］ 水利电力部西北电力设计院. 电力工程电气设计手册（第 1 册）电气一次部分. 北京：中国电力出版社，1989.

［8］ 北京供电局. 北京地区 10kV 配电系统中性点接地方式发展方向的探讨. 1998.7.

［9］ 夏泉，杨济川. 干式铁芯电抗器在城市电网中的应用. 供用电. 第 4 期，1999.

［10］ 能源部西北电力设计院. 电力工程电气设计手册（第 2 册）电气二次部分. 北京：水利电力出版社，1991.

［11］ 王国光. 变电站综合自动化系统二次回路及运行维护. 北京：中国电力出版社.

［12］ 国家电网公司基建部. 国家电网公司输变电工程工艺标准库：变电工程部分. 北京：中国电力出版社，2013.

［13］ 本书编委会. 汶川震害调查与灾后重建分析报告. 北京：中国建筑工业出版社，2008.

［14］ 住房和城乡建设部工程质量安全监管司，中国建筑标准设计研究院. 全国民用建筑工程设计技术措施结构（结构体系），北京：中国计划出版社，2009.

［15］ 李善化，康慧，孙相军. 火力发电厂及变电所供暖通风空调设计手册. 北京：中国电力出版社，2001.

［16］ 住房和城乡建设部工程质量安全监管司，中国建筑标准设计研究院. 全国民用建筑工程设计技术措施-暖通空调. 动力. 北京：中国计划出版社，2009.

［17］ 住房和城乡建设工程质量安全监管司，中国建筑标准化设计研究院. 全国民用建筑工程设计技术措施-给水排水. 北京：中国计划出版社，2009.

［18］ 余健明，同向前，苏文成. 供电技术. 北京：机械工业出版社，2001.

［19］ 任元会. 工业与民用配电设计手册. 北京：中国电力出版社，2005.

［20］ 北京照明学会照明设计专业委员会. 照明设计手册. 北京：中国电力出版社，2006.

［21］ 付玉强. 综合布线系统的理论分析与实现. 辽宁：辽宁工学院，2007.

［22］ 刘汝义，杜世铃. 发电厂与变电所消防设计使用手册. 北京：中国计划出版社，1999.

［23］ 钢铁企业电力设计手册编委会. 钢铁企业电力设计手册. 北京：冶金工业出版社，1996.

［24］ 刘振亚. 国家电网公司输变电工程通用设计 110（66）～500kV 变电站分册. 北京：中国电力出版社，2011.

［25］ 夏泉. 城市户内变电站设计综述. 南方能源建设. 第 8 期，2016.

索　引